U0656460

木材材积速查
速算手册

朱玉杰　陆娟　王海民　编著

机械工业出版社

本手册依据现行的国家标准和国家林业行业标准最新实施版本编写，数据具有权威性和准确性。主要内容包括原木、小径原木、短原木、长原木、坑木、檩材、椽材、原条、小原条、杉原条、马尾松原条、普通锯材、专用锯材等国产木材和美国原木、俄罗斯原木、东南亚国家原木等进口木材的数量检量方法、材积计算公式和材积速查表。

　　本手册内容丰富，条理清晰，方便从事木材生产、加工、流通、贸易等工作的人员使用，满足木材交易过程中木材材积计算的需要。

前　言

　　木材产品的数量是贸易双方成交商品的基本计量和计价单位，木材数量的确定在生产领域和交换领域中统一的尺码用材积表示。木材尺寸决定了木材材积的大小。检量木材尺寸、确定木材材积大小是木材检验中非常重要的检验技术，对保证木材数量、规格等符合贸易要求，维护国家和贸易双方的利益，具有重要的现实意义。

　　本手册旨在国内外木材交易过程中为贸易双方提供一个计量木材材积的工具。手册共分六章，主要内容包括国内木材产品、国外原木产品的数量检量方法、材积计算公式和材积速查表。本手册数据权威准确、内容翔实、条理清晰、简洁明了，方便查阅和使用。

　　本手册是依据现行的国家标准和国家林业行业标准最新实施版本编写的，同时借鉴了正在修订的标准如 GB/T 144—2003《原木检验》、LY/T 1079—2006《小原条》的修改意见，使之更具权威性、准确性和实用性。

　　本书由东北林业大学朱玉杰、陆娟和吉林省黄泥河林业局王海民编著。由于作者水平有限，书中难免会有不足之处，恳请广大读者批评指正。

编　者

目　　录

前言

第1篇　国内常用木材材积表 ………… 1

第1章　原木类 ………………………… 1

1.1　原木 ………………………………… 1

1.1.1　原木数量检量 ………………… 1

1.1.2　原木材积计算 ………………… 2

1.1.3　原木材积速查表 ……………… 2

1.2　小径原木 …………………………… 21

1.2.1　小径原木数量检量 …………… 21

1.2.2　小径原木材积计算 …………… 21

1.2.3　小径原木材积速查表 ………… 22

1.3　短原木 ……………………………… 23

1.3.1　短原木数量检量 ……………… 23

1.3.2　短原木材积计算 ……………… 24

1.3.3　短原木材积速查表 …………… 24

1.4　长原木 ……………………………… 30

1.4.1　长原木数量检量 ……………… 30

1.4.2　长原木材积计算 ……………… 30

　　1.4.3　长原木材积速查表 ……………… 31

　1.5　坑木 …………………………………… 39

　　1.5.1　坑木数量检量 …………………… 39

　　1.5.2　坑木材积计算 …………………… 40

　　1.5.3　坑木材积速查表 ………………… 40

　1.6　檩材 …………………………………… 41

　　1.6.1　檩材数量检量 …………………… 41

　　1.6.2　檩材材积计算 …………………… 41

　　1.6.3　檩材材积速查表 ………………… 42

　1.7　椽材 …………………………………… 43

　　1.7.1　椽材数量检量 …………………… 43

　　1.7.2　椽材材积计算 …………………… 43

　　1.7.3　椽材材积速查表 ………………… 43

第2章　原条类 ……………………………… 46

　2.1　原条 …………………………………… 46

　　2.1.1　原条数量检量 …………………… 46

　　2.1.2　原条材积计算 …………………… 46

　　2.1.3　原条材积速查表 ………………… 47

　2.2　小原条 ………………………………… 64

　　2.2.1　小原条数量检量 ………………… 64

　　2.2.2　小原条材积计算 ………………… 65

　　2.2.3　小原条材积速查表 ……………… 65

　2.3　杉原条 ………………………………… 66

2.3.1　杉原条数量检量 ………… 66

2.3.2　杉原条材积计算 ………… 66

2.3.3　杉原条材积速查表 ……… 67

2.4　马尾松原条 ……………………… 70

2.4.1　马尾松原条数量检量 …… 70

2.4.2　马尾松原条材积计算 …… 70

2.4.3　马尾松原条材积速查表 … 71

第3章　锯材类 ……………………… 75

3.1　锯材数量检量 …………………… 75

3.2　锯材材积计算 …………………… 76

3.3　锯材材积速查表 ………………… 76

3.3.1　普通锯材材积速查表 …… 76

3.3.2　专用锯材材积速查表 …… 169

第2篇　进口原木材积表 ……… 178

第4章　美国原木 …………………… 178

4.1　美国原木数量检量 ……………… 178

4.2　美国原木材积计算 ……………… 179

4.3　美国原木材积速查表 …………… 179

第5章　俄罗斯原木 ………………… 189

5.1　俄罗斯原木数量检量 …………… 189

5.2　俄罗斯原木材积计算 …………… 190

5.3　俄罗斯原木材积速查表 ………… 190

第6章　东南亚国家原木 ………… 201

6.1　东南亚国家原木数量检量 …………………… 201

　6.1.1　马来西亚原木数量检量 …………… 201

　6.1.2　菲律宾原木数量检量 ……………… 203

　6.1.3　印度尼西亚原木数量检量 …………… 203

6.2　东南亚国家原木材积计算 …………………… 204

6.3　东南亚国家原木材积速查表 ………………… 204

6.   201
  6.1 201
  6.2 202
  6.3 203
  6.4 204
  6.5 206

第1篇 国内常用木材材积表

第1章 原 木 类

原木是指经过横截造材所形成的圆形木段。原木产品的数量是贸易双方成交商品的基本计量和计价单位，是原木在生产领域和交换领域中的统一尺码，这个尺码用材积来表示，单位为立方米（m^3）。决定原木材积大小的要素为检尺径和检尺长。

1.1 原木

1.1.1 原木数量检量

GB/T 144《原木检验》规定：

1. 检尺径

（1）直径检量 通过小头断面中心先量短径（量至毫米算至厘米），再通过短径的中心垂直检量长径（量至毫米算至厘米），其长短径之差自 2cm 以上者，以长短径的平均值经进级后为原木直径；长短径之差小于上述规定者，以短径经进级后为原木直径（当直径不足 14cm，以 1cm 为一个增进单位，实际尺寸不足 1cm 时，足 0.5cm 的增进，不足 0.5cm 的舍去）。

（2）检尺径确定　当直径不足 14cm，以 1cm 为一个增进单位，实际尺寸不足 1cm 时，足 0.5cm 的增进，不足 0.5cm 的舍去；直径自 14cm 以上，以 2cm 为一个增进单位，实际尺寸不足 2cm 时，足 1cm 的增进，不足 1cm 的舍去。

2. 检尺长

（1）长度检量　原木的长度在大小头两端断面之间相距最短处取值检量，单位为米（m），量至厘米止，不足 1cm 的舍去。

（2）检尺长确定　如检量的长度小于原木产品标准规定的检尺长，但不超过下偏差，仍按原木产品标准规定的检尺长计算；如超过下偏差，则按下一级检尺长计算。长级公差 $\pm\frac{6}{2}$cm。

1.1.2　原木材积计算

1）检尺径自 4～13cm 的原木材积计算公式：

$$V = 0.7854L(D + 0.45L + 0.2)^2/10000$$

2）检尺径自 14cm 以上的原木材积计算公式：

$$V = 0.7854L[D + 0.5L + 0.005L^2 + 0.000125L(14 - L)^2(D - 10)]^2/10000$$

以上两式中，V 是材积（m^3）；D 是检尺径（cm）；L 是检尺长（m）。

1.1.3　原木材积速查表

编表依据 GB 4814—1984《原木材积表》，适于检尺径自 4～200cm、检尺长自 2～10m 的所有树种的原木材积查定，检尺径自 4～7cm 的原木材积数保留四位小数，检尺径自 8cm 以上的原木材积数保留三位小数。原木材积速查表见表 1-1，增加了检尺径 5cm、7cm、9cm、11cm、13cm 五个规格的材积。

表 1-1　原木材积速查表

检尺径 /cm	检尺长 /m							
	2.0	2.2	2.4	2.6	2.8	3.0	3.2	3.4
	材积 /m³							
4	0.0041	0.0047	0.0053	0.0059	0.0066	0.0073	0.0080	0.0088
5	0.0058	0.0066	0.0074	0.0083	0.0092	0.0101	0.0111	0.0121
6	0.0079	0.0089	0.0100	0.0111	0.0122	0.0134	0.0147	0.0160
7	0.0103	0.0116	0.0129	0.0143	0.0157	0.0172	0.0188	0.0204
8	0.013	0.015	0.016	0.018	0.020	0.021	0.023	0.025
9	0.016	0.018	0.020	0.022	0.024	0.026	0.028	0.031
10	0.019	0.022	0.024	0.026	0.029	0.031	0.034	0.037
11	0.023	0.026	0.028	0.031	0.034	0.037	0.040	0.043
12	0.027	0.030	0.033	0.037	0.040	0.043	0.047	0.050
13	0.031	0.035	0.038	0.042	0.046	0.050	0.054	0.058
14	0.036	0.040	0.045	0.049	0.054	0.058	0.063	0.068
16	0.047	0.052	0.058	0.063	0.069	0.075	0.081	0.087
18	0.059	0.065	0.072	0.079	0.086	0.093	0.101	0.108
20	0.072	0.080	0.088	0.097	0.105	0.114	0.123	0.132
22	0.086	0.096	0.106	0.116	0.126	0.137	0.147	0.158
24	0.102	0.114	0.125	0.137	0.149	0.161	0.174	0.186
26	0.120	0.133	0.146	0.160	0.174	0.188	0.203	0.217
28	0.138	0.154	0.169	0.185	0.201	0.217	0.234	0.250
30	0.158	0.176	0.193	0.211	0.230	0.248	0.267	0.286
32	0.180	0.199	0.219	0.240	0.260	0.281	0.302	0.324

（续）

检尺径/cm	检尺长/m							
	2.0	2.2	2.4	2.6	2.8	3.0	3.2	3.4
	材积/m³							
34	0.202	0.224	0.247	0.270	0.293	0.316	0.340	0.364
36	0.226	0.251	0.276	0.302	0.327	0.353	0.380	0.406
38	0.252	0.279	0.307	0.335	0.364	0.393	0.422	0.451
40	0.278	0.309	0.340	0.371	0.402	0.434	0.466	0.498
42	0.306	0.340	0.374	0.408	0.442	0.477	0.512	0.548
44	0.336	0.372	0.409	0.447	0.484	0.522	0.561	0.599
46	0.367	0.406	0.447	0.487	0.528	0.570	0.612	0.654
48	0.399	0.442	0.486	0.530	0.574	0.619	0.665	0.710
50	0.432	0.479	0.526	0.574	0.622	0.671	0.720	0.769
52	0.467	0.518	0.569	0.620	0.672	0.724	0.777	0.830
54	0.503	0.558	0.613	0.668	0.724	0.780	0.837	0.894
56	0.541	0.599	0.658	0.718	0.777	0.838	0.899	0.960
58	0.580	0.642	0.705	0.769	0.833	0.898	0.963	1.028
60	0.620	0.687	0.754	0.822	0.890	0.959	1.029	1.099
62	0.661	0.733	0.804	0.877	0.950	1.023	1.097	1.172
64	0.704	0.780	0.857	0.934	1.011	1.089	1.168	1.247
66	0.749	0.829	0.910	0.992	1.074	1.157	1.241	1.325
68	0.794	0.880	0.966	1.052	1.140	1.227	1.316	1.405
70	0.841	0.931	1.022	1.114	1.207	1.300	1.393	1.487
72	0.890	0.985	1.081	1.178	1.276	1.374	1.473	1.572
74	0.939	1.040	1.141	1.244	1.347	1.450	1.554	1.659
76	0.990	1.096	1.203	1.311	1.419	1.528	1.638	1.748
78	1.043	1.154	1.267	1.380	1.494	1.609	1.724	1.840
80	1.096	1.214	1.332	1.451	1.571	1.691	1.812	1.934
82	1.151	1.274	1.399	1.523	1.649	1.776	1.903	2.030
84	1.208	1.337	1.467	1.598	1.730	1.862	1.995	2.129
86	1.265	1.401	1.537	1.674	1.812	1.951	2.090	2.230
88	1.325	1.466	1.609	1.752	1.896	2.042	2.187	2.334
90	1.385	1.533	1.682	1.832	1.983	2.134	2.287	2.439
92	1.447	1.601	1.757	1.913	2.071	2.229	2.388	2.548

（续）

检尺径 /cm	检尺长 /m							
	2.0	2.2	2.4	2.6	2.8	3.0	3.2	3.4
	材积 /m³							
94	1.510	1.671	1.833	1.997	2.161	2.326	2.492	2.658
96	1.574	1.742	1.911	2.082	2.253	2.425	2.598	2.771
98	1.640	1.815	1.991	2.169	2.347	2.526	2.706	2.886
100	1.707	1.889	2.073	2.257	2.443	2.629	2.816	3.004
102	1.776	1.965	2.156	2.348	2.540	2.734	2.928	3.123
104	1.846	2.042	2.240	2.440	2.640	2.841	3.043	3.246
106	1.917	2.121	2.327	2.534	2.742	2.950	3.160	3.370
108	1.990	2.202	2.415	2.629	2.845	3.062	3.279	3.497
110	2.064	2.283	2.504	2.727	2.950	3.175	3.400	3.626
112	2.139	2.367	2.596	2.826	3.058	3.290	3.524	3.758
114	2.216	2.451	2.688	2.927	3.167	3.408	3.650	3.892
116	2.294	2.537	2.783	3.030	3.278	3.527	3.777	4.028
118	2.373	2.625	2.879	3.135	3.391	3.649	3.908	4.167
120	2.454	2.714	2.977	3.241	3.506	3.773	4.040	4.308
122	2.536	2.805	3.076	3.349	3.623	3.898	4.174	4.451
124	2.619	2.897	3.177	3.459	3.742	4.026	4.311	4.597
126	2.704	2.991	3.280	3.571	3.863	4.156	4.450	4.745
128	2.790	3.086	3.384	3.684	3.985	4.288	4.591	4.895
130	2.877	3.183	3.490	3.799	4.110	4.422	4.734	5.048
132	2.966	3.281	3.598	3.916	4.236	4.558	4.880	5.203
134	3.056	3.380	3.707	4.035	4.365	4.696	5.028	5.360
136	3.148	3.482	3.818	4.156	4.495	4.836	5.178	5.520
138	3.240	3.584	3.930	4.278	4.627	4.978	5.330	5.682
140	3.335	3.688	4.044	4.402	4.762	5.122	5.484	5.846
142	3.430	3.794	4.160	4.528	4.898	5.269	5.641	6.013
144	3.527	3.901	4.277	4.656	5.036	5.417	5.799	6.182
146	3.625	4.010	4.396	4.785	5.176	5.567	5.960	6.354
148	3.725	4.120	4.517	4.916	5.317	5.720	6.123	6.528
150	3.826	4.231	4.639	5.049	5.461	5.874	6.289	6.704
152	3.928	4.344	4.763	5.184	5.607	6.031	6.456	6.882

（续）

检尺径/cm	检尺长/m							
	2.0	2.2	2.4	2.6	2.8	3.0	3.2	3.4
	材积/m³							
154	4.032	4.459	4.889	5.321	5.754	6.190	6.626	7.063
156	4.136	4.575	5.016	5.459	5.904	6.350	6.798	7.246
158	4.243	4.692	5.144	5.599	6.055	6.513	6.972	7.432
160	4.350	4.811	5.275	5.741	6.209	6.678	7.148	7.620
162	4.459	4.932	5.407	5.884	6.364	6.845	7.327	7.810
164	4.570	5.054	5.541	6.030	6.521	7.014	7.508	8.002
166	4.681	5.177	5.676	6.177	6.680	7.185	7.691	8.197
168	4.795	5.302	5.813	6.326	6.841	7.358	7.876	8.395
170	4.909	5.429	5.951	6.477	7.004	7.533	8.063	8.594
172	5.025	5.557	6.092	6.629	7.169	7.710	8.253	8.796
174	5.142	5.686	6.233	6.783	7.336	7.890	8.445	9.000
176	5.260	5.817	6.377	6.939	7.504	8.071	8.639	9.207
178	5.380	5.949	6.522	7.097	7.675	8.254	8.835	9.416
180	5.501	6.083	6.669	7.257	7.847	8.440	9.033	9.627
182	5.624	6.219	6.817	7.418	8.022	8.627	9.234	9.841
184	5.747	6.356	6.967	7.581	8.198	8.817	9.437	10.057
186	5.873	6.494	7.119	7.746	8.376	9.008	9.641	10.275
188	5.999	6.634	7.272	7.913	8.557	9.202	9.849	10.496
190	6.127	6.775	7.427	8.082	8.739	9.398	10.058	10.719
192	6.256	6.918	7.583	8.252	8.923	9.596	10.270	10.945
194	6.387	7.062	7.741	8.424	9.109	9.795	10.483	11.172
196	6.519	7.208	7.901	8.598	9.296	9.997	10.699	11.402
198	6.652	7.355	8.063	8.773	9.486	10.201	10.918	11.635
200	6.787	7.504	8.226	8.950	9.678	10.407	11.138	11.870

检尺径/cm	检尺长/m							
	3.6	3.8	4.0	4.2	4.4	4.6	4.8	5.0
	材积/m³							
4	0.0096	0.0104	0.0113	0.0122	0.0132	0.0142	0.0152	0.0163
5	0.0132	0.0143	0.0154	0.0166	0.0178	0.0191	0.0204	0.0218
6	0.0173	0.0187	0.0201	0.0216	0.0231	0.0247	0.0263	0.0280
7	0.0220	0.0237	0.0254	0.0273	0.0291	0.0310	0.0330	0.0351
8	0.027	0.029	0.031	0.034	0.036	0.038	0.040	0.043

（续）

检尺径 /cm	检尺长/m							
	3.6	3.8	4.0	4.2	4.4	4.6	4.8	5.0
	材积/m³							
9	0.033	0.036	0.038	0.041	0.043	0.046	0.049	0.051
10	0.040	0.042	0.045	0.048	0.051	0.054	0.058	0.061
11	0.046	0.050	0.053	0.057	0.060	0.064	0.067	0.071
12	0.054	0.058	0.062	0.065	0.069	0.074	0.078	0.082
13	0.062	0.066	0.071	0.075	0.080	0.084	0.089	0.094
14	0.073	0.078	0.083	0.089	0.094	0.100	0.105	0.111
16	0.093	0.100	0.106	0.113	0.120	0.126	0.134	0.141
18	0.116	0.124	0.132	0.140	0.148	0.156	0.165	0.174
20	0.141	0.151	0.160	0.170	0.180	0.190	0.200	0.210
22	0.169	0.180	0.191	0.203	0.214	0.226	0.238	0.250
24	0.199	0.212	0.225	0.239	0.252	0.266	0.279	0.293
26	0.232	0.247	0.262	0.277	0.293	0.308	0.324	0.340
28	0.267	0.284	0.302	0.319	0.337	0.354	0.372	0.391
30	0.305	0.324	0.344	0.364	0.383	0.404	0.424	0.444
32	0.345	0.367	0.389	0.411	0.433	0.456	0.479	0.502
34	0.388	0.412	0.437	0.461	0.486	0.511	0.537	0.562
36	0.433	0.460	0.487	0.515	0.542	0.570	0.598	0.626
38	0.481	0.510	0.541	0.571	0.601	0.632	0.663	0.694
40	0.531	0.564	0.597	0.630	0.663	0.697	0.731	0.765
42	0.583	0.619	0.656	0.692	0.729	0.766	0.803	0.840
44	0.638	0.678	0.717	0.757	0.797	0.837	0.877	0.918
46	0.696	0.739	0.782	0.825	0.868	0.912	0.955	0.999
48	0.756	0.802	0.849	0.896	0.942	0.990	1.037	1.084
50	0.819	0.869	0.919	0.969	1.020	1.071	1.122	1.173
52	0.884	0.938	0.992	1.046	1.100	1.155	1.210	1.265
54	0.951	1.009	1.067	1.125	1.184	1.242	1.301	1.360
56	1.021	1.083	1.145	1.208	1.270	1.333	1.396	1.459
58	1.094	1.160	1.226	1.293	1.360	1.427	1.494	1.561
60	1.169	1.239	1.310	1.381	1.452	1.524	1.595	1.667
62	1.246	1.321	1.397	1.472	1.548	1.624	1.700	1.776

（续）

检尺径/cm	检尺长/m							
	3.6	3.8	4.0	4.2	4.4	4.6	4.8	5.0
	材积/m³							
64	1.326	1.406	1.486	1.566	1.647	1.728	1.808	1.889
66	1.409	1.493	1.578	1.663	1.749	1.834	1.920	2.005
68	1.494	1.583	1.673	1.763	1.854	1.944	2.034	2.125
70	1.581	1.676	1.771	1.866	1.961	2.057	2.152	2.248
72	1.671	1.771	1.871	1.972	2.072	2.173	2.274	2.375
74	1.764	1.869	1.975	2.080	2.186	2.292	2.399	2.505
76	1.859	1.969	2.081	2.192	2.303	2.415	2.527	2.638
78	1.956	2.073	2.189	2.306	2.424	2.541	2.658	2.775
80	2.056	2.178	2.301	2.424	2.547	2.670	2.793	2.916
82	2.158	2.287	2.415	2.544	2.673	2.802	2.931	3.060
84	2.263	2.398	2.532	2.667	2.802	2.937	3.072	3.207
86	2.371	2.511	2.652	2.793	2.934	3.076	3.217	3.358
88	2.480	2.627	2.775	2.922	3.070	3.217	3.365	3.512
90	2.593	2.746	2.900	3.054	3.208	3.362	3.516	3.670
92	2.707	2.868	3.028	3.189	3.350	3.510	3.671	3.831
94	2.825	2.992	3.159	3.327	3.494	3.662	3.829	3.996
96	2.945	3.119	3.293	3.467	3.642	3.816	3.990	4.164
98	3.067	3.248	3.429	3.611	3.792	3.974	4.155	4.336
100	3.192	3.380	3.569	3.757	3.946	4.135	4.323	4.511
102	3.319	3.515	3.711	3.907	4.103	4.299	4.494	4.690
104	3.449	3.652	3.855	4.059	4.263	4.466	4.669	4.872
106	3.581	3.792	4.003	4.214	4.425	4.636	4.847	5.058
108	3.716	3.934	4.153	4.372	4.591	4.810	5.028	5.247
110	3.853	4.080	4.306	4.533	4.760	4.987	5.213	5.439
112	3.992	4.227	4.462	4.697	4.932	5.167	5.401	5.635
114	4.135	4.378	4.621	4.864	5.107	5.350	5.592	5.834
116	4.279	4.531	4.782	5.034	5.285	5.536	5.787	6.037
118	4.426	4.686	4.947	5.207	5.466	5.726	5.985	6.244
120	4.576	4.845	5.113	5.382	5.651	5.919	6.186	6.453
122	4.728	5.006	5.283	5.561	5.838	6.115	6.391	6.667

（续）

检尺径/cm	检尺长/m							
	3.6	3.8	4.0	4.2	4.4	4.6	4.8	5.0
	材积/m³							
124	4.883	5.169	5.456	5.742	6.028	6.314	6.599	6.884
126	5.040	5.335	5.631	5.926	6.222	6.516	6.810	7.104
128	5.200	5.504	5.809	6.114	6.418	6.722	7.025	7.327
130	5.362	5.676	5.990	6.304	6.617	6.931	7.243	7.555
132	5.526	5.850	6.173	6.497	6.820	7.142	7.464	7.785
134	5.693	6.026	6.360	6.693	7.025	7.358	7.689	8.019
136	5.863	6.206	6.549	6.892	7.234	7.576	7.917	8.257
138	6.035	6.388	6.741	7.093	7.446	7.797	8.148	8.498
140	6.209	6.572	6.935	7.298	7.660	8.022	8.383	8.742
142	6.386	6.760	7.133	7.506	7.878	8.250	8.621	8.990
144	6.566	6.949	7.333	7.716	8.099	8.481	8.862	9.242
146	6.748	7.142	7.536	7.930	8.323	8.715	9.107	9.497
148	6.932	7.337	7.742	8.146	8.550	8.953	9.355	9.755
150	7.119	7.535	7.950	8.365	8.780	9.193	9.606	10.017
152	7.309	7.735	8.162	8.588	9.013	9.437	9.860	10.282
154	7.501	7.938	8.376	8.813	9.249	9.684	10.118	10.551
156	7.695	8.144	8.592	9.041	9.488	9.934	10.380	10.823
158	7.892	8.352	8.812	9.271	9.730	10.188	10.644	11.099
160	8.091	8.563	9.034	9.505	9.975	10.444	10.912	11.378
162	8.293	8.776	9.260	9.742	10.224	10.704	11.183	11.661
164	8.498	8.993	9.487	9.982	10.475	10.967	11.458	11.947
166	8.704	9.211	9.718	10.224	10.729	11.233	11.736	12.237
168	8.914	9.433	9.952	10.470	10.987	11.503	12.017	12.530
170	9.126	9.657	10.188	10.718	11.247	11.775	12.302	12.826
172	9.340	9.884	10.427	10.969	11.511	12.051	12.590	13.126
174	9.557	10.113	10.669	11.224	11.777	12.330	12.881	13.430
176	9.776	10.345	10.913	11.481	12.047	12.612	13.175	13.737
178	9.998	10.579	11.160	11.741	12.320	12.897	13.473	14.047
180	10.222	10.817	11.411	12.004	12.596	13.186	13.774	14.361
182	10.449	11.056	11.663	12.270	12.874	13.478	14.079	14.678

（续）

检尺径/cm	检尺长/m							
	3.6	3.8	4.0	4.2	4.4	4.6	4.8	5.0
	材积/m³							
184	10.678	11.299	11.919	12.538	13.156	13.773	14.387	14.999
186	10.910	11.544	12.177	12.810	13.441	14.071	14.698	15.323
188	11.144	11.792	12.439	13.085	13.729	14.372	15.013	15.651
190	11.381	12.042	12.702	13.362	14.020	14.676	15.330	15.982
192	11.620	12.295	12.969	13.642	14.314	14.984	15.652	16.317
194	11.862	12.550	13.239	13.926	14.611	15.295	15.976	16.655
196	12.106	12.809	13.511	14.212	14.911	15.609	16.304	16.997
198	12.352	13.070	13.786	14.501	15.215	15.926	16.635	17.342
200	12.601	13.333	14.064	14.793	15.521	16.247	16.970	17.690

检尺径/cm	检尺长/m							
	5.2	5.4	5.6	5.8	6.0	6.2	6.4	6.6
	材积/m³							
4	0.0175	0.0186	0.0199	0.0211	0.0224	0.0238	0.0252	0.0266
5	0.0232	0.0247	0.0262	0.0278	0.0294	0.0311	0.0328	0.0346
6	0.0298	0.0316	0.0334	0.0354	0.0373	0.0394	0.0414	0.0436
7	0.0372	0.0393	0.0416	0.0438	0.0462	0.0486	0.0511	0.0536
8	0.045	0.048	0.051	0.053	0.056	0.059	0.062	0.065
9	0.054	0.057	0.060	0.064	0.067	0.070	0.073	0.077
10	0.064	0.068	0.071	0.075	0.078	0.082	0.086	0.090
11	0.075	0.079	0.083	0.087	0.091	0.095	0.100	0.104
12	0.086	0.091	0.095	0.100	0.105	0.109	0.114	0.119
13	0.099	0.104	0.109	0.114	0.119	0.125	0.130	0.136
14	0.117	0.123	0.129	0.136	0.142	0.149	0.156	0.162
16	0.148	0.155	0.163	0.171	0.179	0.187	0.195	0.203
18	0.182	0.191	0.201	0.210	0.219	0.229	0.238	0.248
20	0.221	0.231	0.242	0.253	0.264	0.275	0.286	0.298
22	0.262	0.275	0.287	0.300	0.313	0.326	0.339	0.352

（续）

检尺径/cm	检尺长/m							
	5.2	5.4	5.6	5.8	6.0	6.2	6.4	6.6
	材积/m³							
24	0.308	0.322	0.336	0.351	0.366	0.380	0.396	0.411
26	0.356	0.373	0.389	0.406	0.423	0.440	0.457	0.474
28	0.409	0.427	0.446	0.465	0.484	0.503	0.522	0.542
30	0.465	0.486	0.507	0.528	0.549	0.571	0.592	0.614
32	0.525	0.548	0.571	0.595	0.619	0.643	0.667	0.691
34	0.588	0.614	0.640	0.666	0.692	0.719	0.746	0.772
36	0.655	0.683	0.712	0.741	0.770	0.799	0.829	0.858
38	0.725	0.757	0.788	0.820	0.852	0.884	0.916	0.949
40	0.800	0.834	0.869	0.903	0.938	0.973	1.008	1.044
42	0.877	0.915	0.953	0.990	1.028	1.067	1.105	1.143
44	0.959	0.999	1.040	1.082	1.123	1.164	1.206	1.247
46	1.043	1.088	1.132	1.177	1.221	1.266	1.311	1.356
48	1.132	1.180	1.228	1.276	1.324	1.372	1.421	1.469
50	1.224	1.276	1.327	1.379	1.431	1.483	1.535	1.587
52	1.320	1.375	1.431	1.486	1.542	1.597	1.653	1.709
54	1.419	1.478	1.538	1.597	1.657	1.716	1.776	1.835
56	1.522	1.586	1.649	1.712	1.776	1.839	1.903	1.967
58	1.629	1.696	1.764	1.832	1.899	1.967	2.035	2.102
60	1.739	1.811	1.883	1.955	2.027	2.099	2.171	2.243
62	1.853	1.929	2.005	2.082	2.158	2.235	2.311	2.388
64	1.970	2.051	2.132	2.213	2.294	2.375	2.456	2.537
66	2.091	2.177	2.263	2.348	2.434	2.520	2.605	2.691
68	2.216	2.306	2.397	2.487	2.578	2.668	2.759	2.849
70	2.344	2.439	2.535	2.631	2.726	2.822	2.917	3.012
72	2.476	2.576	2.677	2.778	2.879	2.979	3.079	3.180
74	2.611	2.717	2.823	2.929	3.035	3.141	3.246	3.352
76	2.750	2.862	2.973	3.084	3.196	3.307	3.417	3.528
78	2.893	3.010	3.127	3.244	3.360	3.477	3.593	3.709
80	3.039	3.162	3.284	3.407	3.529	3.651	3.773	3.895
82	3.189	3.317	3.446	3.574	3.702	3.830	3.958	4.085

（续）

检尺径 /cm	检尺长/m							
	5.2	5.4	5.6	5.8	6.0	6.2	6.4	6.6
	材积/m³							
84	3.342	3.477	3.611	3.745	3.879	4.013	4.146	4.279
86	3.499	3.640	3.780	3.921	4.061	4.200	4.340	4.479
88	3.660	3.807	3.953	4.100	4.246	4.392	4.537	4.682
90	3.824	3.977	4.130	4.283	4.436	4.588	4.739	4.891
92	3.992	4.152	4.311	4.471	4.629	4.788	4.946	5.103
94	4.163	4.330	4.496	4.662	4.827	4.992	5.157	5.321
96	4.338	4.512	4.685	4.857	5.029	5.201	5.372	5.542
98	4.517	4.697	4.877	5.057	5.235	5.414	5.592	5.769
100	4.699	4.887	5.073	5.260	5.446	5.631	5.816	6.000
102	4.885	5.080	5.274	5.467	5.660	5.853	6.044	6.235
104	5.074	5.276	5.478	5.679	5.879	6.078	6.277	6.475
106	5.267	5.477	5.686	5.894	6.101	6.308	6.514	6.720
108	5.464	5.681	5.898	6.113	6.328	6.543	6.756	6.969
110	5.664	5.889	6.113	6.337	6.559	6.781	7.002	7.222
112	5.868	6.101	6.333	6.564	6.794	7.024	7.252	7.480
114	6.076	6.316	6.556	6.795	7.034	7.271	7.507	7.743
116	6.287	6.536	6.784	7.031	7.277	7.522	7.767	8.010
118	6.502	6.759	7.015	7.270	7.525	7.778	8.030	8.281
120	6.720	6.985	7.250	7.514	7.776	8.038	8.298	8.558
122	6.942	7.216	7.489	7.761	8.032	8.302	8.571	8.838
124	7.167	7.450	7.732	8.013	8.292	8.571	8.848	9.124
126	7.396	7.688	7.979	8.268	8.556	8.843	9.129	9.413
128	7.629	7.930	8.229	8.528	8.825	9.120	9.415	9.708
130	7.865	8.175	8.484	8.791	9.097	9.402	9.705	10.007
132	8.105	8.424	8.742	9.058	9.374	9.687	9.999	10.310
134	8.349	8.677	9.004	9.330	9.654	9.977	10.298	10.618
136	8.596	8.934	9.270	9.605	9.939	10.271	10.601	10.930
138	8.847	9.194	9.540	9.885	10.228	10.569	10.909	11.247
140	9.101	9.458	9.814	10.168	10.521	10.872	11.221	11.569
142	9.359	9.726	10.092	10.456	10.818	11.179	11.538	11.895

（续）

检尺径/cm	检尺长/m							
	5.2	5.4	5.6	5.8	6.0	6.2	6.4	6.6
	材积/m³							
144	9.621	9.998	10.373	10.747	11.120	11.490	11.859	12.225
146	9.886	10.273	10.659	11.043	11.425	11.806	12.184	12.560
148	10.154	10.552	10.948	11.342	11.735	12.125	12.514	12.900
150	10.427	10.835	11.241	11.646	12.049	12.449	12.848	13.244
152	10.703	11.122	11.539	11.954	12.367	12.778	13.186	13.593
154	10.982	11.412	11.839	12.265	12.689	13.110	13.529	13.946
156	11.266	11.706	12.144	12.581	13.015	13.447	13.876	14.304
158	11.552	12.004	12.453	12.900	13.345	13.788	14.228	14.666
160	11.843	12.305	12.766	13.224	13.680	14.133	14.584	15.033
162	12.137	12.610	13.082	13.551	14.018	14.483	14.945	15.404
164	12.434	12.919	13.402	13.883	14.361	14.837	15.310	15.780
166	12.735	13.232	13.727	14.219	14.708	15.195	15.679	16.160
168	13.040	13.549	14.055	14.558	15.059	15.557	16.053	16.545
170	13.349	13.869	14.387	14.902	15.414	15.924	16.431	16.935
172	13.661	14.193	14.723	15.250	15.774	16.295	16.813	17.328
174	13.976	14.521	15.062	15.601	16.137	16.670	17.200	17.727
176	14.296	14.852	15.406	15.957	16.505	17.050	17.592	18.130
178	14.618	15.187	15.753	16.317	16.877	17.434	17.987	18.538
180	14.945	15.526	16.105	16.680	17.253	17.822	18.387	18.950
182	15.275	15.869	16.460	17.048	17.633	18.214	18.792	19.366
184	15.608	16.215	16.819	17.420	18.017	18.611	19.201	19.787
186	15.946	16.565	17.182	17.795	18.405	19.011	19.614	20.213
188	16.287	16.919	17.549	18.175	18.798	19.417	20.032	20.643
190	16.631	17.277	17.919	18.559	19.194	19.826	20.454	21.078
192	16.979	17.638	18.294	18.946	19.595	20.240	20.881	21.517
194	17.331	18.003	18.673	19.338	20.000	20.658	21.311	21.961
196	17.686	18.372	19.055	19.734	20.409	21.080	21.747	22.409
198	18.045	18.745	19.441	20.134	20.822	21.506	22.187	22.862
200	18.407	19.121	19.831	20.537	21.239	21.937	22.631	23.320

（续）

检尺径/cm	检尺长/m							
	6.8	7.0	7.2	7.4	7.6	7.8	8.0	8.2
	材积/m³							
4	0.0281	0.0297	0.0313	0.0330	0.0347	0.0364	0.0382	0.0401
5	0.0364	0.0383	0.0403	0.0423	0.0444	0.0465	0.0487	0.0509
6	0.0458	0.0481	0.0504	0.0528	0.0552	0.0578	0.0603	0.0630
7	0.0562	0.0589	0.0616	0.0644	0.0673	0.0703	0.0733	0.0764
8	0.068	0.071	0.074	0.077	0.081	0.084	0.087	0.091
9	0.080	0.084	0.088	0.091	0.095	0.099	0.103	0.107
10	0.094	0.098	0.102	0.106	0.111	0.115	0.120	0.124
11	0.109	0.113	0.118	0.123	0.128	0.133	0.138	0.143
12	0.124	0.130	0.135	0.140	0.146	0.151	0.157	0.163
13	0.141	0.147	0.153	0.159	0.165	0.171	0.177	0.184
14	0.169	0.176	0.184	0.191	0.199	0.206	0.214	0.222
16	0.211	0.220	0.229	0.238	0.247	0.256	0.265	0.274
18	0.258	0.268	0.278	0.289	0.300	0.310	0.321	0.332
20	0.309	0.321	0.333	0.345	0.358	0.370	0.383	0.395
22	0.365	0.379	0.393	0.407	0.421	0.435	0.450	0.464
24	0.426	0.442	0.457	0.473	0.489	0.506	0.522	0.539
26	0.491	0.509	0.527	0.545	0.563	0.581	0.600	0.618
28	0.561	0.581	0.601	0.621	0.642	0.662	0.683	0.704
30	0.636	0.658	0.681	0.703	0.726	0.748	0.771	0.795
32	0.715	0.740	0.765	0.790	0.815	0.840	0.865	0.891
34	0.799	0.827	0.854	0.881	0.909	0.937	0.965	0.993
36	0.888	0.918	0.948	0.978	1.008	1.039	1.069	1.100
38	0.981	1.014	1.047	1.080	1.113	1.146	1.180	1.213
40	1.079	1.115	1.151	1.186	1.223	1.259	1.295	1.332
42	1.182	1.221	1.259	1.298	1.337	1.377	1.416	1.456
44	1.289	1.331	1.373	1.415	1.457	1.500	1.542	1.585
46	1.401	1.446	1.492	1.537	1.583	1.628	1.674	1.720
48	1.518	1.566	1.615	1.664	1.713	1.762	1.811	1.860
50	1.639	1.691	1.743	1.796	1.848	1.901	1.954	2.006
52	1.765	1.821	1.877	1.933	1.989	2.045	2.101	2.158

（续）

检尺径/cm	检尺长/m							
	6.8	7.0	7.2	7.4	7.6	7.8	8.0	8.2
	材积/m³							
54	1.895	1.955	2.015	2.075	2.135	2.195	2.255	2.315
56	2.030	2.094	2.158	2.222	2.286	2.349	2.413	2.477
58	2.170	2.238	2.306	2.374	2.442	2.510	2.577	2.645
60	2.315	2.387	2.459	2.531	2.603	2.675	2.747	2.819
62	2.464	2.540	2.617	2.693	2.769	2.845	2.922	2.998
64	2.618	2.699	2.779	2.860	2.941	3.021	3.102	3.183
66	2.776	2.862	2.947	3.032	3.117	3.203	3.288	3.373
68	2.939	3.029	3.119	3.209	3.299	3.389	3.479	3.568
70	3.107	3.202	3.297	3.392	3.486	3.581	3.675	3.770
72	3.280	3.380	3.479	3.579	3.678	3.778	3.877	3.976
74	3.457	3.562	3.667	3.771	3.876	3.980	4.084	4.188
76	3.639	3.749	3.859	3.969	4.078	4.188	4.297	4.406
78	3.825	3.940	4.056	4.171	4.286	4.400	4.515	4.629
80	4.016	4.137	4.258	4.378	4.499	4.619	4.738	4.858
82	4.212	4.338	4.465	4.591	4.716	4.842	4.967	5.092
84	4.412	4.545	4.677	4.808	4.940	5.071	5.201	5.332
86	4.617	4.755	4.893	5.031	5.168	5.304	5.441	5.577
88	4.827	4.971	5.115	5.258	5.401	5.544	5.686	5.828
90	5.041	5.192	5.341	5.491	5.640	5.788	5.936	6.084
92	5.260	5.417	5.573	5.728	5.883	6.038	6.192	6.346
94	5.484	5.647	5.809	5.971	6.132	6.293	6.453	6.613
96	5.712	5.882	6.050	6.219	6.386	6.553	6.720	6.886
98	5.945	6.121	6.297	6.471	6.645	6.819	6.992	7.164
100	6.183	6.366	6.548	6.729	6.910	7.090	7.269	7.448
102	6.425	6.615	6.804	6.992	7.179	7.366	7.552	7.737
104	6.672	6.869	7.065	7.259	7.454	7.647	7.840	8.032
106	6.924	7.128	7.330	7.532	7.733	7.934	8.134	8.333
108	7.180	7.391	7.601	7.810	8.018	8.226	8.433	8.638
110	7.441	7.659	7.877	8.093	8.308	8.523	8.737	8.950
112	7.707	7.932	8.157	8.381	8.604	8.826	9.047	9.267

（续）

检尺径/cm	检尺长/m							
	6.8	7.0	7.2	7.4	7.6	7.8	8.0	8.2
	材积/m³							
114	7.977	8.210	8.443	8.674	8.904	9.133	9.362	9.589
116	8.252	8.493	8.733	8.972	9.210	9.446	9.682	9.917
118	8.532	8.780	9.028	9.275	9.520	9.765	10.008	10.251
120	8.816	9.073	9.328	9.583	9.836	10.088	10.339	10.590
122	9.105	9.370	9.633	9.896	10.157	10.417	10.676	10.934
124	9.398	9.671	9.943	10.214	10.483	10.751	11.018	11.284
126	9.696	9.978	10.258	10.537	10.815	11.091	11.366	11.640
128	9.999	10.289	10.578	10.865	11.151	11.436	11.719	12.001
130	10.307	10.605	10.903	11.198	11.493	11.786	12.077	12.367
132	10.619	10.926	11.232	11.537	11.839	12.141	12.441	12.739
134	10.936	11.252	11.567	11.880	12.191	12.501	12.810	13.117
136	11.257	11.583	11.906	12.228	12.548	12.867	13.184	13.500
138	11.583	11.918	12.251	12.582	12.911	13.238	13.564	13.888
140	11.914	12.258	12.600	12.940	13.278	13.615	13.949	14.283
142	12.250	12.603	12.954	13.303	13.651	13.996	14.340	14.682
144	12.590	12.952	13.313	13.672	14.028	14.383	14.736	15.087
146	12.935	13.307	13.677	14.045	14.411	14.775	15.137	15.498
148	13.284	13.666	14.046	14.424	14.799	15.173	15.544	15.914
150	13.638	14.030	14.420	14.807	15.192	15.575	15.957	16.336
152	13.997	14.399	14.798	15.196	15.591	15.983	16.374	16.763
154	14.360	14.772	15.182	15.589	15.994	16.397	16.797	17.196
156	14.728	15.151	15.570	15.988	16.403	16.815	17.226	17.634
158	15.101	15.534	15.964	16.391	16.817	17.239	17.659	18.078
160	15.478	15.922	16.362	16.800	17.235	17.668	18.099	18.527
162	15.860	16.314	16.765	17.214	17.660	18.103	18.543	18.982
164	16.247	16.712	17.174	17.632	18.089	18.542	18.993	19.442
166	16.639	17.114	17.587	18.056	18.523	18.987	19.449	19.908
168	17.035	17.521	18.005	18.485	18.963	19.437	19.909	20.379
170	17.435	17.933	18.427	18.919	19.407	19.893	20.376	20.856
172	17.841	18.349	18.855	19.358	19.857	20.354	20.847	21.338

（续）

检尺径/cm	检尺长/m							
	6.8	7.0	7.2	7.4	7.6	7.8	8.0	8.2
	材积/m³							
174	18.251	18.771	19.288	19.802	20.312	20.820	21.324	21.826
176	18.665	19.197	19.725	20.251	20.772	21.291	21.807	22.319
178	19.084	19.628	20.168	20.704	21.238	21.768	22.294	22.818
180	19.508	20.064	20.615	21.163	21.708	22.249	22.788	23.322
182	19.937	20.504	21.068	21.627	22.184	22.737	23.286	23.832
184	20.370	20.949	21.525	22.097	22.665	23.229	23.790	24.348
186	20.808	21.399	21.987	22.571	23.151	23.727	24.299	24.869
188	21.251	21.854	22.454	23.050	23.642	24.230	24.814	25.395
190	21.698	22.314	22.926	23.534	24.138	24.738	25.334	25.927
192	22.150	22.778	23.403	24.023	24.639	25.251	25.860	26.464
194	22.606	23.248	23.885	24.517	25.146	25.770	26.391	27.007
196	23.068	23.722	24.371	25.016	25.657	26.294	26.927	27.556
198	23.534	24.200	24.863	25.521	26.174	26.824	27.469	28.110
200	24.004	24.684	25.359	26.030	26.696	27.358	28.016	28.669

检尺径/cm	检尺长/m							
	8.4	8.6	8.8	9.0	9.2	9.4	9.6	9.8	10.0
	材积/m³							
4	0.0420	0.0440	0.0460	0.0481	0.0503	0.0525	0.0547	0.0571	0.0594
5	0.0532	0.0557	0.0580	0.0605	0.0630	0.0657	0.0683	0.0711	0.0739
6	0.0657	0.0685	0.0713	0.0743	0.0773	0.0803	0.0834	0.0866	0.0899
7	0.0795	0.0828	0.0861	0.0895	0.0929	0.0965	0.1000	0.1037	0.1075
8	0.095	0.098	0.102	0.106	0.110	0.114	0.118	0.122	0.127
9	0.111	0.115	0.120	0.124	0.129	0.133	0.138	0.143	0.147
10	0.129	0.134	0.139	0.144	0.149	0.154	0.159	0.164	0.170
11	0.148	0.153	0.159	0.164	0.170	0.176	0.182	0.188	0.194
12	0.168	0.174	0.180	0.187	0.193	0.199	0.206	0.212	0.219
13	0.190	0.197	0.204	0.210	0.217	0.224	0.231	0.239	0.246
14	0.230	0.239	0.247	0.256	0.264	0.273	0.282	0.292	0.301
16	0.284	0.294	0.304	0.314	0.324	0.335	0.345	0.356	0.367

（续）

检尺径 /cm	检尺长/m								
	8.4	8.6	8.8	9.0	9.2	9.4	9.6	9.8	10.0
	材积/m³								
18	0.343	0.355	0.366	0.378	0.390	0.402	0.414	0.427	0.440
20	0.408	0.422	0.435	0.448	0.462	0.476	0.490	0.504	0.519
22	0.479	0.494	0.509	0.525	0.540	0.556	0.572	0.588	0.604
24	0.555	0.572	0.589	0.607	0.624	0.642	0.660	0.678	0.697
26	0.637	0.656	0.676	0.695	0.715	0.734	0.754	0.775	0.795
28	0.725	0.746	0.767	0.789	0.811	0.833	0.855	0.878	0.900
30	0.818	0.842	0.865	0.889	0.913	0.938	0.962	0.987	1.012
32	0.917	0.943	0.969	0.995	1.022	1.049	1.076	1.103	1.131
34	1.021	1.050	1.078	1.107	1.136	1.166	1.195	1.225	1.255
36	1.131	1.162	1.194	1.225	1.257	1.289	1.321	1.354	1.387
38	1.247	1.281	1.315	1.349	1.384	1.419	1.454	1.489	1.525
40	1.368	1.405	1.442	1.479	1.517	1.555	1.593	1.631	1.669
42	1.495	1.535	1.575	1.615	1.656	1.697	1.737	1.779	1.820
44	1.628	1.671	1.714	1.757	1.801	1.845	1.889	1.933	1.978
46	1.766	1.812	1.859	1.905	1.952	1.999	2.046	2.094	2.142
48	1.910	1.959	2.009	2.059	2.109	2.160	2.210	2.261	2.312
50	2.059	2.112	2.166	2.219	2.273	2.327	2.381	2.435	2.489
52	2.214	2.271	2.328	2.385	2.442	2.500	2.557	2.615	2.673
54	2.375	2.436	2.496	2.557	2.618	2.679	2.740	2.802	2.863
56	2.542	2.606	2.670	2.735	2.799	2.864	2.929	2.995	3.060
58	2.714	2.782	2.850	2.918	2.987	3.056	3.125	3.194	3.263
60	2.891	2.963	3.036	3.108	3.181	3.254	3.327	3.400	3.473
62	3.074	3.151	3.227	3.304	3.381	3.458	3.535	3.612	3.690
64	3.263	3.344	3.425	3.506	3.587	3.668	3.749	3.831	3.912
66	3.458	3.543	3.628	3.713	3.799	3.884	3.970	4.056	4.142
68	3.658	3.748	3.837	3.927	4.017	4.107	4.197	4.287	4.378
70	3.864	3.958	4.052	4.147	4.241	4.336	4.430	4.525	4.620
72	4.075	4.174	4.273	4.372	4.471	4.571	4.670	4.770	4.869
74	4.292	4.396	4.500	4.604	4.708	4.812	4.916	5.020	5.125
76	4.515	4.624	4.733	4.842	4.950	5.059	5.168	5.278	5.387

（续）

检尺径 /cm	检尺长/m								
	8.4	8.6	8.8	9.0	9.2	9.4	9.6	9.8	10.0
	材积/m³								
78	4.743	4.857	4.971	5.085	5.199	5.313	5.427	5.541	5.656
80	4.977	5.096	5.216	5.335	5.454	5.573	5.692	5.811	5.931
82	5.217	5.341	5.466	5.590	5.715	5.839	5.963	6.088	6.213
84	5.462	5.592	5.722	5.852	5.981	6.111	6.241	6.371	6.501
86	5.713	5.848	5.984	6.119	6.254	6.390	6.525	6.660	6.796
88	5.969	6.111	6.252	6.393	6.534	6.674	6.815	6.956	7.097
90	6.231	6.379	6.525	6.672	6.819	6.965	7.112	7.258	7.405
92	6.499	6.652	6.805	6.958	7.110	7.262	7.415	7.567	7.719
94	6.773	6.932	7.090	7.249	7.407	7.566	7.724	7.882	8.040
96	7.052	7.217	7.382	7.546	7.711	7.875	8.039	8.204	8.368
98	7.336	7.508	7.679	7.850	8.020	8.191	8.361	8.531	8.702
100	7.626	7.804	7.982	8.159	8.336	8.513	8.689	8.866	9.043
102	7.922	8.107	8.291	8.474	8.658	8.841	9.024	9.207	9.390
104	8.224	8.415	8.605	8.796	8.985	9.175	9.364	9.554	9.743
106	8.531	8.729	8.926	9.123	9.319	9.515	9.711	9.907	10.103
108	8.844	9.048	9.252	9.456	9.659	9.862	10.065	10.268	10.470
110	9.162	9.374	9.585	9.795	10.005	10.215	10.425	10.634	10.843
112	9.486	9.705	9.923	10.140	10.357	10.574	10.791	11.007	11.223
114	9.816	10.042	10.267	10.492	10.716	10.939	11.163	11.386	11.610
116	10.151	10.384	10.617	10.849	11.080	11.311	11.542	11.772	12.002
118	10.492	10.733	10.973	11.212	11.451	11.689	11.927	12.164	12.402
120	10.839	11.087	11.334	11.581	11.827	12.073	12.318	12.563	12.808
122	11.191	11.447	11.702	11.956	12.210	12.463	12.715	12.968	13.220
124	11.549	11.812	12.075	12.337	12.598	12.859	13.119	13.379	13.639
126	11.912	12.184	12.454	12.724	12.993	13.262	13.530	13.797	14.065
128	12.281	12.561	12.839	13.117	13.394	13.670	13.946	14.222	14.497
130	12.656	12.944	13.231	13.516	13.801	14.085	14.369	14.652	14.935
132	13.036	13.332	13.627	13.921	14.214	14.506	14.798	15.090	15.381
134	13.422	13.727	14.030	14.332	14.633	14.934	15.234	15.533	15.832
136	13.814	14.127	14.438	14.749	15.059	15.367	15.675	15.983	16.291

（续）

检尺径/cm	检尺长/m								
	8.4	8.6	8.8	9.0	9.2	9.4	9.6	9.8	10.0
	材积/m³								
138	14.211	14.533	14.853	15.172	15.490	15.807	16.124	16.440	16.755
140	14.614	14.944	15.273	15.601	15.927	16.253	16.578	16.903	17.227
142	15.023	15.362	15.699	16.036	16.371	16.705	17.039	17.372	17.705
144	15.437	15.785	16.131	16.476	16.820	17.164	17.506	17.848	18.189
146	15.856	16.214	16.569	16.923	17.276	17.628	17.979	18.330	18.680
148	16.282	16.648	17.013	17.376	17.738	18.099	18.459	18.818	19.177
150	16.713	17.088	17.462	17.835	18.206	18.576	18.945	19.313	19.681
152	17.150	17.535	17.918	18.299	18.680	19.059	19.437	19.815	20.192
154	17.592	17.986	18.379	18.770	19.160	19.548	19.936	20.323	20.709
156	18.040	18.444	18.846	19.247	19.646	20.044	20.441	20.837	21.232
158	18.493	18.907	19.319	19.730	20.138	20.546	20.952	21.358	21.763
160	18.953	19.376	19.798	20.218	20.637	21.054	21.470	21.885	22.299
162	19.417	19.851	20.283	20.713	21.141	21.568	21.994	22.418	22.842
164	19.888	20.332	20.774	21.213	21.652	22.088	22.524	22.958	23.392
166	20.364	20.818	21.270	21.720	22.168	22.615	23.060	23.505	23.949
168	20.846	21.310	21.772	22.233	22.691	23.148	23.603	24.058	24.511
170	21.333	21.808	22.281	22.751	23.220	23.687	24.152	24.617	25.081
172	21.826	22.311	22.795	23.276	23.755	24.232	24.708	25.183	25.657
174	22.325	22.821	23.315	23.806	24.296	24.783	25.270	25.755	26.239
176	22.829	23.336	23.840	24.343	24.843	25.341	25.838	26.333	26.828
178	23.339	23.857	24.372	24.885	25.396	25.905	26.412	26.918	27.424
180	23.854	24.383	24.910	25.433	25.955	26.475	26.993	27.510	28.026
182	24.375	24.916	25.453	25.988	26.520	27.051	27.580	28.108	28.634
184	24.902	25.454	26.002	26.548	27.092	27.634	28.173	28.712	29.249
186	25.435	25.997	26.557	27.115	27.669	28.222	28.773	29.323	29.871
188	25.973	26.547	27.118	27.687	28.253	28.817	29.379	29.940	30.499
190	26.516	27.102	27.685	28.265	28.843	29.418	29.991	30.563	31.134
192	27.066	27.663	28.258	28.849	29.439	30.025	30.610	31.193	31.775

（续）

检尺径/cm	检尺长/m								
	8.4	8.6	8.8	9.0	9.2	9.4	9.6	9.8	10.0
	材积/m³								
194	27.620	28.230	28.836	29.440	30.040	30.639	31.235	31.830	32.423
196	28.181	28.803	29.421	30.036	30.648	31.258	31.866	32.472	33.077
198	28.747	29.381	30.011	30.638	31.263	31.884	32.504	33.122	33.738
200	29.319	29.965	30.607	31.246	31.883	32.516	33.148	33.777	34.406

1.2　小径原木

1.2.1　小径原木数量检量

小径原木数量检量按 GB/T 144《原木检验》的有关规定执行。GB/T 11716—2009《小径原木》规定：

1. 检尺径

东北、内蒙古地区自 4 ~ 16cm，其他地区自 4 ~ 13cm；检尺径自 4 ~ 13cm 按 1cm 进级，自 14 ~ 16cm 按 2cm 进级。

2. 检尺长

自 2 ~ 6m，按 0.2m 进级。长级公差 $\pm^{6}_{2}$cm。

1.2.2　小径原木材积计算

1）检尺径自 4 ~ 13cm 的小径原木材积计算公式：

$$V = 0.7854L(D + 0.45L + 0.2)^2/10000$$

2）检尺径自 14cm 以上的小径原木材积计算公式：

$$V = 0.7854L[D + 0.5L + 0.005L^2 + 0.000125L$$
$$(14 - L)^2(D - 10)]^2/10000$$

以上两式中，V 是材积（m³）；D 是检尺径（cm）；L 是检尺长（m）。

1.2.3　小径原木材积速查表

编表依据 GB/T 11716—2009《小径原木》，适于检尺径自 4～16cm、检尺长自 2～6m 的所有树种小径原木材积查定，检尺径自 4～7cm 的小径原木材积数保留四位小数，检尺径自 8cm 以上的小径原木材积数保留三位小数。小径原木材积速查表见表 1-2。

表 1-2　小径原木材积速查表

检尺径/cm	检尺长/m						
	2.0	2.2	2.4	2.6	2.8	3.0	3.2
	材积/m³						
4	0.0041	0.0047	0.0053	0.0059	0.0066	0.0073	0.0080
5	0.0058	0.0066	0.0074	0.0083	0.0092	0.0101	0.0111
6	0.0079	0.0089	0.0100	0.0111	0.0122	0.0134	0.0147
7	0.0103	0.0116	0.0129	0.0143	0.0157	0.0172	0.0188
8	0.013	0.015	0.016	0.018	0.020	0.021	0.023
9	0.016	0.018	0.020	0.022	0.024	0.026	0.028
10	0.019	0.022	0.024	0.026	0.029	0.031	0.034
11	0.023	0.026	0.028	0.031	0.034	0.037	0.040
12	0.027	0.030	0.033	0.037	0.040	0.043	0.047
13	0.031	0.035	0.038	0.042	0.046	0.050	0.054
14	0.034	0.040	0.045	0.049	0.054	0.059	0.063
16	0.047	0.052	0.058	0.063	0.069	0.075	0.081

检尺径/cm	检尺长/m						
	3.4	3.6	3.8	4.0	4.2	4.4	4.6
	材积/m³						
4	0.0088	0.0096	0.0104	0.0113	0.0122	0.0132	0.0142
5	0.0121	0.0132	0.0143	0.0154	0.0166	0.0178	0.0191
6	0.0160	0.0173	0.0187	0.0201	0.0216	0.0231	0.0247
7	0.0204	0.0220	0.0237	0.0254	0.0273	0.0291	0.0310
8	0.025	0.027	0.029	0.031	0.034	0.036	0.038

（续）

检尺径/cm	检尺长/m						
	3.4	3.6	3.8	4.0	4.2	4.4	4.6
	材积/m³						
9	0.031	0.033	0.036	0.038	0.041	0.043	0.046
10	0.037	0.040	0.042	0.045	0.048	0.051	0.054
11	0.043	0.046	0.050	0.053	0.057	0.060	0.064
12	0.050	0.054	0.058	0.062	0.065	0.069	0.074
13	0.058	0.062	0.066	0.071	0.075	0.080	0.084
14	0.068	0.073	0.078	0.083	0.089	0.094	0.100
16	0.087	0.093	0.100	0.106	0.113	0.120	0.126

检尺径/cm	检尺长/m						
	4.8	5.0	5.2	5.4	5.6	5.8	6.0
	材积/m³						
4	0.0152	0.0163	0.0175	0.0186	0.0199	0.0211	0.0224
5	0.0204	0.0218	0.0232	0.0247	0.0262	0.0278	0.0294
6	0.0263	0.0280	0.0298	0.0316	0.0334	0.0354	0.0373
7	0.0330	0.0351	0.0372	0.0393	0.0416	0.0438	0.0462
8	0.040	0.043	0.045	0.048	0.051	0.053	0.056
9	0.049	0.051	0.054	0.057	0.060	0.064	0.067
10	0.058	0.061	0.064	0.068	0.071	0.075	0.078
11	0.067	0.071	0.075	0.079	0.083	0.087	0.091
12	0.078	0.082	0.086	0.091	0.095	0.100	0.105
13	0.089	0.094	0.099	0.104	0.109	0.114	0.119
14	0.105	0.111	0.117	0.123	0.129	0.136	0.142
16	0.134	0.141	0.148	0.155	0.163	0.171	0.179

1.3 短原木

1.3.1 短原木数量检量

短原木数量检量按 GB/T 144《原木检验》的有关规定执行。LY/T 1506—2008《短原木》规定：

　　1. 检尺径

　　自8cm以上、不足14cm的按1cm进级，实际尺寸不足1cm时，足0.5cm的增进，不足0.5cm的舍去；自14cm以上，按2cm进级，实际尺寸足1cm的增进，不足1cm的舍去。

　　2. 检尺长

　　自0.5~1.9m，按0.1m进级，不足0.1m，足5cm的增进，不足5cm的舍去。长级公差 $\pm^{3}_{1}$cm。

1.3.2　短原木材积计算

　　短原木材积计算公式：

$$V = 0.8L(D + 0.5L)^2/10000$$

式中，V 是材积（m^3）；D 是检尺径（cm）；L 是检尺长（m）。

1.3.3　短原木材积速查表

　　编表依据 LY/T 1506—2008《短原木》，适于检尺径自8~100cm、检尺长自0.5~1.9m的所有树种短原木材积查定，短原木材积数保留三位小数。短原木材积速查表见表1-3。

表1-3　短原木材积速查表

检尺径 /cm	检尺长/m				
	0.5	0.6	0.7	0.8	0.9
	材积/m³				
8	0.003	0.003	0.004	0.005	0.005
9	0.003	0.004	0.005	0.006	0.006

（续）

检尺径 /cm	检尺长/m				
	0.5	0.6	0.7	0.8	0.9
	材积/m³				
10	0.004	0.005	0.006	0.007	0.008
11	0.005	0.006	0.007	0.008	0.009
12	0.006	0.007	0.009	0.010	0.011
13	0.007	0.008	0.010	0.011	0.013
14	0.008	0.010	0.012	0.013	0.015
16	0.011	0.013	0.015	0.017	0.019
18	0.013	0.016	0.019	0.022	0.025
20	0.016	0.020	0.023	0.027	0.030
22	0.020	0.024	0.028	0.032	0.036
24	0.024	0.028	0.033	0.038	0.043
26	0.028	0.033	0.039	0.045	0.050
28	0.032	0.038	0.045	0.052	0.058
30	0.037	0.044	0.052	0.059	0.067
32	0.042	0.050	0.059	0.067	0.076
34	0.047	0.056	0.066	0.076	0.085
36	0.053	0.063	0.074	0.085	0.096
38	0.059	0.070	0.082	0.094	0.106
40	0.065	0.078	0.091	0.104	0.118
42	0.071	0.086	0.100	0.115	0.130
44	0.078	0.094	0.110	0.126	0.142
46	0.086	0.103	0.120	0.138	0.155
48	0.093	0.112	0.131	0.150	0.169
50	0.101	0.121	0.142	0.163	0.183
52	0.109	0.131	0.153	0.176	0.198
54	0.118	0.142	0.165	0.190	0.213
56	0.127	0.152	0.178	0.204	0.229
58	0.136	0.163	0.191	0.218	0.246
60	0.145	0.175	0.204	0.233	0.263
62	0.155	0.186	0.218	0.249	0.281
64	0.165	0.198	0.232	0.265	0.299

（续）

检尺径	检尺长/m				
/cm	0.5	0.6	0.7	0.8	0.9
	材积/m³				
66	0.176	0.211	0.247	0.282	0.318
68	0.186	0.224	0.262	0.299	0.337
70	0.197	0.237	0.277	0.317	0.357
72	0.209	0.251	0.293	0.335	0.378
74	0.221	0.265	0.310	0.354	0.399
76	0.233	0.279	0.326	0.374	0.421
78	0.245	0.294	0.344	0.393	0.443
80	0.258	0.310	0.362	0.414	0.466
82	0.271	0.325	0.380	0.435	0.489
84	0.284	0.341	0.398	0.456	0.513
86	0.298	0.357	0.418	0.478	0.538
88	0.312	0.374	0.437	0.500	0.563
90	0.326	0.391	0.457	0.523	0.589
92	0.340	0.409	0.478	0.546	0.615
94	0.355	0.427	0.499	0.570	0.642
96	0.371	0.445	0.520	0.595	0.670
98	0.386	0.464	0.542	0.620	0.698
100	0.402	0.483	0.564	0.645	0.726

检尺径	检尺长/m				
/cm	1.0	1.1	1.2	1.3	1.4
	材积/m³				
8	0.006	0.006	0.007	0.008	0.008
9	0.007	0.008	0.009	0.010	0.011
10	0.009	0.010	0.011	0.012	0.013
11	0.011	0.012	0.013	0.014	0.015
12	0.013	0.014	0.015	0.017	0.018
13	0.015	0.016	0.018	0.019	0.021
14	0.017	0.019	0.020	0.022	0.024
16	0.022	0.024	0.026	0.029	0.031

（续）

检尺径 /cm	检尺长/m				
	1.0	1.1	1.2	1.3	1.4
	材积/m³				
18	0.027	0.030	0.033	0.036	0.039
20	0.034	0.037	0.041	0.044	0.048
22	0.041	0.045	0.049	0.055	0.058
24	0.048	0.053	0.058	0.063	0.068
26	0.056	0.062	0.068	0.074	0.080
28	0.065	0.072	0.079	0.085	0.092
30	0.074	0.082	0.090	0.098	0.106
32	0.085	0.093	0.102	0.111	0.120
34	0.095	0.105	0.115	0.125	0.135
36	0.107	0.118	0.129	0.140	0.151
38	0.119	0.131	0.143	0.155	0.168
40	0.131	0.145	0.158	0.172	0.186
42	0.145	0.159	0.174	0.189	0.204
44	0.158	0.175	0.191	0.207	0.224
46	0.173	0.191	0.208	0.226	0.244
48	0.188	0.207	0.227	0.246	0.266
50	0.204	0.225	0.246	0.267	0.288
52	0.221	0.243	0.266	0.288	0.311
54	0.238	0.262	0.286	0.311	0.335
56	0.255	0.281	0.308	0.334	0.360
58	0.274	0.302	0.330	0.358	0.386
60	0.293	0.323	0.353	0.383	0.413
62	0.313	0.344	0.376	0.408	0.440
64	0.333	0.367	0.401	0.435	0.469
66	0.354	0.390	0.426	0.462	0.498
68	0.375	0.414	0.452	0.490	0.529
70	0.398	0.438	0.479	0.519	0.560
72	0.421	0.463	0.506	0.549	0.592
74	0.444	0.489	0.534	0.580	0.625
76	0.468	0.516	0.563	0.611	0.659

（续）

检尺径	检尺长/m				
	1.0	1.1	1.2	1.3	1.4
/cm	材积/m³				
78	0.493	0.543	0.593	0.643	0.694
80	0.518	0.571	0.624	0.676	0.729
82	0.545	0.600	0.655	0.710	0.766
84	0.571	0.629	0.687	0.745	0.803
86	0.599	0.659	0.720	0.781	0.842
88	0.627	0.690	0.754	0.817	0.881
90	0.655	0.722	0.788	0.855	0.921
92	0.685	0.754	0.823	0.893	0.962
94	0.714	0.787	0.859	0.932	1.004
96	0.745	0.820	0.896	0.971	1.047
98	0.776	0.855	0.933	1.012	1.091
100	0.808	0.890	0.972	1.054	1.136

检尺径	检尺长/m				
	1.5	1.6	1.7	1.8	1.9
/cm	材积/m³				
8	0.009	0.010	0.011	0.011	0.012
9	0.011	0.012	0.013	0.014	0.015
10	0.014	0.015	0.016	0.017	0.018
11	0.017	0.018	0.019	0.020	0.022
12	0.020	0.021	0.022	0.024	0.025
13	0.023	0.024	0.026	0.028	0.030
14	0.026	0.028	0.030	0.032	0.034
16	0.034	0.036	0.039	0.041	0.044
18	0.042	0.045	0.048	0.051	0.055
20	0.052	0.055	0.059	0.063	0.067
22	0.062	0.067	0.071	0.076	0.080
24	0.074	0.079	0.084	0.089	0.095
26	0.086	0.092	0.098	0.104	0.110
28	0.099	0.106	0.113	0.120	0.127
30	0.113	0.121	0.129	0.137	0.146

（续）

检尺径 /cm	检尺长/m				
	1.5	1.6	1.7	1.8	1.9
	材积/m³				
32	0.129	0.138	0.147	0.156	0.165
34	0.145	0.155	0.165	0.175	0.186
36	0.162	0.173	0.185	0.196	0.208
38	0.180	0.193	0.205	0.218	0.231
40	0.199	0.213	0.227	0.241	0.255
42	0.219	0.234	0.250	0.265	0.280
44	0.240	0.257	0.274	0.290	0.307
46	0.262	0.280	0.299	0.317	0.335
48	0.285	0.305	0.325	0.344	0.364
50	0.309	0.330	0.352	0.373	0.395
52	0.334	0.357	0.380	0.403	0.426
54	0.360	0.384	0.409	0.434	0.459
56	0.386	0.413	0.440	0.466	0.493
58	0.414	0.443	0.471	0.500	0.528
60	0.443	0.473	0.504	0.534	0.565
62	0.473	0.505	0.537	0.570	0.602
64	0.503	0.537	0.572	0.607	0.641
66	0.535	0.571	0.608	0.644	0.681
68	0.567	0.606	0.645	0.684	0.723
70	0.601	0.642	0.683	0.724	0.765
72	0.635	0.678	0.722	0.765	0.809
74	0.671	0.716	0.762	0.808	0.854
76	0.707	0.755	0.803	0.852	0.900
78	0.744	0.795	0.846	0.896	0.947
80	0.782	0.836	0.889	0.942	0.996
82	0.822	0.878	0.934	0.990	1.046
84	0.862	0.920	0.979	1.038	1.097
86	0.903	0.964	1.026	1.087	1.149
88	0.945	1.009	1.074	1.138	1.203
90	0.988	1.055	1.123	1.190	1.257

（续）

检尺径 /cm	检尺长/m				
	1.5	1.6	1.7	1.8	1.9
	材积/m³				
92	1.032	1.102	1.172	1.243	1.313
94	1.077	1.150	1.224	1.297	1.370
96	1.123	1.199	1.276	1.352	1.429
98	1.170	1.249	1.329	1.408	1.488
100	1.218	1.301	1.383	1.466	1.549

1.4 长原木

1.4.1 长原木数量检量

长原木数量检量按 GB/T 144《原木检验》的有关规定执行。GB 4814—1984《原木材积表》附录 A 规定：

1. 检尺径

按 2cm 进级，实际尺寸足 1cm 的增进，不足 1cm 的舍去。

2. 检尺长

检尺长的进级范围及长级公差由供需双方商定，本手册检尺长自 10.2 ~ 18m，按 0.2m 进级。

1.4.2 长原木材积计算

长原木材积计算公式：

$$V = 0.8L \ (D + 0.5L)^2 /10000$$

式中，V 是材积（m³）；D 是检尺径（cm）；L 是检尺长（m）。

1.4.3　长原木材积速查表

　　编表依据 GB 4814—1984《原木材积表》中附录 A，适于检尺径自 4 ~ 100cm、检尺长自 10.2 ~ 18m 的所有树种长原木材积查定，长原木材积数保留三位小数。长原木材积速查表见表 1-4。

表 1-4　长原木材积速查表

检尺径/cm	检尺长/m							
	10.2	10.4	10.6	10.8	11.0	11.2	11.4	11.6
	材积/m³							
4	0.068	0.070	0.073	0.076	0.079	0.083	0.086	0.089
6	0.101	0.104	0.108	0.112	0.116	0.121	0.125	0.129
8	0.140	0.145	0.150	0.155	0.160	0.166	0.171	0.177
10	0.186	0.192	0.199	0.205	0.211	0.218	0.225	0.232
12	0.239	0.246	0.254	0.262	0.270	0.278	0.286	0.294
14	0.298	0.307	0.316	0.325	0.335	0.344	0.354	0.364
16	0.363	0.374	0.385	0.396	0.407	0.418	0.429	0.441
18	0.435	0.448	0.460	0.473	0.486	0.499	0.512	0.526
20	0.514	0.528	0.543	0.557	0.572	0.587	0.602	0.618
22	0.599	0.616	0.632	0.649	0.666	0.683	0.700	0.717
24	0.691	0.709	0.728	0.747	0.766	0.785	0.804	0.824
26	0.789	0.810	0.831	0.852	0.873	0.895	0.916	0.938
28	0.894	0.917	0.940	0.964	0.988	1.012	1.036	1.060
30	1.005	1.031	1.057	1.083	1.109	1.136	1.162	1.189
32	1.123	1.151	1.180	1.209	1.238	1.267	1.296	1.326
34	1.248	1.278	1.310	1.341	1.373	1.405	1.437	1.470
36	1.378	1.412	1.446	1.481	1.516	1.551	1.586	1.621
38	1.516	1.553	1.590	1.627	1.665	1.703	1.742	1.780
40	1.660	1.700	1.740	1.781	1.822	1.863	1.905	1.947
42	1.810	1.854	1.897	1.941	1.986	2.030	2.075	2.120

（续）

检尺径/cm	检尺长/m							
	10.2	10.4	10.6	10.8	11.0	11.2	11.4	11.6
	材积/m³							
44	1.967	2.014	2.061	2.108	2.156	2.204	2.253	2.301
46	2.131	2.181	2.232	2.283	2.334	2.386	2.438	2.490
48	2.301	2.355	2.409	2.464	2.519	2.574	2.630	2.686
50	2.477	2.535	2.593	2.652	2.711	2.770	2.829	2.889
52	2.660	2.722	2.784	2.847	2.910	2.973	3.036	3.100
54	2.850	2.916	2.982	3.049	3.115	3.183	3.250	3.319
56	3.046	3.116	3.187	3.257	3.328	3.400	3.472	3.544
58	3.249	3.323	3.398	3.473	3.548	3.624	3.701	3.777
60	3.458	3.537	3.616	3.695	3.775	3.856	3.937	4.018
62	3.674	3.757	3.841	3.925	4.010	4.095	4.180	4.266
64	3.896	3.984	4.073	4.161	4.251	4.340	4.431	4.521
66	4.125	4.218	4.311	4.405	4.499	4.593	4.688	4.784
68	4.360	4.458	4.556	4.655	4.754	4.854	4.954	5.054
70	4.602	4.705	4.808	4.912	5.016	5.121	5.226	5.332
72	4.851	4.959	5.067	5.176	5.286	5.395	5.506	5.617
74	5.106	5.219	5.333	5.447	5.562	5.677	5.793	5.910
76	5.367	5.486	5.605	5.725	5.845	5.966	6.087	6.209
78	5.635	5.759	5.884	6.010	6.136	6.262	6.389	6.517
80	5.909	6.040	6.170	6.301	6.433	6.565	6.698	6.832
82	6.191	6.326	6.463	6.600	6.738	6.876	7.014	7.154
84	6.478	6.620	6.762	6.905	7.049	7.193	7.338	7.483
86	6.772	6.920	7.069	7.218	7.368	7.518	7.669	7.820
88	7.073	7.227	7.382	7.537	7.693	7.850	8.007	8.165
90	7.380	7.540	7.702	7.863	8.026	8.189	8.353	8.517
92	7.694	7.861	8.028	8.197	8.366	8.535	8.705	8.876
94	8.014	8.187	8.362	8.537	8.712	8.888	9.065	9.243
96	8.341	8.521	8.702	8.884	9.066	9.249	9.433	9.617
98	8.674	8.861	9.049	9.238	9.427	9.617	9.807	9.999
100	9.014	9.208	9.403	9.598	9.795	9.992	10.189	10.388

（续）

检尺径/cm	检尺长/m							
	11.8	12.0	12.2	12.4	12.6	12.8	13.0	13.2
	材积/m³							
4	0.093	0.096	0.100	0.103	0.107	0.111	0.115	0.119
6	0.134	0.138	0.143	0.148	0.153	0.158	0.163	0.168
8	0.182	0.188	0.194	0.200	0.206	0.212	0.219	0.225
10	0.239	0.246	0.253	0.260	0.268	0.275	0.283	0.291
12	0.302	0.311	0.320	0.329	0.338	0.347	0.356	0.365
14	0.374	0.384	0.394	0.405	0.415	0.426	0.437	0.448
16	0.453	0.465	0.477	0.489	0.501	0.514	0.527	0.539
18	0.539	0.553	0.567	0.581	0.595	0.610	0.624	0.639
20	0.633	0.649	0.665	0.681	0.697	0.714	0.730	0.747
22	0.735	0.753	0.771	0.789	0.807	0.826	0.845	0.864
24	0.844	0.864	0.884	0.905	0.925	0.946	0.967	0.989
26	0.961	0.983	1.006	1.029	1.052	1.075	1.099	1.122
28	1.085	1.110	1.135	1.160	1.186	1.212	1.238	1.264
30	1.217	1.244	1.272	1.300	1.328	1.357	1.386	1.415
32	1.356	1.386	1.417	1.448	1.479	1.510	1.542	1.573
34	1.503	1.536	1.569	1.603	1.637	1.671	1.706	1.741
36	1.657	1.693	1.730	1.767	1.804	1.841	1.879	1.916
38	1.819	1.859	1.898	1.938	1.978	2.019	2.059	2.101
40	1.989	2.031	2.074	2.117	2.161	2.205	2.249	2.293
42	2.166	2.212	2.258	2.305	2.352	2.399	2.446	2.494
44	2.351	2.400	2.450	2.500	2.550	2.601	2.652	2.704
46	2.543	2.596	2.649	2.703	2.757	2.812	2.867	2.922
48	2.743	2.799	2.857	2.914	2.972	3.030	3.089	3.148
50	2.950	3.011	3.072	3.133	3.195	3.257	3.320	3.383
52	3.165	3.229	3.295	3.360	3.426	3.492	3.559	3.626
54	3.387	3.456	3.525	3.595	3.665	3.736	3.807	3.878
56	3.617	3.690	3.764	3.838	3.912	3.987	4.063	4.138
58	3.855	3.932	4.010	4.089	4.168	4.247	4.327	4.407
60	4.100	4.182	4.264	4.347	4.431	4.515	4.599	4.684
62	4.352	4.439	4.526	4.614	4.702	4.791	4.880	4.969

（续）

检尺径/cm	检尺长/m							
	11.8	12.0	12.2	12.4	12.6	12.8	13.0	13.2
	材积/m³							
64	4.612	4.704	4.796	4.889	4.982	5.075	5.169	5.263
66	4.880	4.977	5.074	5.171	5.269	5.368	5.467	5.566
68	5.155	5.257	5.359	5.462	5.565	5.668	5.772	5.877
70	5.438	5.545	5.652	5.760	5.868	5.977	6.086	6.196
72	5.729	5.841	5.953	6.066	6.180	6.294	6.409	6.524
74	6.027	6.144	6.262	6.381	6.500	6.619	6.739	6.860
76	6.332	6.455	6.579	6.703	6.827	6.953	7.079	7.205
78	6.645	6.774	6.903	7.033	7.163	7.294	7.426	7.558
80	6.966	7.100	7.235	7.371	7.507	7.644	7.782	7.920
82	7.294	7.434	7.575	7.717	7.859	8.002	8.146	8.290
84	7.629	7.776	7.923	8.071	8.219	8.368	8.518	8.668
86	7.973	8.125	8.279	8.433	8.587	8.743	8.899	9.055
88	8.323	8.483	8.642	8.803	8.964	9.125	9.287	9.450
90	8.682	8.847	9.014	9.180	9.348	9.516	9.685	9.854
92	9.048	9.220	9.393	9.566	9.740	9.915	10.090	10.266
94	9.421	9.600	9.780	9.960	10.141	10.322	10.504	10.687
96	9.802	9.988	10.174	10.361	10.549	10.737	10.927	11.116
98	10.191	10.383	10.577	10.771	10.966	11.161	11.357	11.554
100	10.587	10.787	10.987	11.188	11.390	11.593	11.796	12.000

检尺径/cm	检尺长/m							
	13.4	13.6	13.8	14.0	14.2	14.4	14.6	14.8
	材积/m³							
4	0.123	0.127	0.131	0.136	0.140	0.145	0.149	0.154
6	0.173	0.178	0.184	0.189	0.195	0.201	0.207	0.213
8	0.232	0.238	0.245	0.252	0.259	0.266	0.273	0.281
10	0.299	0.307	0.315	0.324	0.332	0.341	0.350	0.358
12	0.375	0.385	0.394	0.404	0.414	0.425	0.435	0.446
14	0.459	0.471	0.482	0.494	0.506	0.518	0.530	0.542
16	0.552	0.566	0.579	0.592	0.606	0.620	0.634	0.648

（续）

检尺径/cm	检尺长/m							
	13.4	13.6	13.8	14.0	14.2	14.4	14.6	14.8
	材积/m³							
18	0.654	0.669	0.684	0.700	0.716	0.732	0.748	0.764
20	0.764	0.781	0.799	0.816	0.834	0.852	0.870	0.889
22	0.883	0.902	0.922	0.942	0.962	0.982	1.003	1.023
24	1.010	1.032	1.054	1.076	1.099	1.121	1.144	1.167
26	1.146	1.171	1.195	1.220	1.245	1.270	1.295	1.321
28	1.291	1.318	1.345	1.372	1.400	1.427	1.455	1.484
30	1.444	1.473	1.503	1.533	1.564	1.594	1.625	1.656
32	1.606	1.638	1.671	1.704	1.737	1.770	1.804	1.838
34	1.776	1.811	1.847	1.883	1.919	1.955	1.992	2.029
36	1.955	1.993	2.032	2.071	2.110	2.150	2.190	2.230
38	2.142	2.184	2.226	2.268	2.311	2.354	2.397	2.440
40	2.338	2.383	2.428	2.474	2.520	2.566	2.613	2.660
42	2.542	2.591	2.640	2.689	2.739	2.789	2.839	2.889
44	2.756	2.808	2.860	2.913	2.966	3.020	3.074	3.128
46	2.977	3.033	3.089	3.146	3.203	3.260	3.318	3.376
48	3.208	3.267	3.327	3.388	3.449	3.510	3.572	3.634
50	3.446	3.510	3.574	3.639	3.704	3.769	3.835	3.901
52	3.694	3.762	3.830	3.899	3.968	4.037	4.107	4.178
54	3.950	4.022	4.095	4.168	4.241	4.315	4.389	4.464
56	4.214	4.291	4.368	4.445	4.523	4.601	4.680	4.759
58	4.487	4.569	4.650	4.732	4.814	4.897	4.980	5.064
60	4.769	4.855	4.941	5.028	5.115	5.202	5.290	5.379
62	5.060	5.150	5.241	5.332	5.424	5.517	5.609	5.703
64	5.358	5.454	5.550	5.646	5.743	5.840	5.938	6.036
66	5.666	5.766	5.867	5.968	6.070	6.173	6.276	6.379
68	5.982	6.087	6.193	6.300	6.407	6.515	6.623	6.731
70	6.306	6.417	6.529	6.640	6.753	6.866	6.979	7.093
72	6.640	6.756	6.873	6.990	7.108	7.226	7.345	7.464
74	6.981	7.103	7.225	7.348	7.472	7.596	7.720	7.845
76	7.332	7.459	7.587	7.716	7.845	7.974	8.105	8.235

（续）

检尺径 /cm	检尺长/m							
	13.4	13.6	13.8	14.0	14.2	14.4	14.6	14.8
	材积/m³							
78	7.691	7.824	7.958	8.092	8.227	8.362	8.498	8.635
80	8.058	8.197	8.337	8.477	8.618	8.760	8.902	9.044
82	8.434	8.579	8.725	8.872	9.018	9.166	9.314	9.463
84	8.819	8.970	9.122	9.275	9.428	9.582	9.736	9.891
86	9.212	9.370	9.528	9.687	9.846	10.007	10.167	10.329
88	9.614	9.778	9.943	10.108	10.274	10.441	10.608	10.776
90	10.024	10.195	10.366	10.538	10.711	10.884	11.058	11.232
92	10.443	10.620	10.798	10.977	11.156	11.336	11.517	11.698
94	10.871	11.055	11.240	11.425	11.611	11.798	11.986	12.174
96	11.307	11.498	11.690	11.882	12.075	12.269	12.464	12.659
98	11.751	11.950	12.148	12.348	12.548	12.749	12.951	13.153
100	12.205	12.410	12.616	12.823	13.030	13.239	13.448	13.657

检尺径 /cm	检尺长/m							
	15.0	15.2	15.4	15.6	15.8	16.0	16.2	16.4
	材积/m³							
4	0.159	0.164	0.169	0.174	0.179	0.184	0.190	0.195
6	0.219	0.225	0.231	0.238	0.244	0.251	0.258	0.265
8	0.288	0.296	0.304	0.312	0.320	0.328	0.336	0.344
10	0.368	0.377	0.386	0.395	0.405	0.415	0.425	0.435
12	0.456	0.467	0.478	0.489	0.501	0.512	0.524	0.535
14	0.555	0.567	0.580	0.593	0.606	0.620	0.633	0.647
16	0.663	0.677	0.692	0.707	0.722	0.737	0.753	0.768
18	0.780	0.797	0.814	0.831	0.848	0.865	0.883	0.901
20	0.908	0.926	0.945	0.965	0.984	1.004	1.023	1.043
22	1.044	1.065	1.087	1.108	1.130	1.152	1.174	1.197
24	1.191	1.214	1.238	1.262	1.286	1.311	1.335	1.360
26	1.347	1.373	1.399	1.426	1.453	1.480	1.507	1.535
28	1.512	1.541	1.570	1.599	1.629	1.659	1.689	1.719
30	1.688	1.719	1.751	1.783	1.816	1.848	1.881	1.915
32	1.872	1.907	1.942	1.977	2.012	2.048	2.084	2.120

（续）

检尺径/cm	检尺长/m							
	15.0	15.2	15.4	15.6	15.8	16.0	16.2	16.4
	材积/m³							
34	2.067	2.104	2.142	2.181	2.219	2.258	2.297	2.336
36	2.271	2.312	2.353	2.394	2.436	2.478	2.520	2.563
38	2.484	2.529	2.573	2.618	2.663	2.708	2.754	2.800
40	2.708	2.755	2.803	2.851	2.900	2.949	2.998	3.048
42	2.940	2.992	3.043	3.095	3.147	3.200	3.253	3.306
44	3.183	3.238	3.293	3.349	3.405	3.461	3.518	3.575
46	3.435	3.494	3.553	3.612	3.672	3.732	3.793	3.854
48	3.696	3.759	3.822	3.886	3.950	4.014	4.079	4.144
50	3.968	4.034	4.102	4.169	4.237	4.306	4.375	4.444
52	4.248	4.319	4.391	4.463	4.535	4.608	4.681	4.755
54	4.539	4.614	4.690	4.766	4.843	4.920	4.998	5.076
56	4.839	4.919	4.999	5.080	5.161	5.243	5.325	5.408
58	5.148	5.233	5.318	5.403	5.489	5.576	5.662	5.750
60	5.468	5.557	5.647	5.737	5.828	5.919	6.010	6.102
62	5.796	5.890	5.985	6.080	6.176	6.272	6.369	6.466
64	6.135	6.234	6.334	6.434	6.534	6.636	6.737	6.839
66	6.483	6.587	6.692	6.797	6.903	7.009	7.116	7.223
68	6.840	6.950	7.060	7.171	7.282	7.393	7.505	7.618
70	7.208	7.322	7.438	7.554	7.670	7.788	7.905	8.023
72	7.584	7.705	7.826	7.947	8.069	8.192	8.315	8.439
74	7.971	8.097	8.223	8.351	8.478	8.607	8.736	8.865
76	8.367	8.499	8.631	8.764	8.898	9.032	9.166	9.302
78	8.772	8.910	9.048	9.187	9.327	9.467	9.608	9.749
80	9.188	9.331	9.476	9.621	9.766	9.912	10.059	10.206
82	9.612	9.762	9.913	10.064	10.216	10.368	10.521	10.674
84	10.047	10.203	10.360	10.517	10.675	10.834	10.993	11.153
86	10.491	10.653	10.817	10.980	11.145	11.310	11.476	11.642
88	10.944	11.113	11.283	11.454	11.625	11.796	11.969	12.142
90	11.408	11.583	11.760	11.937	12.115	12.293	12.472	12.652
92	11.880	12.063	12.246	12.430	12.615	12.800	12.986	13.173

（续）

检尺径/cm	检尺长/m							
	15.0	15.2	15.4	15.6	15.8	16.0	16.2	16.4
	材积/m³							
94	12.363	12.552	12.742	12.933	13.125	13.317	13.510	13.704
96	12.855	13.051	13.249	13.447	13.645	13.844	14.045	14.245
98	13.356	13.560	13.765	13.970	14.176	14.382	14.589	14.797
100	13.868	14.079	14.290	14.503	14.716	14.930	15.145	15.360

检尺径/cm	检尺长/m							
	16.6	16.8	17.0	17.2	17.4	17.6	17.8	18.0
	材积/m³							
4	0.201	0.207	0.213	0.219	0.225	0.231	0.237	0.243
6	0.272	0.279	0.286	0.293	0.301	0.308	0.316	0.324
8	0.353	0.361	0.370	0.379	0.388	0.397	0.407	0.416
10	0.445	0.455	0.465	0.476	0.487	0.498	0.509	0.520
12	0.547	0.559	0.572	0.584	0.596	0.609	0.622	0.635
14	0.660	0.674	0.689	0.703	0.717	0.732	0.747	0.762
16	0.784	0.800	0.816	0.833	0.849	0.866	0.883	0.900
18	0.919	0.937	0.955	0.974	0.992	1.011	1.030	1.050
20	1.064	1.084	1.105	1.126	1.147	1.168	1.189	1.211
22	1.219	1.242	1.265	1.288	1.312	1.336	1.360	1.384
24	1.385	1.411	1.437	1.462	1.488	1.515	1.541	1.568
26	1.562	1.590	1.619	1.647	1.676	1.705	1.734	1.764
28	1.750	1.781	1.812	1.843	1.875	1.907	1.939	1.971
30	1.948	1.982	2.016	2.050	2.085	2.120	2.155	2.190
32	2.157	2.194	2.231	2.268	2.306	2.344	2.382	2.421
34	2.376	2.416	2.457	2.497	2.538	2.579	2.621	2.663
36	2.606	2.650	2.693	2.737	2.781	2.826	2.871	2.916
38	2.847	2.894	2.941	2.988	3.036	3.084	3.132	3.181
40	3.098	3.148	3.199	3.250	3.301	3.353	3.405	3.457
42	3.360	3.414	3.468	3.523	3.578	3.634	3.689	3.745
44	3.632	3.690	3.749	3.807	3.866	3.925	3.985	4.045
46	3.916	3.977	4.040	4.102	4.165	4.228	4.292	4.356
48	4.209	4.275	4.341	4.408	4.475	4.543	4.610	4.679

（续）

检尺径 /cm	检尺长/m							
	16.6	16.8	17.0	17.2	17.4	17.6	17.8	18.0
	材积/m³							
50	4.514	4.584	4.654	4.725	4.796	4.868	4.940	5.013
52	4.829	4.903	4.978	5.053	5.129	5.205	5.281	5.358
54	5.154	5.233	5.313	5.392	5.472	5.553	5.634	5.715
56	5.491	5.574	5.658	5.742	5.827	5.912	5.998	6.084
58	5.837	5.926	6.014	6.103	6.193	6.283	6.373	6.464
60	6.195	6.288	6.381	6.475	6.570	6.665	6.760	6.856
62	6.563	6.661	6.760	6.858	6.958	7.058	7.158	7.259
64	6.942	7.045	7.149	7.253	7.357	7.462	7.568	7.674
66	7.331	7.440	7.548	7.658	7.767	7.878	7.989	8.100
68	7.731	7.845	7.959	8.074	8.189	8.305	8.421	8.538
70	8.142	8.261	8.381	8.501	8.622	8.743	8.865	8.987
72	8.563	8.688	8.813	8.939	9.065	9.192	9.320	9.448
74	8.995	9.125	9.257	9.388	9.520	9.653	9.786	9.920
76	9.437	9.574	9.711	9.848	9.986	10.125	10.264	10.404
78	9.891	10.033	10.176	10.319	10.464	10.608	10.753	10.899
80	10.354	10.503	10.652	10.802	10.952	11.103	11.254	11.406
82	10.829	10.983	11.139	11.295	11.451	11.608	11.766	11.925
84	11.314	11.475	11.637	11.799	11.962	12.125	12.290	12.455
86	11.809	11.977	12.145	12.314	12.484	12.654	12.825	12.996
88	12.315	12.490	12.665	12.840	13.016	13.193	13.371	13.549
90	12.832	13.013	13.195	13.377	13.560	13.744	13.928	14.113
92	13.360	13.548	13.736	13.926	14.116	14.306	14.497	14.689
94	13.898	14.093	14.289	14.485	14.682	14.880	15.078	15.277
96	14.447	14.649	14.852	15.055	15.259	15.464	15.670	15.876
98	15.006	15.215	15.425	15.636	15.848	16.060	16.273	16.487
100	15.576	15.793	16.010	16.228	16.447	16.667	16.888	17.109

1.5 坑木

1.5.1 坑木数量检量

坑木数量检量按 GB/T 144《原木检验》的有关规定

执行。GB 142—1995《直接用原木　坑木》规定：

1. 检尺径

自 12～24cm，按 2cm 进级。

2. 检尺长

自 2.2～3.2m，按 0.2m 进级；连二用 4m、5m、6m。长级公差 $\pm^6_2$cm。

1.5.2　坑木材积计算

1）检尺径自 8～10cm 的地方煤矿用坑木材积计算公式：

$$V = 0.8L\ (D + 0.5L)^2/10000$$

2）检尺径 12cm 的坑木材积计算公式：

$$V = 0.7854L\ (D + 0.45L + 0.2)^2/10000$$

3）检尺径自 14cm 以上的坑木材积计算公式：

$$V = 0.7854L\ [D + 0.5L + 0.005L^2 + 0.000125L$$
$$(14 - L)^2\ (D - 10)]^2/10000$$

以上三式中，V 是材积（m³）；D 是检尺径（cm）；L 是检尺长（m）。

1.5.3　坑木材积速查表

编表依据 GB 4814—1984《原木材积表》中附录 A，适于检尺径自 8～10cm、检尺长自 1.4～1.8m 的所有树种地方煤矿用坑木材积查定，坑木材积数保留三位小数。地方煤矿用坑木材积速查表见表 1-5。检尺径自 12～24cm，检尺长自 2.2～3.2m，连二用 4m、5m、6m 的坑木材积速查表见表 1-1。

表 1-5　地方煤矿用坑木材积速查表

检尺径/cm	检尺长/m		
	1.4	1.6	1.8
	材积/m³		
8	0.008	0.010	0.011
10	0.013	0.015	0.017

1.6　檩材

1.6.1　檩材数量检量

檩材数量检量按 GB/T 144《原木检验》的有关规定执行。LY/T 1157—2008《檩材》规定：

1. 检尺径

自 8 ~ 16cm，直径不足 14cm 的，按 1cm 进级，实际尺寸不足 1cm 时，足 0.5cm 的增进，不足 0.5cm 的舍去；自 14cm 以上的，按 2cm 进级，实际尺寸不足 2cm 时，足 1cm 的增进，不足 1cm 的舍去。

2. 检尺长

自 3 ~ 6m，按 0.2m 进级。长级公差 $\pm^{6}_{2}$cm。

1.6.2　檩材材积计算

1）检尺径自 8 ~ 13cm 的檩材材积计算公式：

$$V = 0.7854L\ (D + 0.45L + 0.2)^2 /10000$$

2）检尺径自 14cm 以上的檩材材积计算公式：

$$V = 0.7854L\ [D + 0.5L + 0.005L^2 + 0.000125L$$
$$(14 - L)^2\ (D - 10)]^2 /10000$$

以上两式中，V 是材积（m³）；D 是检尺径（cm）；L 是检尺长（m）。

1.6.3　檩材材积速查表

编表依据 LY/T 1157—2008《檩材》，适于检尺径自 8~16cm、检尺长自 3~6m 的所有树种檩材材积查定，檩材材积数保留三位小数。檩材材积速查表见表 1-6。

表 1-6　檩材材积速查表

检尺径/cm	检尺长/m							
	3.0	3.2	3.4	3.6	3.8	4.0	4.2	4.4
	材积/m³							
8	0.021	0.023	0.025	0.027	0.029	0.031	0.034	0.036
9	0.026	0.028	0.031	0.033	0.036	0.038	0.041	0.043
10	0.031	0.034	0.037	0.040	0.042	0.045	0.048	0.051
11	0.037	0.040	0.043	0.046	0.050	0.053	0.057	0.060
12	0.043	0.047	0.050	0.054	0.058	0.062	0.065	0.069
13	0.050	0.054	0.058	0.062	0.066	0.071	0.075	0.080
14	0.058	0.063	0.068	0.073	0.078	0.083	0.089	0.094
16	0.075	0.081	0.087	0.093	0.100	0.106	0.113	0.120

检尺径/cm	检尺长/m							
	4.6	4.8	5.0	5.2	5.4	5.6	5.8	6.0
	材积/m³							
8	0.038	0.040	0.043	0.045	0.048	0.051	0.053	0.056
9	0.046	0.049	0.051	0.054	0.057	0.060	0.064	0.067
10	0.054	0.058	0.061	0.064	0.068	0.071	0.075	0.078
11	0.064	0.067	0.071	0.075	0.079	0.083	0.087	0.091
12	0.074	0.078	0.082	0.086	0.091	0.095	0.100	0.105
13	0.084	0.089	0.094	0.099	0.104	0.109	0.114	0.119
14	0.100	0.105	0.111	0.117	0.123	0.130	0.136	0.142
16	0.126	0.134	0.141	0.148	0.155	0.163	0.171	0.179

1.7　椽材

1.7.1　椽材数量检量

椽材数量检量按 GB/T 144《原木检验》的有关规定执行。LY/T 1158—2008《椽材》规定:

1. 检尺径

自 3 ~ 12cm, 3cm 为实足尺寸, 按 1cm 进级, 实际尺寸不足 1cm 时, 足 0.5cm 的增进, 不足 0.5cm 的舍去。

2. 检尺长

自 1 ~ 6m, 不足 2m, 按 0.1m 进级, 长级公差 $\pm^3_1$cm; 自 2m 以上, 按 0.2m 进级, 长级公差 $\pm^6_2$cm。

1.7.2　椽材材积计算

椽材材积计算公式:

$$V = 0.7854L \ (D + 0.45L + 0.2)^2 / 10000$$

式中, V 是材积 (m^3); D 是检尺径 (cm); L 是检尺寸 (m)。

1.7.3　椽材材积速查表

编表依据 LY/T 1158—2008《椽材》, 适于检尺径自 3 ~ 12cm、检尺长自 1 ~ 6m 的所有树种椽材材积查定, 检尺径自 3 ~ 7cm 的椽材材积数保留四位小数, 检尺径自 8cm 以上的椽材材积数保留三位小数。椽材材积速查表见表 1-7。

表1-7　橼材材积速查表

检尺径/cm	检尺长/m							
	1.0	1.1	1.2	1.3	1.4	1.5	1.6	1.7
	材积/m³							
3	0.0010	0.0012	0.0013	0.0015	0.0016	0.0018	0.0019	0.0021
4	0.0017	0.0019	0.0021	0.0023	0.0026	0.0028	0.0030	0.0033
5	0.0025	0.0028	0.0031	0.0034	0.0037	0.0041	0.0044	0.0048
6	0.0035	0.0039	0.0043	0.0047	0.0051	0.0056	0.0060	0.0065
7	0.0046	0.0051	0.0056	0.0062	0.0067	0.0073	0.0079	0.0085
8	0.006	0.007	0.007	0.008	0.009	0.009	0.010	0.011
9	0.007	0.008	0.009	0.010	0.011	0.011	0.012	0.013
10	0.009	0.010	0.011	0.012	0.013	0.014	0.015	0.016
11	0.011	0.012	0.013	0.014	0.015	0.017	0.018	0.019
12	0.013	0.014	0.015	0.017	0.018	0.020	0.021	0.022

检尺径/cm	检尺长/m							
	1.8	1.9	2.0	2.2	2.4	2.6	2.8	3.0
	材积/m³							
3	0.0022	0.0024	0.0026	0.0030	0.0035	0.0039	0.0044	0.0049
4	0.0035	0.0037	0.0041	0.0047	0.0053	0.0059	0.0066	0.0073
5	0.0050	0.0054	0.0058	0.0066	0.0074	0.0083	0.0092	0.0101
6	0.0069	0.0073	0.0079	0.0089	0.0100	0.0111	0.0122	0.0134
7	0.0090	0.0096	0.0103	0.0116	0.0129	0.0143	0.0157	0.0172
8	0.011	0.012	0.013	0.015	0.016	0.018	0.020	0.021
9	0.014	0.015	0.016	0.018	0.020	0.022	0.024	0.026
10	0.017	0.018	0.019	0.022	0.024	0.026	0.029	0.031
11	0.020	0.022	0.023	0.025	0.028	0.031	0.034	0.037
12	0.024	0.025	0.027	0.030	0.033	0.037	0.040	0.043

检尺径/cm	检尺长/m							
	3.2	3.4	3.6	3.8	4.0	4.2	4.4	4.6
	材积/m³							
3	0.0054	0.0060	0.0066	0.0072	0.0079	0.0085	0.0093	0.0100

（续）

检尺径/cm	检尺长/m							
	3.2	3.4	3.6	3.8	4.0	4.2	4.4	4.6
	材积/m³							
4	0.0080	0.0088	0.0096	0.0104	0.0113	0.0122	0.0132	0.0142
5	0.0111	0.0121	0.0132	0.0143	0.0154	0.0166	0.0178	0.0191
6	0.0147	0.0160	0.0173	0.0187	0.0201	0.0216	0.0231	0.0247
7	0.0188	0.0204	0.0220	0.0237	0.0254	0.0273	0.0291	0.0310
8	0.023	0.025	0.027	0.029	0.031	0.034	0.036	0.038
9	0.028	0.031	0.033	0.036	0.038	0.041	0.043	0.046
10	0.034	0.037	0.040	0.042	0.045	0.048	0.051	0.054
11	0.040	0.043	0.046	0.050	0.053	0.057	0.060	0.064
12	0.047	0.050	0.054	0.058	0.062	0.065	0.069	0.074

检尺径/cm	检尺长/m						
	4.8	5.0	5.2	5.4	5.6	5.8	6.0
	材积/m³						
3	0.0108	0.0117	0.0125	0.0134	0.0144	0.0154	0.0164
4	0.0152	0.0163	0.0175	0.0186	0.0199	0.0211	0.0224
5	0.0204	0.0218	0.0232	0.0247	0.0262	0.0278	0.0294
6	0.0263	0.0280	0.0298	0.0316	0.0334	0.0354	0.0373
7	0.0330	0.0351	0.0372	0.0393	0.0416	0.0438	0.0462
8	0.040	0.043	0.045	0.048	0.051	0.053	0.056
9	0.049	0.051	0.054	0.057	0.060	0.064	0.067
10	0.058	0.061	0.064	0.068	0.071	0.075	0.078
11	0.067	0.071	0.075	0.079	0.083	0.087	0.091
12	0.078	0.082	0.086	0.091	0.095	0.100	0.105

第2章 原 条 类

原条是指经过打枝后未进行横截造材的伐倒木。原条产品的数量是贸易双方成交商品的基本计量和计价单位，是原条在生产领域和交换领域中的统一尺码，这个尺码用材积来表示，单位为立方米（m³）。决定原条材积大小的要素为检尺径和检尺长。

2.1 原条

2.1.1 原条数量检量

1. 检尺径

（1）直径检量 原条直径应在距大头斧口（或锯口）2.5m处检量，按2cm进级，不足2cm时，足1cm的增进，不足1cm的舍去。

（2）检尺径确定 按2cm进级。

2. 检尺长

（1）长度检量 从大头斧口（或锯口）量至梢端足6cm处止，以0.5m进级，不足0.5m的由梢端舍去。

（2）检尺长确定 按0.5m进级。

2.1.2 原条材积计算

原条材积计算公式：

$$V = 0.7854D^2L/10000$$

式中，*V* 是材积(m^3)；*D* 是检尺径(cm)；*L* 是检尺长(m)。

2.1.3　原条材积速查表

编表依据 LY/T 1293—1999《原条材积表》，适于检尺径自 4 ~ 100cm、检尺长自 2 ~ 40m 的所有树种原条材积查定，检尺径自 4 ~ 6cm 的原条材积数保留四位小数，检尺径自 8cm 以上的原条材积数保留三位小数。原条材积速查表见表 2-1。

表 2-1　原条材积速查表

检尺径/cm	检尺长/m							
	2.0	2.5	3.0	3.5	4.0	4.5	5.0	5.5
	材积/m^3							
4	0.0025	0.0031	0.0038	0.0044	0.0050	0.0057	0.0063	0.0069
6	0.0057	0.0071	0.0085	0.0099	0.0113	0.0127	0.0141	0.0156
8	0.010	0.013	0.015	0.018	0.020	0.023	0.025	0.028
10	0.016	0.020	0.024	0.027	0.031	0.035	0.039	0.043
12	0.023	0.028	0.034	0.040	0.045	0.051	0.057	0.062
14	0.031	0.038	0.046	0.054	0.062	0.069	0.077	0.085
16	0.040	0.050	0.060	0.070	0.080	0.090	0.101	0.111
18	0.051	0.064	0.076	0.089	0.102	0.115	0.127	0.140
20	0.063	0.079	0.094	0.110	0.126	0.141	0.157	0.173
22	0.076	0.095	0.114	0.133	0.152	0.171	0.190	0.209
24	0.090	0.113	0.136	0.158	0.181	0.204	0.226	0.249
26	0.106	0.133	0.159	0.186	0.212	0.239	0.265	0.292
28	0.123	0.154	0.185	0.216	0.246	0.277	0.308	0.339
30	0.141	0.177	0.212	0.247	0.283	0.318	0.353	0.389
32	0.161	0.201	0.241	0.281	0.322	0.362	0.402	0.442
34	0.182	0.227	0.272	0.318	0.363	0.409	0.454	0.499
36	0.204	0.254	0.305	0.356	0.407	0.458	0.509	0.560
38	0.227	0.284	0.340	0.397	0.454	0.510	0.567	0.624
40	0.251	0.314	0.377	0.440	0.503	0.565	0.628	0.691
42	0.277	0.346	0.416	0.485	0.554	0.623	0.693	0.762

（续）

检尺径 /cm	检尺长/m							
	2.0	2.5	3.0	3.5	4.0	4.5	5.0	5.5
	材积/m³							
44	0.304	0.380	0.456	0.532	0.608	0.684	0.760	0.836
46	0.332	0.415	0.499	0.582	0.665	0.748	0.831	0.914
48	0.362	0.452	0.543	0.633	0.724	0.814	0.905	0.995
50	0.393	0.491	0.589	0.687	0.785	0.884	0.982	1.080
52	0.425	0.531	0.637	0.743	0.849	0.956	1.062	1.168
54	0.458	0.573	0.687	0.802	0.916	1.031	1.145	1.260
56	0.493	0.616	0.739	0.862	0.985	1.108	1.232	1.355
58	0.528	0.661	0.793	0.925	1.057	1.189	1.321	1.453
60	0.565	0.707	0.848	0.990	1.131	1.272	1.414	1.555
62	0.604	0.755	0.906	1.057	1.208	1.359	1.510	1.660
64	0.643	0.804	0.965	1.126	1.287	1.448	1.608	1.769
66	0.684	0.855	1.026	1.197	1.368	1.540	1.711	1.882
68	0.726	0.908	1.090	1.271	1.453	1.634	1.816	1.997
70	0.770	0.962	1.155	1.347	1.539	1.732	1.924	2.117
72	0.814	1.018	1.221	1.425	1.629	1.832	2.036	2.239
74	0.860	1.075	1.290	1.505	1.720	1.935	2.150	2.365
76	0.907	1.134	1.361	1.588	1.815	2.041	2.268	2.495
78	0.956	1.195	1.434	1.672	1.911	2.150	2.389	2.628
80	1.005	1.257	1.508	1.759	2.011	2.262	2.513	2.765
82	1.056	1.320	1.584	1.848	2.112	2.376	2.641	2.905
84	1.108	1.385	1.663	1.940	2.217	2.494	2.771	3.048
86	1.162	1.452	1.743	2.033	2.324	2.614	2.904	3.195
88	1.216	1.521	1.825	2.129	2.433	2.737	3.041	3.345
90	1.272	1.590	1.909	2.227	2.545	2.863	3.181	3.499
92	1.330	1.662	1.994	2.327	2.659	2.991	3.324	3.656
94	1.388	1.735	2.082	2.429	2.776	3.123	3.470	3.817
96	1.448	1.810	2.171	2.533	2.895	3.257	3.619	3.981
98	1.509	1.886	2.263	2.640	3.017	3.394	3.771	4.149
100	1.571	1.964	2.356	2.749	3.142	3.534	3.927	4.320

（续）

检尺径 /cm	检尺长/m							
	6.0	6.5	7.0	7.5	8.0	8.5	9.0	9.5
	材积/m³							
4	0.0075	0.0082	0.0088	0.0094	0.0101	0.0107	0.0113	0.0119
6	0.0170	0.0184	0.0198	0.0212	0.0226	0.0240	0.0254	0.0269
8	0.030	0.033	0.035	0.038	0.040	0.043	0.045	0.048
10	0.047	0.051	0.055	0.059	0.063	0.067	0.071	0.075
12	0.068	0.074	0.079	0.085	0.090	0.096	0.102	0.107
14	0.092	0.100	0.108	0.115	0.123	0.131	0.139	0.146
16	0.121	0.131	0.141	0.151	0.161	0.171	0.181	0.191
18	0.153	0.165	0.178	0.191	0.204	0.216	0.229	0.242
20	0.188	0.204	0.220	0.236	0.251	0.267	0.283	0.298
22	0.228	0.247	0.266	0.285	0.304	0.323	0.342	0.361
24	0.271	0.294	0.317	0.339	0.362	0.385	0.407	0.430
26	0.319	0.345	0.372	0.398	0.425	0.451	0.478	0.504
28	0.369	0.400	0.431	0.462	0.493	0.523	0.554	0.585
30	0.424	0.459	0.495	0.530	0.565	0.601	0.636	0.672
32	0.483	0.523	0.563	0.603	0.643	0.684	0.724	0.764
34	0.545	0.590	0.636	0.681	0.726	0.772	0.817	0.863
36	0.611	0.662	0.713	0.763	0.814	0.865	0.916	0.967
38	0.680	0.737	0.794	0.851	0.907	0.964	1.021	1.077
40	0.754	0.817	0.880	0.942	1.005	1.068	1.131	1.194
42	0.831	0.901	0.970	1.039	1.108	1.178	1.247	1.316
44	0.912	0.988	1.064	1.140	1.216	1.292	1.368	1.445
46	0.997	1.080	1.163	1.246	1.330	1.413	1.496	1.579
48	1.086	1.176	1.267	1.357	1.448	1.538	1.629	1.719
50	1.178	1.276	1.374	1.473	1.571	1.669	1.767	1.865
52	1.274	1.380	1.487	1.593	1.699	1.805	1.911	2.018
54	1.374	1.489	1.603	1.718	1.832	1.947	2.061	2.176
56	1.478	1.601	1.724	1.847	1.970	2.094	2.217	2.340
58	1.585	1.717	1.849	1.982	2.114	2.246	2.378	2.510
60	1.696	1.838	1.979	2.121	2.262	2.403	2.545	2.686
62	1.811	1.962	2.113	2.264	2.415	2.566	2.717	2.868

（续）

检尺径/cm	检尺长/m							
	6.0	6.5	7.0	7.5	8.0	8.5	9.0	9.5
	材积/m³							
64	1.930	2.091	2.252	2.413	2.574	2.734	2.895	3.056
66	2.053	2.224	2.395	2.566	2.737	2.908	3.079	3.250
68	2.179	2.361	2.542	2.724	2.905	3.087	3.269	3.450
70	2.309	2.501	2.694	2.886	3.079	3.271	3.464	3.656
72	2.443	2.646	2.850	3.054	3.257	3.461	3.664	3.868
74	2.581	2.796	3.011	3.226	3.441	3.656	3.871	4.086
76	2.722	2.949	3.176	3.402	3.629	3.856	4.083	4.310
78	2.867	3.106	3.345	3.584	3.823	4.062	4.301	4.539
80	3.016	3.267	3.519	3.770	4.021	4.273	4.524	4.775
82	3.169	3.433	3.697	3.961	4.225	4.489	4.753	5.017
84	3.325	3.602	3.879	4.156	4.433	4.711	4.988	5.265
86	3.485	3.776	4.066	4.357	4.647	4.937	5.228	5.518
88	3.649	3.953	4.257	4.562	4.866	5.170	5.474	5.778
90	3.817	4.135	4.453	4.771	5.089	5.407	5.726	6.044
92	3.989	4.321	4.653	4.986	5.318	5.650	5.983	6.315
94	4.164	4.511	4.858	5.205	5.552	5.899	6.246	6.593
96	4.343	4.705	5.067	5.429	5.791	6.153	6.514	6.876
98	4.526	4.903	5.280	5.657	6.034	6.412	6.789	7.166
100	4.712	5.105	5.498	5.891	6.283	6.676	7.069	7.461

检尺径/cm	检尺长/m							
	10.0	10.5	11.0	11.5	12.0	12.5	13.0	13.5
	材积/m³							
4	0.0126	0.0132	0.0138	0.0145	0.0151	0.0157	0.0163	0.0170
6	0.0283	0.0297	0.0311	0.0325	0.0339	0.0353	0.0368	0.0382
8	0.050	0.053	0.055	0.058	0.060	0.063	0.065	0.068
10	0.079	0.082	0.086	0.090	0.094	0.098	0.102	0.106
12	0.113	0.119	0.124	0.130	0.136	0.141	0.147	0.153
14	0.154	0.162	0.169	0.177	0.185	0.192	0.200	0.208
16	0.201	0.211	0.221	0.231	0.241	0.251	0.261	0.271

（续）

检尺径/cm	检尺长/m							
	10.0	10.5	11.0	11.5	12.0	12.5	13.0	13.5
	材积/m³							
18	0.254	0.267	0.280	0.293	0.305	0.318	0.331	0.344
20	0.314	0.330	3.346	0.361	0.377	0.393	0.408	0.424
22	0.380	0.399	0.418	0.437	0.456	0.475	0.494	0.513
24	0.452	0.475	0.498	0.520	0.543	0.565	0.588	0.611
26	0.531	0.557	0.584	0.611	0.637	0.664	0.690	0.717
28	0.616	0.647	0.677	0.708	0.739	0.770	0.800	0.831
30	0.707	0.742	0.778	0.813	0.848	0.884	0.919	0.954
32	0.804	0.844	0.885	0.925	0.965	1.005	1.046	1.086
34	0.908	0.953	0.999	1.044	1.090	1.135	1.180	1.226
36	1.018	1.069	1.120	1.171	1.221	1.272	1.323	1.374
38	1.134	1.191	1.248	1.304	1.361	1.418	1.474	1.531
40	1.257	1.319	1.382	1.445	1.508	1.571	1.634	1.696
42	1.385	1.455	1.524	1.593	1.663	1.732	1.801	1.870
44	1.521	1.597	1.673	1.749	1.825	1.901	1.977	2.053
46	1.662	1.745	1.828	1.911	1.994	2.077	2.160	2.244
48	1.810	1.900	1.991	2.081	2.171	2.262	2.352	2.443
50	1.964	2.062	2.160	2.258	2.356	2.454	2.553	2.651
52	2.124	2.230	2.336	2.442	2.548	2.655	2.761	2.867
54	2.290	2.405	2.519	2.634	2.748	2.863	2.977	3.092
56	2.463	2.586	2.709	2.832	2.956	3.079	3.202	3.325
58	2.642	2.774	2.906	3.038	3.171	3.303	3.435	3.567
60	2.827	2.969	3.110	3.252	3.393	3.534	3.676	3.817
62	3.019	3.170	3.321	3.472	3.623	3.774	3.925	4.076
64	3.217	3.378	3.539	3.700	3.860	4.021	4.182	4.343
66	3.421	3.592	3.763	3.934	4.105	4.277	4.448	4.619
68	3.632	3.813	3.995	4.176	4.358	4.540	4.721	4.903
70	3.848	4.041	4.233	4.426	4.618	4.811	5.003	5.195
72	4.072	4.275	4.479	4.682	4.886	5.089	5.293	5.497
74	4.301	4.516	4.731	4.946	5.161	5.376	5.591	5.806
76	4.536	4.763	4.990	5.217	5.444	5.671	5.897	6.124
78	4.778	5.017	5.256	5.495	5.734	5.973	6.212	6.451

（续）

检尺径/cm	检尺长/m							
	10.0	10.5	11.0	11.5	12.0	12.5	13.0	13.5
	材积/m³							
80	5.027	5.278	5.529	5.781	6.032	6.283	6.535	6.786
82	5.281	5.545	5.809	6.073	6.337	6.601	6.865	7.129
84	5.542	5.819	6.096	6.373	6.650	6.927	7.204	7.481
86	5.809	6.099	6.390	6.680	6.971	7.261	7.551	7.842
88	6.082	6.386	6.690	6.994	7.299	7.603	7.907	8.211
90	6.362	6.680	6.998	7.316	7.634	7.952	8.270	8.588
92	6.648	6.980	7.312	7.645	7.977	8.310	8.642	8.974
94	6.940	7.287	7.634	7.981	8.328	8.675	9.022	9.369
96	7.238	7.600	7.962	8.324	8.686	9.048	9.410	9.772
98	7.543	7.920	8.297	8.674	9.052	9.429	9.806	10.183
100	7.854	8.247	8.639	9.032	9.425	9.818	10.210	10.603

检尺径/cm	检尺长/m							
	14.0	14.5	15.0	15.5	16.0	16.5	17.0	17.5
	材积/m³							
4	0.0176	0.0182	0.0188	0.0195	0.0201	0.0207	0.0214	0.0220
6	0.0396	0.0410	0.0424	0.0438	0.0452	0.0467	0.0481	0.0495
8	0.070	0.073	0.075	0.078	0.080	0.083	0.085	0.088
10	0.110	0.114	0.118	0.122	0.126	0.130	0.134	0.137
12	0.158	0.164	0.170	0.175	0.181	0.187	0.192	0.198
14	0.216	0.223	0.231	0.239	0.246	0.254	0.262	0.269
16	0.281	0.292	0.302	0.312	0.322	0.332	0.342	0.352
18	0.356	0.369	0.382	0.394	0.407	0.420	0.433	0.445
20	0.440	0.456	0.471	0.487	0.503	0.518	0.534	0.550
22	0.532	0.551	0.570	0.589	0.608	0.627	0.646	0.665
24	0.633	0.656	0.679	0.701	0.724	0.746	0.769	0.792
26	0.743	0.770	0.796	0.823	0.849	0.876	0.903	0.929
28	0.862	0.893	0.924	0.954	0.985	1.016	1.047	1.078
30	0.990	1.025	1.060	1.096	1.131	1.166	1.202	1.237
32	1.126	1.166	1.206	1.247	1.287	1.327	1.367	1.407

（续）

检尺径/cm	检尺长/m							
	14.0	14.5	15.0	15.5	16.0	16.5	17.0	17.5
	材积/m³							
34	1.271	1.316	1.362	1.407	1.453	1.498	1.543	1.589
36	1.425	1.476	1.527	1.578	1.629	1.679	1.730	1.781
38	1.588	1.644	1.701	1.758	1.815	1.871	1.928	1.985
40	1.759	1.822	1.885	1.948	2.011	2.073	2.136	2.199
42	1.940	2.009	2.078	2.147	2.217	2.286	2.355	2.425
44	2.129	2.205	2.281	2.357	2.433	2.509	2.585	2.661
46	2.327	2.410	2.493	2.576	2.659	2.742	2.825	2.908
48	2.533	2.624	2.714	2.805	2.895	2.986	3.076	3.167
50	2.749	2.847	2.945	3.043	3.142	3.240	3.338	3.436
52	2.973	3.079	3.186	3.292	3.398	3.504	3.610	3.717
54	3.206	3.321	3.435	3.550	3.664	3.779	3.893	4.008
56	3.448	3.571	3.695	3.818	3.941	4.064	4.187	4.310
58	3.699	3.831	3.963	4.095	4.227	4.359	4.492	4.624
60	3.958	4.100	4.241	4.383	4.524	4.665	4.807	4.948
62	4.227	4.378	4.529	4.680	4.831	4.981	5.132	5.283
64	4.504	4.665	4.825	4.986	5.147	5.308	5.469	5.630
66	4.790	4.961	5.132	5.303	5.474	5.645	5.816	5.987
68	5.084	5.266	5.448	5.629	5.811	5.992	6.174	6.355
70	5.388	5.580	5.773	5.965	6.158	6.350	6.542	6.735
72	5.700	5.904	6.107	6.311	6.514	6.718	6.922	7.125
74	6.021	6.236	6.451	6.666	6.881	7.096	7.311	7.526
76	6.351	6.578	6.805	7.032	7.258	7.485	7.712	7.939
78	6.690	6.929	7.168	7.406	7.645	7.884	8.123	8.362
80	7.037	7.289	7.540	7.791	8.042	8.294	8.545	8.796
82	7.393	7.657	7.922	8.186	8.450	8.714	8.978	9.242
84	7.758	8.036	8.313	8.590	8.867	9.144	9.421	9.698
86	8.132	8.423	8.713	9.004	9.294	9.585	9.875	10.165
88	8.515	8.819	9.123	9.427	9.731	10.036	10.340	10.644
90	8.906	9.225	9.543	9.861	10.179	10.497	10.815	11.133
92	9.037	9.639	9.971	10.304	10.636	10.969	11.301	11.633

（续）

检尺径/cm	检尺长/m							
	14.0	14.5	15.0	15.5	16.0	16.5	17.0	17.5
	材积/m³							
94	9.716	10.063	10.410	10.757	11.104	11.451	11.798	12.145
96	10.134	10.495	10.857	11.219	11.581	11.943	12.305	12.667
98	10.560	10.937	11.314	11.692	12.069	12.446	12.823	13.200
100	10.996	11.388	11.781	12.174	12.566	12.959	13.352	13.745

检尺径/cm	检尺长/m							
	18.0	18.5	19.0	19.5	20.0	20.5	21.0	21.5
	材积/m³							
4	0.0226	0.0232	0.0239	0.0245	0.0251	0.0258	0.0264	0.0270
6	0.0509	0.0523	0.0537	0.0551	0.0565	0.0580	0.0594	0.0608
8	0.090	0.093	0.096	0.098	0.101	0.103	0.106	0.108
10	0.141	0.145	0.149	0.153	0.157	0.161	0.165	0.169
12	0.204	0.209	0.215	0.221	0.226	0.232	0.238	0.243
14	0.277	0.285	0.292	0.300	0.308	0.316	0.323	0.331
16	0.362	0.372	0.382	0.392	0.402	0.412	0.422	0.432
18	0.458	0.471	0.483	0.496	0.509	0.522	0.534	0.547
20	0.565	0.581	0.597	0.613	0.628	0.644	0.660	0.675
22	0.684	0.703	0.722	0.741	0.760	0.779	0.798	0.817
24	0.814	0.837	0.860	0.882	0.905	0.927	0.950	0.973
26	0.956	0.982	1.009	1.035	1.062	1.088	1.115	1.142
28	1.108	1.139	1.170	1.201	1.232	1.262	1.293	1.324
30	1.272	1.308	1.343	1.378	1.414	1.449	1.484	1.520
32	1.448	1.488	1.528	1.568	1.608	1.649	1.689	1.729
34	1.634	1.680	1.725	1.770	1.816	1.861	1.907	1.952
36	1.832	1.883	1.934	1.985	2.036	2.087	2.138	2.188
38	2.041	2.098	2.155	2.212	2.268	2.325	2.382	2.438
40	2.262	2.325	2.388	2.450	2.513	2.576	2.639	2.702
42	2.494	2.563	2.632	2.702	2.771	2.840	2.909	2.979
44	2.737	2.813	2.889	2.965	3.041	3.117	3.193	3.269
46	2.991	3.075	3.158	3.241	3.324	3.407	3.490	3.573

（续）

检尺径/cm	检尺长/m							
	18.0	18.5	19.0	19.5	20.0	20.5	21.0	21.5
	材积/m³							
48	3.257	3.348	3.438	3.529	3.619	3.710	3.800	3.891
50	3.534	3.632	3.731	3.829	3.927	4.025	4.123	4.222
52	3.823	3.929	4.035	4.141	4.247	4.354	4.460	4.566
54	4.122	4.237	4.351	4.466	4.580	4.695	4.809	4.924
56	4.433	4.557	4.680	4.803	4.926	5.049	5.172	5.295
58	4.756	4.888	5.020	5.152	5.284	5.416	5.548	5.680
60	5.089	5.231	5.372	5.514	5.655	5.796	5.938	6.079
62	5.434	5.585	5.736	5.887	6.038	6.189	6.340	6.491
64	5.791	5.951	6.112	6.273	6.434	6.595	6.756	6.917
66	6.158	6.329	6.500	6.671	6.842	7.013	7.185	7.356
68	6.537	6.719	6.900	7.082	7.263	7.445	7.627	7.808
70	6.927	7.120	7.312	7.504	7.697	7.889	8.082	8.274
72	7.329	7.532	7.736	7.939	8.143	8.347	8.550	8.754
74	7.742	7.957	8.172	8.387	8.602	8.817	9.032	9.247
76	8.166	8.392	8.619	8.846	9.073	9.300	9.527	9.753
78	8.601	8.840	9.079	9.318	9.557	9.796	10.035	10.274
80	9.048	9.299	9.550	9.802	10.053	10.304	10.556	10.807
82	9.506	9.770	10.034	10.298	10.562	10.826	11.090	11.354
84	9.975	10.252	10.529	10.806	10.084	11.361	11.638	11.915
86	10.456	10.746	11.037	11.327	11.618	11.908	12.199	12.489
88	10.948	11.252	11.556	11.860	12.164	12.468	12.772	13.077
90	11.451	11.769	12.087	12.405	12.723	13.042	13.360	13.678
92	11.966	12.298	12.630	12.963	13.295	13.628	13.960	14.292
94	12.492	12.839	13.186	13.533	13.880	14.227	14.574	14.921
96	13.029	13.391	13.753	14.115	14.476	14.838	15.200	15.562
98	13.577	13.955	14.332	14.709	15.086	15.463	15.840	16.217
100	14.137	14.530	14.923	15.315	15.708	16.101	16.493	16.886

（续）

检尺径/cm	检尺长/m							
	22.0	22.5	23.0	23.5	24.0	24.5	25.0	25.5
	材积/m³							
4	0.0276	0.0283	0.0289	0.0295	0.0302	0.0308	0.0314	0.0320
6	0.0622	0.0636	0.0650	0.0644	0.0679	0.0693	0.0707	0.0721
8	0.111	0.113	0.116	0.118	0.121	0.123	0.126	0.128
10	0.173	0.177	0.181	0.185	0.188	0.192	0.196	0.200
12	0.249	0.254	0.260	0.266	0.271	0.277	0.283	0.288
14	0.339	0.346	0.354	0.362	0.369	0.377	0.385	0.393
16	0.442	0.452	0.462	0.472	0.483	0.493	0.503	0.513
18	0.560	0.573	0.585	0.598	0.611	0.623	0.636	0.649
20	0.691	0.707	0.723	0.738	0.754	0.770	0.785	0.801
22	0.836	0.855	0.874	0.893	0.912	0.931	0.950	0.969
24	0.995	1.018	1.040	1.063	1.086	1.108	1.131	1.154
26	1.168	1.195	1.221	1.248	1.274	1.301	1.327	1.354
28	1.355	1.385	1.416	1.447	1.478	1.509	1.539	1.570
30	1.555	1.590	1.626	1.661	1.696	1.732	1.767	1.802
32	1.769	1.810	1.850	1.890	1.930	1.970	2.011	2.051
34	1.997	2.043	2.088	2.134	2.179	2.224	2.270	2.315
36	2.239	2.290	2.341	2.392	2.443	2.494	2.545	2.596
38	2.495	2.552	2.608	2.665	2.722	2.779	2.835	2.892
40	2.765	2.827	2.890	2.953	3.016	3.079	3.142	3.204
42	3.048	3.117	3.187	3.256	3.325	3.394	3.464	3.533
44	3.345	3.421	3.497	3.573	3.649	3.725	3.801	3.877
46	3.656	3.739	3.822	3.905	3.989	4.072	4.155	4.238
48	3.981	4.072	4.162	4.252	4.343	4.433	4.524	4.614
50	4.320	4.418	4.516	4.614	4.712	4.811	4.909	5.007
52	4.672	4.778	4.885	4.991	5.097	5.203	5.309	5.415
54	5.038	5.153	5.268	5.382	5.497	5.611	5.726	5.840
56	5.419	5.542	5.665	5.788	5.911	6.034	6.158	6.281
58	5.813	5.945	6.077	6.209	6.341	6.473	6.605	6.737
60	6.220	6.362	6.503	6.644	6.786	6.927	7.069	7.210
62	6.642	6.793	6.944	7.095	7.246	7.397	7.548	7.699

（续）

检尺径 /cm	检尺长/m							
	22.0	22.5	23.0	23.5	24.0	24.5	25.0	25.5
	材积/m³							
64	7.077	7.238	7.399	7.560	7.721	7.882	8.042	8.203
66	7.527	7.698	7.869	8.040	8.211	8.382	8.553	8.724
68	7.990	8.171	8.353	8.534	8.716	8.898	9.079	9.261
70	8.467	8.659	8.851	9.044	9.236	9.429	9.621	9.814
72	8.957	9.161	9.364	9.568	9.772	9.975	10.179	10.382
74	9.462	9.677	9.892	10.107	10.322	10.537	10.752	10.967
76	9.980	10.207	10.434	10.661	10.888	11.114	11.341	11.568
78	10.512	10.751	10.990	11.229	11.468	11.707	11.946	12.185
80	11.058	11.310	11.561	11.812	12.064	12.315	12.566	12.818
82	11.618	11.882	12.146	12.410	12.674	12.939	13.203	13.467
84	12.192	12.469	12.746	13.023	13.300	13.577	13.854	14.132
86	12.779	13.070	13.360	13.651	13.941	14.232	14.522	14.812
88	13.381	13.685	13.989	14.293	14.597	14.901	15.205	15.509
90	13.996	14.314	14.632	14.950	15.268	15.586	15.904	16.222
92	14.625	14.957	15.290	15.622	15.954	16.287	16.619	16.951
94	15.268	15.615	15.962	16.309	16.656	17.002	17.349	17.696
96	15.924	16.286	16.648	17.010	17.372	17.734	18.096	18.458
98	16.595	16.972	17.349	17.726	18.103	18.480	18.857	19.235
100	17.279	17.672	18.064	18.457	18.850	19.242	19.635	20.028

检尺径 /cm	检尺长/m							
	26.0	26.5	27.0	27.5	28.0	28.5	29.0	29.5
	材积/m³							
4	0.0327	0.0333	0.0339	0.0346	0.0352	0.0358	0.0364	0.0371
6	0.0735	0.0749	0.0763	0.0778	0.0792	0.0806	0.0820	0.0834
8	0.131	0.133	0.136	0.138	0.141	0.143	0.146	0.148
10	0.204	0.208	0.212	0.216	0.220	0.224	0.228	0.232
12	0.294	0.300	0.305	0.311	0.317	0.322	0.328	0.334

（续）

检尺径 /cm	检尺长/m							
	26.0	26.5	27.0	27.5	28.0	28.5	29.0	29.5
	材积/m³							
14	0.400	0.408	0.416	0.423	0.431	0.439	0.446	0.454
16	0.523	0.533	0.543	0.553	0.563	0.573	0.583	0.593
18	0.662	0.674	0.687	0.700	0.713	0.725	0.738	0.751
20	0.817	0.833	0.848	0.864	0.880	0.895	0.911	0.927
22	0.988	1.007	1.026	1.045	1.064	1.083	1.102	1.121
24	1.176	1.199	1.221	1.244	1.267	1.289	1.312	1.335
26	1.380	1.407	1.434	1.460	1.487	1.513	1.540	1.566
28	1.601	1.632	1.663	1.693	1.724	1.755	1.786	1.816
30	1.838	1.873	1.909	1.944	1.979	2.015	2.050	2.085
32	2.091	2.131	2.171	2.212	2.252	2.292	2.332	2.373
34	2.361	2.406	2.451	2.497	2.542	2.588	2.633	2.678
36	2.646	2.697	2.748	2.799	2.850	2.901	2.952	3.003
38	2.949	3.005	3.062	3.119	3.176	3.232	3.289	3.346
40	3.267	3.330	3.393	3.456	3.519	3.581	3.644	3.707
42	3.602	3.671	3.741	3.810	3.879	3.949	4.018	4.087
44	3.953	4.029	4.105	4.181	4.257	4.334	4.410	4.486
46	4.321	4.404	4.487	4.570	4.653	4.736	4.820	4.903
48	4.705	4.795	4.886	4.976	5.067	5.157	5.248	5.338
50	5.105	5.203	5.301	5.400	5.498	5.596	5.694	5.792
52	5.522	5.628	5.734	5.840	5.946	6.053	6.159	6.265
54	5.955	6.069	6.184	6.298	6.413	6.527	6.642	6.756
56	6.404	6.527	6.650	6.773	6.896	7.020	7.143	7.266
58	6.869	7.002	7.134	7.266	7.398	7.530	7.662	7.794
60	7.351	7.493	7.634	7.775	7.917	8.058	8.200	8.341
62	7.850	8.001	8.152	8.302	8.453	8.604	8.755	8.906
64	8.364	8.525	8.686	8.847	9.008	9.168	9.329	9.490
66	8.895	9.066	9.237	9.408	9.579	9.750	9.921	10.093
68	9.442	9.624	9.806	9.987	10.169	10.350	10.532	10.713
70	10.006	10.198	10.391	10.583	10.776	10.968	11.161	11.353
72	10.586	10.790	10.993	11.197	11.400	11.604	11.807	12.011

（续）

检尺径/cm	检尺长/m							
	26.0	26.5	27.0	27.5	28.0	28.5	29.0	29.5
	材积/m³							
74	11.182	11.397	11.612	11.827	12.042	12.257	12.472	12.688
76	11.795	12.022	12.248	12.475	12.702	12.929	13.156	13.383
78	12.424	12.663	12.902	13.141	13.379	13.618	13.857	14.096
80	13.069	13.320	13.572	13.823	14.074	14.326	14.577	14.828
82	13.731	13.995	14.259	14.523	14.787	15.051	15.315	15.579
84	14.409	14.686	14.963	15.240	15.517	15.794	16.071	16.348
86	15.103	15.393	15.684	15.974	16.265	16.555	16.846	17.136
88	15.814	16.118	16.422	16.726	17.030	17.334	17.638	17.942
90	16.541	16.859	17.177	17.495	17.813	18.131	18.449	18.767
92	17.284	17.616	17.949	18.281	18.613	18.946	19.278	19.610
94	18.043	18.390	18.737	19.084	19.431	19.778	20.125	20.472
96	18.819	19.181	19.543	19.905	20.267	20.629	20.991	21.353
98	19.612	19.989	20.366	20.743	21.120	21.497	21.875	22.252
100	20.420	20.813	21.206	21.599	21.991	22.384	22.777	23.169

检尺径/cm	检尺长/m							
	30.0	30.5	31.0	31.5	32.0	32.5	33.0	33.5
	材积/m³							
4	0.0377	0.0383	0.0390	0.0396	0.0402	0.0408	0.0415	0.0421
6	0.0848	0.0862	0.0877	0.0891	0.0905	0.0919	0.0933	0.0947
8	0.151	0.153	0.156	0.158	0.161	0.163	0.166	0.168
10	0.236	0.240	0.243	0.247	0.251	0.255	0.259	0.263
12	0.339	0.345	0.351	0.356	0.362	0.368	0.373	0.379
14	0.462	0.470	0.477	0.485	0.493	0.500	0.508	0.516
16	0.603	0.613	0.623	0.633	0.643	0.653	0.664	0.674
18	0.763	0.776	0.789	0.802	0.814	0.827	0.840	0.852
20	0.942	0.958	0.974	0.990	1.005	1.021	1.037	1.052
22	1.140	1.159	1.178	1.197	1.216	1.235	1.254	1.273
24	1.357	1.380	1.402	1.425	1.448	1.470	1.493	1.516
26	1.593	1.619	1.646	1.672	1.699	1.726	1.752	1.779

（续）

检尺径 /cm	检尺长/m							
	30.0	30.5	31.0	31.5	32.0	32.5	33.0	33.5
	材积/m³							
28	1.847	1.878	1.909	1.940	1.970	2.001	2.032	2.063
30	2.121	2.156	2.191	2.227	2.262	2.297	2.333	2.368
32	2.413	2.453	2.493	2.533	2.574	2.614	2.654	2.694
34	2.724	2.769	2.815	2.860	2.905	2.951	2.996	3.042
36	3.054	3.105	3.155	3.206	3.257	3.308	3.359	3.410
38	3.402	3.459	3.516	3.572	3.629	3.686	3.743	3.799
40	3.770	3.833	3.896	3.958	4.021	4.084	4.147	4.210
42	4.156	4.226	4.295	4.364	4.433	4.503	4.572	4.641
44	4.562	4.638	4.714	4.790	4.866	4.942	5.018	5.094
46	4.986	5.069	5.152	5.235	5.318	5.401	5.484	5.567
48	5.429	5.519	5.610	5.700	5.791	5.881	5.972	6.062
50	5.891	5.989	6.087	6.185	6.283	6.381	6.480	6.578
52	6.371	6.477	6.584	6.690	6.796	6.902	7.008	7.114
54	6.871	6.985	7.100	7.214	7.329	7.443	7.558	7.672
56	7.389	7.512	7.635	7.758	7.882	8.005	8.128	8.251
58	7.926	8.058	8.190	8.323	8.455	8.587	8.719	8.851
60	8.482	8.624	8.765	8.906	9.048	9.189	9.331	9.472
62	9.057	9.208	9.359	9.510	9.661	9.812	9.963	10.114
64	9.651	9.812	9.973	10.134	10.294	10.455	10.616	10.777
66	10.264	10.435	10.606	10.777	10.948	11.119	11.290	11.461
68	10.895	11.077	11.258	11.440	11.621	11.803	11.985	12.166
70	11.545	11.738	11.930	12.123	12.315	12.507	12.700	12.892
72	12.215	12.418	12.622	12.825	13.029	13.232	13.436	13.640
74	12.903	13.118	13.333	13.548	13.763	13.978	14.193	14.408
76	13.609	13.836	14.063	14.290	14.517	14.744	14.970	15.197
78	14.335	14.574	14.813	15.052	15.291	15.530	15.769	16.008
80	15.080	15.331	15.582	15.834	16.085	16.336	16.588	16.839
82	15.843	16.107	16.371	16.635	16.899	17.163	17.427	17.691
84	16.625	16.902	17.180	17.457	17.734	18.011	18.288	18.565
86	17.426	17.717	18.007	18.298	18.588	18.879	19.169	19.460

（续）

检尺径/cm	检尺长/m							
	30.0	30.5	31.0	31.5	32.0	32.5	33.0	33.5
	材积/m³							
88	18.246	18.551	18.855	19.159	19.463	19.767	20.071	20.375
90	19.085	19.403	19.721	20.039	20.358	20.676	20.994	21.312
92	19.943	20.275	20.608	20.940	21.272	21.605	21.937	22.270
94	20.819	21.166	21.513	21.860	22.207	22.554	22.901	23.248
96	21.715	22.077	22.439	22.800	23.162	23.524	23.886	24.248
98	22.629	23.006	23.383	23.760	24.138	24.515	24.892	25.269
100	23.562	23.955	24.347	24.740	25.133	25.526	25.918	26.311

检尺径/cm	检尺长/m						
	34.0	34.5	35.0	35.5	36.0	36.5	37.0
	材积/m³						
4	0.0427	0.0434	0.0440	0.0446	0.0452	0.0459	0.0465
6	0.0961	0.0975	0.0990	0.1004	0.1018	0.1032	0.1046
8	0.171	0.173	0.176	0.178	0.181	0.183	0.186
10	0.267	0.271	0.275	0.279	0.283	0.287	0.291
12	0.385	0.390	0.396	0.401	0.407	0.413	0.418
14	0.523	0.531	0.539	0.546	0.554	0.562	0.570
16	0.684	0.694	0.704	0.714	0.724	0.734	0.744
18	0.865	0.878	0.891	0.903	0.916	0.929	0.942
20	1.068	1.084	1.100	1.115	1.131	1.147	1.162
22	1.292	1.311	1.330	1.349	1.368	1.387	1.406
24	1.538	1.561	1.583	1.606	1.629	1.651	1.674
26	1.805	1.832	1.858	1.885	1.911	1.938	1.964
28	2.094	2.124	2.155	2.186	2.217	2.248	2.278
30	2.403	2.439	2.474	2.509	2.545	2.580	2.615
32	2.734	2.775	2.815	2.855	2.895	2.936	2.976
34	3.087	3.132	3.178	3.223	3.269	3.314	3.359
36	3.461	3.512	3.563	3.613	3.664	3.715	3.766
38	3.856	3.913	3.969	4.026	4.083	4.140	4.196

（续）

检尺径/cm	检尺长/m						
	34.0	34.5	35.0	35.5	36.0	36.5	37.0
	材积/m³						
40	4.273	4.335	4.398	4.461	4.524	4.587	4.650
42	4.711	4.780	4.849	4.918	4.988	5.057	5.126
44	5.170	5.246	5.322	5.398	5.474	5.550	5.626
46	5.650	5.734	5.817	5.900	5.983	6.066	6.149
48	6.153	6.243	6.333	6.424	6.514	6.605	6.695
50	6.676	6.774	6.872	6.970	7.069	7.167	7.265
52	7.221	7.327	7.433	7.539	7.645	7.752	7.858
54	7.787	7.901	8.016	8.130	8.245	8.359	8.474
56	8.374	8.497	8.621	8.744	8.867	8.990	9.113
58	8.983	9.115	9.247	9.379	9.512	9.644	9.776
60	9.613	9.755	9.896	10.037	10.179	10.320	10.462
62	10.265	10.416	10.567	10.718	10.869	11.020	11.171
64	10.938	11.099	11.259	11.420	11.581	11.742	11.903
66	11.632	11.803	11.974	12.145	12.316	12.487	12.658
68	12.348	12.529	12.711	12.892	13.074	13.256	13.437
70	13.085	13.277	13.470	13.662	13.854	14.047	14.239
72	13.843	14.047	14.250	14.454	14.657	14.861	15.065
74	14.623	14.838	15.053	15.268	15.483	15.698	15.913
76	15.424	15.651	15.878	16.104	16.331	16.558	16.785
78	16.246	16.485	16.724	16.963	17.202	17.441	17.680
80	17.090	17.342	17.593	17.844	18.096	18.347	18.598
82	17.956	18.220	18.484	18.748	19.012	19.276	19.540
84	18.842	19.119	19.396	19.673	19.950	20.228	20.505
86	19.750	20.040	20.331	20.621	20.912	21.202	21.493
88	20.679	20.983	21.287	21.592	21.896	22.200	22.504
90	21.630	21.948	22.266	22.584	22.902	23.220	23.538
92	22.602	22.934	23.267	23.599	23.931	24.264	24.596
94	23.595	23.942	24.289	24.636	24.983	25.330	25.677
96	24.610	24.972	25.334	25.696	26.058	26.420	26.782
98	25.646	26.023	26.400	26.778	27.155	27.532	27.909
100	26.704	27.096	27.489	27.882	28.274	28.667	29.060

（续）

检尺径 /cm	检尺长/m					
	37.5	38.0	38.5	39.0	39.5	40.0
	材积/m³					
4	0.0471	0.0478	0.0484	0.0490	0.0496	0.0503
6	0.1060	0.1074	0.1089	0.1103	0.1117	0.1131
8	0.188	0.191	0.194	0.196	0.199	0.201
10	0.295	0.298	0.302	0.306	0.310	0.314
12	0.424	0.430	0.435	0.441	0.447	0.452
14	0.577	0.585	0.593	0.600	0.608	0.616
16	0.754	0.764	0.774	0.784	0.794	0.804
18	0.954	0.967	0.980	0.992	1.005	1.018
20	1.178	1.194	1.210	1.225	1.241	1.257
22	1.426	1.445	1.464	1.483	1.502	1.521
24	1.696	1.719	1.742	1.764	1.787	1.810
26	1.991	2.018	2.044	2.071	2.097	2.124
28	2.309	2.340	2.371	2.401	2.432	2.463
30	2.651	2.686	2.721	2.757	2.792	2.827
32	3.016	3.056	3.096	3.137	3.177	3.217
34	3.405	3.450	3.496	3.541	3.586	3.632
36	3.817	3.868	3.919	3.970	4.021	4.072
38	4.253	4.310	4.366	4.423	4.480	4.536
40	4.712	4.775	4.838	4.901	4.964	5.027
42	5.195	5.265	5.334	5.403	5.473	5.542
44	5.702	5.778	5.854	5.930	6.006	6.082
46	6.232	6.315	6.398	6.481	6.565	6.648
48	6.786	6.876	6.967	7.057	7.148	7.238
50	7.363	7.461	7.559	7.658	7.756	7.854
52	7.964	8.070	8.176	8.283	8.389	8.495
54	8.588	8.703	8.817	8.932	9.046	9.161
56	9.236	9.359	9.483	9.606	9.729	9.852
58	9.908	10.040	10.172	10.304	10.436	10.568
60	10.603	10.744	10.886	11.027	11.168	11.310
62	11.322	11.472	11.623	11.774	11.925	12.076

（续）

检尺径/cm	检尺长/m					
	37.5	38.0	38.5	39.0	39.5	40.0
	材积/m³					
64	12.064	12.225	12.385	12.546	12.707	12.868
66	12.830	13.001	13.172	13.343	13.514	13.685
68	13.619	13.800	13.982	14.164	14.345	14.527
70	14.432	14.624	14.817	15.009	15.201	15.394
72	15.268	15.472	15.675	15.879	16.082	16.286
74	16.128	16.343	16.558	16.773	16.988	17.203
76	17.012	17.239	17.465	17.692	17.919	18.146
78	17.919	18.158	18.397	18.636	18.875	19.113
80	18.850	19.101	19.352	19.604	19.855	20.106
82	19.804	20.068	20.332	20.596	20.860	21.124
84	20.782	21.059	21.336	21.613	21.890	22.167
86	21.783	22.074	22.364	22.654	22.945	23.235
88	22.808	23.112	23.416	23.720	24.024	24.329
90	23.857	24.175	24.493	24.811	25.129	25.447
92	24.929	25.261	25.593	25.926	26.258	26.591
94	26.024	26.371	26.718	27.065	27.412	27.759
96	27.143	27.505	27.867	28.229	28.591	28.953
98	28.286	28.663	29.040	29.418	29.795	30.172
100	29.453	29.845	30.238	30.631	31.023	31.416

2.2　小原条

2.2.1　小原条数量检量

LY/T 1079《小原条》规定：

1. 检尺径

（1）直径检量　在距大头斧口（或锯口）2.5m 处检量，短径足 4cm 以上，以 1cm 进级，实际尺寸不足 1cm 时，足 0.5cm 的增进，不足 0.5cm 的舍去。

(2)检尺径确定 按 1cm 进级。

2. 检尺长

(1)长度检量 从大头斧口(或锯口)量至梢端短径足 3cm 处止,以 0.5m 进级,不足 0.5m 的由梢端舍去。

(2)检尺长确定 按 0.5m 进级。

2.2.2 小原条材积计算

小原条材积计算公式:

$$V = (5.5L + 0.38D^2L + 16D - 30)/10000$$

式中,V 是材积(m^3);D 是检尺径(cm);L 是检尺长(m)。

2.2.3 小原条材积速查表

编表依据 LY/T 1079《小原条》,适于检尺径自 4 ~ 10cm、检尺长自 3 ~ 7.5m 的所有树种小原条材积查定,小原条材积数保留四位小数。小原条材积速查表见表 2-2。

表 2-2　小原条材积速查表

检尺径 /cm	检尺长/m				
	3.0	3.5	4.0	4.5	5.0
	材积/m³				
4	0.0069	0.0075	0.0080	0.0086	0.0092
5	0.0095	0.0103	0.0110	0.0118	0.0125
6	0.0124	0.0133	0.0133	0.0152	0.0162
7	0.0154	0.0166	0.0178	0.0191	0.0203
8	0.0187	0.0202	0.0217	0.0232	0.0247
9	0.0223	0.0241	0.0259	0.0277	0.0295
10	0.0261	0.0282	0.0304	0.0326	0.0348

（续）

检尺径 /cm	检尺长/m				
	5.5	6.0	6.5	7.0	7.5
	材积/m³				
4	0.0098	0.0103	0.0109	0.0115	0.0126
5	0.0133	0.0140	0.0148	0.0155	0.0163
6	0.0171	0.0181	0.0191	0.0200	0.0210
7	0.0215	0.0227	0.0239	0.0251	0.0263
8	0.0262	0.0277	0.0292	0.0307	0.0322
9	0.0314	0.0332	0.0350	0.0368	0.0386
10	0.0369	0.0391	0.0413	0.0435	0.0456

2.3　杉原条

2.3.1　杉原条数量检量

GB/T 5039—1999《杉原条》规定：

1. 检尺径

自 8cm 以上，按 2cm 进级。

2. 检尺长

自 5m 以上，按 1m 进级。

2.3.2　杉原条材积计算

1）检尺径小于或等于 8cm 的杉原条材积计算公式：

$$V = 0.4902L/100$$

2）检尺径大于或等于 10cm 且检尺长小于或等于 19m 的杉原条材积计算公式：

$$V = 0.394(3.279 + D)^2(0.707 + L)/10000$$

3）检尺径大于或等于 10cm 且检尺长大于或等于 20m

的杉原条材积计算公式:

$$V = 0.39(3.5 + D)^2(0.48 + L)/10000$$

以上三式中,V 是材积(m^3);D 是检尺径(cm);L 是检尺长(m)。

2.3.3　杉原条材积速查表

编表依据 GB/T 4815—2009《杉原条材积表》,适于检尺径自 8 ~ 60cm、检尺长自 5 ~ 30m 的所有树种杉原条材积查定,杉原条材积数保留三位小数。杉原条材积速查表见表 2-3。

表 2-3　杉原条材积速查表

检尺径/cm	检尺长/m								
	5	6	7	8	9	10	11	12	13
	材积/m³								
8	0.025	0.029	0.034	0.039	0.044	0.049	0.054	0.059	0.064
10	0.040	0.047	0.054	0.060	0.067	0.074	0.081	0.088	0.095
12	0.052	0.062	0.071	0.080	0.089	0.098	0.108	0.117	0.126
14	0.067	0.079	0.091	0.102	0.114	0.126	0.138	0.149	0.161
16	0.084	0.098	0.113	0.128	0.142	0.157	0.171	0.186	0.201
18	0.102	0.120	0.137	0.155	0.173	0.191	0.209	0.227	0.245
20	0.122	0.143	0.165	0.186	0.207	0.229	0.250	0.271	0.293
22	0.144	0.169	0.194	0.219	0.244	0.270	0.295	0.320	0.345
24	0.167	0.197	0.226	0.255	0.285	0.314	0.343	0.373	0.402
26	0.193	0.227	0.260	0.294	0.328	0.362	0.395	0.429	0.463
28	0.220	0.259	0.297	0.336	0.374	0.413	0.451	0.490	0.528
30	0.249	0.293	0.336	0.380	0.424	0.467	0.511	0.554	0.598
32	0.280	0.329	0.378	0.427	0.476	0.525	0.574	0.623	0.672
34	0.312	0.367	0.422	0.477	0.532	0.586	0.641	0.696	0.751
36	0.347	0.408	0.468	0.529	0.590	0.651	0.712	0.772	0.833
38	0.383	0.450	0.517	0.585	0.652	0.719	0.786	0.853	0.920
40	0.421	0.495	0.569	0.643	0.716	0.790	0.864	0.938	1.012

（续）

检尺径/cm	检尺长/m								
	5	6	7	8	9	10	11	12	13
	材积/m³								
42	0.461	0.542	0.623	0.703	0.784	0.865	0.946	1.026	1.107
44	0.503	0.591	0.679	0.767	0.855	0.943	1.031	1.119	1.207
46	0.546	0.642	0.737	0.833	0.929	1.024	1.120	1.216	1.311
48	0.591	0.695	0.798	0.902	1.006	1.109	1.213	1.316	1.420
50	0.638	0.750	0.862	0.974	1.086	1.198	1.309	1.421	1.533
52	0.687	0.808	0.928	1.048	1.169	1.289	1.409	1.530	1.650
54	0.738	0.867	0.996	1.126	1.255	1.384	1.513	1.643	1.772
56	0.790	0.929	1.067	1.205	1.344	1.482	1.621	1.759	1.898
58	0.844	0.992	1.140	1.288	1.436	1.584	1.732	1.880	2.028
60	0.900	1.058	1.216	1.374	1.531	1.689	1.847	2.005	2.163

检尺径/cm	检尺长/m								
	14	15	16	17	18	19	20	21	22
	材积/m³								
8	0.069	0.074	0.078	0.083	0.088	0.093	0.098	0.103	0.108
10	0.102	0.109	0.116	0.123	0.130	0.137	0.146	0.153	0.160
12	0.135	0.144	0.154	0.163	0.172	0.181	0.192	0.201	0.211
14	0.173	0.185	0.197	0.208	0.220	0.232	0.245	0.257	0.268
16	0.215	0.230	0.245	0.259	0.274	0.289	0.304	0.319	0.333
18	0.262	0.280	0.298	0.316	0.334	0.352	0.369	0.387	0.405
20	0.314	0.335	0.357	0.378	0.399	0.421	0.441	0.463	0.484
22	0.370	0.395	0.421	0.446	0.471	0.496	0.519	0.545	0.570
24	0.431	0.461	0.490	0.519	0.548	0.578	0.604	0.634	0.663
26	0.497	0.531	0.564	0.598	0.632	0.666	0.695	0.729	0.763
28	0.567	0.605	0.644	0.683	0.721	0.760	0.793	0.831	0.870
30	0.642	0.685	0.729	0.773	0.816	0.860	0.896	0.940	0.984
32	0.721	0.770	0.819	0.868	0.917	0.966	1.007	1.056	1.105
34	0.805	0.860	0.915	0.970	1.024	1.079	1.123	1.178	1.233
36	0.894	0.955	1.016	1.076	1.137	1.198	1.246	1.307	1.368

（续）

检尺径 /cm	检尺长/m								
	14	15	16	17	18	19	20	21	22
	材积/m³								
38	0.987	1.055	1.122	1.189	1.256	1.323	1.376	1.443	1.510
40	1.085	1.159	1.233	1.307	1.381	1.454	1.511	1.585	1.659
42	1.188	1.269	1.350	1.430	1.511	1.592	1.654	1.734	1.815
44	1.295	1.383	1.471	1.559	1.648	1.736	1.802	1.890	1.978
46	1.407	1.503	1.599	1.694	1.790	1.886	1.957	2.053	2.148
48	1.524	1.627	1.731	1.835	1.938	2.042	2.118	2.222	2.325
50	1.645	1.757	1.869	1.980	2.092	2.204	2.286	2.398	2.509
52	1.771	1.891	2.011	2.132	2.252	2.373	2.460	2.580	2.701
54	1.901	2.030	2.160	2.289	2.418	2.547	2.641	2.770	2.899
56	2.036	2.175	2.313	2.452	2.590	2.728	2.828	2.966	3.104
58	2.176	2.324	2.472	2.620	2.768	2.916	3.021	3.168	3.316
60	2.320	2.478	2.636	2.794	2.951	3.109	3.221	3.378	3.535

检尺径 /cm	检尺长/m							
	23	24	25	26	27	28	29	30
	材积/m³							
8	0.113	0.118	0.123	0.127	0.132	0.137	0.142	0.147
10	0.167	0.174	0.181	0.188	0.195	0.202	0.210	0.217
12	0.220	0.229	0.239	0.248	0.257	0.267	0.276	0.286
14	0.280	0.292	0.304	0.316	0.328	0.340	0.352	0.364
16	0.348	0.363	0.378	0.393	0.408	0.422	0.437	0.452
18	0.423	0.441	0.459	0.477	0.495	0.513	0.531	0.549
20	0.506	0.527	0.549	0.570	0.592	0.613	0.635	0.656
22	0.595	0.621	0.646	0.672	0.697	0.722	0.748	0.773
24	0.693	0.722	0.752	0.781	0.810	0.840	0.869	0.899
26	0.797	0.831	0.865	0.899	0.933	0.967	1.001	1.034
28	0.909	0.947	0.986	1.025	1.063	1.102	1.141	1.180
30	1.028	1.071	1.115	1.159	1.203	1.247	1.290	1.334

（续）

检尺径/cm	检尺长/m							
	23	24	25	26	27	28	29	30
	材积/m³							
32	1.154	1.203	1.252	1.301	1.351	1.400	1.449	1.498
34	1.288	1.343	1.397	1.452	1.507	1.562	1.617	1.672
36	1.429	1.490	1.550	1.611	1.672	1.733	1.794	1.855
38	1.577	1.644	1.711	1.779	1.846	1.913	1.980	2.047
40	1.733	1.807	1.880	1.954	2.028	2.102	2.176	2.249
42	1.896	1.977	2.057	2.138	2.219	2.299	2.380	2.461
44	2.066	2.154	2.242	2.330	2.418	2.506	2.594	2.682
46	2.244	2.339	2.435	2.530	2.626	2.722	2.817	2.913
48	2.429	2.532	2.636	2.739	2.842	2.946	3.049	3.153
50	1.621	2.733	2.844	2.956	3.068	3.179	3.291	3.402
52	2.821	2.941	3.061	3.181	3.301	3.421	3.541	3.662
54	3.028	3.157	3.285	3.414	3.543	3.672	3.801	3.930
56	3.242	3.380	3.518	3.656	3.794	3.932	4.070	4.208
58	3.463	3.611	3.758	3.906	1.054	4.201	4.349	4.496
60	3.692	3.850	4.007	4.164	4.321	4.479	4.636	4.793

2.4　马尾松原条

2.4.1　马尾松原条数量检量

LY/T 1502—2008《马尾松原条》规定：

1. 检尺径

自 8cm 以上，按 2cm 进级。

2. 检尺长

自 5m 以上，按 1m 进级。

2.4.2　马尾松原条材积计算

1)检尺径小于或等于 8cm 的马尾松原条材积计算公

式：

$$V = 0.4902L/100$$

2）检尺径大于或等于 10cm 且检尺长小于或等于 19m 的马尾松原条材积计算公式：

$$V = 0.394(3.279 + D)^2(0.707 + L)/10000$$

3）检尺径大于或等于 10cm 且检尺长大于或等于 20m 的马尾松原条材积计算公式：

$$V = 0.39(3.5 + D)^2(0.48 + L)/10000$$

式中，V 是材积（m^3）；D 是检尺径（cm）；L 是检尺长（m）。

2.4.3　马尾松原条材积速查表

编表依据 LT/T 1502—2008《马尾松原条》，适于检尺径自 8 ~ 60cm、检尺长自 5 ~ 30m 的所有树种马尾松原条材积查定，马尾松原条材积数保留三位小数。马尾松原条材积速查表见表 2-4。

表 2-4　马尾松原条材积速查表

检尺径/cm	检尺长/m								
	5	6	7	8	9	10	11	12	13
	材积/m³								
8	0.025	0.029	0.034	0.039	0.044	0.049	0.054	0.059	0.064
10	0.040	0.047	0.054	0.060	0.067	0.074	0.081	0.088	0.095
12	0.052	0.062	0.071	0.080	0.089	0.100	0.108	0.117	0.126
14	0.067	0.079	0.091	0.102	0.114	0.126	0.138	0.149	0.161
16	0.084	0.098	0.113	0.128	0.142	0.157	0.171	0.186	0.201
18	0.102	0.120	0.137	0.155	0.173	0.191	0.209	0.227	0.245
20	0.122	0.143	0.165	0.186	0.207	0.229	0.250	0.271	0.293
22	0.144	0.169	0.194	0.219	0.244	0.270	0.295	0.320	0.345

（续）

检尺径/cm	检尺长/m								
	5	6	7	8	9	10	11	12	13
	材积/m³								
24	0.167	0.197	0.226	0.255	0.285	0.314	0.343	0.373	0.402
26	0.193	0.227	0.260	0.294	0.328	0.362	0.395	0.429	0.463
28	0.220	0.259	0.297	0.336	0.374	0.413	0.451	0.490	0.528
30	0.249	0.293	0.336	0.380	0.424	0.467	0.511	0.554	0.598
32	0.280	0.329	0.378	0.427	0.476	0.525	0.574	0.623	0.672
34	0.312	0.367	0.422	0.477	0.532	0.586	0.641	0.696	0.751
36	0.347	0.408	0.468	0.529	0.590	0.651	0.712	0.772	0.833
38	0.383	0.450	0.517	0.585	0.652	0.719	0.786	0.853	0.920
40	0.421	0.495	0.569	0.643	0.716	0.790	0.864	0.938	1.012
42	0.461	0.542	0.623	0.703	0.784	0.865	0.946	1.026	1.107
44	0.503	0.591	0.679	0.767	0.855	0.943	1.031	1.119	1.207
46	0.546	0.642	0.737	0.833	0.929	1.024	1.120	1.216	1.311
48	0.591	0.695	0.798	0.902	1.006	1.109	1.213	1.316	1.420
50	0.638	0.750	0.862	0.974	1.086	1.198	1.309	1.421	1.533
52	0.687	0.808	0.928	1.048	1.169	1.289	1.409	1.530	1.650
54	0.738	0.867	0.996	1.126	1.255	1.384	1.513	1.643	1.772
56	0.790	0.929	1.067	1.205	1.344	1.482	1.621	1.759	1.898
58	0.844	0.992	1.140	1.288	1.436	1.584	1.732	1.880	2.028
60	0.900	1.058	1.216	1.374	1.531	1.689	1.847	2.005	2.163

检尺径/cm	检尺长/m								
	14	15	16	17	18	19	20	21	22
	材积/m³								
8	0.069	0.074	0.078	0.083	0.088	0.093	0.098	0.103	0.108
10	0.102	0.109	0.116	0.123	0.130	0.137	0.146	0.153	0.160
12	0.135	0.144	0.154	0.163	0.172	0.181	0.192	0.201	0.211
14	0.173	0.185	0.197	0.208	0.220	0.232	0.245	0.257	0.268
16	0.215	0.230	0.245	0.259	0.274	0.289	0.304	0.319	0.333

（续）

检尺径 /cm	检尺长 /m								
	14	15	16	17	18	19	20	21	22
	材积 /m³								
18	0.262	0.280	0.298	0.316	0.334	0.352	0.369	0.387	0.405
20	0.314	0.335	0.357	0.378	0.399	0.421	0.441	0.463	0.484
22	0.370	0.395	0.421	0.446	0.471	0.496	0.519	0.545	0.570
24	0.431	0.461	0.490	0.519	0.548	0.578	0.604	0.634	0.663
26	0.497	0.531	0.564	0.598	0.632	0.666	0.695	0.729	0.763
28	0.567	0.605	0.644	0.683	0.721	0.760	0.793	0.831	0.870
30	0.642	0.685	0.729	0.773	0.816	0.860	0.896	0.940	0.984
32	0.721	0.770	0.819	0.868	0.917	0.966	1.007	1.056	1.105
34	0.805	0.860	0.915	0.970	1.024	1.079	1.123	1.178	1.233
36	0.894	0.955	1.016	1.076	1.137	1.198	1.246	1.307	1.368
38	0.987	1.055	1.122	1.189	1.256	1.323	1.376	1.443	1.510
40	1.085	1.159	1.233	1.307	1.381	1.454	1.511	1.585	1.659
42	1.188	1.269	1.350	1.430	1.511	1.592	1.654	1.734	1.815
44	1.295	1.383	1.471	1.559	1.648	1.736	1.802	1.890	1.978
46	1.407	1.503	1.599	1.694	1.790	1.886	1.957	2.053	2.148
48	1.524	1.627	1.731	1.835	1.938	2.042	2.118	2.222	2.325
50	1.645	1.757	1.869	1.980	2.092	2.204	2.286	2.398	2.509
52	1.771	1.891	2.011	2.132	2.252	2.373	2.460	2.580	2.701
54	1.901	2.030	2.160	2.289	2.418	2.547	2.641	2.770	2.899
56	2.036	2.175	2.313	2.452	2.590	2.728	2.828	2.966	3.104
58	2.176	2.324	2.472	2.620	2.768	2.916	3.021	3.168	3.316
60	2.320	2.478	2.636	2.794	2.951	3.109	3.221	3.378	3.535

检尺径 /cm	检尺长 /m							
	23	24	25	26	27	28	29	30
	材积 /m³							
8	0.113	0.118	0.123	0.127	0.132	0.137	0.142	0.147
10	0.167	0.174	0.181	0.188	0.195	0.202	0.210	0.217
12	0.220	0.229	0.239	0.248	0.257	0.267	0.276	0.286

（续）

检尺径/cm	检尺长/m							
	23	24	25	26	27	28	29	30
	材积/m³							
14	0.280	0.292	0.304	0.316	0.328	0.340	0.352	0.364
16	0.348	0.363	0.378	0.393	0.408	0.422	0.437	0.452
18	0.423	0.441	0.459	0.477	0.495	0.513	0.531	0.549
20	0.506	0.527	0.549	0.570	0.592	0.613	0.635	0.656
22	0.595	0.621	0.646	0.672	0.697	0.722	0.748	0.773
24	0.693	0.722	0.752	0.781	0.810	0.840	0.869	0.899
26	0.797	0.831	0.865	0.899	0.933	0.967	1.001	1.034
28	0.909	0.947	0.986	1.025	1.063	1.102	1.141	1.180
30	1.028	1.071	1.115	1.159	1.203	1.247	1.290	1.334
32	1.154	1.203	1.252	1.301	1.351	1.400	1.449	1.498
34	1.288	1.343	1.397	1.452	1.507	1.562	1.617	1.672
36	1.429	1.490	1.550	1.611	1.672	1.733	1.794	1.855
38	1.577	1.644	1.711	1.779	1.846	1.913	1.980	2.047
40	1.733	1.807	1.880	1.954	2.028	2.102	2.176	2.249
42	1.896	1.977	2.057	2.138	2.219	2.299	2.380	2.461
44	2.066	2.154	2.242	2.330	2.418	2.506	2.594	2.682
46	2.244	2.339	2.435	2.530	2.626	2.722	2.817	2.913
48	2.429	2.532	2.636	2.739	2.842	2.946	3.049	3.153
50	1.621	2.733	2.844	2.956	3.068	3.179	3.291	3.402
52	2.821	2.941	3.061	3.181	3.301	3.421	3.541	3.662
54	3.028	3.157	3.285	3.414	3.543	3.672	3.801	3.930
56	3.242	3.380	3.518	3.656	3.794	3.932	4.070	4.208
58	3.463	3.611	3.758	3.906	1.054	4.201	4.349	4.496
60	3.692	3.850	4.007	4.164	4.321	4.479	4.636	4.793

第3章 锯 材 类

锯材是以原木为原料，根据实际加工需要锯切成一定规格形状的板材。锯材产品的数量是贸易双方成交商品的基本计量和计价单位，是锯材在生产领域和交换领域中的统一尺码，这个尺码用材积来表示，单位为立方米（m³）。决定锯材材积大小的要素为锯材长度、宽度和厚度。

3.1 锯材数量检量

GB/T 4822—1999《锯材检验》、GB/T 153—2009《针叶树锯材》和 GB/T 4817—2009《阔叶树锯材》规定：

1. 锯材长度

（1）实际长度检量　沿材长方向检量两端断面间的最短距离，单位为米（m），量至厘米，不足 1cm 的舍去。

（2）标准长度确定　针叶树自 0.5~8m，阔叶树自 0.5~6m，长度不足 2m，按 0.1m 进级，尺寸偏差 $\pm^3_1$cm；自 2m 以上，按 0.2m 进级，尺寸偏差 $\pm^6_2$cm。当锯材实际材长小于标准长度但不超过负偏差，仍按标准长度计算；如超过负偏差，则按下一级长度计算，其多余部分不计。

2. 锯材宽度和厚度

（1）实际宽度和厚度检量　在材长范围内除去两端各

15cm 的任意无钝棱部位检量，单位为毫米（mm），不足1mm 的舍去。

（2）标准宽度和厚度确定　普通锯材材宽按 10mm 进级。普通锯材材厚自 12~21mm，按 3mm 进级；自 21~25mm，按 4mm 进级；自 25~40mm，按 5mm 进级；自 40~100mm，按 10mm 进级。宽度、厚度不足 30mm，尺寸偏差 $\pm^1_1$mm；自 30mm 以上，尺寸偏差 $\pm^2_2$mm。锯材宽度、厚度的正负偏差，允许同时存在并分别计算。当锯材实际宽度小于标准宽度但不超过负偏差，仍按标准宽度计算；如超过负偏差，则按下一级宽度计算。

3.2　锯材材积计算

锯材材积计算公式：

$$V = LWT/1000000$$

式中，V 是锯材材积（m^3）；L 是锯材长度（m）；W 是锯材宽度（mm）；T 是锯材厚度（mm）。

3.3　锯材材积速查表

3.3.1　普通锯材材积速查表

编表依据 GB/T 449—2009《锯材材积表》，适于材长自 0.5~8m、材宽自 30~300mm、材厚自 12~100mm 的所有树种普通锯材材积查定。普通锯材材长不足 2m，材积数保留五位小数；自 2m 以上，材积数保留四位小数。普通锯材材积速查表见表 3-1。

表 3-1　普通锯材材积速查表

材长/m	0.5						
材宽 /mm	材厚/mm						
	12	15	18	21	25	30	35
	材积/m³						
30	0.00018	0.00023	0.00027	0.00032	0.00038	0.00045	0.00053
40	0.00024	0.00030	0.00036	0.00042	0.00050	0.00060	0.00070
50	0.00030	0.00038	0.00045	0.00053	0.00063	0.00075	0.00088
60	0.00036	0.00045	0.00054	0.00063	0.00075	0.00090	0.00150
70	0.00042	0.00053	0.00063	0.00074	0.00088	0.00105	0.00123
80	0.00048	0.00060	0.00072	0.00084	0.00100	0.00120	0.00140
90	0.00054	0.00068	0.00081	0.00095	0.00113	0.00135	0.00158
100	0.00060	0.00075	0.00090	0.00105	0.00125	0.00150	0.00175
110	0.00066	0.00083	0.00099	0.00116	0.00138	0.00165	0.00193
120	0.00072	0.00090	0.00108	0.00126	0.00150	0.00180	0.00210
130	0.00078	0.00098	0.00117	0.00137	0.00163	0.00195	0.00228
140	0.00084	0.00105	0.00126	0.00147	0.00175	0.00210	0.00245
150	0.00090	0.00113	0.00135	0.00158	0.00188	0.00225	0.00263
160	0.00096	0.00120	0.00144	0.00168	0.00200	0.00240	0.00280
170	0.00102	0.00128	0.00153	0.00179	0.00213	0.00255	0.00298
180	0.00108	0.00135	0.00162	0.00189	0.00225	0.00270	0.00315
190	0.00114	0.00143	0.00171	0.00200	0.00238	0.00285	0.00333
200	0.00120	0.00150	0.00180	0.00210	0.00250	0.00300	0.00350
210	0.00126	0.00158	0.00189	0.00221	0.00263	0.00315	0.00368
220	0.00132	0.00165	0.00198	0.00231	0.00275	0.00330	0.00385
230	0.00138	0.00173	0.00207	0.00242	0.00288	0.00345	0.00403
240	0.00144	0.00180	0.00216	0.00252	0.00300	0.00360	0.00420
250	0.00150	0.00188	0.00225	0.00263	0.00313	0.00375	0.00438
260	0.00156	0.00195	0.00234	0.00273	0.00325	0.00390	0.00455
270	0.00162	0.00203	0.00243	0.00284	0.00338	0.00405	0.00473
280	0.00168	0.00210	0.00252	0.00294	0.00350	0.00420	0.00490
290	0.00174	0.00218	0.00261	0.00305	0.00363	0.00435	0.00508
300	0.00180	0.00225	0.00270	0.00315	0.00375	0.00450	0.00525

（续）

材长/m	0.5						
材宽/mm	材厚/mm						
	40	50	60	70	80	90	100
	材积/m³						
30	0.00060	0.00075	0.00090	0.00105	0.00120	0.00135	0.00150
40	0.00080	0.00100	0.00120	0.00140	0.00160	0.00180	0.00200
50	0.00100	0.00125	0.00150	0.00175	0.00200	0.00225	0.00250
60	0.00120	0.00150	0.00180	0.00210	0.00240	0.00270	0.00300
70	0.00140	0.00175	0.00210	0.00245	0.00280	0.00315	0.00350
80	0.00160	0.00200	0.00240	0.00280	0.00320	0.00360	0.00400
90	0.00180	0.00225	0.00270	0.00315	0.00360	0.00405	0.00450
100	0.00200	0.00250	0.00300	0.00350	0.00400	0.00450	0.00500
110	0.00220	0.00275	0.00330	0.00385	0.00440	0.00495	0.00550
120	0.00240	0.00300	0.00360	0.00420	0.00480	0.00540	0.00600
130	0.00260	0.00325	0.00390	0.00455	0.00520	0.00585	0.00650
140	0.00280	0.00350	0.00420	0.00490	0.00560	0.00630	0.00700
150	0.00300	0.00375	0.00450	0.00525	0.00600	0.00675	0.00750
160	0.00320	0.00400	0.00480	0.00560	0.00640	0.00720	0.00800
170	0.00340	0.00425	0.00510	0.00595	0.00680	0.00765	0.00850
180	0.00360	0.00450	0.00540	0.00630	0.00720	0.00810	0.00900
190	0.00380	0.00475	0.00570	0.00665	0.00760	0.00855	0.00950
200	0.00400	0.00500	0.00600	0.00700	0.00800	0.00900	0.01000
210	0.00420	0.00525	0.00630	0.00735	0.00840	0.00945	0.01050
220	0.00440	0.00550	0.00660	0.00770	0.00880	0.00990	0.01100
230	0.00460	0.00575	0.00690	0.00805	0.00920	0.01035	0.01150
240	0.00480	0.00600	0.00720	0.00840	0.00960	0.01080	0.01200
250	0.00500	0.00625	0.00750	0.00875	0.01000	0.01125	0.01250
260	0.00520	0.00650	0.00780	0.00910	0.01040	0.01170	0.01300
270	0.00540	0.00675	0.00810	0.00945	0.01080	0.01215	0.01350
280	0.00560	0.00700	0.00840	0.00980	0.01120	0.01260	0.01400
290	0.00580	0.00725	0.00870	0.01015	0.01160	0.01305	0.01450
300	0.00600	0.00750	0.00900	0.01050	0.01200	0.01350	0.01500

（续）

材长/m	0.6						
材宽/mm	材厚/mm						
	12	15	18	21	25	30	35
	材积/m³						
30	0.00022	0.00027	0.00032	0.00038	0.00045	0.00054	0.00063
40	0.00029	0.00036	0.00043	0.00050	0.00060	0.00072	0.00084
50	0.00036	0.00045	0.00054	0.00063	0.00075	0.00090	0.00105
60	0.00043	0.00054	0.00065	0.00076	0.00090	0.00108	0.00126
70	0.00050	0.00063	0.00076	0.00088	0.00105	0.00126	0.00147
80	0.00058	0.00072	0.00086	0.00101	0.00120	0.00144	0.00168
90	0.00065	0.00081	0.00097	0.00113	0.00135	0.00162	0.00189
100	0.00072	0.00090	0.00108	0.00126	0.00150	0.00180	0.00210
110	0.00079	0.00099	0.00119	0.00139	0.00165	0.00198	0.00231
120	0.00086	0.00108	0.00130	0.00151	0.00180	0.00216	0.00252
130	0.00094	0.00117	0.00140	0.00164	0.00195	0.00234	0.00273
140	0.00101	0.00126	0.00151	0.00176	0.00210	0.00252	0.00294
150	0.00108	0.00135	0.00162	0.00189	0.00225	0.00270	0.00315
160	0.00115	0.00144	0.00173	0.00202	0.00240	0.00288	0.00336
170	0.00122	0.00153	0.00184	0.00214	0.00255	0.00306	0.00357
180	0.00130	0.00162	0.00194	0.00227	0.00270	0.00324	0.00378
190	0.00137	0.00171	0.00205	0.00239	0.00285	0.00342	0.00399
200	0.00144	0.00180	0.00216	0.00252	0.00300	0.00360	0.00420
210	0.00151	0.00189	0.00227	0.00265	0.00315	0.00378	0.00441
220	0.00158	0.00198	0.00238	0.00277	0.00330	0.00396	0.00462
230	0.00166	0.00207	0.00248	0.00290	0.00345	0.00414	0.00483
240	0.00173	0.00216	0.00259	0.00302	0.00360	0.00432	0.00504
250	0.00180	0.00225	0.00270	0.00315	0.00375	0.00450	0.00525
260	0.00187	0.00234	0.00281	0.00328	0.00390	0.00468	0.00546
270	0.00194	0.00243	0.00292	0.00340	0.00405	0.00486	0.00567
230	0.00202	0.00252	0.00302	0.00353	0.00420	0.00504	0.00588
290	0.00209	0.00261	0.00313	0.00365	0.00435	0.00522	0.00609
300	0.00216	0.00270	0.00324	0.00378	0.00450	0.00540	0.00630

（续）

材长/m	0.6						
材宽/mm	材厚/mm						
	40	50	60	70	80	90	100
	材积/m³						
30	0.00072	0.00090	0.00108	0.00126	0.00144	0.00162	0.00180
40	0.00096	0.00120	0.00144	0.00168	0.00192	0.00216	0.00240
50	0.00120	0.00150	0.00180	0.00210	0.00240	0.00270	0.00300
60	0.00144	0.00180	0.00216	0.00252	0.00288	0.00324	0.00360
70	0.00168	0.00210	0.00252	0.00294	0.00336	0.00378	0.00420
80	0.00192	0.00240	0.00288	0.00336	0.00384	0.00432	0.00480
90	0.00216	0.00270	0.00324	0.00378	0.00432	0.00486	0.00540
100	0.00240	0.00300	0.00360	0.00420	0.00480	0.00540	0.00600
110	0.00264	0.00330	0.00396	0.00462	0.00528	0.00594	0.00660
120	0.00288	0.00360	0.00432	0.00504	0.00576	0.00648	0.00720
130	0.00312	0.00390	0.00468	0.00546	0.00624	0.00702	0.00780
140	0.00336	0.00420	0.00504	0.00588	0.00672	0.00756	0.00840
150	0.00360	0.00450	0.00540	0.00630	0.00720	0.00810	0.00900
160	0.00384	0.00480	0.00576	0.00672	0.00768	0.00864	0.00960
170	0.00408	0.00510	0.00612	0.00714	0.00816	0.00918	0.01020
180	0.00432	0.00540	0.00648	0.00756	0.00864	0.00972	0.01080
190	0.00456	0.00570	0.00684	0.00798	0.00912	0.01026	0.01140
200	0.00480	0.00600	0.00720	0.00840	0.00960	0.01080	0.01200
210	0.00504	0.00630	0.00756	0.00882	0.01008	0.01134	0.01260
220	0.00528	0.00660	0.00792	0.00924	0.01056	0.01188	0.01320
230	0.00552	0.00690	0.00828	0.00966	0.01104	0.01242	0.01380
240	0.00576	0.00720	0.00864	0.01008	0.01152	0.01296	0.01440
250	0.00600	0.00750	0.00900	0.01050	0.01200	0.01350	0.01500
260	0.00624	0.00780	0.00936	0.01092	0.01248	0.01404	0.01560
270	0.00648	0.00810	0.00972	0.01134	0.01296	0.01458	0.01620
280	0.00672	0.00840	0.01008	0.01176	0.01344	0.01512	0.01680
290	0.00696	0.00870	0.01044	0.01218	0.01392	0.01566	0.01740
300	0.00720	0.00900	0.01080	0.01260	0.01440	0.01620	0.01800

（续）

材长/m	0.7						
材宽 /mm	材厚/mm						
	12	15	18	21	25	30	35
	材积/m³						
30	0.00025	0.00032	0.00038	0.00044	0.00053	0.00063	0.00074
40	0.00034	0.00042	0.00050	0.00059	0.00070	0.00084	0.00098
50	0.00042	0.00053	0.00063	0.00074	0.00088	0.00105	0.00123
60	0.00050	0.00063	0.00076	0.00088	0.00105	0.00126	0.00147
70	0.00059	0.00074	0.00088	0.00103	0.00123	0.00147	0.00172
80	0.00067	0.00084	0.00101	0.00118	0.00140	0.00168	0.00196
90	0.00076	0.00095	0.00113	0.00132	0.00158	0.00189	0.00221
100	0.00084	0.00105	0.00126	0.00147	0.00175	0.00210	0.00245
110	0.00092	0.00116	0.00139	0.00162	0.00193	0.00231	0.00270
120	0.00101	0.00126	0.00151	0.00176	0.00210	0.00252	0.00294
130	0.00109	0.00137	0.00164	0.00191	0.00228	0.00273	0.00319
140	0.00118	0.00147	0.00176	0.00206	0.00245	0.00294	0.00343
150	0.00126	0.00158	0.00189	0.00221	0.00263	0.00315	0.00368
160	0.00134	0.00168	0.00202	0.00235	0.00280	0.00336	0.00392
170	0.00143	0.00179	0.00214	0.00250	0.00298	0.00357	0.00417
180	0.00151	0.00189	0.00227	0.00265	0.00315	0.00378	0.00441
190	0.00160	0.00200	0.00239	0.00279	0.00333	0.00399	0.00466
200	0.00168	0.00210	0.00252	0.00294	0.00350	0.00420	0.00490
210	0.00176	0.00221	0.00265	0.00309	0.00368	0.00441	0.00515
220	0.00185	0.00231	0.00277	0.00323	0.00385	0.00462	0.00539
230	0.00193	0.00242	0.00290	0.00338	0.00403	0.00483	0.00564
240	0.00202	0.00252	0.00302	0.00353	0.00420	0.00504	0.00588
250	0.00210	0.00263	0.00315	0.00368	0.00438	0.00525	0.00613
260	0.00218	0.00273	0.00328	0.00382	0.00455	0.00546	0.00637
270	0.00227	0.00284	0.00340	0.00397	0.00473	0.00567	0.00662
280	0.00235	0.00294	0.00353	0.00412	0.00412	0.00490	0.00588	0.00686
290	0.00224	0.00305	0.00365	0.00426	0.00508	0.00609	0.00711
300	0.00252	0.00315	0.00378	0.00441	0.00525	0.00630	0.00735

（续）

材长/m	0.7						
材宽 /mm	材厚/mm						
	40	50	60	70	80	90	100
	材积/m³						
30	0.00084	0.00105	0.00126	0.00147	0.00168	0.00189	0.00210
40	0.00112	0.00140	0.00168	0.00196	0.00224	0.00252	0.00280
50	0.00140	0.00175	0.00210	0.00245	0.00280	0.00315	0.00350
60	0.00168	0.00210	0.00252	0.00294	0.00336	0.00378	0.00420
70	0.00196	0.00245	0.00294	0.00343	0.00392	0.00441	0.00490
80	0.00224	0.00280	0.00336	0.00392	0.00448	0.00504	0.00560
90	0.00252	0.00315	0.00378	0.00441	0.00504	0.00567	0.00630
100	0.00280	0.00350	0.00420	0.00490	0.00560	0.00630	0.00700
110	0.00308	0.00385	0.00462	0.00539	0.00616	0.00693	0.00770
120	0.00336	0.00420	0.00504	0.00588	0.00672	0.00756	0.00840
130	0.00364	0.00455	0.00546	0.00637	0.00728	0.00819	0.00910
140	0.00392	0.00490	0.00588	0.00686	0.00784	0.00882	0.00980
150	0.00420	0.00525	0.00630	0.00735	0.00840	0.00945	0.01050
160	0.00448	0.00560	0.00672	0.00784	0.00896	0.01008	0.01120
170	0.00476	0.00595	0.00714	0.00833	0.00952	0.01071	0.01190
180	0.00504	0.00630	0.00756	0.00882	0.01008	0.01134	0.01260
190	0.00532	0.00665	0.00798	0.00931	0.01064	0.01197	0.01330
200	0.00560	0.00700	0.00840	0.00980	0.01120	0.01260	0.01400
210	0.00588	0.00735	0.00882	0.01029	0.01176	0.01323	0.01470
220	0.00616	0.00770	0.00924	0.01078	0.01232	0.01386	0.01540
230	0.00644	0.00805	0.00966	0.01127	0.01288	0.01449	0.01610
240	0.00672	0.00840	0.01008	0.01176	0.01344	0.01512	0.01680
250	0.00700	0.00875	0.01050	0.01225	0.01400	0.01575	0.01750
260	0.00728	0.00910	0.01092	0.01274	0.01456	0.01638	0.01820
270	0.00756	0.00945	0.01134	0.01323	0.01512	0.01701	0.01890
280	0.00784	0.00980	0.01176	0.01372	0.01568	0.01764	0.01960
290	0.00812	0.01015	0.01218	0.01421	0.01624	0.01827	0.02030
300	0.00840	0.01050	0.01260	0.01470	0.01680	0.01890	0.02100

（续）

材长/m	0.8						
材宽 /mm	材厚/mm						
	12	15	18	21	25	30	35
	材积/m³						
30	0.00029	0.00036	0.00043	0.00050	0.00060	0.00072	0.00084
40	0.00038	0.00048	0.00058	0.00067	0.00080	0.00096	0.00112
50	0.00043	0.00060	0.00072	0.00084	0.00100	0.00120	0.00140
60	0.00058	0.00072	0.00086	0.00101	0.00120	0.00144	0.00168
70	0.00067	0.00084	0.00101	0.00118	0.00140	0.00168	0.00196
80	0.00077	0.00096	0.00115	0.00134	0.00160	0.00192	0.00224
90	0.00086	0.00108	0.00130	0.00151	0.00180	0.00216	0.00252
100	0.00096	0.00120	0.00144	0.00168	0.00200	0.00240	0.00280
110	0.00106	0.00132	0.00158	0.00185	0.00220	0.00264	0.00308
120	0.00115	0.00144	0.00173	0.00202	0.00240	0.00288	0.00336
130	0.00125	0.00156	0.00187	0.00218	0.00260	0.00312	0.00364
140	0.00134	0.00168	0.00202	0.00235	0.00280	0.00336	0.00392
150	0.00144	0.00180	0.00216	0.00252	0.00300	0.00360	0.00420
160	0.00154	0.00192	0.00230	0.00269	0.00320	0.00384	0.00448
170	0.00163	0.00204	0.00245	0.00286	0.00340	0.00408	0.00476
180	0.00173	0.00216	0.00259	0.00302	0.00360	0.00432	0.00504
190	0.00182	0.00228	0.00274	0.00319	0.00380	0.00456	0.00532
200	0.00192	0.00240	0.00288	0.00336	0.00400	0.00480	0.00560
210	0.00202	0.00252	0.00302	0.00353	0.00420	0.00504	0.00588
220	0.00211	0.00264	0.00317	0.00370	0.00440	0.00528	0.00616
230	0.00221	0.00276	0.00331	0.00386	0.00460	0.00552	0.00644
240	0.00230	0.00288	0.00346	0.00403	0.00480	0.00576	0.00672
250	0.00240	0.00300	0.00360	0.00420	0.00500	0.00600	0.00700
260	0.00250	0.00312	0.00374	0.00437	0.00520	0.00624	0.00728
270	0.00259	0.00324	0.00389	0.00454	0.00540	0.00648	0.00756
280	0.00269	0.00336	0.00403	0.00470	0.00560	0.00672	0.00784
290	0.00278	0.00348	0.00418	0.00487	0.00580	0.00696	0.00812
300	0.00288	0.00360	0.00432	0.00504	0.00600	0.00720	0.00840

（续）

材长/m	0.8						
材宽 /mm	材厚/mm						
	40	50	60	70	80	90	100
	材积/m³						
30	0.00096	0.00120	0.00144	0.00168	0.00192	0.00216	0.00240
40	0.00128	0.00160	0.00192	0.00224	0.00256	0.00288	0.00320
50	0.00160	0.00200	0.00240	0.00280	0.00320	0.00360	0.00400
60	0.00192	0.00240	0.00288	0.00336	0.00384	0.00432	0.00480
70	0.00224	0.00280	0.00336	0.00392	0.00448	0.00504	0.00560
80	0.00256	0.00320	0.00384	0.00448	0.00512	0.00576	0.00640
90	0.00288	0.00360	0.00432	0.00504	0.00576	0.00648	0.00720
100	0.00320	0.00400	0.00480	0.00560	0.00640	0.00720	0.00800
110	0.00352	0.00440	0.00528	0.00616	0.00704	0.00792	0.00880
120	0.00384	0.00480	0.00576	0.00672	0.00768	0.00864	0.00960
130	0.00416	0.00520	0.00624	0.00728	0.00832	0.00936	0.01040
140	0.00448	0.00560	0.00672	0.00784	0.00896	0.01008	0.01120
150	0.00480	0.00600	0.00720	0.00840	0.00960	0.01080	0.01200
160	0.00512	0.00640	0.00768	0.00896	0.01024	0.01152	0.01280
170	0.00544	0.00680	0.00816	0.00952	0.01088	0.01224	0.01360
180	0.00576	0.00720	0.00864	0.01008	0.01152	0.01296	0.01440
190	0.00608	0.00760	0.00912	0.01064	0.01216	0.01368	0.01520
200	0.00640	0.00800	0.00960	0.01120	0.01280	0.01440	0.01600
210	0.00672	0.00840	0.01008	0.01176	0.01344	0.01512	0.01680
220	0.00704	0.00880	0.01056	0.01232	0.01408	0.01584	0.01760
230	0.00736	0.00920	0.01104	0.01288	0.01472	0.01656	0.01840
240	0.00768	0.00960	0.01152	0.01344	0.01536	0.01728	0.01920
250	0.00800	0.01000	0.01200	0.01400	0.01600	0.01800	0.02000
260	0.00832	0.01040	0.01248	0.01456	0.01664	0.01872	0.02080
270	0.00864	0.01080	0.01296	0.01512	0.01728	0.01944	0.02160
280	0.00896	0.01120	0.01344	0.01568	0.01792	0.02016	0.02240
290	0.00928	0.01160	0.01392	0.01624	0.01856	0.02088	0.02320
300	0.00960	0.01200	0.01440	0.01680	0.01920	0.02160	0.02400

（续）

材长/m	0.9						
	材厚/mm						
材宽/mm	12	15	18	21	25	30	35
	材积/m³						
30	0.00032	0.00041	0.00049	0.00057	0.00068	0.00081	0.00095
40	0.00043	0.00054	0.00065	0.00076	0.00090	0.00108	0.00126
50	0.00054	0.00068	0.00081	0.00095	0.00113	0.00135	0.00158
60	0.00065	0.00081	0.00097	0.00113	0.00135	0.00162	0.00189
70	0.00076	0.00095	0.00113	0.00132	0.00158	0.00189	0.00221
80	0.00086	0.00108	0.00130	0.00151	0.00180	0.00216	0.00252
90	0.00097	0.00122	0.00146	0.00170	0.00203	0.00243	0.00284
100	0.00108	0.00135	0.00162	0.00189	0.00225	0.00270	0.00315
110	0.00119	0.00149	0.00178	0.00208	0.00248	0.00297	0.00347
120	0.00130	0.00162	0.00194	0.00227	0.00270	0.00324	0.00378
130	0.00140	0.00176	0.00211	0.00246	0.00293	0.00351	0.00410
140	0.00151	0.00189	0.00227	0.00265	0.00315	0.00378	0.00441
150	0.00162	0.00203	0.00243	0.00284	0.00338	0.00405	0.00473
160	0.00173	0.00216	0.00259	0.00302	0.00360	0.00432	0.00504
170	0.00184	0.00230	0.00275	0.00321	0.00383	0.00459	0.00536
180	0.00194	0.00243	0.00292	0.00340	0.00405	0.00486	0.00567
190	0.00205	0.00257	0.00308	0.00359	0.00428	0.00513	0.00599
200	0.00216	0.00270	0.00324	0.00378	0.00450	0.00540	0.00630
210	0.00227	0.00284	0.00340	0.00397	0.00473	0.00567	0.00662
220	0.00238	0.00297	0.00356	0.00416	0.00495	0.00594	0.00693
230	0.00248	0.00311	0.00373	0.00435	0.00518	0.00621	0.00725
240	0.00259	0.00324	0.00389	0.00454	0.00540	0.00648	0.00756
250	0.00270	0.00338	0.00405	0.00473	0.00563	0.00675	0.00788
260	0.00281	0.00351	0.00421	0.00491	0.00585	0.00702	0.00819
270	0.00292	0.00365	0.00437	0.00510	0.00608	0.00729	0.00851
280	0.00302	0.00378	0.00454	0.00529	0.00630	0.00756	0.00882
290	0.00313	0.00392	0.00470	0.00548	0.00653	0.00783	0.00914
300	0.00324	0.00405	0.00486	0.00567	0.00675	0.00810	0.00945

（续）

材长/m	0.9						
材宽/mm	材厚/mm						
	40	50	60	70	80	90	100
	材积/m³						
30	0.00108	0.00135	0.00162	0.00189	0.00216	0.00243	0.00270
40	0.00144	0.00180	0.00216	0.00252	0.00288	0.00324	0.00360
50	0.00180	0.00225	0.00270	0.00315	0.00360	0.00405	0.00450
60	0.00216	0.00270	0.00324	0.00378	0.00432	0.00486	0.00540
70	0.00252	0.00315	0.00378	0.00441	0.00504	0.00567	0.00630
80	0.00288	0.00360	0.00432	0.00504	0.00576	0.00648	0.00720
90	0.00324	0.00405	0.00486	0.00567	0.00648	0.00729	0.00810
100	0.00360	0.00450	0.00540	0.00630	0.00720	0.00810	0.00900
110	0.00396	0.00495	0.00594	0.00693	0.00792	0.00891	0.00990
120	0.00432	0.00540	0.00648	0.00756	0.00864	0.00972	0.01080
130	0.00468	0.00585	0.00702	0.00819	0.00936	0.01053	0.01170
140	0.00504	0.00630	0.00756	0.00882	0.01008	0.01134	0.01260
150	0.00540	0.00675	0.00810	0.00945	0.01080	0.01215	0.01350
160	0.00576	0.00720	0.00864	0.01008	0.01152	0.01296	0.01440
170	0.00612	0.00765	0.00918	0.01071	0.01224	0.01377	0.01530
180	0.00648	0.00810	0.00972	0.01134	0.01296	0.01458	0.01620
190	0.00684	0.00855	0.01026	0.01197	0.01368	0.01539	0.01710
200	0.00720	0.00900	0.01080	0.01260	0.01440	0.01620	0.01800
210	0.00756	0.00945	0.01134	0.01323	0.01512	0.01701	0.01890
220	0.00792	0.00990	0.01188	0.01386	0.01584	0.01782	0.01980
230	0.00828	0.01035	0.01242	0.01449	0.01656	0.01863	0.02070
240	0.00864	0.01080	0.01296	0.01512	0.01728	0.01944	0.02160
250	0.00900	0.01125	0.01350	0.01575	0.01800	0.02025	0.02250
260	0.00936	0.01170	0.01404	0.01638	0.01872	0.02106	0.02340
270	0.00972	0.01215	0.01458	0.01701	0.01944	0.02187	0.02430
280	0.01008	0.01260	0.01512	0.01764	0.02016	0.02268	0.02520
290	0.01044	0.01305	0.01566	0.01827	0.02088	0.02349	0.02610
300	0.01080	0.01350	0.01620	0.01890	0.02160	0.02430	0.02700

（续）

材长/m	1.0						
材宽/mm	材厚/mm						
	12	15	18	21	25	30	35
	材积/m³						
30	0.00036	0.00045	0.00054	0.00063	0.00075	0.00090	0.00105
40	0.00048	0.00060	0.00072	0.00084	0.00100	0.00120	0.00140
50	0.00060	0.00075	0.00090	0.00105	0.00125	0.00150	0.00175
60	0.00072	0.00090	0.00108	0.00126	0.00150	0.00180	0.00210
70	0.00084	0.00105	0.00126	0.00147	0.00175	0.00210	0.00245
80	0.00096	0.00120	0.00144	0.00168	0.00200	0.00240	0.00280
90	0.00108	0.00135	0.00162	0.00189	0.00225	0.00270	0.00315
100	0.00120	0.00150	0.00180	0.00210	0.00250	0.00300	0.00350
110	0.00132	0.00165	0.00198	0.00231	0.00275	0.00330	0.00385
120	0.00144	0.00180	0.00216	0.00252	0.00300	0.00360	0.00420
130	0.00156	0.00195	0.00234	0.00273	0.00325	0.00390	0.00455
140	0.00168	0.00210	0.00252	0.00294	0.00350	0.00420	0.00490
150	0.00180	0.00225	0.00270	0.00315	0.00375	0.00450	0.00525
160	0.00192	0.00240	0.00288	0.00336	0.00400	0.00480	0.00560
170	0.00204	0.00255	0.00306	0.00357	0.00425	0.00510	0.00595
180	0.00216	0.00270	0.00324	0.00378	0.00450	0.00540	0.00630
190	0.00228	0.00285	0.00342	0.00399	0.00475	0.00570	0.00665
200	0.00240	0.00300	0.00360	0.00420	0.00500	0.00600	0.00700
210	0.00252	0.00315	0.00378	0.00441	0.00525	0.00630	0.00735
220	0.00264	0.00330	0.00396	0.00462	0.00550	0.00660	0.00770
230	0.00276	0.00345	0.00414	0.00483	0.00575	0.00690	0.00805
240	0.00288	0.00360	0.00432	0.00504	0.00600	0.00720	0.00840
250	0.00300	0.00375	0.00450	0.00525	0.00625	0.00750	0.00875
260	0.00312	0.00390	0.00468	0.00546	0.00650	0.00780	0.00910
270	0.00324	0.00405	0.00486	0.00567	0.00675	0.00810	0.00945
280	0.00336	0.00420	0.00504	0.00588	0.00700	0.00840	0.00980
290	0.00348	0.00435	0.00522	0.00609	0.00725	0.00870	0.01015
300	0.00360	0.00450	0.00540	0.00630	0.00750	0.00900	0.01050

（续）

材长/m	1.0						
材宽/mm	材厚/mm						
	40	50	60	70	80	90	100
	材积/m³						
30	0.00120	0.00150	0.00180	0.00210	0.00240	0.00270	0.00300
40	0.00160	0.00200	0.00240	0.00280	0.00320	0.00360	0.00400
50	0.00200	0.00250	0.00300	0.00350	0.00400	0.00450	0.00500
60	0.00240	0.00300	0.00360	0.00420	0.00480	0.00540	0.00600
70	0.00280	0.00350	0.00420	0.00490	0.00560	0.00630	0.00700
80	0.00320	0.00400	0.00480	0.00560	0.00640	0.00720	0.00800
90	0.00360	0.00450	0.00540	0.00630	0.00720	0.00810	0.00900
100	0.00400	0.00500	0.00600	0.00700	0.00800	0.00900	0.01000
110	0.00440	0.00550	0.00660	0.00770	0.00880	0.00990	0.01100
120	0.00480	0.00600	0.00720	0.00840	0.00960	0.01080	0.01200
130	0.00520	0.00650	0.00780	0.00910	0.01040	0.01170	0.01300
140	0.00560	0.00700	0.00840	0.00980	0.01120	0.01260	0.01400
150	0.00600	0.00750	0.00900	0.01050	0.01200	0.01350	0.01500
160	0.00640	0.00800	0.00960	0.01120	0.01280	0.01440	0.01600
170	0.00680	0.00850	0.01020	0.01190	0.01360	0.01530	0.01700
180	0.00720	0.00900	0.01080	0.01260	0.01440	0.01620	0.01800
190	0.00760	0.00950	0.01140	0.01330	0.01520	0.01710	0.01900
200	0.00800	0.01000	0.01200	0.01400	0.01600	0.01800	0.02000
210	0.00840	0.01050	0.01260	0.01470	0.01680	0.01890	0.02100
220	0.00880	0.01100	0.01320	0.01540	0.01760	0.01980	0.02200
230	0.00920	0.01150	0.01380	0.01610	0.01840	0.02070	0.02300
240	0.00960	0.01200	0.01440	0.01680	0.01920	0.02160	0.02400
250	0.01000	0.01250	0.01500	0.01750	0.02000	0.02250	0.02500
260	0.01040	0.01300	0.01560	0.01820	0.02080	0.02340	0.02600
270	0.01080	0.01350	0.01620	0.01890	0.02160	0.02430	0.02700
280	0.01120	0.01400	0.01680	0.01960	0.02240	0.02520	0.02800
290	0.01160	0.01450	0.01740	0.02030	0.02320	0.02610	0.02900
300	0.01200	0.01500	0.01800	0.02100	0.02400	0.02700	0.03000

（续）

材长/m	1.1						
材宽 /mm	材厚/mm						
	12	15	18	21	25	30	35
	材积/m³						
30	0.00040	0.00050	0.00059	0.00069	0.00083	0.00099	0.00116
40	0.00053	0.00066	0.00079	0.00092	0.00110	0.00132	0.00154
50	0.00066	0.00083	0.00099	0.00116	0.00138	0.00165	0.00193
60	0.00079	0.00099	0.00119	0.00139	0.00165	0.00198	0.00231
70	0.00092	0.00116	0.00139	0.00162	0.00193	0.00231	0.00270
80	0.00106	0.00132	0.00158	0.00185	0.00220	0.00264	0.00308
90	0.00119	0.00149	0.00178	0.00208	0.00248	0.00297	0.00347
100	0.00132	0.00165	0.00198	0.00231	0.00275	0.00330	0.00385
110	0.00145	0.00182	0.00218	0.00254	0.00303	0.00363	0.00424
120	0.00158	0.00198	0.00238	0.00277	0.00330	0.00396	0.00462
130	0.00172	0.00215	0.00257	0.00300	0.00358	0.00429	0.00501
140	0.00185	0.00231	0.00277	0.00323	0.00385	0.00462	0.00539
150	0.00198	0.00248	0.00297	0.00347	0.00413	0.00495	0.00578
160	0.00211	0.00264	0.00317	0.00370	0.00440	0.00528	0.00616
170	0.00224	0.00281	0.00337	0.00393	0.00468	0.00561	0.00655
180	0.00238	0.00297	0.00356	0.00416	0.00495	0.00594	0.00693
190	0.00251	0.00314	0.00376	0.00439	0.00523	0.00627	0.00732
200	0.00264	0.00330	0.00396	0.00462	0.00550	0.00660	0.00770
210	0.00277	0.00347	0.00416	0.00485	0.00578	0.00693	0.00809
220	0.00290	0.00363	0.00436	0.00508	0.00605	0.00726	0.00847
230	0.00304	0.00380	0.00455	0.00531	0.00633	0.00759	0.00886
240	0.00317	0.00396	0.00475	0.00554	0.00660	0.00792	0.00924
250	0.00330	0.00413	0.00495	0.00578	0.00688	0.00825	0.00963
260	0.00343	0.00429	0.00515	0.00601	0.00715	0.00858	0.01001
270	0.00356	0.00446	0.00535	0.00624	0.00743	0.00891	0.01040
280	0.00370	0.00462	0.00554	0.00647	0.00770	0.00924	0.01078
290	0.00383	0.00479	0.00574	0.00670	0.00798	0.00957	0.01117
300	0.00396	0.00495	0.00594	0.00693	0.00825	0.00990	0.01155

（续）

材长/m	1.1						
材宽/mm	材厚/mm						
	40	50	60	70	80	90	100
	材积/m³						
30	0.00132	0.00165	0.00198	0.00231	0.00264	0.00297	0.00330
40	0.00176	0.00220	0.00264	0.00308	0.00352	0.00396	0.00440
50	0.00220	0.00275	0.00330	0.00385	0.00440	0.00495	0.00550
60	0.00264	0.00330	0.00396	0.00462	0.00528	0.00594	0.00660
70	0.00308	0.00385	0.00462	0.00539	0.00616	0.00693	0.00770
80	0.00352	0.00440	0.00528	0.00616	0.00704	0.00792	0.00880
90	0.00396	0.00495	0.00594	0.00693	0.00792	0.00891	0.00990
100	0.00440	0.00550	0.00660	0.00770	0.00880	0.00990	0.01100
110	0.00484	0.00605	0.00726	0.00847	0.00968	0.01089	0.01210
120	0.00528	0.00660	0.00792	0.00924	0.01056	0.01188	0.01320
130	0.00572	0.00715	0.00858	0.01001	0.01144	0.01287	0.01430
140	0.00616	0.00770	0.00924	0.01078	0.01232	0.01386	0.01540
150	0.00660	0.00825	0.00990	0.01155	0.01320	0.01485	0.01650
160	0.00704	0.00880	0.01056	0.01232	0.01408	0.01584	0.01760
170	0.00748	0.00935	0.01122	0.01309	0.01496	0.01683	0.01870
180	0.00792	0.00990	0.01188	0.01386	0.01584	0.01782	0.01980
190	0.00836	0.01045	0.01254	0.01463	0.01672	0.01881	0.02090
200	0.00880	0.01100	0.01320	0.01540	0.01176	0.01980	0.02200
210	0.00924	0.01155	0.01386	0.01617	0.01848	0.02079	0.02310
220	0.00968	0.01210	0.01452	0.01694	0.01936	0.02178	0.02420
230	0.01012	0.01265	0.01518	0.01771	0.02024	0.02277	0.02530
240	0.01056	0.01320	0.01584	0.01848	0.02112	0.02376	0.02640
250	0.01100	0.01375	0.01650	0.01925	0.02200	0.02475	0.02750
260	0.01144	0.01430	0.01716	0.02002	0.02288	0.02574	0.02860
270	0.01188	0.01485	0.01782	0.02079	0.02376	0.02673	0.02970
280	0.01232	0.01540	0.01848	0.02156	0.02464	0.02772	0.03080
290	0.01276	0.01595	0.01914	0.02233	0.02552	0.02871	0.03190
300	0.01320	0.01650	0.01980	0.02310	0.02640	0.02970	0.03300

（续）

材长/m	1.2						
材宽/mm	材厚/mm						
	12	15	18	21	25	30	35
	材积/m³						
30	0.00043	0.00054	0.00065	0.00076	0.00090	0.00108	0.00126
40	0.00058	0.00072	0.00086	0.00101	0.00120	0.00144	0.00168
50	0.00072	0.00090	0.00108	0.00126	0.00150	0.00180	0.00210
60	0.00086	0.00108	0.00130	0.00151	0.00180	0.00216	0.00252
70	0.00101	0.00126	0.00151	0.00176	0.00210	0.00252	0.00294
80	0.00115	0.00144	0.00173	0.00202	0.00240	0.00288	0.00336
90	0.00130	0.00162	0.00194	0.00227	0.00270	0.00324	0.00378
100	0.00144	0.00180	0.00216	0.00252	0.00300	0.00360	0.00420
110	0.00158	0.00198	0.00238	0.00277	0.00330	0.00396	0.00462
120	0.00173	0.00216	0.00259	0.00302	0.00360	0.00432	0.00504
130	0.00187	0.00234	0.00281	0.00328	0.00390	0.00468	0.00546
140	0.00202	0.00252	0.00302	0.00353	0.00420	0.00504	0.00588
150	0.00216	0.00270	0.00324	0.00378	0.00450	0.00540	0.00630
160	0.00230	0.00288	0.00346	0.00403	0.00480	0.00576	0.00672
170	0.00245	0.00306	0.00367	0.00428	0.00510	0.00612	0.00714
180	0.00259	0.00324	0.00389	0.00454	0.00540	0.00648	0.00756
190	0.00274	0.00342	0.00410	0.00479	0.00570	0.00684	0.00798
200	0.00288	0.00360	0.00432	0.00504	0.00600	0.00720	0.00840
210	0.00302	0.00378	0.00454	0.00529	0.00630	0.00756	0.00882
220	0.00317	0.00396	0.00475	0.00554	0.00660	0.00792	0.00924
230	0.00331	0.00414	0.00497	0.00580	0.00690	0.00828	0.00966
240	0.00346	0.00432	0.00518	0.00605	0.00720	0.00864	0.01008
250	0.00360	0.00450	0.00540	0.00630	0.00750	0.00900	0.01050
260	0.00374	0.00468	0.00562	0.00655	0.00780	0.00936	0.01092
270	0.00389	0.00486	0.00583	0.00680	0.00810	0.00972	0.01134
280	0.00403	0.00504	0.00605	0.00706	0.00840	0.01008	0.01176
290	0.00418	0.00522	0.00626	0.00731	0.00870	0.01044	0.01218
300	0.00432	0.00540	0.00648	0.00756	0.00900	0.01080	0.01260

（续）

材长/m	1.2						
材宽/mm	材厚/mm						
	40	50	60	70	80	90	100
	材积/m³						
30	0.00144	0.00180	0.00216	0.00252	0.00288	0.00324	0.00360
40	0.00192	0.00240	0.00288	0.00336	0.00384	0.00432	0.00480
50	0.00240	0.00300	0.00360	0.00420	0.00480	0.00540	0.00600
60	0.00288	0.00360	0.00432	0.00504	0.00576	0.00648	0.00720
70	0.00336	0.00420	0.00504	0.00588	0.00672	0.00756	0.00840
80	0.00384	0.00480	0.00576	0.00672	0.00768	0.00864	0.00960
90	0.00432	0.00540	0.00648	0.00756	0.00864	0.00972	0.01080
100	0.00480	0.00600	0.00720	0.00840	0.00960	0.01080	0.01200
110	0.00528	0.00660	0.00792	0.00924	0.01056	0.01188	0.01320
120	0.00576	0.00720	0.00864	0.01008	0.01152	0.01296	0.01440
130	0.00624	0.00780	0.00936	0.01092	0.01248	0.01404	0.01560
140	0.00672	0.00840	0.01008	0.01176	0.01344	0.01512	0.01680
150	0.00720	0.00900	0.01080	0.01260	0.01440	0.01620	0.01800
160	0.00768	0.00960	0.01152	0.01344	0.01536	0.01728	0.01920
170	0.00816	0.01020	0.01224	0.01428	0.01632	0.01836	0.02040
180	0.00864	0.01080	0.01296	0.01512	0.01728	0.01944	0.02160
190	0.00912	0.01140	0.01368	0.01596	0.01824	0.02052	0.02280
200	0.00960	0.01200	0.01440	0.01680	0.01920	0.02160	0.02400
210	0.01008	0.01260	0.01512	0.01764	0.02016	0.02268	0.02520
220	0.01056	0.01320	0.01584	0.01848	0.02112	0.02376	0.02640
230	0.01104	0.01380	0.01656	0.01932	0.02208	0.02484	0.02760
240	0.01152	0.01440	0.01728	0.02016	0.02304	0.02592	0.02880
250	0.01200	0.01500	0.01800	0.02100	0.02400	0.02700	0.03000
260	0.01248	0.01560	0.01872	0.02184	0.02496	0.02808	0.03120
270	0.01296	0.01620	0.01944	0.02268	0.02592	0.02916	0.03240
280	0.01344	0.01680	0.02016	0.02352	0.02688	0.03024	0.03360
290	0.01392	0.01740	0.02088	0.02436	0.02784	0.03132	0.03480
300	0.01440	0.01800	0.02160	0.02520	0.02880	0.03240	0.03600

（续）

材长/m	1.3						
材宽/mm	材厚/mm						
	12	15	18	21	25	30	35
	材积/m³						
30	0.00047	0.00059	0.00070	0.00082	0.00098	0.00117	0.00137
40	0.00062	0.00078	0.00094	0.00109	0.00130	0.00156	0.00182
50	0.00078	0.00098	0.00117	0.00137	0.00163	0.00195	0.00228
60	0.00094	0.00117	0.00140	0.00164	0.00195	0.00234	0.00273
70	0.00109	0.00137	0.00164	0.00191	0.00228	0.00273	0.00319
80	0.00125	0.00156	0.00187	0.00218	0.00260	0.00312	0.00364
90	0.00140	0.00176	0.00211	0.00246	0.00293	0.00351	0.00410
100	0.00156	0.00195	0.00234	0.00273	0.00325	0.00390	0.00455
110	0.00172	0.00215	0.00257	0.00300	0.00358	0.00429	0.00501
120	0.00187	0.00234	0.00281	0.00328	0.00390	0.00468	0.00546
130	0.00203	0.00254	0.00304	0.00355	0.00423	0.00507	0.00592
140	0.00218	0.00273	0.00328	0.00382	0.00455	0.00546	0.00637
150	0.00234	0.00293	0.00351	0.00410	0.00488	0.00585	0.00683
160	0.00250	0.00312	0.00374	0.00437	0.00520	0.00624	0.00728
170	0.00265	0.00332	0.00398	0.00464	0.00553	0.00663	0.00774
180	0.00281	0.00351	0.00421	0.00491	0.00585	0.00702	0.00819
190	0.00296	0.00371	0.00445	0.00519	0.00618	0.00741	0.00865
200	0.00312	0.00390	0.00468	0.00546	0.00650	0.00780	0.00910
210	0.00328	0.00410	0.00491	0.00573	0.00683	0.00819	0.00956
220	0.00343	0.00429	0.00515	0.00601	0.00715	0.00858	0.01001
230	0.00359	0.00449	0.00538	0.00628	0.00748	0.00897	0.01047
240	0.00374	0.00468	0.00562	0.00655	0.00780	0.00936	0.01092
250	0.00390	0.00488	0.00585	0.00683	0.00813	0.00975	0.01138
260	0.00406	0.00507	0.00608	0.00710	0.00845	0.01014	0.01183
270	0.00421	0.00527	0.00632	0.00737	0.00878	0.01053	0.01229
280	0.00437	0.00546	0.00655	0.00764	0.00910	0.01092	0.01274
290	0.00452	0.00566	0.00679	0.00792	0.00943	0.01131	0.01320
300	0.00468	0.00585	0.00702	0.00819	0.00975	0.01170	0.01365

（续）

材长/m	1.3						
材宽/mm	材厚/mm						
	40	50	60	70	80	90	100
	材积/m³						
30	0.00156	0.00195	0.00234	0.00273	0.00312	0.00351	0.00390
40	0.00208	0.00260	0.00312	0.00364	0.00416	0.00468	0.00520
50	0.00260	0.00325	0.00390	0.00455	0.00520	0.00585	0.00650
60	0.00312	0.00390	0.00468	0.00546	0.00624	0.00702	0.00780
70	0.00364	0.00455	0.00546	0.00637	0.00728	0.00819	0.00910
80	0.00416	0.00520	0.00624	0.00728	0.00832	0.00936	0.01040
90	0.00468	0.00585	0.00702	0.00819	0.00936	0.01053	0.01170
100	0.00520	0.00650	0.00780	0.00910	0.01040	0.01170	0.01300
110	0.00572	0.00715	0.00858	0.01001	0.01144	0.01287	0.01430
120	0.00624	0.00780	0.00936	0.01092	0.01248	0.01404	0.01560
130	0.00676	0.00845	0.01014	0.01183	0.01352	0.01521	0.01690
140	0.00728	0.00910	0.01092	0.01274	0.01456	0.01638	0.01820
150	0.00780	0.00975	0.01170	0.01365	0.01560	0.01755	0.01950
160	0.00832	0.01040	0.01248	0.01456	0.01664	0.01872	0.02080
170	0.00884	0.01105	0.01326	0.01547	0.01768	0.01989	0.02210
180	0.00936	0.01170	0.01404	0.01638	0.01872	0.02106	0.02340
190	0.00988	0.01235	0.01482	0.01729	0.01976	0.02223	0.02470
200	0.01040	0.01300	0.01560	0.01820	0.02080	0.02340	0.02600
210	0.01092	0.01365	0.01638	0.01911	0.02184	0.02457	0.02730
220	0.01144	0.01430	0.01716	0.02002	0.02288	0.02574	0.02860
230	0.01196	0.01495	0.01794	0.02093	0.02392	0.02691	0.02990
240	0.01248	0.01560	0.01872	0.02184	0.02496	0.02808	0.03120
250	0.01300	0.01625	0.01950	0.02275	0.02600	0.02925	0.03250
260	0.01352	0.01690	0.02028	0.02366	0.02704	0.03042	0.03380
270	0.01404	0.01755	0.02106	0.02457	0.02808	0.03159	0.03510
280	0.01456	0.01820	0.02184	0.02548	0.02912	0.03276	0.03640
290	0.01508	0.01835	0.02262	0.02639	0.03016	0.03393	0.03770
300	0.01560	0.01950	0.02340	0.02730	0.03120	0.03510	0.03900

（续）

材长/m	1.4						
材宽/mm	材厚/mm						
	12	15	18	21	25	30	35
	材积/m³						
30	0.00050	0.00063	0.00076	0.00088	0.00105	0.00126	0.00147
40	0.00067	0.00084	0.00101	0.00118	0.00140	0.00168	0.00196
50	0.00084	0.00105	0.00126	0.00147	0.00175	0.00210	0.00245
60	0.00101	0.00126	0.00151	0.00176	0.00210	0.00252	0.00294
70	0.00118	0.00147	0.00176	0.00206	0.00245	0.00294	0.00343
80	0.00134	0.00168	0.00202	0.00235	0.00280	0.00336	0.00392
90	0.00151	0.00189	0.00227	0.00265	0.00315	0.00378	0.00441
100	0.00168	0.00210	0.00252	0.00294	0.00350	0.00420	0.00490
110	0.00185	0.00231	0.00277	0.00323	0.00385	0.00462	0.00539
120	0.00202	0.00252	0.00302	0.00353	0.00420	0.00504	0.00588
130	0.00218	0.00273	0.00328	0.00382	0.00455	0.00546	0.00637
140	0.00235	0.00294	0.00353	0.00412	0.00490	0.00588	0.00686
150	0.00252	0.00315	0.00378	0.00441	0.00525	0.00630	0.00735
160	0.00269	0.00336	0.00403	0.00470	0.00560	0.00672	0.00784
170	0.00286	0.00357	0.00428	0.00500	0.00595	0.00714	0.00833
180	0.00302	0.00378	0.00454	0.00529	0.00630	0.00756	0.00882
190	0.00319	0.00399	0.00479	0.00559	0.00665	0.00798	0.00931
200	0.00336	0.00420	0.00504	0.00588	0.00700	0.00840	0.00980
210	0.00353	0.00441	0.00529	0.00617	0.00735	0.00882	0.01029
220	0.00370	0.00462	0.00554	0.00647	0.00770	0.00924	0.01078
230	0.00386	0.00483	0.00580	0.00676	0.00805	0.00966	0.01127
240	0.00403	0.00504	0.00605	0.00706	0.00840	0.01008	0.01176
250	0.00420	0.00525	0.00630	0.00735	0.00875	0.01050	0.01225
260	0.00437	0.00546	0.00655	0.00764	0.00910	0.01092	0.01274
270	0.00454	0.00567	0.00680	0.00794	0.00945	0.01134	0.01323
280	0.00470	0.00588	0.00706	0.00823	0.00980	0.01176	0.01372
290	0.00487	0.00609	0.00731	0.00853	0.01015	0.01218	0.01421
300	0.00504	0.00630	0.00756	0.00882	0.01050	0.01260	0.01470

（续）

材长/m	1.4						
材宽/mm	材厚/mm						
	40	50	60	70	80	90	100
	材积/m³						
30	0.00168	0.00210	0.00252	0.00294	0.00336	0.00378	0.00420
40	0.00224	0.00280	0.00336	0.00392	0.00448	0.00504	0.00560
50	0.00280	0.00350	0.00420	0.00490	0.00560	0.00630	0.00700
60	0.00336	0.00420	0.00504	0.00588	0.00672	0.00756	0.00840
70	0.00392	0.00490	0.00588	0.00686	0.00784	0.00882	0.00980
80	0.00448	0.00560	0.00672	0.00784	0.00896	0.01008	0.01120
90	0.00504	0.00630	0.00756	0.00882	0.01008	0.01134	0.01260
100	0.00560	0.00700	0.00840	0.00980	0.01120	0.01260	0.01400
110	0.00616	0.00770	0.00924	0.01078	0.01232	0.01386	0.01540
120	0.00672	0.00840	0.01008	0.01176	0.01344	0.01512	0.01680
130	0.00728	0.00910	0.01092	0.01274	0.01456	0.01638	0.01820
140	0.00784	0.00980	0.01176	0.01372	0.01568	0.01764	0.01960
150	0.00840	0.01050	0.01260	0.01470	0.01680	0.01890	0.02100
160	0.00896	0.01120	0.01344	0.01568	0.01792	0.02016	0.02240
170	0.00952	0.01190	0.01428	0.01666	0.01904	0.02142	0.02380
180	0.01008	0.01260	0.01512	0.01764	0.02016	0.02268	0.02520
190	0.01064	0.01330	0.01596	0.01862	0.02128	0.02394	0.02660
200	0.01120	0.01400	0.01680	0.01960	0.02240	0.02520	0.02800
210	0.01176	0.01470	0.01764	0.02058	0.02352	0.02646	0.02940
220	0.01232	0.01540	0.01848	0.02156	0.02464	0.02772	0.03080
230	0.01288	0.01610	0.01932	0.02254	0.02576	0.02898	0.03220
240	0.01344	0.01680	0.02016	0.02352	0.02688	0.03024	0.03360
250	0.01400	0.01750	0.02100	0.02450	0.02800	0.03150	0.03500
260	0.01456	0.01820	0.02184	0.02548	0.02912	0.03276	0.03640
270	0.01512	0.01890	0.02268	0.02646	0.03024	0.03402	0.03780
280	0.01568	0.01960	0.02352	0.02744	0.03136	0.03528	0.03920
290	0.01624	0.02030	0.02436	0.02842	0.03248	0.03654	0.04060
300	0.01680	0.02100	0.02520	0.02940	0.03360	0.03780	0.04200

（续）

材长/m	1.5						
	材厚/mm						
材宽/mm	12	15	18	21	25	30	35
	材积/m³						
30	0.00054	0.00068	0.00081	0.00095	0.00113	0.00135	0.00158
40	0.00072	0.00090	0.00108	0.00126	0.00150	0.00180	0.00210
50	0.00090	0.00113	0.00135	0.00158	0.00188	0.00225	0.00263
60	0.00108	0.00135	0.00162	0.00189	0.00225	0.00270	0.00315
70	0.00126	0.00158	0.00189	0.00221	0.00263	0.00315	0.00368
80	0.00144	0.00180	0.00216	0.00252	0.00300	0.00360	0.00420
90	0.00162	0.00203	0.00243	0.00284	0.00338	0.00405	0.00473
100	0.00180	0.00225	0.00270	0.00315	0.00375	0.00450	0.00525
110	0.00198	0.00248	0.00297	0.00347	0.00413	0.00495	0.00578
120	0.00216	0.00270	0.00324	0.00378	0.00450	0.00540	0.00630
130	0.00234	0.00293	0.00351	0.00410	0.00488	0.00585	0.00683
140	0.00252	0.00315	0.00378	0.00441	0.00525	0.00630	0.00735
150	0.00270	0.00338	0.00405	0.00473	0.00563	0.00675	0.00788
160	0.00288	0.00360	0.00432	0.00504	0.00600	0.00720	0.00840
170	0.00306	0.00383	0.00459	0.00536	0.00638	0.00765	0.00893
180	0.00324	0.00405	0.00486	0.00567	0.00675	0.00810	0.00945
190	0.00342	0.00428	0.00513	0.00599	0.00713	0.00855	0.00998
200	0.00360	0.00450	0.00540	0.00630	0.00750	0.00900	0.01050
210	0.00378	0.00473	0.00567	0.00662	0.00788	0.00945	0.01103
220	0.00396	0.00495	0.00594	0.00693	0.00825	0.00990	0.01155
230	0.00414	0.00518	0.00621	0.00725	0.00863	0.01035	0.01208
240	0.00432	0.00540	0.00648	0.00756	0.00900	0.01080	0.01260
250	0.00450	0.00563	0.00675	0.00788	0.00938	0.01125	0.01313
260	0.00468	0.00585	0.00702	0.00819	0.00975	0.01170	0.01365
270	0.00486	0.00608	0.00729	0.00851	0.01013	0.01215	0.01418
280	0.00504	0.00630	0.00756	0.00882	0.01050	0.01260	0.01470
290	0.00522	0.00653	0.00783	0.00914	0.01088	0.01305	0.01523
300	0.00540	0.00675	0.00810	0.00945	0.01125	0.01350	0.01575

（续）

材长/m	1.5						
材宽/mm	材厚/mm						
	40	50	60	70	80	90	100
	材积/m³						
30	0.00180	0.00225	0.00270	0.00315	0.00360	0.00405	0.00450
40	0.00240	0.00300	0.00360	0.00420	0.00480	0.00540	0.00600
50	0.00300	0.00375	0.00450	0.00525	0.00600	0.00675	0.00750
60	0.00360	0.00450	0.00540	0.00630	0.00720	0.00810	0.00900
70	0.00420	0.00525	0.00630	0.00735	0.00840	0.00945	0.01050
80	0.00480	0.00600	0.00720	0.00840	0.00960	0.01080	0.01200
90	0.00540	0.00675	0.00810	0.00945	0.01080	0.01215	0.01350
100	0.00600	0.00750	0.00900	0.01050	0.01200	0.01350	0.01500
110	0.00660	0.00825	0.00990	0.01155	0.01320	0.01485	0.01650
120	0.00720	0.00900	0.01080	0.01260	0.01440	0.01620	0.01800
130	0.00780	0.00975	0.01170	0.01365	0.01560	0.01755	0.01950
140	0.00840	0.01050	0.01260	0.01470	0.01680	0.01890	0.02100
150	0.00900	0.01125	0.01350	0.01575	0.01800	0.02025	0.02250
160	0.00960	0.01200	0.01440	0.01680	0.01920	0.02160	0.02400
170	0.01020	0.01275	0.01530	0.01785	0.02040	0.02295	0.02550
180	0.01080	0.01350	0.01620	0.01890	0.02160	0.02430	0.02700
190	0.01140	0.01425	0.01710	0.01995	0.02280	0.02565	0.02850
200	0.01200	0.01500	0.01800	0.02100	0.02400	0.02700	0.03000
210	0.01260	0.01575	0.01890	0.02205	0.02520	0.02835	0.03150
220	0.01320	0.01650	0.01980	0.02310	0.02640	0.02970	0.03300
230	0.01380	0.01725	0.02070	0.02415	0.02760	0.03105	0.03450
240	0.01440	0.01800	0.02160	0.02520	0.02880	0.03240	0.03600
250	0.01500	0.01875	0.02250	0.02625	0.03000	0.03375	0.03750
260	0.01560	0.01950	0.02340	0.02730	0.03120	0.03510	0.03900
270	0.01620	0.02025	0.02430	0.02835	0.03240	0.03645	0.04050
280	0.01680	0.02100	0.02520	0.02940	0.03360	0.03780	0.04200
290	0.01740	0.02175	0.02610	0.03045	0.03480	0.03915	0.04350
300	0.01800	0.02250	0.02700	0.03150	0.03600	0.04050	0.04500

（续）

材长/m	1.6						
材宽/mm	材厚/mm						
	12	15	18	21	25	30	35
	材积/m³						
30	0.00058	0.00072	0.00086	0.00101	0.00120	0.00144	0.00168
40	0.00077	0.00096	0.00115	0.00134	0.00160	0.00192	0.00224
50	0.00096	0.00120	0.00144	0.00168	0.00200	0.00240	0.00280
60	0.00115	0.00144	0.00173	0.00202	0.00240	0.00288	0.00336
70	0.00134	0.00168	0.00202	0.00235	0.00280	0.00336	0.00392
80	0.00154	0.00192	0.00230	0.00269	0.00320	0.00384	0.00448
90	0.00173	0.00216	0.00259	0.00302	0.00360	0.00432	0.00504
100	0.00192	0.00240	0.00288	0.00336	0.00400	0.00480	0.00560
110	0.00211	0.00264	0.00317	0.00370	0.00440	0.00528	0.00616
120	0.00230	0.00288	0.00346	0.00403	0.00480	0.00576	0.00672
130	0.00250	0.00312	0.00374	0.00437	0.00520	0.00624	0.00728
140	0.00269	0.00336	0.00403	0.00470	0.00560	0.00672	0.00784
150	0.00288	0.00360	0.00432	0.00504	0.00600	0.00720	0.00840
160	0.0030'	0.00384	0.00461	0.00538	0.00640	0.00768	0.00896
170	0.00326	0.00408	0.00490	0.00571	0.00680	0.00816	0.00952
180	0.00346	0.00432	0.00518	0.00605	0.00720	0.00864	0.01008
190	0.00365	0.00456	0.00547	0.00638	0.00760	0.00912	0.01064
200	0.00384	0.00480	0.00576	0.00672	0.00800	0.00960	0.01120
210	0.00403	0.00504	0.00605	0.00706	0.00840	0.01008	0.01176
220	0.00422	0.00528	0.00634	0.00739	0.00880	0.01056	0.01232
230	0.00442	0.00552	0.00662	0.00773	0.00920	0.01104	0.01288
240	0.00461	0.00576	0.00691	0.00806	0.00960	0.01152	0.01344
250	0.00480	0.00600	0.00720	0.00840	0.01000	0.01200	0.01400
260	0.00499	0.00624	0.00749	0.00874	0.01040	0.01248	0.01456
270	0.00518	0.00648	0.00778	0.00907	0.01080	0.01296	0.01512
280	0.00538	0.00672	0.00806	0.00941	0.01120	0.01344	0.01568
290	0.00557	0.00696	0.00835	0.00974	0.01160	0.01392	0.01624
300	0.00576	0.00720	0.00864	0.01008	0.01200	0.01440	0.01680

（续）

材长/m	1.6						
材宽/mm	材厚/mm						
	40	50	60	70	80	90	100
	材积/m³						
30	0.00192	0.00240	0.00288	0.00336	0.00384	0.00432	0.00480
40	0.00256	0.00320	0.00384	0.00448	0.00512	0.00576	0.00640
50	0.00320	0.00400	0.00480	0.00560	0.00640	0.00720	0.00800
60	0.00384	0.00480	0.00576	0.00672	0.00768	0.00864	0.00960
70	0.00448	0.00560	0.00672	0.00784	0.00896	0.01008	0.01120
80	0.00512	0.00640	0.00768	0.00896	0.01024	0.01152	0.01280
90	0.00576	0.00720	0.00864	0.01008	0.01152	0.01296	0.01440
100	0.00640	0.00800	0.00960	0.01120	0.01280	0.01440	0.01600
110	0.00704	0.00880	0.01056	0.01232	0.01408	0.01584	0.01760
120	0.00768	0.00960	0.01152	0.01344	0.01536	0.01728	0.01920
130	0.00832	0.01040	0.01248	0.01456	0.01664	0.01872	0.02080
140	0.00896	0.01120	0.01344	0.01568	0.01792	0.02016	0.02240
150	0.00960	0.01200	0.01440	0.01680	0.01920	0.02160	0.02400
160	0.01024	0.01280	0.01536	0.01792	0.02048	0.02304	0.02560
170	0.01088	0.01360	0.01632	0.01904	0.02176	0.02448	0.02720
180	0.01152	0.01440	0.01728	0.02016	0.02304	0.02592	0.02880
190	0.01216	0.01520	0.01824	0.02128	0.02432	0.02736	0.03040
200	0.01280	0.01600	0.01920	0.02240	0.02560	0.02880	0.03200
210	0.01344	0.01680	0.02016	0.02352	0.02688	0.03024	0.03360
220	0.01408	0.01760	0.02112	0.02464	0.02816	0.03168	0.03520
230	0.01472	0.01840	0.02208	0.02576	0.02944	0.03312	0.03680
240	0.01536	0.01920	0.02304	0.02688	0.03072	0.03456	0.03840
250	0.01600	0.02000	0.02400	0.02800	0.03200	0.03600	0.04000
260	0.01664	0.02080	0.02496	0.02912	0.03328	0.03744	0.04160
270	0.01728	0.02160	0.02592	0.03024	0.03456	0.03888	0.04320
280	0.01792	0.02240	0.02688	0.03136	0.03584	0.04032	0.04480
290	0.01856	0.02320	0.02784	0.03248	0.03712	0.04176	0.04640
300	0.01920	0.02400	0.02880	0.03360	0.03840	0.04320	0.04800

（续）

材长/m	1.7						
材宽 /mm	材厚/mm						
	12	15	18	21	25	30	35
	材积/m³						
30	0.00061	0.00077	0.00092	0.00107	0.00128	0.00153	0.00179
40	0.00082	0.00102	0.00122	0.00143	0.00170	0.00204	0.00238
50	0.00102	0.00128	0.00153	0.00179	0.00213	0.00255	0.00298
60	0.00122	0.00153	0.00184	0.00214	0.00255	0.00306	0.00357
70	0.00143	0.00179	0.00214	0.00250	0.00298	0.00357	0.00417
80	0.00163	0.00204	0.00245	0.00286	0.00340	0.00408	0.00476
90	0.00184	0.00230	0.00275	0.00321	0.00383	0.00459	0.00536
100	0.00204	0.00255	0.00306	0.00357	0.00425	0.00510	0.00595
110	0.00224	0.00281	0.00337	0.00393	0.00468	0.00561	0.00655
120	0.00245	0.00306	0.00367	0.00428	0.00510	0.00612	0.00714
130	0.00265	0.00332	0.00398	0.00464	0.00553	0.00663	0.00774
140	0.00286	0.00357	0.00428	0.00500	0.00595	0.00714	0.00833
150	0.00306	0.00383	0.00459	0.00536	0.00638	0.00765	0.00893
160	0.00326	0.00408	0.00490	0.00571	0.00680	0.00816	0.00952
170	0.00347	0.00434	0.00520	0.00607	0.00723	0.00867	0.01012
180	0.00367	0.00459	0.00551	0.00643	0.00765	0.00918	0.01071
190	0.00388	0.00485	0.00581	0.00678	0.00808	0.00969	0.01131
200	0.00408	0.00510	0.00612	0.00714	0.00850	0.01020	0.01190
210	0.00428	0.00536	0.00643	0.00750	0.00893	0.01071	0.01250
220	0.00449	0.00561	0.00673	0.00785	0.00935	0.01122	0.01309
230	0.00469	0.00587	0.00704	0.00821	0.00978	0.01173	0.01369
240	0.00490	0.00612	0.00734	0.00857	0.01020	0.01224	0.01428
250	0.00510	0.00638	0.00765	0.00893	0.01063	0.01275	0.01488
260	0.00530	0.00663	0.00796	0.00928	0.01105	0.01326	0.01547
270	0.00551	0.00689	0.00826	0.00964	0.01148	0.01377	0.01607
280	0.00571	0.00714	0.00857	0.01000	0.01190	0.01428	0.01666
290	0.00592	0.00740	0.00887	0.01035	0.01233	0.01479	0.01726
300	0.00612	0.00765	0.00918	0.01071	0.01275	0.01530	0.01785

（续）

材长/m	1.7						
材宽/mm	材厚/mm						
	40	50	60	70	80	90	100
	材积/m³						
30	0.00204	0.00255	0.00306	0.00357	0.00408	0.00459	0.00510
40	0.00272	0.00340	0.00408	0.00476	0.00544	0.00612	0.00680
50	0.00340	0.00425	0.00510	0.00595	0.00680	0.00765	0.00850
60	0.00408	0.00510	0.00612	0.00714	0.00816	0.00918	0.01020
70	0.00476	0.00595	0.00714	0.00833	0.00952	0.01071	0.01190
80	0.00544	0.00680	0.00816	0.00952	0.01088	0.01224	0.01360
90	0.00612	0.00765	0.00918	0.01071	0.01224	0.01377	0.01530
100	0.00680	0.00850	0.01020	0.01190	0.01360	0.01530	0.01700
110	0.00748	0.00935	0.01122	0.01309	0.01496	0.01683	0.01870
120	0.00816	0.01020	0.01224	0.01428	0.01632	0.01836	0.02040
130	0.00884	0.01105	0.01326	0.01547	0.01768	0.01989	0.02210
140	0.00952	0.01190	0.01428	0.01666	0.01904	0.02142	0.02380
150	0.01020	0.01275	0.01530	0.01785	0.02040	0.02295	0.02550
160	0.01088	0.01360	0.01632	0.01904	0.02176	0.02448	0.02720
170	0.01156	0.01445	0.01734	0.02023	0.02312	0.02601	0.02890
180	0.01224	0.01530	0.01836	0.02142	0.02448	0.02754	0.03060
190	0.01292	0.01615	0.01938	0.02261	0.02584	0.02907	0.03230
200	0.01360	0.01700	0.02040	0.02380	0.02720	0.03060	0.03400
210	0.01428	0.01785	0.02142	0.02499	0.02856	0.03213	0.03570
220	0.01496	0.01870	0.02244	0.02618	0.02992	0.03366	0.03740
230	0.01564	0.01955	0.02346	0.02737	0.03128	0.03519	0.03910
240	0.01632	0.02040	0.02448	0.02856	0.03264	0.03672	0.04080
250	0.01700	0.02125	0.02550	0.02975	0.03400	0.03825	0.04250
260	0.01768	0.02210	0.02652	0.03094	0.03536	0.03978	0.00420
270	0.01836	0.02295	0.02754	0.03213	0.03672	0.04131	0.04590
280	0.01904	0.02380	0.02856	0.03332	0.03808	0.04284	0.04760
290	0.01972	0.02465	0.02958	0.03451	0.03944	0.04437	0.04930
300	0.02040	0.02550	0.03060	0.03570	0.04080	0.04590	0.05100

（续）

材长/m	1.8						
材宽/mm	材厚/mm						
	12	15	18	21	25	30	35
	材积/m³						
30	0.00065	0.00081	0.00097	0.00113	0.00135	0.00162	0.00189
40	0.00086	0.00108	0.00130	0.00151	0.00180	0.00216	0.00252
50	0.00108	0.00135	0.00162	0.00189	0.00225	0.00270	0.00315
60	0.00130	0.00162	0.00194	0.00227	0.00270	0.00324	0.00378
70	0.00151	0.00189	0.00227	0.00265	0.00315	0.00378	0.00441
80	0.00173	0.00216	0.00259	0.00302	0.00360	0.00432	0.00504
90	0.00194	0.00243	0.00292	0.00340	0.00405	0.00486	0.00567
100	0.00216	0.00270	0.00324	0.00378	0.00450	0.00540	0.00630
110	0.00238	0.00297	0.00356	0.00416	0.00495	0.00594	0.00693
120	0.00259	0.00324	0.00389	0.00454	0.00540	0.00648	0.00756
130	0.00281	0.00351	0.00421	0.00491	0.00585	0.00702	0.00819
140	0.00302	0.00378	0.00454	0.00529	0.00630	0.00756	0.00882
150	0.00324	0.00405	0.00486	0.00567	0.00675	0.00810	0.00945
160	0.00346	0.00432	0.00518	0.00605	0.00720	0.00864	0.01008
170	0.00367	0.00459	0.00551	0.00643	0.00765	0.00918	0.01071
180	0.00389	0.00486	0.00583	0.00680	0.00810	0.00972	0.01134
190	0.00410	0.00513	0.00616	0.00718	0.00855	0.01026	0.01197
200	0.00432	0.00540	0.00648	0.00756	0.00900	0.01080	0.01260
210	0.00454	0.00567	0.00680	0.00794	0.00945	0.01134	0.01323
220	0.00475	0.00594	0.00713	0.00832	0.00990	0.01188	0.01386
230	0.00497	0.00621	0.00745	0.00869	0.01035	0.01242	0.01449
240	0.00518	0.00648	0.00778	0.00907	0.01080	0.01296	0.01512
250	0.00540	0.00675	0.00810	0.00945	0.01125	0.01350	0.01575
260	0.00562	0.00702	0.00842	0.00983	0.01170	0.01404	0.01638
270	0.00583	0.00729	0.00875	0.01021	0.01215	0.01458	0.01701
280	0.00605	0.00756	0.00907	0.01058	0.01260	0.01512	0.01764
290	0.00626	0.00783	0.00940	0.01096	0.01305	0.01566	0.01827
300	0.00648	0.00810	0.00972	0.01134	0.01350	0.01620	0.01890

（续）

材长/m	1.8						
材宽/mm	材厚/mm						
	40	50	60	70	80	90	100
	材积/m³						
30	0.00216	0.00270	0.00324	0.00378	0.00432	0.00486	0.00540
40	0.00288	0.00360	0.00432	0.00504	0.00576	0.00648	0.00720
50	0.00360	0.00450	0.00540	0.00630	0.00720	0.00810	0.00900
60	0.00432	0.00540	0.00648	0.00756	0.00864	0.00972	0.01080
70	0.00504	0.00630	0.00756	0.00882	0.01008	0.01134	0.01260
80	0.00576	0.00720	0.00864	0.01008	0.01152	0.01296	0.01440
90	0.00648	0.00810	0.00972	0.01134	0.01296	0.01458	0.01620
100	0.00720	0.00900	0.01080	0.01260	0.01440	0.01620	0.01800
110	0.00792	0.00990	0.01188	0.01386	0.01584	0.01782	0.01980
120	0.00864	0.01080	0.01296	0.01512	0.01728	0.01944	0.02160
130	0.00936	0.01170	0.01404	0.01638	0.01872	0.02106	0.02340
140	0.01008	0.01260	0.01512	0.01764	0.02016	0.02268	0.02520
150	0.01080	0.01350	0.01620	0.01890	0.02160	0.02430	0.02700
160	0.01152	0.01440	0.01728	0.02016	0.02304	0.02592	0.02880
170	0.01224	0.01530	0.01836	0.02142	0.02448	0.02754	0.03060
180	0.01296	0.01620	0.01944	0.02268	0.02592	0.02916	0.03240
190	0.01368	0.01710	0.02052	0.02394	0.02736	0.03078	0.03420
200	0.01440	0.01800	0.02160	0.02520	0.02880	0.03240	0.03600
210	0.01512	0.01890	0.02268	0.02646	0.03024	0.03402	0.03780
220	0.01584	0.01980	0.02376	0.02772	0.03168	0.03564	0.03960
230	0.01656	0.02070	0.02484	0.02898	0.03312	0.03726	0.04140
240	0.01728	0.02160	0.02592	0.03024	0.03456	0.03888	0.04320
250	0.01800	0.02250	0.02700	0.03150	0.03600	0.04050	0.04500
260	0.01872	0.02340	0.02808	0.03276	0.03744	0.04212	0.04680
270	0.01944	0.02430	0.02916	0.03402	0.03888	0.04374	0.04860
280	0.02016	0.02520	0.03024	0.03528	0.04032	0.04536	0.05040
290	0.02088	0.02610	0.03132	0.03654	0.04176	0.04698	0.05220
300	0.02160	0.02700	0.03240	0.03780	0.04320	0.04860	0.05400

（续）

材长/m	1.9						
材宽/mm	材厚/mm						
	12	15	18	21	25	30	35
	材积/m³						
30	0.00068	0.00086	0.00103	0.00120	0.00143	0.00171	0.00200
40	0.00091	0.00114	0.00137	0.00160	0.00190	0.00228	0.00266
50	0.00114	0.00143	0.00171	0.00200	0.00238	0.00285	0.00333
60	0.00137	0.00171	0.00205	0.00239	0.00285	0.00342	0.00399
70	0.00160	0.00200	0.00239	0.00279	0.00333	0.00399	0.00466
80	0.00182	0.00228	0.00274	0.00319	0.00380	0.00456	0.00532
90	0.00205	0.00257	0.00308	0.00359	0.00428	0.00513	0.00599
100	0.00228	0.00285	0.00342	0.00399	0.00475	0.00570	0.00665
110	0.00251	0.00314	0.00376	0.00439	0.00523	0.00627	0.00732
120	0.00274	0.00342	0.00410	0.00479	0.00570	0.00684	0.00798
130	0.00296	0.00371	0.00445	0.00519	0.00618	0.00741	0.00865
140	0.00319	0.00399	0.00479	0.00559	0.00665	0.00798	0.00931
150	0.00342	0.00428	0.00513	0.00599	0.00713	0.00855	0.00998
160	0.00365	0.00456	0.00547	0.00638	0.00760	0.00912	0.01064
170	0.00388	0.00485	0.00581	0.00678	0.00808	0.00969	0.01131
180	0.00410	0.00513	0.00616	0.00718	0.00855	0.01026	0.01197
190	0.00433	0.00542	0.00650	0.00758	0.00903	0.01083	0.01264
200	0.00456	0.00570	0.00684	0.00798	0.00950	0.01140	0.01330
210	0.00479	0.00599	0.00718	0.00838	0.00998	0.01197	0.01397
220	0.00502	0.00627	0.00752	0.00878	0.01045	0.01254	0.01463
230	0.00524	0.00656	0.00787	0.00918	0.01093	0.01311	0.01530
240	0.00547	0.00684	0.00821	0.00958	0.01140	0.01368	0.01596
250	0.00570	0.00713	0.00855	0.00998	0.01188	0.01425	0.01663
260	0.00593	0.00741	0.00889	0.01037	0.01235	0.01482	0.01729
270	0.00616	0.00770	0.00923	0.01077	0.01283	0.01539	0.01796
280	0.00638	0.00798	0.00958	0.01117	0.01330	0.01596	0.01862
290	0.00661	0.00827	0.00992	0.01157	0.01378	0.01653	0.01929
300	0.00684	0.00855	0.01026	0.01197	0.01425	0.01710	0.01995

（续）

材长/m	1.9						
材宽/mm	材厚/mm						
	40	50	60	70	80	90	100
	材积/m³						
30	0.00228	0.00285	0.00342	0.00399	0.00456	0.00513	0.00570
40	0.00304	0.00380	0.00456	0.00532	0.00608	0.00684	0.00760
50	0.00380	0.00475	0.00570	0.00665	0.00760	0.00855	0.00950
60	0.00456	0.00570	0.00684	0.00798	0.00912	0.01026	0.01140
70	0.00532	0.00665	0.00798	0.00931	0.01064	0.01197	0.01330
80	0.00608	0.00760	0.00912	0.01064	0.01216	0.01368	0.01520
90	0.00684	0.00855	0.01026	0.01197	0.01368	0.01539	0.01710
100	0.00760	0.00950	0.01140	0.01330	0.01520	0.01710	0.01900
110	0.00836	0.01045	0.01254	0.01463	0.01672	0.01881	0.02090
120	0.00912	0.01140	0.01368	0.01596	0.01824	0.02052	0.02280
130	0.00988	0.01235	0.01482	0.01729	0.01976	0.02223	0.02470
140	0.01064	0.01330	0.01596	0.01862	0.02128	0.02394	0.02660
150	0.01140	0.01425	0.01710	0.01995	0.02280	0.02565	0.02850
160	0.01216	0.01520	0.01824	0.02128	0.02432	0.02736	0.03040
170	0.01292	0.01615	0.01938	0.02261	0.02584	0.02907	0.03230
180	0.01368	0.01710	0.02052	0.02394	0.02736	0.03078	0.03420
190	0.01444	0.01805	0.02166	0.02527	0.02888	0.03249	0.03610
200	0.01520	0.01900	0.02280	0.02660	0.03040	0.03420	0.03800
210	0.01596	0.01995	0.02394	0.02793	0.03192	0.03591	0.03990
220	0.01672	0.02090	0.02508	0.02926	0.03344	0.03762	0.04180
230	0.01748	0.02185	0.02622	0.03059	0.03496	0.03933	0.04370
240	0.01824	0.02280	0.02736	0.03192	0.03648	0.04104	0.04560
250	0.01900	0.02375	0.02850	0.03325	0.03800	0.04275	0.04750
260	0.01976	0.02470	0.02964	0.03458	0.03952	0.04446	0.04940
270	0.02052	0.02565	0.03078	0.03591	0.04104	0.04617	0.05130
280	0.02128	0.02660	0.03192	0.03724	0.04256	0.04788	0.05320
290	0.02204	0.02755	0.03306	0.03857	0.04408	0.04959	0.05510
300	0.02280	0.02850	0.03420	0.03990	0.04560	0.05130	0.05700

(续)

材长/m	2.0						
材宽 /mm	材厚/mm						
	12	15	18	21	25	30	35
	材积/m³						
30	0.0007	0.0009	0.0011	0.0013	0.0015	0.0018	0.0021
40	0.0010	0.0012	0.0014	0.0017	0.0020	0.0024	0.0028
50	0.0012	0.0015	0.0018	0.0021	0.0025	0.0030	0.0035
60	0.0014	0.0018	0.0022	0.0025	0.0030	0.0036	0.0042
70	0.0017	0.0021	0.0025	0.0029	0.0035	0.0042	0.0049
80	0.0019	0.0024	0.0029	0.0034	0.0040	0.0048	0.0056
90	0.0022	0.0027	0.0032	0.0038	0.0045	0.0054	0.0063
100	0.0024	0.0030	0.0036	0.0042	0.0050	0.0060	0.0070
110	0.0026	0.0033	0.0040	0.0046	0.0055	0.0066	0.0077
120	0.0029	0.0036	0.0043	0.0050	0.0060	0.0072	0.0084
130	0.0031	0.0039	0.0047	0.0055	0.0065	0.0078	0.0091
140	0.0034	0.0042	0.0050	0.0059	0.0070	0.0084	0.0098
150	0.0036	0.0045	0.0054	0.0063	0.0075	0.0090	0.0105
160	0.0038	0.0048	0.0058	0.0067	0.0080	0.0096	0.0112
170	0.0041	0.0051	0.0061	0.0071	0.0085	0.0102	0.0119
180	0.0043	0.0054	0.0065	0.0076	0.0090	0.0108	0.0126
190	0.0046	0.0057	0.0068	0.0080	0.0095	0.0114	0.0133
200	0.0048	0.0060	0.0072	0.0084	0.0100	0.0120	0.0140
210	0.0050	0.0063	0.0076	0.0088	0.0105	0.0126	0.0147
220	0.0053	0.0066	0.0079	0.0092	0.0110	0.0132	0.0154
230	0.0055	0.0069	0.0083	0.0097	0.0115	0.0138	0.0161
240	0.0058	0.0072	0.0086	0.0101	0.0120	0.0144	0.0168
250	0.0060	0.0075	0.0090	0.0105	0.0125	0.0150	0.0175
260	0.0062	0.0078	0.0094	0.0109	0.0130	0.0156	0.0182
270	0.0065	0.0081	0.0097	0.0113	0.0135	0.0162	0.0189
280	0.0067	0.0084	0.0101	0.0118	0.0140	0.0168	0.0196
290	0.0070	0.0087	0.0104	0.0122	0.0145	0.0174	0.0203
300	0.0072	0.0090	0.0108	0.0126	0.0150	0.0180	0.0210

（续）

材长/m	2.0						
材宽 /mm	材厚/mm						
	40	50	60	70	80	90	100
	材积/m³						
30	0.0024	0.0030	0.0036	0.0042	0.0048	0.0054	0.0060
40	0.0032	0.0040	0.0048	0.0056	0.0064	0.0072	0.0080
50	0.0040	0.0050	0.0060	0.0070	0.0080	0.0090	0.0100
60	0.0048	0.0060	0.0072	0.0084	0.0096	0.0108	0.0120
70	0.0056	0.0070	0.0084	0.0098	0.0112	0.0126	0.0140
80	0.0064	0.0080	0.0096	0.0112	0.0128	0.0144	0.0160
90	0.0072	0.0090	0.0108	0.0126	0.0144	0.0162	0.0180
100	0.0080	0.0100	0.0120	0.0140	0.0160	0.0180	0.0200
110	0.0088	0.0110	0.0132	0.0154	0.0176	0.0198	0.0220
120	0.0096	0.0120	0.0144	0.0168	0.0192	0.0216	0.0240
130	0.0104	0.0130	0.0156	0.0182	0.0208	0.0234	0.0260
140	0.0112	0.0140	0.0168	0.0196	0.0224	0.0252	0.0280
150	0.0120	0.0150	0.0180	0.0210	0.0240	0.0270	0.0300
160	0.0128	0.0160	0.0192	0.0224	0.0256	0.0288	0.0320
170	0.0136	0.0170	0.0204	0.0238	0.0272	0.0306	0.0340
180	0.0144	0.0180	0.0216	0.0252	0.0288	0.0324	0.0360
190	0.0152	0.0190	0.0228	0.0266	0.0304	0.0342	0.0380
200	0.0160	0.0200	0.0240	0.0280	0.0320	0.0360	0.0400
210	0.0168	0.0210	0.0252	0.0294	0.0336	0.0378	0.0420
220	0.0176	0.0220	0.0264	0.0308	0.0352	0.0396	0.0440
230	0.0184	0.0230	0.0276	0.0322	0.0368	0.0414	0.0460
240	0.0192	0.0240	0.0288	0.0336	0.0384	0.0432	0.0480
250	0.0200	0.0250	0.0300	0.0350	0.0400	0.0450	0.0500
260	0.0208	0.0260	0.0312	0.0364	0.0416	0.0468	0.0520
270	0.0216	0.0270	0.0324	0.0378	0.0432	0.0486	0.0540
280	0.0224	0.0280	0.0336	0.0392	0.0448	0.0504	0.0560
290	0.0232	0.0290	0.0348	0.0406	0.0464	0.0522	0.0580
300	0.0240	0.0300	0.0360	0.0420	0.0480	0.0540	0.0600

（续）

材长/m	2.2						
材宽/mm	材厚/mm						
	12	15	18	21	25	30	35
	材积/m³						
30	0.0008	0.0010	0.0012	0.0014	0.0017	0.0020	0.0023
40	0.0011	0.0013	0.0016	0.0018	0.0022	0.0026	0.0031
50	0.0013	0.0017	0.0020	0.0023	0.0028	0.0033	0.0039
60	0.0016	0.0020	0.0024	0.0028	0.0033	0.0040	0.0046
70	0.0018	0.0023	0.0028	0.0032	0.0039	0.0046	0.0054
80	0.0021	0.0026	0.0032	0.0037	0.0044	0.0053	0.0062
90	0.0024	0.0030	0.0036	0.0042	0.0050	0.0059	0.0069
100	0.0026	0.0033	0.0040	0.0046	0.0055	0.0066	0.0077
110	0.0029	0.0036	0.0044	0.0051	0.0061	0.0073	0.0085
120	0.0032	0.0040	0.0048	0.0055	0.0066	0.0079	0.0092
130	0.0034	0.0043	0.0051	0.0060	0.0072	0.0086	0.0100
140	0.0037	0.0046	0.0055	0.0065	0.0077	0.0092	0.0108
150	0.0040	0.0050	0.0059	0.0069	0.0083	0.0099	0.0116
160	0.0042	0.0053	0.0063	0.0074	0.0088	0.0106	0.0123
170	0.0045	0.0056	0.0067	0.0079	0.0094	0.0112	0.0131
180	0.0048	0.0059	0.0071	0.0083	0.0099	0.0119	0.0139
190	0.0050	0.0063	0.0075	0.0088	0.0105	0.0125	0.0146
200	0.0053	0.0066	0.0079	0.0092	0.0110	0.0132	0.0154
210	0.0055	0.0069	0.0083	0.0097	0.0116	0.0139	0.0162
220	0.0058	0.0073	0.0087	0.0102	0.0121	0.0145	0.0169
230	0.0061	0.0076	0.0091	0.0106	0.0127	0.0152	0.0177
240	0.0063	0.0079	0.0095	0.0111	0.0132	0.0158	0.0185
250	0.0066	0.0083	0.0099	0.0116	0.0138	0.0165	0.0193
260	0.0069	0.0086	0.0103	0.0120	0.0143	0.0172	0.0200
270	0.0071	0.0089	0.0107	0.0125	0.0149	0.0178	0.0208
280	0.0074	0.0092	0.0111	0.0129	0.0154	0.0185	0.0216
290	0.0077	0.0096	0.0115	0.0134	0.0160	0.0191	0.0223
300	0.0079	0.0099	0.0119	0.0139	0.0165	0.0198	0.0231

（续）

材长/m	2.2						
材宽/mm	材厚/mm						
	40	50	60	70	80	90	100
	材积/m³						
30	0.0026	0.0033	0.0040	0.0046	0.0053	0.0059	0.0066
40	0.0035	0.0044	0.0053	0.0062	0.0070	0.0079	0.0088
50	0.0044	0.0055	0.0066	0.0077	0.0088	0.0099	0.0110
60	0.0053	0.0066	0.0079	0.0092	0.0106	0.0119	0.0132
70	0.0062	0.0077	0.0092	0.0108	0.0123	0.0139	0.0154
80	0.0070	0.0088	0.0106	0.0123	0.0141	0.0158	0.0176
90	0.0079	0.0099	0.0119	0.0139	0.0158	0.0178	0.0198
100	0.0088	0.0110	0.0132	0.0154	0.0176	0.0198	0.0220
110	0.0097	0.0121	0.0145	0.0169	0.0194	0.0218	0.0242
120	0.0106	0.0132	0.0158	0.0185	0.0211	0.0238	0.0264
130	0.0114	0.0143	0.0172	0.0200	0.0229	0.0257	0.0286
140	0.0123	0.0154	0.0185	0.0216	0.0246	0.0277	0.0308
150	0.0132	0.0165	0.0198	0.0231	0.0264	0.0297	0.0330
160	0.0141	0.0176	0.0211	0.0246	0.0282	0.0317	0.0352
170	0.0150	0.0187	0.0224	0.0262	0.0299	0.0337	0.0374
180	0.0158	0.0198	0.0238	0.0277	0.0317	0.0356	0.0396
190	0.0167	0.0209	0.0251	0.0293	0.0334	0.0376	0.0418
200	0.0176	0.0220	0.0264	0.0308	0.0352	0.0396	0.0440
210	0.0185	0.0231	0.0277	0.0323	0.0370	0.0416	0.0462
220	0.0194	0.0242	0.0290	0.0339	0.0387	0.0436	0.0484
230	0.0202	0.0253	0.0304	0.0354	0.0405	0.0455	0.0506
240	0.0211	0.0264	0.0317	0.0370	0.0422	0.0475	0.0528
250	0.0220	0.0275	0.0330	0.0385	0.0440	0.0495	0.0550
260	0.0229	0.0286	0.0343	0.0400	0.0458	0.0515	0.0572
270	0.0238	0.0297	0.0356	0.0416	0.0475	0.0535	0.0594
280	0.0246	0.0308	0.0370	0.0431	0.0493	0.0554	0.0616
290	0.0255	0.0319	0.0383	0.0447	0.0510	0.0574	0.0638
300	0.0264	0.0330	0.0396	0.0462	0.0528	0.0594	0.0660

（续）

材长/m	2.4						
材宽/mm	材厚/mm						
	12	15	18	21	25	30	35
	材积/m³						
30	0.0009	0.0011	0.0013	0.0015	0.0018	0.0022	0.0025
40	0.0012	0.0014	0.0017	0.0020	0.0024	0.0029	0.0034
50	0.0014	0.0018	0.0022	0.0025	0.0030	0.0036	0.0042
60	0.0017	0.0022	0.0026	0.0030	0.0036	0.0043	0.0050
70	0.0020	0.0025	0.0030	0.0035	0.0042	0.0050	0.0059
80	0.0023	0.0029	0.0035	0.0040	0.0048	0.0058	0.0067
90	0.0026	0.0032	0.0039	0.0045	0.0054	0.0065	0.0076
100	0.0029	0.0036	0.0043	0.0050	0.0060	0.0072	0.0084
110	0.0032	0.0040	0.0048	0.0055	0.0066	0.0079	0.0092
120	0.0035	0.0043	0.0052	0.0060	0.0072	0.0086	0.0101
130	0.0037	0.0047	0.0056	0.0066	0.0078	0.0094	0.0109
140	0.0040	0.0050	0.0060	0.0071	0.0084	0.0101	0.0118
150	0.0043	0.0054	0.0065	0.0076	0.0090	0.0108	0.0126
160	0.0046	0.0058	0.0069	0.0081	0.0096	0.0115	0.0134
170	0.0049	0.0061	0.0073	0.0086	0.0102	0.0122	0.0143
180	0.0052	0.0065	0.0078	0.0091	0.0108	0.0130	0.0151
190	0.0055	0.0068	0.0082	0.0096	0.0114	0.0137	0.0160
200	0.0058	0.0072	0.0086	0.0101	0.0120	0.0144	0.0168
210	0.0060	0.0076	0.0091	0.0106	0.0126	0.0151	0.0176
220	0.0063	0.0079	0.0095	0.0111	0.0132	0.0158	0.0185
230	0.0066	0.0083	0.0099	0.0116	0.0138	0.0166	0.0193
240	0.0069	0.0086	0.0104	0.0121	0.0144	0.0173	0.0202
250	0.0072	0.0090	0.0108	0.0126	0.0150	0.0180	0.0210
260	0.0075	0.0094	0.0112	0.0131	0.0156	0.0187	0.0218
270	0.0078	0.0097	0.0117	0.0136	0.0162	0.0194	0.0227
280	0.0081	0.0101	0.0121	0.0141	0.0168	0.0202	0.0235
290	0.0084	0.0104	0.0125	0.0146	0.0174	0.0209	0.0244
300	0.0086	0.0108	0.0130	0.0151	0.0180	0.0216	0.0252

（续）

材长/m	2.4						
材宽/mm	材厚/mm						
	40	50	60	70	80	90	100
	材积/m³						
30	0.0029	0.0036	0.0043	0.0050	0.0058	0.0065	0.0072
40	0.0038	0.0048	0.0058	0.0067	0.0077	0.0086	0.0096
50	0.0048	0.0060	0.0072	0.0084	0.0096	0.0108	0.0120
60	0.0058	0.0072	0.0086	0.0101	0.0115	0.0130	0.0144
70	0.0067	0.0084	0.0101	0.0118	0.0134	0.0151	0.0168
80	0.0077	0.0096	0.0115	0.0134	0.0154	0.0173	0.0192
90	0.0086	0.0108	0.0130	0.0151	0.0173	0.0194	0.0216
100	0.0096	0.0120	0.0144	0.0168	0.0192	0.0216	0.0240
110	0.0106	0.0132	0.0158	0.0185	0.0211	0.0238	0.0264
120	0.0115	0.0144	0.0173	0.0202	0.0230	0.0259	0.0288
130	0.0125	0.0156	0.0187	0.0218	0.0250	0.0281	0.0312
140	0.0134	0.0168	0.0202	0.0235	0.0269	0.0302	0.0336
150	0.0144	0.0180	0.0216	0.0252	0.0288	0.0324	0.0360
160	0.0154	0.0192	0.0230	0.0269	0.0307	0.0346	0.0384
170	0.0163	0.0204	0.0245	0.0286	0.0326	0.0367	0.0408
180	0.0173	0.0216	0.0259	0.0302	0.0346	0.0389	0.0432
190	0.0182	0.0228	0.0274	0.0319	0.0365	0.0410	0.0456
200	0.0192	0.0240	0.0288	0.0336	0.0384	0.0432	0.0480
210	0.0202	0.0252	0.0302	0.0353	0.0403	0.0454	0.0504
220	0.0211	0.0264	0.0317	0.0370	0.0422	0.0475	0.0528
230	0.0221	0.0276	0.0331	0.0386	0.0442	0.0497	0.0552
240	0.0230	0.0288	0.0346	0.0403	0.0461	0.0518	0.0576
250	0.0240	0.0300	0.0360	0.0420	0.0480	0.0540	0.0600
260	0.0250	0.0312	0.0374	0.0437	0.0499	0.0562	0.0624
270	0.0259	0.0324	0.0389	0.0454	0.0518	0.0583	0.0648
280	0.0269	0.0336	0.0403	0.0470	0.0538	0.0605	0.0672
290	0.0278	0.0348	0.0418	0.0487	0.0557	0.0626	0.0696
300	0.0288	0.0360	0.0432	0.0504	0.0576	0.0648	0.0720

（续）

材长/m	2.6						
材宽/mm	材厚/mm						
	12	15	18	21	25	30	35
	材积/m³						
30	0.0009	0.0012	0.0014	0.0016	0.0020	0.0023	0.0027
40	0.0012	0.0016	0.0019	0.0022	0.0026	0.0031	0.0036
50	0.0016	0.0020	0.0023	0.0027	0.0033	0.0039	0.0046
60	0.0019	0.0023	0.0028	0.0033	0.0039	0.0047	0.0055
70	0.0022	0.0027	0.0033	0.0038	0.0046	0.0055	0.0064
80	0.0025	0.0031	0.0037	0.0044	0.0052	0.0062	0.0073
90	0.0028	0.0035	0.0042	0.0049	0.0059	0.0070	0.0082
100	0.0031	0.0039	0.0047	0.0055	0.0065	0.0078	0.0091
110	0.0034	0.0043	0.0051	0.0060	0.0072	0.0086	0.0100
120	0.0037	0.0047	0.0056	0.0066	0.0078	0.0094	0.0109
130	0.0041	0.0051	0.0061	0.0071	0.0085	0.0101	0.0118
140	0.0044	0.0055	0.0066	0.0076	0.0091	0.0109	0.0127
150	0.0047	0.0059	0.0070	0.0082	0.0098	0.0117	0.0137
160	0.0050	0.0062	0.0075	0.0087	0.0104	0.0125	0.0146
170	0.0053	0.0066	0.0080	0.0093	0.0111	0.0133	0.0155
180	0.0056	0.0070	0.0084	0.0098	0.0117	0.0140	0.0164
190	0.0059	0.0074	0.0089	0.0104	0.0124	0.0148	0.0173
200	0.0062	0.0078	0.0094	0.0109	0.0130	0.0156	0.0182
210	0.0066	0.0082	0.0098	0.0115	0.0137	0.0164	0.0191
220	0.0069	0.0086	0.0103	0.0120	0.0143	0.0172	0.0200
230	0.0072	0.0090	0.0108	0.0126	0.0150	0.0179	0.0209
240	0.0075	0.0094	0.0112	0.0131	0.0156	0.0187	0.0218
250	0.0078	0.0098	0.0117	0.0137	0.0163	0.0195	0.0228
260	0.0081	0.0101	0.0122	0.0142	0.0169	0.0203	0.0237
270	0.0084	0.0105	0.0126	0.0147	0.0176	0.0211	0.0246
280	0.0087	0.0109	0.0131	0.0153	0.0182	0.0218	0.0255
290	0.0090	0.0113	0.0136	0.0158	0.0189	0.0226	0.0264
300	0.0094	0.0117	0.0140	0.0164	0.0195	0.0234	0.0273

（续）

材长/m	2.6						
材宽/mm	材厚/mm						
	40	50	60	70	80	90	100
	材积/m³						
30	0.0031	0.0039	0.0047	0.0055	0.0062	0.0070	0.0078
40	0.0042	0.0052	0.0062	0.0073	0.0083	0.0094	0.0104
50	0.0052	0.0065	0.0078	0.0091	0.0104	0.0117	0.0130
60	0.0062	0.0078	0.0094	0.0109	0.0125	0.0140	0.0156
70	0.0073	0.0091	0.0109	0.0127	0.0146	0.0164	0.0182
80	0.0083	0.0104	0.0125	0.0146	0.0166	0.0187	0.0208
90	0.0094	0.0117	0.0140	0.0164	0.0187	0.0211	0.0234
100	0.0104	0.0130	0.0156	0.0182	0.0208	0.0234	0.0260
110	0.0114	0.0143	0.0172	0.0200	0.0229	0.0257	0.0286
120	0.0125	0.0156	0.0187	0.0218	0.0250	0.0281	0.0312
130	0.0135	0.0169	0.0203	0.0237	0.0270	0.0304	0.0338
140	0.0146	0.0182	0.0218	0.0255	0.0291	0.0328	0.0364
150	0.0156	0.0195	0.0234	0.0273	0.0312	0.0351	0.0390
160	0.0166	0.0208	0.0250	0.0291	0.0333	0.0374	0.0416
170	0.0177	0.0221	0.0265	0.0309	0.0354	0.0398	0.0442
180	0.0187	0.0234	0.0281	0.0328	0.0374	0.0421	0.0468
190	0.0198	0.0247	0.0296	0.0346	0.0395	0.0445	0.0494
200	0.0208	0.0260	0.0312	0.0364	0.0416	0.0468	0.0520
210	0.0218	0.0273	0.0328	0.0382	0.0437	0.0491	0.0564
220	0.0229	0.0286	0.0343	0.0400	0.0458	0.0515	0.0572
230	0.0239	0.0299	0.0359	0.0419	0.0478	0.0538	0.0598
240	0.0250	0.0312	0.0374	0.0437	0.0499	0.0562	0.0624
250	0.0260	0.0325	0.0390	0.0455	0.0520	0.0585	0.0650
260	0.0270	0.0338	0.0406	0.0473	0.0541	0.0608	0.0676
270	0.0281	0.0351	0.0421	0.0491	0.0562	0.0632	0.0702
280	0.0291	0.0364	0.0437	0.0510	0.0582	0.0655	0.0728
290	0.0302	0.0377	0.0452	0.0528	0.0603	0.0679	0.0754
300	0.0312	0.0390	0.0468	0.0546	0.0624	0.0702	0.0780

（续）

材长/m	2.8						
材宽/mm	材厚/mm						
	12	15	18	21	25	30	35
	材积/m³						
30	0.0010	0.0013	0.0015	0.0018	0.0021	0.0025	0.0029
40	0.0013	0.0017	0.0020	0.0024	0.0028	0.0034	0.0039
50	0.0017	0.0021	0.0025	0.0029	0.0035	0.0042	0.0049
60	0.0020	0.0025	0.0030	0.0035	0.0042	0.0050	0.0059
70	0.0024	0.0029	0.0035	0.0041	0.0049	0.0059	0.0069
80	0.0027	0.0034	0.0040	0.0047	0.0056	0.0067	0.0078
90	0.0030	0.0038	0.0045	0.0053	0.0063	0.0076	0.0088
100	0.0034	0.0042	0.0050	0.0059	0.0070	0.0084	0.0098
110	0.0037	0.0046	0.0055	0.0065	0.0077	0.0092	0.0108
120	0.0040	0.0050	0.0060	0.0071	0.0084	0.0101	0.0118
130	0.0044	0.0055	0.0066	0.0076	0.0091	0.0109	0.0127
140	0.0047	0.0059	0.0071	0.0082	0.0098	0.0118	0.0137
150	0.0050	0.0063	0.0076	0.0088	0.0105	0.0126	0.0147
160	0.0054	0.0067	0.0081	0.0094	0.0112	0.0134	0.0157
170	0.0057	0.0071	0.0086	0.0100	0.0119	0.0143	0.0167
180	0.0060	0.0076	0.0091	0.0106	0.0126	0.0151	0.0176
190	0.0064	0.0080	0.0096	0.0112	0.0133	0.0160	0.0186
200	0.0067	0.0084	0.0101	0.0118	0.0140	0.0168	0.0196
210	0.0071	0.0088	0.0106	0.0123	0.0147	0.0176	0.0206
220	0.0074	0.0092	0.0111	0.0129	0.0154	0.0185	0.0216
230	0.0077	0.0097	0.0116	0.0135	0.0161	0.0193	0.0225
240	0.0081	0.0101	0.0121	0.0141	0.0168	0.0202	0.0235
250	0.0084	0.0105	0.0126	0.0147	0.0175	0.0210	0.0245
260	0.0087	0.0109	0.0131	0.0153	0.0182	0.0218	0.0255
270	0.0091	0.0113	0.0136	0.0159	0.0189	0.0227	0.0265
280	0.0094	0.0118	0.0141	0.0165	0.0196	0.0235	0.0274
290	0.0097	0.0122	0.0146	0.0171	0.0203	0.0244	0.0284
300	0.0101	0.0126	0.0151	0.0176	0.0210	0.0252	0.0294

（续）

材长/m	2.8						
材宽/mm	材厚/mm						
	40	50	60	70	80	90	100
	材积/m³						
30	0.0034	0.0042	0.0050	0.0059	0.0067	0.0076	0.0084
40	0.0045	0.0056	0.0067	0.0078	0.0090	0.0101	0.0112
50	0.0056	0.0070	0.0084	0.0098	0.0112	0.0126	0.0140
60	0.0067	0.0084	0.0101	0.0118	0.0134	0.0151	0.0168
70	0.0078	0.0098	0.0118	0.0137	0.0157	0.0176	0.0196
80	0.0090	0.0112	0.0134	0.0157	0.0179	0.0202	0.0224
90	0.0101	0.0126	0.0151	0.0176	0.0202	0.0227	0.0252
100	0.0112	0.0140	0.0168	0.0196	0.0224	0.0252	0.0280
110	0.0123	0.0154	0.0185	0.0216	0.0246	0.0277	0.0308
120	0.0134	0.0168	0.0202	0.0235	0.0269	0.0302	0.0336
130	0.0146	0.0182	0.0218	0.0255	0.0291	0.0328	0.0364
140	0.0157	0.0196	0.0235	0.0274	0.0314	0.0353	0.0392
150	0.0168	0.0210	0.0252	0.0294	0.0336	0.0378	0.0420
160	0.0179	0.0224	0.0269	0.0314	0.0358	0.0403	0.0448
170	0.0190	0.0238	0.0286	0.0333	0.0381	0.0428	0.0476
180	0.0202	0.0252	0.0302	0.0353	0.0403	0.0454	0.0504
190	0.0213	0.0266	0.0319	0.0372	0.0426	0.0479	0.0532
200	0.0224	0.0280	0.0336	0.0392	0.0448	0.0504	0.0560
210	0.0235	0.0294	0.0353	0.0412	0.0470	0.0529	0.0588
220	0.0246	0.0308	0.0370	0.0431	0.0493	0.0554	0.0616
230	0.0258	0.0322	0.0386	0.0451	0.0515	0.0580	0.0644
240	0.0269	0.0336	0.0403	0.0470	0.0538	0.0605	0.0672
250	0.0280	0.0350	0.0420	0.0490	0.0560	0.0630	0.0700
260	0.0291	0.0364	0.0437	0.0510	0.0582	0.0655	0.0728
270	0.0302	0.0378	0.0454	0.0529	0.0605	0.0680	0.0756
280	0.0314	0.0392	0.0470	0.0549	0.0627	0.0706	0.0784
290	0.0325	0.0406	0.0487	0.0568	0.0650	0.0731	0.0812
300	0.0336	0.0420	0.0504	0.0588	0.0672	0.0756	0.0840

（续）

材长/m	3.0						
材宽 /mm	材厚/mm						
	12	15	18	21	25	30	35
	材积/m³						
30	0.0011	0.0014	0.0016	0.0019	0.0023	0.0027	0.0032
40	0.0014	0.0018	0.0022	0.0025	0.0030	0.0036	0.0042
50	0.0018	0.0023	0.0027	0.0032	0.0038	0.0045	0.0053
60	0.0022	0.0027	0.0032	0.0038	0.0045	0.0054	0.0063
70	0.0025	0.0032	0.0038	0.0044	0.0053	0.0063	0.0074
80	0.0029	0.0036	0.0043	0.0050	0.0060	0.0072	0.0084
90	0.0032	0.0041	0.0049	0.0057	0.0068	0.0081	0.0095
100	0.0036	0.0045	0.0054	0.0063	0.0075	0.0090	0.0105
110	0.0040	0.0050	0.0059	0.0069	0.0083	0.0099	0.0116
120	0.0043	0.0054	0.0065	0.0076	0.0090	0.0108	0.0126
130	0.0047	0.0059	0.0070	0.0082	0.0098	0.0117	0.0137
140	0.0050	0.0063	0.0076	0.0088	0.0105	0.0126	0.0147
150	0.0054	0.0068	0.0081	0.0095	0.0113	0.0135	0.0158
160	0.0058	0.0072	0.0086	0.0101	0.0120	0.0144	0.0168
170	0.0061	0.0077	0.0092	0.0107	0.0128	0.0153	0.0179
180	0.0065	0.0081	0.0097	0.0113	0.0135	0.0162	0.0189
190	0.0068	0.0086	0.0103	0.0120	0.0143	0.0171	0.0200
200	0.0072	0.0090	0.0108	0.0126	0.0150	0.0180	0.0210
210	0.0076	0.0095	0.0113	0.0132	0.0158	0.0189	0.0221
220	0.0079	0.0099	0.0119	0.0139	0.0165	0.0198	0.0231
230	0.0083	0.0104	0.0124	0.0145	0.0173	0.0207	0.0242
240	0.0086	0.0108	0.0130	0.0151	0.0180	0.0216	0.0252
250	0.0090	0.0113	0.0135	0.0158	0.0188	0.0225	0.0263
260	0.0094	0.0117	0.0140	0.0164	0.0195	0.0234	0.0273
270	0.0097	0.0122	0.0146	0.0170	0.0203	0.0243	0.0284
280	0.0101	0.0126	0.0151	0.0176	0.0210	0.0252	0.0294
290	0.0104	0.0131	0.0157	0.0183	0.0218	0.0261	0.0305
300	0.0108	0.0135	0.0162	0.0189	0.0225	0.0270	0.0315

（续）

材长/m	3.0						
材宽/mm	材厚/mm						
	40	50	60	70	80	90	100
	材积/m³						
30	0.0036	0.0045	0.0054	0.0063	0.0072	0.0081	0.0090
40	0.0048	0.0060	0.0072	0.0084	0.0096	0.0108	0.0120
50	0.0060	0.0075	0.0090	0.0105	0.0120	0.0135	0.0150
60	0.0072	0.0090	0.0108	0.0126	0.0144	0.0162	0.0180
70	0.0084	0.0105	0.0126	0.0147	0.0168	0.0189	0.0210
80	0.0096	0.0120	0.0144	0.0168	0.0192	0.0216	0.0240
90	0.0108	0.0135	0.0162	0.0189	0.0216	0.0243	0.0270
100	0.0120	0.0150	0.0180	0.0210	0.0240	0.0270	0.0300
110	0.0132	0.0165	0.0198	0.0231	0.0264	0.0297	0.0330
120	0.0144	0.0180	0.0216	0.0252	0.0288	0.0324	0.0360
130	0.0156	0.0195	0.0234	0.0273	0.0312	0.0351	0.0390
140	0.0168	0.0210	0.0252	0.0294	0.0336	0.0378	0.0420
150	0.0180	0.0225	0.0270	0.0315	0.0360	0.0405	0.0450
160	0.0192	0.0240	0.0288	0.0336	0.0384	0.0432	0.0480
170	0.0204	0.0255	0.0306	0.0357	0.0408	0.0459	0.0510
180	0.0216	0.0270	0.0324	0.0378	0.0432	0.0486	0.0540
190	0.0228	0.0285	0.0342	0.0399	0.0456	0.0513	0.0570
200	0.0240	0.0300	0.0360	0.0420	0.0480	0.0540	0.0600
210	0.0252	0.0315	0.0378	0.0441	0.0504	0.0567	0.0630
220	0.0264	0.0330	0.0396	0.0462	0.0528	0.0594	0.0660
230	0.0276	0.0345	0.0414	0.0483	0.0552	0.0621	0.0690
240	0.0288	0.0360	0.0432	0.0504	0.0576	0.0648	0.0720
250	0.0300	0.0375	0.0450	0.0525	0.0600	0.0675	0.0750
260	0.0312	0.0390	0.0468	0.0546	0.0624	0.0702	0.0780
270	0.0324	0.0405	0.0486	0.0567	0.0648	0.0729	0.0810
280	0.0336	0.0420	0.0504	0.0588	0.0672	0.0756	0.0840
290	0.0348	0.0435	0.0522	0.0600	0.0696	0.0783	0.0870
300	0.0360	0.0450	0.0540	0.0630	0.0720	0.0810	0.0900

（续）

材长/m	3.2						
材宽/mm	材厚/mm						
	12	15	18	21	25	30	35
	材积/m³						
30	0.0012	0.0014	0.0017	0.0020	0.0024	0.0029	0.0034
40	0.0015	0.0019	0.0023	0.0027	0.0032	0.0038	0.0045
50	0.0019	0.0024	0.0029	0.0034	0.0040	0.0048	0.0056
60	0.0023	0.0029	0.0035	0.0040	0.0048	0.0058	0.0067
70	0.0027	0.0034	0.0040	0.0047	0.0056	0.0067	0.0078
80	0.0031	0.0038	0.0046	0.0054	0.0064	0.0077	0.0090
90	0.0035	0.0043	0.0052	0.0060	0.0072	0.0086	0.0101
100	0.0038	0.0048	0.0058	0.0067	0.0080	0.0096	0.0112
110	0.0042	0.0053	0.0063	0.0074	0.0088	0.0106	0.0123
120	0.0046	0.0058	0.0069	0.0081	0.0096	0.0115	0.0134
130	0.0050	0.0062	0.0075	0.0087	0.0104	0.0125	0.0146
140	0.0054	0.0067	0.0081	0.0094	0.0112	0.0134	0.0157
150	0.0058	0.0072	0.0086	0.0101	0.0120	0.0144	0.0168
160	0.0061	0.0077	0.0092	0.0108	0.0128	0.0154	0.0179
170	0.0065	0.0082	0.0098	0.0114	0.0136	0.0163	0.0190
180	0.0069	0.0086	0.0104	0.0121	0.0144	0.0173	0.0202
190	0.0073	0.0091	0.0109	0.0128	0.0152	0.0182	0.0213
200	0.0077	0.0096	0.0115	0.0134	0.0160	0.0192	0.0224
210	0.0081	0.0101	0.0121	0.0141	0.0168	0.0202	0.0235
220	0.0084	0.0106	0.0127	0.0148	0.0176	0.0211	0.0246
230	0.0088	0.0110	0.0132	0.0155	0.0184	0.0221	0.0258
240	0.0092	0.0115	0.0138	0.0161	0.0192	0.0230	0.0269
250	0.0096	0.0120	0.0144	0.0168	0.0200	0.0240	0.0280
260	0.0100	0.0125	0.0150	0.0175	0.0208	0.0250	0.0291
270	0.0104	0.0130	0.0156	0.0181	0.0216	0.0259	0.0302
280	0.0108	0.0134	0.0161	0.0188	0.0224	0.0269	0.0314
290	0.0111	0.0139	0.0167	0.0195	0.0232	0.0278	0.0325
300	0.0115	0.0144	0.0173	0.0202	0.0240	0.0288	0.0336

（续）

材长/m	3.2						
材宽/mm	材厚/mm						
	40	50	60	70	80	90	100
	材积/m³						
30	0.0038	0.0048	0.0058	0.0067	0.0077	0.0086	0.0096
40	0.0051	0.0064	0.0077	0.0090	0.0102	0.0115	0.0128
50	0.0064	0.0080	0.0096	0.0112	0.0128	0.0144	0.0160
60	0.0077	0.0096	0.0115	0.0134	0.0154	0.0173	0.0192
70	0.0090	0.0112	0.0134	0.0157	0.0179	0.0202	0.0224
80	0.0102	0.0128	0.0154	0.0179	0.0205	0.0230	0.0256
90	0.0115	0.0144	0.0173	0.0202	0.0230	0.0259	0.0288
100	0.0128	0.0160	0.0192	0.0224	0.0256	0.0288	0.0320
110	0.0141	0.0176	0.0211	0.0246	0.0282	0.0317	0.0352
120	0.0154	0.0192	0.0230	0.0269	0.0307	0.0346	0.0384
130	0.0166	0.0208	0.0250	0.0291	0.0333	0.0374	0.0416
140	0.0179	0.0224	0.0269	0.0314	0.0358	0.0403	0.0448
150	0.0192	0.0240	0.0288	0.0336	0.0384	0.0432	0.0480
160	0.0205	0.0256	0.0307	0.0358	0.0410	0.0461	0.0512
170	0.0218	0.0272	0.0326	0.0381	0.0435	0.0490	0.0544
180	0.0230	0.0288	0.0346	0.0403	0.0461	0.0518	0.0576
190	0.0243	0.0304	0.0365	0.0426	0.0486	0.0547	0.0608
200	0.0256	0.0320	0.0384	0.0448	0.0512	0.0576	0.0640
210	0.0269	0.0336	0.0403	0.0470	0.0538	0.0605	0.0672
220	0.0282	0.0352	0.0422	0.0493	0.0563	0.0634	0.0704
230	0.0294	0.0368	0.0442	0.0515	0.0589	0.0662	0.0736
240	0.0307	0.0384	0.0461	0.0538	0.0614	0.0691	0.0768
250	0.0320	0.0400	0.0480	0.0560	0.0640	0.0720	0.0800
260	0.0333	0.0416	0.0499	0.0582	0.0666	0.0749	0.0832
270	0.0346	0.0432	0.0518	0.0605	0.0691	0.0778	0.0864
280	0.0358	0.0448	0.0538	0.0627	0.0717	0.0806	0.0896
290	0.0371	0.0464	0.0557	0.0650	0.0742	0.0835	0.0928
300	0.0384	0.0480	0.0576	0.0672	0.0768	0.0864	0.0960

（续）

材长/m	3.4						
材宽/mm	材厚/mm						
	12	15	18	21	25	30	35
	材积/m³						
30	0.0012	0.0015	0.0018	0.0021	0.0026	0.0031	0.0036
40	0.0016	0.0020	0.0024	0.0029	0.0034	0.0041	0.0048
50	0.0020	0.0026	0.0031	0.0036	0.0043	0.0051	0.0060
60	0.0024	0.0031	0.0037	0.0043	0.0051	0.0061	0.0071
70	0.0029	0.0036	0.0043	0.0050	0.0060	0.0071	0.0083
80	0.0033	0.0041	0.0049	0.0057	0.0068	0.0082	0.0095
90	0.0037	0.0046	0.0055	0.0064	0.0077	0.0092	0.0107
100	0.0041	0.0051	0.0061	0.0071	0.0085	0.0102	0.0119
110	0.0045	0.0056	0.0067	0.0079	0.0094	0.0112	0.0131
120	0.0049	0.0061	0.0073	0.0086	0.0102	0.0122	0.0143
130	0.0053	0.0066	0.0080	0.0093	0.0111	0.0133	0.0155
140	0.0057	0.0071	0.0086	0.0100	0.0119	0.0143	0.0167
150	0.0061	0.0077	0.0092	0.0107	0.0128	0.0153	0.0179
160	0.0065	0.0082	0.0098	0.0114	0.0136	0.0163	0.0190
170	0.0069	0.0087	0.0104	0.0121	0.0145	0.0173	0.0202
180	0.0073	0.0092	0.0110	0.0129	0.0153	0.0184	0.0214
190	0.0078	0.0097	0.0116	0.0136	0.0162	0.0194	0.0226
200	0.0082	0.0102	0.0122	0.0143	0.0170	0.0204	0.0238
210	0.0086	0.0107	0.0129	0.0150	0.0179	0.0214	0.0250
220	0.0090	0.0112	0.0135	0.0157	0.0187	0.0224	0.0262
230	0.0094	0.0117	0.0141	0.0164	0.0196	0.0235	0.0274
240	0.0098	0.0122	0.0147	0.0171	0.0204	0.0245	0.0286
250	0.0102	0.0128	0.0153	0.0179	0.0213	0.0255	0.0298
260	0.0106	0.0133	0.0159	0.0186	0.0221	0.0265	0.0309
270	0.0110	0.0138	0.0165	0.0193	0.0230	0.0275	0.0321
280	0.0114	0.0143	0.0171	0.0200	0.0238	0.0286	0.0333
290	0.0118	0.0148	0.0177	0.0207	0.0247	0.0296	0.0345
300	0.0122	0.0153	0.0184	0.0214	0.0255	0.0306	0.0357

（续）

材长/m	3.4						
材宽/mm	材厚/mm						
	40	50	60	70	80	90	100
	材积/m³						
30	0.0041	0.0051	0.0061	0.0071	0.0082	0.0092	0.0102
40	0.0054	0.0068	0.0082	0.0095	0.0109	0.0122	0.0136
50	0.0068	0.0085	0.0102	0.0119	0.0136	0.0153	0.0170
60	0.0082	0.0102	0.0122	0.0143	0.0163	0.0184	0.0204
70	0.0095	0.0119	0.0143	0.0167	0.0190	0.0214	0.0238
80	0.0109	0.0136	0.0163	0.0190	0.0218	0.0245	0.0272
90	0.0122	0.0153	0.0184	0.0214	0.0245	0.0275	0.0306
100	0.0136	0.0170	0.0204	0.0238	0.0272	0.0306	0.0340
110	0.0150	0.0187	0.0224	0.0262	0.0299	0.0337	0.0374
120	0.0163	0.0204	0.0245	0.0286	0.0326	0.0367	0.0408
130	0.0177	0.0221	0.0265	0.0309	0.0354	0.0398	0.0442
140	0.0190	0.0238	0.0286	0.0333	0.0381	0.0428	0.0476
150	0.0204	0.0255	0.0306	0.0357	0.0408	0.0459	0.0510
160	0.0218	0.0272	0.0326	0.0381	0.0435	0.0490	0.0544
170	0.0231	0.0289	0.0347	0.0405	0.0462	0.0520	0.0578
180	0.0245	0.0306	0.0367	0.0428	0.0490	0.0551	0.0612
190	0.0258	0.0323	0.0388	0.0452	0.0517	0.0581	0.0646
200	0.0272	0.0340	0.0408	0.0476	0.0544	0.0612	0.0680
210	0.0286	0.0357	0.0428	0.0500	0.0571	0.0643	0.0714
220	0.0299	0.0374	0.0449	0.0524	0.0598	0.0673	0.0748
230	0.0313	0.0391	0.0469	0.0547	0.0626	0.0704	0.0782
240	0.0326	0.0408	0.0490	0.0571	0.0653	0.0734	0.0816
250	0.0340	0.0425	0.0510	0.0595	0.0680	0.0765	0.0850
260	0.0354	0.0442	0.0530	0.0619	0.0707	0.0796	0.0884
270	0.0367	0.0459	0.0551	0.0643	0.0734	0.0826	0.0918
280	0.0381	0.0476	0.0571	0.0666	0.0762	0.0857	0.0952
290	0.0394	0.0493	0.0592	0.0690	0.0789	0.0887	0.0986
300	0.0408	0.0510	0.0612	0.0714	0.0816	0.0918	0.1020

(续)

材长/m	3.6						
材宽/mm	材厚/mm						
	12	15	18	21	25	30	35
	材积/m³						
30	0.0013	0.0016	0.0019	0.0023	0.0027	0.0032	0.0038
40	0.0017	0.0022	0.0026	0.0030	0.0036	0.0043	0.0050
50	0.0022	0.0027	0.0032	0.0038	0.0045	0.0054	0.0063
60	0.0026	0.0032	0.0039	0.0045	0.0054	0.0065	0.0076
70	0.0030	0.0038	0.0045	0.0053	0.0063	0.0076	0.0088
80	0.0035	0.0043	0.0052	0.0060	0.0072	0.0086	0.0101
90	0.0039	0.0049	0.0058	0.0068	0.0081	0.0097	0.0113
100	0.0043	0.0054	0.0065	0.0076	0.0090	0.0108	0.0126
110	0.0048	0.0059	0.0071	0.0083	0.0099	0.0119	0.0139
120	0.0052	0.0065	0.0078	0.0091	0.0108	0.0130	0.0151
130	0.0056	0.0070	0.0084	0.0098	0.0117	0.0140	0.0164
140	0.0060	0.0076	0.0091	0.0106	0.0126	0.0151	0.0176
150	0.0065	0.0081	0.0097	0.0113	0.0135	0.0162	0.0189
160	0.0069	0.0086	0.0104	0.0121	0.0144	0.0173	0.0202
170	0.0073	0.0092	0.0110	0.0129	0.0153	0.0184	0.0214
180	0.0078	0.0097	0.0117	0.0136	0.0162	0.0194	0.0227
190	0.0082	0.0103	0.0123	0.0144	0.0171	0.0205	0.0239
200	0.0086	0.0108	0.0130	0.0151	0.0180	0.0216	0.0252
210	0.0091	0.0113	0.0136	0.0159	0.0189	0.0227	0.0265
220	0.0095	0.0119	0.0143	0.0166	0.0198	0.0238	0.0277
230	0.0099	0.0124	0.0149	0.0174	0.0207	0.0248	0.0290
240	0.0104	0.0130	0.0156	0.0181	0.0216	0.0259	0.0302
250	0.0108	0.0135	0.0162	0.0189	0.0225	0.0270	0.0315
260	0.0112	0.0140	0.0168	0.0197	0.0234	0.0281	0.0328
270	0.0117	0.0146	0.0175	0.0204	0.0243	0.0292	0.0340
280	0.0121	0.0151	0.0181	0.0212	0.0252	0.0302	0.0353
290	0.0125	0.0157	0.0188	0.0219	0.0261	0.0313	0.0365
300	0.0130	0.0162	0.0194	0.0227	0.0270	0.0324	0.0378

（续）

材长/m	3.6						
材宽/mm	材厚/mm						
	40	50	60	70	80	90	100
	材积/m³						
30	0.0043	0.0054	0.0065	0.0076	0.0086	0.0097	0.0108
40	0.0058	0.0072	0.0086	0.0101	0.0115	0.0130	0.0144
50	0.0072	0.0090	0.0108	0.0126	0.0144	0.0162	0.0180
60	0.0086	0.0108	0.0130	0.0151	0.0173	0.0194	0.0216
70	0.0101	0.0126	0.0151	0.0176	0.0202	0.0227	0.0252
80	0.0115	0.0144	0.0173	0.0202	0.0230	0.0259	0.0288
90	0.0130	0.0162	0.0194	0.0227	0.0259	0.0292	0.0324
100	0.0144	0.0180	0.0216	0.0252	0.0288	0.0324	0.0360
110	0.0158	0.0198	0.0238	0.0277	0.0317	0.0356	0.0396
120	0.0173	0.0216	0.0259	0.0302	0.0346	0.0389	0.0432
130	0.0187	0.0234	0.0281	0.0328	0.0374	0.0421	0.0468
140	0.0202	0.0252	0.0302	0.0353	0.0403	0.0454	0.0504
150	0.0216	0.0270	0.0324	0.0378	0.0432	0.0486	0.0540
160	0.0230	0.0288	0.0346	0.0403	0.0461	0.0518	0.0576
170	0.0245	0.0306	0.0367	0.0428	0.0490	0.0551	0.0612
180	0.0259	0.0324	0.0389	0.0454	0.0518	0.0583	0.0648
190	0.0274	0.0342	0.0410	0.0479	0.0547	0.0616	0.0684
200	0.0288	0.0360	0.0432	0.0504	0.0576	0.0648	0.0720
210	0.0302	0.0378	0.0454	0.0529	0.0605	0.0680	0.0756
220	0.0317	0.0396	0.0475	0.0554	0.0634	0.0713	0.0792
230	0.0331	0.0414	0.0497	0.0580	0.0662	0.0745	0.0828
240	0.0346	0.0432	0.0518	0.0605	0.0691	0.0778	0.0864
250	0.0360	0.0450	0.0540	0.0630	0.0720	0.0810	0.0900
260	0.0374	0.0468	0.0562	0.0655	0.0749	0.0842	0.0936
270	0.0389	0.0486	0.0583	0.0680	0.0778	0.0875	0.0972
280	0.0403	0.0504	0.0605	0.0706	0.0806	0.0907	0.1008
290	0.0418	0.0522	0.0626	0.0731	0.0835	0.0940	0.1044
300	0.0432	0.0540	0.0648	0.0756	0.0864	0.0972	0.1080

（续）

材长/m	3.8						
材宽/mm	材厚/mm						
	12	15	18	21	25	30	35
	材积/m³						
30	0.0014	0.0017	0.0021	0.0024	0.0029	0.0034	0.0040
40	0.0018	0.0023	0.0027	0.0032	0.0038	0.0046	0.0053
50	0.0023	0.0029	0.0034	0.0040	0.0048	0.0057	0.0067
60	0.0027	0.0034	0.0041	0.0048	0.0057	0.0068	0.0080
70	0.0032	0.0040	0.0048	0.0056	0.0067	0.0080	0.0093
80	0.0036	0.0046	0.0055	0.0064	0.0076	0.0091	0.0106
90	0.0041	0.0051	0.0062	0.0072	0.0086	0.0103	0.0120
100	0.0046	0.0057	0.0068	0.0080	0.0095	0.0114	0.0133
110	0.0050	0.0063	0.0075	0.0088	0.0105	0.0125	0.0146
120	0.0055	0.0068	0.0082	0.0096	0.0114	0.0137	0.0160
130	0.0059	0.0074	0.0089	0.0104	0.0124	0.0148	0.0173
140	0.0064	0.0080	0.0096	0.0112	0.0133	0.0160	0.0186
150	0.0068	0.0086	0.0103	0.0120	0.0143	0.0171	0.0200
160	0.0073	0.0091	0.0109	0.0128	0.0152	0.0182	0.0213
170	0.0078	0.0097	0.0116	0.0136	0.0162	0.0194	0.0226
180	0.0082	0.0103	0.0123	0.0144	0.0171	0.0205	0.0239
190	0.0087	0.0108	0.0130	0.0152	0.0181	0.0217	0.0253
200	0.0091	0.0114	0.0137	0.0160	0.0190	0.0228	0.0266
210	0.0096	0.0120	0.0144	0.0168	0.0200	0.0239	0.0279
220	0.0100	0.0125	0.0150	0.0176	0.0209	0.0251	0.0293
230	0.0105	0.0131	0.0157	0.0184	0.0219	0.0262	0.0306
240	0.0109	0.0137	0.0164	0.0192	0.0228	0.0274	0.0319
250	0.0114	0.0143	0.0171	0.0200	0.0238	0.0285	0.0333
260	0.0119	0.0148	0.0178	0.0207	0.0247	0.0296	0.0346
270	0.0123	0.0154	0.0185	0.0215	0.0257	0.0308	0.0359
280	0.0128	0.0160	0.0192	0.0223	0.0266	0.0319	0.0372
290	0.0132	0.0165	0.0198	0.0231	0.0276	0.0331	0.0386
300	0.0137	0.0171	0.0205	0.0239	0.0285	0.0342	0.0399

（续）

材长/m	3.8						
材宽 /mm	材厚/mm						
	40	50	60	70	80	90	100
	材积/m³						
30	0.0046	0.0057	0.0068	0.0080	0.0091	0.0103	0.0114
40	0.0061	0.0076	0.0091	0.0106	0.0122	0.0137	0.0152
50	0.0076	0.0095	0.0114	0.0133	0.0152	0.0171	0.0190
60	0.0091	0.0114	0.0137	0.0160	0.0182	0.0205	0.0228
70	0.0106	0.0133	0.0160	0.0186	0.0213	0.0239	0.0266
80	0.0122	0.0152	0.0182	0.0213	0.0243	0.0274	0.0304
90	0.0137	0.0171	0.0205	0.0239	0.0274	0.0308	0.0342
100	0.0152	0.0190	0.0228	0.0266	0.0304	0.0342	0.0380
110	0.0167	0.0209	0.0251	0.0293	0.0334	0.0376	0.0418
120	0.0182	0.0228	0.0274	0.0319	0.0365	0.0410	0.0456
130	0.0198	0.0247	0.0296	0.0346	0.0395	0.0445	0.0494
140	0.0213	0.0266	0.0319	0.0372	0.0426	0.0479	0.0532
150	0.0228	0.0285	0.0342	0.0399	0.0456	0.0513	0.0570
160	0.0243	0.0304	0.0365	0.0426	0.0486	0.0547	0.0608
170	0.0258	0.0323	0.0388	0.0452	0.0517	0.0581	0.0646
180	0.0274	0.0342	0.0410	0.0479	0.0547	0.0616	0.0684
190	0.0289	0.0361	0.0433	0.0505	0.0578	0.0650	0.0722
200	0.0304	0.0380	0.0456	0.0532	0.0608	0.0684	0.0760
210	0.0319	0.0399	0.0479	0.0559	0.0638	0.0718	0.0798
220	0.0334	0.0418	0.0502	0.0585	0.0669	0.0752	0.0836
230	0.0350	0.0437	0.0524	0.0612	0.0699	0.0787	0.0874
240	0.0365	0.0456	0.0547	0.0638	0.0730	0.0821	0.0912
250	0.0380	0.0475	0.0570	0.0665	0.0760	0.0855	0.0950
260	0.0395	0.0494	0.0593	0.0692	0.0790	0.0889	0.0988
270	0.0410	0.0513	0.0616	0.0718	0.0821	0.0923	0.1026
280	0.0426	0.0532	0.0638	0.0745	0.0851	0.0958	0.1064
290	0.0441	0.0551	0.0661	0.0771	0.0882	0.0992	0.1102
300	0.0456	0.0570	0.0684	0.0798	0.0912	0.1026	0.1140

（续）

材长/m	4.0						
材宽/mm	材厚/mm						
	12	15	18	21	25	30	35
	材积/m³						
30	0.0014	0.0018	0.0022	0.0025	0.0030	0.0036	0.0042
40	0.0019	0.0024	0.0029	0.0034	0.0040	0.0048	0.0056
50	0.0024	0.0030	0.0036	0.0042	0.0050	0.0060	0.0070
60	0.0029	0.0036	0.0043	0.0050	0.0060	0.0072	0.0084
70	0.0034	0.0042	0.0050	0.0059	0.0070	0.0084	0.0098
80	0.0038	0.0048	0.0058	0.0067	0.0080	0.0096	0.0112
90	0.0043	0.0054	0.0065	0.0076	0.0090	0.0108	0.0126
100	0.0048	0.0060	0.0072	0.0084	0.0100	0.0120	0.0140
110	0.0053	0.0066	0.0079	0.0092	0.0110	0.0132	0.0154
120	0.0058	0.0072	0.0086	0.0101	0.0120	0.0144	0.0168
130	0.0062	0.0078	0.0094	0.0109	0.0130	0.0156	0.0182
140	0.0067	0.0084	0.0101	0.0118	0.0140	0.0168	0.0196
150	0.0072	0.0090	0.0108	0.0126	0.0150	0.0180	0.0210
160	0.0077	0.0096	0.0115	0.0134	0.0160	0.0192	0.0224
170	0.0082	0.0102	0.0122	0.0143	0.0170	0.0204	0.0238
180	0.0086	0.0108	0.0130	0.0151	0.0180	0.0216	0.0252
190	0.0091	0.0114	0.0137	0.0160	0.0190	0.0228	0.0266
200	0.0096	0.0120	0.0144	0.0168	0.0200	0.0240	0.0280
210	0.0101	0.0126	0.0151	0.0176	0.0210	0.0252	0.0294
220	0.0106	0.0132	0.0158	0.0185	0.0220	0.0264	0.0308
230	0.0110	0.0138	0.0166	0.0193	0.0230	0.0276	0.0322
240	0.0115	0.0144	0.0173	0.0202	0.0240	0.0288	0.0336
250	0.0120	0.0150	0.0180	0.0210	0.0250	0.0300	0.0350
260	0.0125	0.0156	0.0187	0.0218	0.0260	0.0312	0.0364
270	0.0130	0.0162	0.0194	0.0227	0.0270	0.0324	0.0378
280	0.0134	0.0168	0.0202	0.0235	0.0280	0.0336	0.0392
290	0.0139	0.0174	0.0209	0.0244	0.0290	0.0348	0.0406
300	0.0144	0.0180	0.0216	0.0252	0.0300	0.0360	0.0420

（续）

材长/m	4.0						
材宽/mm	材厚/mm						
	40	50	60	70	80	90	100
	材积/m³						
30	0.0048	0.0060	0.0072	0.0084	0.0096	0.0108	0.0120
40	0.0064	0.0080	0.0096	0.0112	0.0128	0.0144	0.0160
50	0.0080	0.0100	0.0120	0.0140	0.0160	0.0180	0.0200
60	0.0096	0.0120	0.0144	0.0168	0.0192	0.0216	0.0240
70	0.0112	0.0140	0.0168	0.0196	0.0224	0.0252	0.0280
80	0.0128	0.0160	0.0192	0.0224	0.0256	0.0288	0.0320
90	0.0144	0.0180	0.0216	0.0252	0.0288	0.0324	0.0360
100	0.0160	0.0200	0.0240	0.0280	0.0320	0.0360	0.0400
110	0.0176	0.0220	0.0264	0.0308	0.0352	0.0396	0.0440
120	0.0192	0.0240	0.0288	0.0336	0.0384	0.0432	0.0480
130	0.0208	0.0260	0.0312	0.0364	0.0416	0.0468	0.0520
140	0.0224	0.0280	0.0336	0.0392	0.0448	0.0504	0.0560
150	0.0240	0.0300	0.0360	0.0420	0.0480	0.0540	0.0600
160	0.0256	0.0320	0.0384	0.0448	0.0512	0.0576	0.0640
170	0.0272	0.0340	0.0408	0.0476	0.0544	0.0612	0.0680
180	0.0288	0.0360	0.0432	0.0504	0.0576	0.0648	0.0720
190	0.0304	0.0380	0.0456	0.0532	0.0608	0.0684	0.0760
200	0.0320	0.0400	0.0480	0.0560	0.0640	0.0720	0.0800
210	0.0336	0.0420	0.0504	0.0588	0.0672	0.0756	0.0840
220	0.0352	0.0440	0.0528	0.0616	0.0704	0.0792	0.0880
230	0.0368	0.0460	0.0552	0.0644	0.0736	0.0828	0.0920
240	0.0384	0.0480	0.0576	0.0672	0.0768	0.0864	0.0960
250	0.0400	0.0500	0.0600	0.0700	0.0800	0.0900	0.1000
260	0.0416	0.0520	0.0624	0.0728	0.0832	0.0936	0.1040
270	0.0432	0.0540	0.0648	0.0756	0.0864	0.0972	0.1080
280	0.0448	0.0560	0.0672	0.0784	0.0896	0.1008	0.1120
290	0.0464	0.0580	0.0696	0.0812	0.0928	0.1044	0.1160
300	0.0480	0.0600	0.0720	0.0840	0.0960	0.1080	0.1200

（续）

材长/m	4.2						
材宽/mm	材厚/mm						
	12	15	18	21	25	30	35
	材积/m³						
30	0.0015	0.0019	0.0023	0.0026	0.0032	0.0038	0.0044
40	0.0020	0.0025	0.0030	0.0035	0.0042	0.0050	0.0059
50	0.0025	0.0032	0.0038	0.0044	0.0053	0.0063	0.0074
60	0.0030	0.0038	0.0045	0.0053	0.0063	0.0076	0.0088
70	0.0035	0.0044	0.0053	0.0062	0.0074	0.0088	0.0103
80	0.0040	0.0050	0.0060	0.0071	0.0084	0.0101	0.0118
90	0.0045	0.0057	0.0068	0.0079	0.0095	0.0113	0.0132
100	0.0050	0.0063	0.0076	0.0088	0.0105	0.0126	0.0147
110	0.0055	0.0069	0.0083	0.0097	0.0116	0.0139	0.0162
120	0.0060	0.0076	0.0091	0.0106	0.0126	0.0151	0.0176
130	0.0066	0.0082	0.0098	0.0115	0.0137	0.0164	0.0191
140	0.0071	0.0088	0.0106	0.0123	0.0147	0.0176	0.0206
150	0.0076	0.0095	0.0113	0.0132	0.0158	0.0189	0.0221
160	0.0081	0.0101	0.0121	0.0141	0.0168	0.0202	0.0235
170	0.0086	0.0107	0.0129	0.0150	0.0179	0.0214	0.0250
180	0.0091	0.0113	0.0136	0.0159	0.0189	0.0227	0.0265
190	0.0096	0.0120	0.0144	0.0168	0.0200	0.0239	0.0279
200	0.0101	0.0126	0.0151	0.0176	0.0210	0.0252	0.0294
210	0.0106	0.0132	0.0159	0.0185	0.0221	0.0265	0.0309
220	0.0111	0.0139	0.0166	0.0194	0.0231	0.0277	0.0323
230	0.0116	0.0145	0.0174	0.0203	0.0242	0.0290	0.0338
240	0.0121	0.0151	0.0181	0.0212	0.0252	0.0302	0.0353
250	0.0126	0.0158	0.0189	0.0221	0.0263	0.0315	0.0368
260	0.0131	0.0164	0.0197	0.0229	0.0273	0.0328	0.0382
270	0.0136	0.0170	0.0204	0.0238	0.0284	0.0340	0.0397
280	0.0141	0.0176	0.0212	0.0247	0.0294	0.0353	0.0412
290	0.0146	0.0183	0.0219	0.0256	0.0305	0.0365	0.0426
300	0.0151	0.0189	0.0227	0.0265	0.0315	0.0378	0.0441

（续）

材长/m	4.2						
材宽/mm	材厚/mm						
	40	50	60	70	80	90	100
	材积/m³						
30	0.0050	0.0063	0.0076	0.0088	0.0101	0.0113	0.0126
40	0.0067	0.0084	0.0101	0.0118	0.0134	0.0151	0.0168
50	0.0084	0.0105	0.0126	0.0147	0.0168	0.0189	0.0210
60	0.0101	0.0126	0.0151	0.0176	0.0202	0.0227	0.0252
70	0.0118	0.0147	0.0176	0.0206	0.0235	0.0265	0.0294
80	0.0134	0.0168	0.0202	0.0235	0.0269	0.0302	0.0336
90	0.0151	0.0189	0.0227	0.0265	0.0302	0.0340	0.0378
100	0.0168	0.0210	0.0252	0.0294	0.0336	0.0378	0.0420
110	0.0185	0.0231	0.0277	0.0323	0.0370	0.0416	0.0462
120	0.0202	0.0252	0.0302	0.0353	0.0403	0.0454	0.0504
130	0.0218	0.0273	0.0328	0.0382	0.0437	0.0491	0.0546
140	0.0235	0.0294	0.0353	0.0412	0.0470	0.0529	0.0588
150	0.0252	0.0315	0.0378	0.0441	0.0504	0.0567	0.0630
160	0.0269	0.0336	0.0403	0.0470	0.0538	0.0605	0.0672
170	0.0286	0.0357	0.0428	0.0500	0.0571	0.0643	0.0714
180	0.0302	0.0378	0.0454	0.0529	0.0605	0.0680	0.0756
190	0.0319	0.0399	0.0479	0.0559	0.0638	0.0718	0.0798
200	0.0336	0.0420	0.0504	0.0588	0.0672	0.0756	0.0840
210	0.0353	0.0441	0.0529	0.0617	0.0706	0.0794	0.0882
220	0.0370	0.0462	0.0554	0.0647	0.0739	0.0832	0.0924
230	0.0386	0.0483	0.0580	0.0676	0.0773	0.0869	0.0966
240	0.0403	0.0504	0.0605	0.0706	0.0806	0.0907	0.1008
250	0.0420	0.0525	0.0630	0.0735	0.0840	0.0945	0.1050
260	0.0437	0.0546	0.0655	0.0764	0.0874	0.0983	0.1092
270	0.0454	0.0567	0.0680	0.0794	0.0907	0.1021	0.1134
280	0.0470	0.0588	0.0706	0.0823	0.0941	0.1058	0.1176
290	0.0487	0.0609	0.0731	0.0853	0.0974	0.1096	0.1218
300	0.0504	0.0630	0.0756	0.0882	0.1008	0.1134	0.1260

（续）

材长/m	4.4						
材宽/mm	材厚/mm						
	12	15	18	21	25	30	35
	材积/m³						
30	0.0016	0.0020	0.0024	0.0028	0.0033	0.0040	0.0046
40	0.0021	0.0026	0.0032	0.0037	0.0044	0.0053	0.0062
50	0.0026	0.0033	0.0040	0.0046	0.0055	0.0066	0.0077
60	0.0032	0.0040	0.0048	0.0055	0.0066	0.0079	0.0092
70	0.0037	0.0046	0.0055	0.0065	0.0077	0.0092	0.0108
80	0.0042	0.0053	0.0063	0.0074	0.0088	0.0106	0.0123
90	0.0048	0.0059	0.0071	0.0083	0.0099	0.0119	0.0139
100	0.0053	0.0066	0.0079	0.0092	0.0110	0.0132	0.0154
110	0.0058	0.0073	0.0087	0.0102	0.0121	0.0145	0.0169
120	0.0063	0.0079	0.0095	0.0111	0.0132	0.0158	0.0185
130	0.0069	0.0086	0.0103	0.0120	0.0143	0.0172	0.0200
140	0.0074	0.0092	0.0111	0.0129	0.0154	0.0185	0.0216
150	0.0079	0.0099	0.0119	0.0139	0.0165	0.0198	0.0231
160	0.0084	0.0106	0.0127	0.0148	0.0176	0.0211	0.0246
170	0.0090	0.0112	0.0135	0.0157	0.0187	0.0224	0.0262
180	0.0095	0.0119	0.0143	0.0166	0.0198	0.0238	0.0277
190	0.0100	0.0125	0.0150	0.0176	0.0209	0.0251	0.0293
200	0.0106	0.0132	0.0158	0.0185	0.0220	0.0264	0.0308
210	0.0111	0.0139	0.0166	0.0194	0.0231	0.0277	0.0323
220	0.0116	0.0145	0.0174	0.0203	0.0242	0.0290	0.0339
230	0.0121	0.0152	0.0182	0.0213	0.0253	0.0304	0.0354
240	0.0127	0.0158	0.0190	0.0222	0.0264	0.0317	0.0370
250	0.0132	0.0165	0.0198	0.0231	0.0275	0.0330	0.0385
260	0.0137	0.0172	0.0206	0.0240	0.0286	0.0343	0.0400
270	0.0143	0.0178	0.0214	0.0249	0.0297	0.0356	0.0416
280	0.0148	0.0185	0.0222	0.0259	0.0308	0.0370	0.0431
290	0.0153	0.0191	0.0230	0.0268	0.0319	0.0383	0.0447
300	0.0158	0.0198	0.0238	0.0277	0.0330	0.0396	0.0462

（续）

材长/m	4.4						
材宽/mm	材厚/mm						
	40	50	60	70	80	90	100
	材积/m³						
30	0.0053	0.0066	0.0079	0.0092	0.0106	0.0119	0.0132
40	0.0070	0.0088	0.0106	0.0123	0.0141	0.0158	0.0176
50	0.0088	0.0110	0.0132	0.0154	0.0176	0.0198	0.0220
60	0.0106	0.0132	0.0158	0.0185	0.0211	0.0238	0.0264
70	0.0123	0.0154	0.0185	0.0216	0.0246	0.0277	0.0308
80	0.0141	0.0176	0.0211	0.0246	0.0282	0.0317	0.0352
90	0.0158	0.0198	0.0238	0.0277	0.0317	0.0356	0.0396
100	0.0176	0.0220	0.0264	0.0308	0.0352	0.0396	0.0440
110	0.0194	0.0242	0.0290	0.0339	0.0387	0.0436	0.0484
120	0.0211	0.0264	0.0317	0.0370	0.0422	0.0475	0.0528
130	0.0229	0.0286	0.0343	0.0400	0.0458	0.0515	0.0572
140	0.0246	0.0308	0.0370	0.0431	0.0493	0.0554	0.0616
150	0.0264	0.0330	0.0396	0.0462	0.0528	0.0594	0.0660
160	0.0282	0.0352	0.0422	0.0493	0.0563	0.0634	0.0704
170	0.0299	0.0374	0.0449	0.0524	0.0598	0.0673	0.0748
180	0.0317	0.0396	0.0475	0.0554	0.0634	0.0713	0.0792
190	0.0334	0.0418	0.0502	0.0585	0.0669	0.0752	0.0836
200	0.0352	0.0440	0.0528	0.0616	0.0704	0.0792	0.0880
210	0.0370	0.0462	0.0554	0.0647	0.0739	0.0832	0.0924
220	0.0387	0.0484	0.0581	0.0678	0.0774	0.0871	0.0968
230	0.0405	0.0506	0.0607	0.0708	0.0810	0.0911	0.1012
240	0.0422	0.0528	0.0634	0.0739	0.0845	0.0950	0.1056
250	0.0440	0.0550	0.0660	0.0770	0.0880	0.0990	0.1100
260	0.0458	0.0572	0.0686	0.0801	0.0915	0.1030	0.1144
270	0.0475	0.0594	0.0713	0.0832	0.0950	0.1069	0.1188
280	0.0493	0.0616	0.0739	0.0862	0.0986	0.1109	0.1232
290	0.0510	0.0638	0.0766	0.0893	0.1021	0.1148	0.1276
300	0.0528	0.0660	0.0792	0.0924	0.1056	0.1188	0.1320

（续）

材长/m	4.6						
材宽	材厚/mm						
/mm	12	15	18	21	25	30	35
	材积/m³						
30	0.0017	0.0021	0.0025	0.0029	0.0035	0.0041	0.0048
40	0.0022	0.0028	0.0033	0.0039	0.0046	0.0055	0.0064
50	0.0028	0.0035	0.0041	0.0048	0.0058	0.0069	0.0081
60	0.0033	0.0041	0.0050	0.0058	0.0069	0.0083	0.0097
70	0.0039	0.0048	0.0058	0.0068	0.0081	0.0097	0.0113
80	0.0044	0.0055	0.0066	0.0077	0.0092	0.0110	0.0129
90	0.0050	0.0062	0.0075	0.0087	0.0104	0.0124	0.0145
100	0.0055	0.0069	0.0083	0.0097	0.0115	0.0138	0.0161
110	0.0061	0.0076	0.0091	0.0106	0.0127	0.0152	0.0177
120	0.0066	0.0083	0.0099	0.0116	0.0138	0.0166	0.0193
130	0.0072	0.0090	0.0108	0.0126	0.0150	0.0179	0.0209
140	0.0077	0.0097	0.0116	0.0135	0.0161	0.0193	0.0225
150	0.0083	0.0104	0.0124	0.0145	0.0173	0.0207	0.0242
160	0.0088	0.0110	0.0132	0.0155	0.0184	0.0221	0.0258
170	0.0094	0.0117	0.0141	0.0164	0.0196	0.0235	0.0274
180	0.0099	0.0124	0.0149	0.0174	0.0207	0.0248	0.0290
190	0.0105	0.0131	0.0157	0.0184	0.0219	0.0262	0.0306
200	0.0110	0.0138	0.0166	0.0193	0.0230	0.0276	0.0322
210	0.0116	0.0145	0.0174	0.0203	0.0242	0.0290	0.0338
220	0.0121	0.0152	0.0182	0.0213	0.0253	0.0304	0.0354
230	0.0127	0.0159	0.0190	0.0222	0.0265	0.0317	0.0370
240	0.0132	0.0166	0.0199	0.0232	0.0276	0.0331	0.0386
250	0.0138	0.0173	0.0207	0.0242	0.0288	0.0345	0.0403
260	0.0144	0.0179	0.0215	0.0251	0.0299	0.0359	0.0419
270	0.0149	0.0186	0.0224	0.0261	0.0311	0.0373	0.0435
280	0.0155	0.0193	0.0232	0.0270	0.0322	0.0386	0.0451
290	0.0160	0.0200	0.0240	0.0280	0.0334	0.0400	0.0467
300	0.0166	0.0207	0.0248	0.0290	0.0345	0.0414	0.0483

（续）

材长/m	4.6						
材宽 /mm	材厚/mm						
	40	50	60	70	80	90	100
	材积/m³						
30	0.0055	0.0069	0.0083	0.0097	0.0110	0.0124	0.0138
40	0.0074	0.0092	0.0110	0.0129	0.0147	0.0166	0.0184
50	0.0092	0.0115	0.0138	0.0161	0.0184	0.0207	0.0230
60	0.0110	0.0138	0.0166	0.0193	0.0221	0.0248	0.0276
70	0.0129	0.0161	0.0193	0.0225	0.0258	0.0290	0.0322
80	0.0147	0.0184	0.0221	0.0258	0.0294	0.0331	0.0368
90	0.0166	0.0207	0.0248	0.0290	0.0331	0.0373	0.0414
100	0.0184	0.0230	0.0276	0.0322	0.0368	0.0414	0.0460
110	0.0202	0.0253	0.0304	0.0354	0.0405	0.0455	0.0506
120	0.0221	0.0276	0.0331	0.0386	0.0442	0.0497	0.0552
130	0.0239	0.0299	0.0359	0.0419	0.0478	0.0538	0.0598
140	0.0258	0.0322	0.0386	0.0451	0.0515	0.0580	0.0644
150	0.0276	0.0345	0.0414	0.0483	0.0552	0.0621	0.0690
160	0.0294	0.0368	0.0442	0.0515	0.0589	0.0662	0.0736
170	0.0313	0.0391	0.0469	0.0547	0.0626	0.0704	0.0782
180	0.0331	0.0414	0.0497	0.0580	0.0662	0.0745	0.0828
190	0.0350	0.0437	0.0524	0.0612	0.0699	0.0787	0.0874
200	0.0368	0.0460	0.0552	0.0644	0.0736	0.0828	0.0920
210	0.0386	0.0483	0.0580	0.0676	0.0773	0.0869	0.0966
220	0.0405	0.0506	0.0607	0.0708	0.0810	0.0911	0.1012
230	0.0423	0.0529	0.0635	0.0741	0.0846	0.0952	0.1058
240	0.0442	0.0552	0.0662	0.0773	0.0883	0.0994	0.1104
250	0.0460	0.0575	0.0690	0.0805	0.0920	0.1035	0.1150
260	0.0478	0.0598	0.0718	0.0837	0.0957	0.1076	0.1196
270	0.0497	0.0621	0.0745	0.0869	0.0994	0.1118	0.1242
280	0.0515	0.0644	0.0773	0.0902	0.1030	0.1159	0.1288
290	0.0534	0.0667	0.0800	0.0934	0.1067	0.1201	0.1334
300	0.0552	0.0690	0.00828	0.0966	0.1104	0.1242	0.1380

（续）

材长/m	4.8						
材宽/mm	材厚/mm						
	12	15	18	21	25	30	35
	材积/m³						
30	0.0017	0.0022	0.0026	0.0030	0.0036	0.0043	0.0050
40	0.0023	0.0029	0.0035	0.0040	0.0048	0.0058	0.0067
50	0.0029	0.0036	0.0043	0.0050	0.0060	0.0072	0.0084
60	0.0035	0.0043	0.0052	0.0060	0.0072	0.0086	0.0101
70	0.0040	0.0050	0.0060	0.0071	0.0084	0.0101	0.0118
80	0.0046	0.0058	0.0069	0.0081	0.0096	0.0115	0.0134
90	0.0052	0.0065	0.0078	0.0091	0.0108	0.0130	0.0151
100	0.0058	0.0072	0.0086	0.0101	0.0120	0.0144	0.0168
110	0.0063	0.0079	0.0095	0.0111	0.0132	0.0158	0.0185
120	0.0069	0.0086	0.0104	0.0121	0.0144	0.0173	0.0202
130	0.0075	0.0094	0.0112	0.0131	0.0156	0.0187	0.0218
140	0.0081	0.0101	0.0121	0.0141	0.0168	0.0202	0.0235
150	0.0086	0.0108	0.0130	0.0151	0.0180	0.0216	0.0252
160	0.0092	0.0115	0.0138	0.0161	0.0192	0.0230	0.0269
170	0.0098	0.0122	0.0147	0.0171	0.0204	0.0245	0.0286
180	0.0104	0.0130	0.0156	0.0181	0.0216	0.0259	0.0302
190	0.0109	0.0137	0.0164	0.0192	0.0228	0.0274	0.0319
200	0.0115	0.0144	0.0173	0.0202	0.0240	0.0288	0.0336
210	0.0121	0.0151	0.0181	0.0212	0.0252	0.0302	0.0353
220	0.0127	0.0158	0.0190	0.0222	0.0264	0.0317	0.0370
230	0.0132	0.0166	0.0199	0.0232	0.0276	0.0331	0.0386
240	0.0138	0.0173	0.0207	0.0242	0.0288	0.0346	0.0403
250	0.0144	0.0180	0.0216	0.0252	0.0300	0.0360	0.0420
260	0.0150	0.0187	0.0225	0.0262	0.0312	0.0374	0.0437
270	0.0156	0.0194	0.0233	0.0272	0.0324	0.0389	0.0454
280	0.0161	0.0202	0.0242	0.0282	0.0336	0.0403	0.0470
290	0.0167	0.0209	0.0251	0.0292	0.0348	0.0418	0.0487
300	0.0173	0.0216	0.0259	0.0302	0.0360	0.0432	0.0504

（续）

材长/m	4.8						
材宽 /mm	材厚/mm						
	40	50	60	70	80	90	100
	材积/m³						
30	0.0058	0.0072	0.0086	0.0101	0.0115	0.0130	0.0144
40	0.0077	0.0096	0.0115	0.0134	0.0154	0.0173	0.0192
50	0.0096	0.0120	0.0144	0.0168	0.0192	0.0216	0.0240
60	0.0115	0.0144	0.0173	0.0202	0.0230	0.0259	0.0288
70	0.0134	0.0168	0.0202	0.0235	0.0269	0.0302	0.0336
80	0.0154	0.0192	0.0230	0.0269	0.0307	0.0346	0.0384
90	0.0173	0.0216	0.0259	0.0302	0.0346	0.0389	0.0432
100	0.0192	0.0240	0.0288	0.0336	0.0384	0.0432	0.0480
110	0.0211	0.0264	0.0317	0.0370	0.0422	0.0475	0.0528
120	0.0230	0.0288	0.0346	0.0403	0.0461	0.0518	0.0576
130	0.0250	0.0312	0.0374	0.0437	0.0499	0.0562	0.0624
140	0.0269	0.0336	0.0403	0.0470	0.0538	0.0605	0.0672
150	0.0288	0.0360	0.0432	0.0504	0.0576	0.0648	0.0720
160	0.0307	0.0384	0.0461	0.0538	0.0614	0.0691	0.0768
170	0.0326	0.0408	0.0490	0.0571	0.0653	0.0734	0.0816
180	0.0346	0.0432	0.0518	0.0605	0.0691	0.0778	0.0864
190	0.0365	0.0456	0.0547	0.0638	0.0730	0.0821	0.0912
200	0.0384	0.0480	0.0576	0.0672	0.0768	0.0864	0.0960
210	0.0403	0.0504	0.0605	0.0706	0.0806	0.0907	0.1008
220	0.0422	0.0528	0.0634	0.0739	0.0845	0.0950	0.1056
230	0.0442	0.0552	0.0662	0.0773	0.0883	0.0994	0.1104
240	0.0461	0.0576	0.0691	0.0806	0.0922	0.1037	0.1152
250	0.0480	0.0600	0.0720	0.0840	0.0960	0.1080	0.1200
260	0.0499	0.0624	0.0749	0.0874	0.0998	0.1123	0.1248
270	0.0518	0.0648	0.0778	0.0907	0.1037	0.1166	0.1296
280	0.0538	0.0672	0.0806	0.0941	0.1075	0.1210	0.1344
290	0.0557	0.0696	0.0835	0.0974	0.1114	0.1253	0.1392
300	0.0576	0.0720	0.0864	0.1008	0.1152	0.1296	0.1440

（续）

材长/m	5.0						
材宽/mm	材厚/mm						
	12	15	18	21	25	30	35
	材积/m³						
30	0.0018	0.0023	0.0027	0.0032	0.0038	0.0045	0.0053
40	0.0024	0.0030	0.0036	0.0042	0.0050	0.0060	0.0070
50	0.0030	0.0038	0.0045	0.0053	0.0063	0.0075	0.0088
60	0.0036	0.0045	0.0054	0.0063	0.0075	0.0090	0.0105
70	0.0042	0.0053	0.0063	0.0074	0.0088	0.0105	0.0123
80	0.0048	0.0060	0.0072	0.0084	0.0100	0.0120	0.0140
90	0.0054	0.0068	0.0081	0.0095	0.0113	0.0135	0.0158
100	0.0060	0.0075	0.0090	0.0105	0.0125	0.0150	0.0175
110	0.0066	0.0083	0.0099	0.0116	0.0138	0.0165	0.0193
120	0.0072	0.0090	0.0108	0.0126	0.0150	0.0180	0.0210
130	0.0078	0.0098	0.0117	0.0137	0.0163	0.0195	0.0228
140	0.0084	0.0105	0.0126	0.0147	0.0175	0.0210	0.0245
150	0.0090	0.0113	0.0135	0.0158	0.0188	0.0225	0.0263
160	0.0096	0.0120	0.0144	0.0168	0.0200	0.0240	0.0280
170	0.0102	0.0128	0.0153	0.0179	0.0213	0.0255	0.0298
180	0.0108	0.0135	0.0162	0.0189	0.0225	0.0270	0.0315
190	0.0114	0.0143	0.0171	0.0200	0.0238	0.0285	0.0333
200	0.0120	0.0150	0.0180	0.0210	0.0250	0.0300	0.0350
210	0.0126	0.0158	0.0189	0.0221	0.0263	0.0315	0.0368
220	0.0132	0.0165	0.0198	0.0231	0.0275	0.0330	0.0385
230	0.0138	0.0173	0.0207	0.0242	0.0288	0.0345	0.0403
240	0.0144	0.0180	0.0216	0.0252	0.0300	0.0360	0.0420
250	0.0150	0.0188	0.0225	0.0263	0.0313	0.0375	0.0438
260	0.0156	0.0195	0.0234	0.0273	0.0325	0.0390	0.0455
270	0.0162	0.0203	0.0243	0.0284	0.0338	0.0405	0.0473
280	0.0168	0.0210	0.0252	0.0294	0.0350	0.0420	0.0490
290	0.0174	0.0218	0.0261	0.0305	0.0363	0.0435	0.0508
300	0.0180	0.0225	0.0270	0.0315	0.0375	0.0450	0.0525

（续）

材长/m	5.0						
材宽/mm	材厚/mm						
	40	50	60	70	80	90	100
	材积/m³						
30	0.0060	0.0075	0.0090	0.0105	0.0120	0.0135	0.0150
40	0.0080	0.0100	0.0120	0.0140	0.0160	0.0180	0.0200
50	0.0100	0.0125	0.0150	0.0175	0.0200	0.0225	0.0250
60	0.0120	0.0150	0.0180	0.0210	0.0240	0.0270	0.0300
70	0.0140	0.0175	0.0210	0.0245	0.0280	0.0315	0.0350
80	0.0160	0.0200	0.0240	0.0280	0.0320	0.0360	0.0400
90	0.0180	0.0225	0.0270	0.0315	0.0360	0.0405	0.0450
100	0.0200	0.0250	0.0300	0.0350	0.0400	0.0450	0.0500
110	0.0220	0.0275	0.0330	0.0385	0.0440	0.0495	0.0550
120	0.0240	0.0300	0.0360	0.0420	0.0480	0.0540	0.0600
130	0.0260	0.0325	0.0390	0.0455	0.0520	0.0585	0.0650
140	0.0280	0.0350	0.0420	0.0490	0.0560	0.0630	0.0700
150	0.0300	0.0375	0.0450	0.0525	0.0600	0.0675	0.0750
160	0.0320	0.0400	0.0480	0.0560	0.0640	0.0720	0.0800
170	0.0340	0.0425	0.0510	0.0595	0.0680	0.0765	0.0850
180	0.0360	0.0450	0.0540	0.0630	0.0720	0.0810	0.0900
190	0.0380	0.0475	0.0570	0.0665	0.0760	0.0855	0.0950
200	0.0400	0.0500	0.0600	0.0700	0.0900	0.0900	0.1000
210	0.0420	0.0525	0.0630	0.0735	0.0840	0.0945	0.1050
220	0.0440	0.0550	0.0660	0.0770	0.0880	0.0990	0.1100
230	0.0460	0.0575	0.0690	0.0805	0.0920	0.1035	0.1150
240	0.0480	0.0600	0.0720	0.0840	0.0960	0.1080	0.1200
250	0.0500	0.0625	0.0750	0.0875	0.1000	0.1125	0.1250
260	0.0520	0.0650	0.0780	0.0910	0.1040	0.1170	0.1300
270	0.0540	0.0675	0.0810	0.0945	0.1080	0.1215	0.1350
280	0.0560	0.0700	0.0840	0.0980	0.1120	0.1260	0.1400
290	0.0580	0.0725	0.0870	0.1015	0.1160	0.1305	0.1450
300	0.0600	0.0750	0.0900	0.1050	0.1200	0.1350	0.1500

（续）

材长/m	5.2						
	材厚/mm						
材宽/mm	12	15	18	21	25	30	35
	材积/m³						
30	0.0019	0.0023	0.0028	0.0033	0.0039	0.0047	0.0055
40	0.0025	0.0031	0.0037	0.0044	0.0052	0.0062	0.0073
50	0.0031	0.0039	0.0047	0.0055	0.0065	0.0078	0.0091
60	0.0037	0.0047	0.0056	0.0066	0.0078	0.0094	0.0109
70	0.0044	0.0055	0.0066	0.0076	0.0091	0.0109	0.0127
80	0.0050	0.0062	0.0075	0.0087	0.0104	0.0125	0.0146
90	0.0056	0.0070	0.0084	0.0098	0.0117	0.0140	0.0164
100	0.0062	0.0078	0.0094	0.0109	0.0130	0.0156	0.0182
110	0.0069	0.0086	0.0103	0.0120	0.0143	0.0172	0.0200
120	0.0075	0.0094	0.0112	0.0131	0.0156	0.0187	0.0218
130	0.0081	0.0101	0.0122	0.0142	0.0169	0.0203	0.0237
140	0.0087	0.0109	0.0131	0.0153	0.0182	0.0218	0.0255
150	0.0094	0.0117	0.0140	0.0164	0.0195	0.0234	0.0273
160	0.0100	0.0125	0.0150	0.0175	0.0208	0.0250	0.0291
170	0.0106	0.0133	0.0159	0.0186	0.0221	0.0265	0.0309
180	0.0112	0.0140	0.0168	0.0197	0.0334	0.0281	0.0328
190	0.0119	0.0148	0.0178	0.0207	0.0247	0.0296	0.0346
200	0.0125	0.0156	0.0187	0.0218	0.0260	0.0312	0.0364
210	0.0131	0.0164	0.0197	0.0229	0.0273	0.0328	0.0382
220	0.0137	0.0172	0.0206	0.0240	0.0286	0.0343	0.0400
230	0.0144	0.0179	0.0215	0.0251	0.0299	0.0359	0.0419
240	0.0150	0.0187	0.0225	0.0262	0.0312	0.0374	0.0437
250	0.0156	0.0195	0.0234	0.0273	0.0325	0.0390	0.0455
260	0.0162	0.0203	0.0243	0.0284	0.0338	0.0406	0.0473
270	0.0168	0.0211	0.0253	0.0295	0.0351	0.0421	0.0491
280	0.0175	0.0218	0.0262	0.0306	0.0364	0.0437	0.0510
290	0.0181	0.0226	0.0271	0.0317	0.0377	0.0452	0.0528
300	0.0187	0.0234	0.0281	0.0328	0.0390	0.0468	0.0546

（续）

材长/m	5.2						
材宽 /mm	材厚/mm						
	40	50	60	70	80	90	100
	材积/m³						
30	0.0062	0.0078	0.0094	0.0109	0.0125	0.0140	0.0156
40	0.0083	0.0104	0.0125	0.0146	0.0166	0.0187	0.0208
50	0.0104	0.0130	0.0156	0.0182	0.0208	0.0234	0.0260
60	0.0125	0.0156	0.0187	0.0218	0.0250	0.0281	0.0312
70	0.0146	0.0182	0.0218	0.0255	0.0291	0.0328	0.0364
80	0.0166	0.0208	0.0250	0.0291	0.0333	0.0374	0.0416
90	0.0187	0.0234	0.0281	0.0328	0.0374	0.0421	0.0468
100	0.0208	0.0260	0.0312	0.0364	0.0416	0.0468	0.0520
110	0.0229	0.0286	0.0343	0.0400	0.0458	0.0515	0.0572
120	0.0250	0.0312	0.0374	0.0437	0.0499	0.0562	0.0624
130	0.0270	0.0338	0.0406	0.0473	0.0541	0.0608	0.0676
140	0.0291	0.0364	0.0437	0.0510	0.0582	0.0655	0.0728
150	0.0312	0.0390	0.0468	0.0546	0.0624	0.0702	0.0780
160	0.0333	0.0416	0.0499	0.0582	0.0666	0.0749	0.0832
170	0.0354	0.0442	0.0530	0.0619	0.0707	0.0796	0.0884
180	0.0374	0.0468	0.0562	0.0655	0.0749	0.0842	0.0936
190	0.0395	0.0494	0.0593	0.0692	0.0790	0.0889	0.0988
200	0.0416	0.0520	0.0624	0.0728	0.0832	0.0936	0.1040
210	0.0437	0.0546	0.0655	0.0764	0.0874	0.0983	0.1092
220	0.0458	0.0572	0.0686	0.0801	0.0915	0.1030	0.1144
230	0.0478	0.0598	0.0718	0.0837	0.0957	0.1076	0.1196
240	0.0499	0.0624	0.0749	0.0874	0.0998	0.1123	0.1248
250	0.0520	0.0650	0.0780	0.0910	0.1040	0.1170	0.1300
260	0.0541	0.0676	0.0811	0.0946	0.1082	0.1217	0.1352
270	0.0562	0.0702	0.0842	0.0983	0.1123	0.1264	0.1404
280	0.0582	0.0728	0.0874	0.1019	0.1165	0.1310	0.1456
290	0.0603	0.0754	0.0905	0.1056	0.1206	0.1357	0.1508
300	0.0624	0.0780	0.0936	0.1092	0.1248	0.1404	0.1560

（续）

材长/m	5.4						
材宽/mm	材厚/mm						
	12	15	18	21	25	30	35
	材积/m³						
30	0.0019	0.0024	0.0029	0.0034	0.0041	0.0049	0.0057
40	0.0026	0.0032	0.0039	0.0045	0.0054	0.0065	0.0076
50	0.0032	0.0041	0.0049	0.0057	0.0068	0.0081	0.0095
60	0.0039	0.0049	0.0058	0.0068	0.0081	0.0097	0.0113
70	0.0045	0.0057	0.0068	0.0079	0.0095	0.0113	0.0132
80	0.0052	0.0065	0.0078	0.0091	0.0108	0.0130	0.0151
90	0.0058	0.0073	0.0087	0.0102	0.0122	0.0146	0.0170
100	0.0065	0.0081	0.0097	0.0113	0.0135	0.0162	0.0189
110	0.0071	0.0089	0.0107	0.0125	0.0149	0.0178	0.0208
120	0.0078	0.0097	0.0117	0.0136	0.0162	0.0194	0.0227
130	0.0084	0.0105	0.0126	0.0147	0.0176	0.0211	0.0246
140	0.0091	0.0113	0.0136	0.0159	0.0189	0.0227	0.0265
150	0.0097	0.0122	0.0146	0.0170	0.0203	0.0243	0.0284
160	0.0104	0.0130	0.0156	0.0181	0.0216	0.0259	0.0302
170	0.0110	0.0138	0.0165	0.0193	0.0230	0.0275	0.0321
180	0.0117	0.0146	0.0175	0.0204	0.0243	0.0292	0.0340
190	0.0123	0.0154	0.0185	0.0215	0.0257	0.0308	0.0359
200	0.0130	0.0162	0.0194	0.0227	0.0270	0.0324	0.0378
210	0.0136	0.0170	0.0204	0.0238	0.0284	0.0340	0.0397
220	0.0143	0.0178	0.0214	0.0249	0.0297	0.0356	0.0416
230	0.0149	0.0186	0.0224	0.0261	0.0311	0.0373	0.0435
240	0.0156	0.0194	0.0233	0.0272	0.0324	0.0389	0.0454
250	0.0162	0.0203	0.0243	0.0284	0.0338	0.0405	0.0473
260	0.0168	0.0211	0.0253	0.0295	0.0351	0.0421	0.0491
270	0.0175	0.0219	0.0262	0.0306	0.0365	0.0437	0.0510
280	0.0181	0.0227	0.0272	0.0318	0.0378	0.0454	0.0529
290	0.0188	0.0235	0.0282	0.0329	0.0392	0.0470	0.0548
300	0.0194	0.0243	0.0292	0.0340	0.0405	0.0486	0.0567

（续）

材长/m	5.4						
材宽/mm	材厚/mm						
	40	50	60	70	80	90	100
	材积/m³						
30	0.0065	0.0081	0.0097	0.0113	0.0130	0.0146	0.0162
40	0.0086	0.0108	0.0130	0.0151	0.0173	0.0194	0.0216
50	0.0108	0.0135	0.0162	0.0189	0.0216	0.0243	0.0270
60	0.0130	0.0162	0.0194	0.0227	0.0259	0.0292	0.0324
70	0.0151	0.0189	0.0227	0.0265	0.0302	0.0340	0.0378
80	0.0173	0.0216	0.0259	0.0302	0.0346	0.0389	0.0432
90	0.0194	0.0243	0.0292	0.0340	0.0389	0.0437	0.0486
100	0.0216	0.0270	0.0324	0.0378	0.0432	0.0486	0.0540
110	0.0238	0.0297	0.0356	0.0416	0.0475	0.0535	0.0594
120	0.0259	0.0324	0.0389	0.0454	0.0518	0.0583	0.0648
130	0.0281	0.0351	0.0421	0.0491	0.0562	0.0632	0.0702
140	0.0302	0.0378	0.0454	0.0529	0.0605	0.0680	0.0756
150	0.0324	0.0405	0.0486	0.0567	0.0648	0.0729	0.0810
160	0.0346	0.0432	0.0518	0.0605	0.0691	0.0778	0.0864
170	0.0367	0.0459	0.0551	0.0643	0.0734	0.0826	0.0918
180	0.0389	0.0486	0.0583	0.0680	0.0778	0.0875	0.0972
190	0.0410	0.0513	0.0616	0.0718	0.0821	0.0923	0.1026
200	0.0432	0.0540	0.0648	0.0756	0.0864	0.0972	0.1080
210	0.0454	0.0567	0.0680	0.0794	0.0907	0.1021	0.1134
220	0.0475	0.0594	0.0713	0.0832	0.0950	0.1069	0.1188
230	0.0497	0.0621	0.0745	0.0869	0.0994	0.1118	0.1242
240	0.0518	0.0648	0.0778	0.0907	0.1037	0.1166	0.1296
250	0.0540	0.0675	0.0810	0.0945	0.1080	0.1215	0.1350
260	0.0562	0.0702	0.0842	0.0983	0.1123	0.1264	0.1404
270	0.0583	0.0729	0.0875	0.1021	0.1166	0.1312	0.1458
280	0.0605	0.0756	0.0907	0.1058	0.1210	0.1361	0.1512
290	0.0626	0.0783	0.0940	0.1096	0.1253	0.1409	0.1566
300	0.0648	0.0810	0.0972	0.1134	0.1296	0.1458	0.1620

（续）

材长/m	5.6						
材宽 /mm	材厚/mm						
	12	15	18	21	25	30	35
	材积/m³						
30	0.0020	0.0025	0.0030	0.0035	0.0042	0.0050	0.0059
40	0.0027	0.0034	0.0040	0.0047	0.0056	0.0067	0.0078
50	0.0034	0.0042	0.0050	0.0059	0.0070	0.0084	0.0098
60	0.0040	0.0050	0.0060	0.0071	0.0084	0.0101	0.0118
70	0.0047	0.0059	0.0071	0.0082	0.0098	0.0118	0.0137
80	0.0054	0.0067	0.0081	0.0094	0.0112	0.0134	0.0157
90	0.0060	0.0076	0.0091	0.0106	0.0126	0.0151	0.0176
100	0.0067	0.0084	0.0101	0.0118	0.0140	0.0168	0.0196
110	0.0074	0.0092	0.0111	0.0129	0.0154	0.0185	0.0216
120	0.0081	0.0101	0.0121	0.0141	0.0168	0.0202	0.0235
130	0.0087	0.0109	0.0131	0.0153	0.0182	0.0218	0.0255
140	0.0094	0.0118	0.0141	0.0165	0.0196	0.0235	0.0274
150	0.0101	0.0126	0.0151	0.0176	0.0210	0.0252	0.0294
160	0.0108	0.0134	0.0161	0.0188	0.0224	0.0269	0.0314
170	0.0114	0.0143	0.0171	0.0200	0.0238	0.0286	0.0333
180	0.0121	0.0151	0.0181	0.0212	0.0252	0.0302	0.0353
190	0.0128	0.0160	0.0192	0.0223	0.0266	0.0319	0.0372
200	0.0134	0.0168	0.0202	0.0235	0.0280	0.0336	0.0392
210	0.0141	0.0176	0.0212	0.0247	0.0294	0.0353	0.0412
220	0.0148	0.0185	0.0222	0.0259	0.0308	0.0370	0.0431
230	0.0155	0.0193	0.0232	0.0270	0.0322	0.0386	0.0451
240	0.0161	0.0202	0.0242	0.0282	0.0336	0.0403	0.0470
250	0.0168	0.0210	0.0252	0.0294	0.0350	0.0420	0.0490
260	0.0175	0.0218	0.0262	0.0306	0.0364	0.0437	0.0510
270	0.0181	0.0227	0.0272	0.0318	0.0378	0.0454	0.0529
280	0.0188	0.0235	0.0282	0.0329	0.0392	0.0470	0.0549
290	0.0195	0.0244	0.0292	0.0341	0.0406	0.0487	0.0568
300	0.0202	0.0252	0.0302	0.0353	0.0420	0.0504	0.0588

（续）

材长/m	5.6						
材宽/mm	材厚/mm						
	40	50	60	70	80	90	100
	材积/m³						
30	0.0067	0.0084	0.0101	0.0118	0.0134	0.0151	0.0168
40	0.0090	0.0112	0.0134	0.0157	0.0179	0.0202	0.0224
50	0.0112	0.0140	0.0168	0.0196	0.0224	0.0252	0.0280
60	0.0134	0.0168	0.0202	0.0235	0.0269	0.0302	0.0336
70	0.0157	0.0196	0.0235	0.0274	0.0314	0.0353	0.0392
80	0.0179	0.0224	0.0269	0.0314	0.0358	0.0403	0.0448
90	0.0202	0.0252	0.0302	0.0353	0.0403	0.0454	0.0504
100	0.0224	0.0280	0.0336	0.0392	0.0448	0.0504	0.0560
110	0.0246	0.0308	0.0370	0.0431	0.0493	0.0554	0.0616
120	0.0269	0.0336	0.0403	0.0470	0.0538	0.0605	0.0672
130	0.0291	0.0364	0.0437	0.0510	0.0582	0.0655	0.0728
140	0.0314	0.0392	0.0470	0.0549	0.0627	0.0706	0.0784
150	0.0336	0.0420	0.0504	0.0588	0.0672	0.0756	0.0840
160	0.0358	0.0448	0.0538	0.0627	0.0717	0.0806	0.0896
170	0.0381	0.0476	0.0571	0.0666	0.0762	0.0857	0.0952
180	0.0403	0.0504	0.0605	0.0706	0.0806	0.0907	0.1008
190	0.0426	0.0532	0.0638	0.0745	0.0851	0.0958	0.1064
200	0.0448	0.0560	0.0672	0.0784	0.0896	0.1008	0.1120
210	0.0470	0.0588	0.0706	0.0823	0.0941	0.1058	0.1176
220	0.0493	0.0616	0.0739	0.0862	0.0986	0.1109	0.1232
230	0.0515	0.0644	0.0773	0.0902	0.1030	0.1159	0.1288
240	0.0538	0.0672	0.0806	0.0941	0.1075	0.1210	0.1344
250	0.0560	0.0700	0.0840	0.0980	0.1120	0.1260	0.1400
260	0.0582	0.0728	0.0874	0.1019	0.1165	0.1310	0.1456
270	0.0605	0.0756	0.0907	0.1058	0.1210	0.1361	0.1512
280	0.0627	0.0784	0.0941	0.1098	0.1254	0.1411	0.1568
290	0.0650	0.0812	0.0974	0.1137	0.1299	0.1462	0.1624
300	0.0672	0.0840	0.1008	0.1176	0.1344	0.1512	0.1680

（续）

材长/m	5.8						
材宽/mm	材厚/mm						
	12	15	18	21	25	30	35
	材积/m³						
30	0.0021	0.0026	0.0031	0.0037	0.0044	0.0052	0.0061
40	0.0028	0.0035	0.0042	0.0049	0.0058	0.0070	0.0081
50	0.0035	0.0044	0.0052	0.0061	0.0073	0.0087	0.0102
60	0.0042	0.0052	0.0063	0.0073	0.0087	0.0104	0.0122
70	0.0049	0.0061	0.0073	0.0085	0.0102	0.0122	0.0142
80	0.0056	0.0070	0.0084	0.0097	0.0116	0.0139	0.0162
90	0.0063	0.0078	0.0094	0.0110	0.0131	0.0157	0.0183
100	0.0070	0.0087	0.0104	0.0122	0.0145	0.0174	0.0203
110	0.0077	0.0096	0.0115	0.0134	0.0160	0.0191	0.0223
120	0.0084	0.0104	0.0125	0.0146	0.0174	0.0209	0.0244
130	0.0090	0.0113	0.0136	0.0158	0.0189	0.0226	0.0264
140	0.0097	0.0122	0.0146	0.0171	0.0203	0.0244	0.0284
150	0.0104	0.0131	0.0157	0.0183	0.0218	0.0261	0.0305
160	0.0111	0.0139	0.0167	0.0195	0.0232	0.0278	0.0325
170	0.0118	0.0148	0.0177	0.0207	0.0247	0.0296	0.0345
180	0.0125	0.0157	0.0188	0.0219	0.0261	0.0313	0.0365
190	0.0132	0.0165	0.0198	0.0231	0.0276	0.0331	0.0386
200	0.0139	0.0174	0.0209	0.0244	0.0290	0.0348	0.0406
210	0.0146	0.0183	0.0219	0.0256	0.0305	0.0365	0.0426
220	0.0153	0.0191	0.0230	0.0268	0.0319	0.0383	0.0447
230	0.0160	0.0200	0.0240	0.0280	0.0334	0.0400	0.0467
240	0.0167	0.0209	0.0251	0.0292	0.0348	0.0418	0.0487
250	0.0174	0.0218	0.0261	0.0305	0.0363	0.0435	0.0508
260	0.0181	0.0226	0.0271	0.0317	0.0377	0.0452	0.0528
270	0.0188	0.0235	0.0282	0.0329	0.0392	0.0470	0.0548
280	0.0195	0.0244	0.0292	0.0341	0.0406	0.0487	0.0568
290	0.0202	0.0252	0.0303	0.0353	0.0421	0.0505	0.0589
300	0.0209	0.0261	0.0313	0.0365	0.0435	0.0522	0.0609

（续）

材长/m	5.8						
材宽/mm	材厚/mm						
	40	50	60	70	80	90	100
	材积/m³						
30	0.0070	0.0087	0.0104	0.0122	0.0139	0.0157	0.0174
40	0.0093	0.0116	0.0139	0.0162	0.0186	0.0209	0.0232
50	0.0116	0.0145	0.0174	0.0203	0.0232	0.0261	0.0290
60	0.0139	0.0174	0.0209	0.0244	0.0278	0.0313	0.0348
70	0.0162	0.0203	0.0244	0.0284	0.0325	0.0365	0.0406
80	0.0186	0.0232	0.0278	0.0325	0.0371	0.0418	0.0464
90	0.0209	0.0261	0.0313	0.0365	0.0418	0.0470	0.0522
100	0.0232	0.0290	0.0348	0.0406	0.0464	0.0522	0.0580
110	0.0255	0.0319	0.0383	0.0447	0.0510	0.0574	0.0638
120	0.0278	0.0348	0.0418	0.0487	0.0557	0.0626	0.0696
130	0.0302	0.0377	0.0452	0.0528	0.0603	0.0679	0.0754
140	0.0325	0.0406	0.0487	0.0568	0.0650	0.0731	0.0812
150	0.0348	0.0435	0.0522	0.0609	0.0696	0.0783	0.0870
160	0.0371	0.0464	0.0557	0.0650	0.0742	0.0835	0.0928
170	0.0394	0.0493	0.0592	0.0690	0.0789	0.0887	0.0986
180	0.0418	0.0522	0.0626	0.0731	0.0835	0.0940	0.1044
190	0.0441	0.0551	0.0661	0.0771	0.0882	0.0992	0.1102
200	0.0464	0.0580	0.0696	0.0812	0.0928	0.1044	0.1160
210	0.0487	0.0609	0.0731	0.0853	0.0974	0.1096	0.1218
220	0.0510	0.0638	0.0766	0.0893	0.1021	0.1148	0.1276
230	0.0534	0.0667	0.0800	0.0934	0.1067	0.1201	0.1334
240	0.0557	0.0696	0.0835	0.0974	0.1114	0.1253	0.1392
250	0.0580	0.0725	0.0870	0.1015	0.1160	0.1305	0.1450
260	0.0603	0.0754	0.0905	0.1056	0.1206	0.1357	0.1508
270	0.0626	0.0783	0.0940	0.1096	0.1253	0.1409	0.1566
280	0.0650	0.0812	0.0974	0.1137	0.1299	0.1462	0.1624
290	0.0673	0.0841	0.1009	0.1177	0.1346	0.1514	0.1682
300	0.0696	0.0870	0.1044	0.1218	0.1392	0.1566	0.1740

（续）

材长/m	6.0						
材宽/mm	材厚/mm						
	12	15	18	21	25	30	35
	材积/m³						
30	0.0022	0.0027	0.0032	0.0038	0.0045	0.0054	0.0063
40	0.0029	0.0036	0.0043	0.0050	0.0060	0.0072	0.0084
50	0.0036	0.0045	0.0054	0.0063	0.0075	0.0090	0.0105
60	0.0043	0.0054	0.0065	0.0076	0.0090	0.0108	0.0126
70	0.0050	0.0063	0.0076	0.0088	0.0105	0.0126	0.0147
80	0.0058	0.0072	0.0086	0.0101	0.0120	0.0144	0.0168
90	0.0065	0.0081	0.0097	0.0113	0.0135	0.0162	0.0189
100	0.0072	0.0090	0.0108	0.0126	0.0150	0.0180	0.0210
110	0.0079	0.0099	0.0119	0.0139	0.0165	0.0198	0.0231
120	0.0086	0.0108	0.0130	0.0151	0.0180	0.0216	0.0252
130	0.0094	0.0117	0.0140	0.0164	0.0195	0.0234	0.0273
140	0.0101	0.0126	0.0151	0.0176	0.0210	0.0252	0.0294
150	0.0108	0.0135	0.0162	0.0189	0.0225	0.0270	0.0315
160	0.0115	0.0144	0.0173	0.0202	0.0240	0.0288	0.0336
170	0.0122	0.0153	0.0184	0.0214	0.0255	0.0306	0.0357
180	0.0130	0.0162	0.0194	0.0227	0.0270	0.0324	0.0378
190	0.0137	0.0171	0.0205	0.0239	0.0285	0.0342	0.0399
200	0.0144	0.0180	0.0216	0.0252	0.0300	0.0360	0.0420
210	0.0151	0.0189	0.0227	0.0265	0.0315	0.0378	0.0441
220	0.0158	0.0198	0.0238	0.0277	0.0330	0.0396	0.0462
230	0.0166	0.0207	0.0248	0.0290	0.0345	0.0414	0.0483
240	0.0173	0.0216	0.0259	0.0302	0.0360	0.0432	0.0504
250	0.0180	0.0225	0.0270	0.0315	0.0375	0.0450	0.0525
260	0.0187	0.0234	0.0281	0.0328	0.0390	0.0468	0.0546
270	0.0194	0.0243	0.0292	0.0340	0.0405	0.0486	0.0567
280	0.0202	0.0252	0.0302	0.0353	0.0420	0.0504	0.0588
290	0.0209	0.0261	0.0313	0.0365	0.0435	0.0522	0.0609
300	0.0216	0.0270	0.0324	0.0378	0.0450	0.0540	0.0630

（续）

材长/m	6.0						
材宽/mm	材厚/mm						
	40	50	60	70	80	90	100
	材积/m³						
30	0.0072	0.0090	0.0108	0.0126	0.0144	0.0162	0.0180
40	0.0096	0.0120	0.0144	0.0168	0.0192	0.0216	0.0240
50	0.0120	0.0150	0.0180	0.0210	0.0240	0.0270	0.0300
60	0.0144	0.0180	0.0216	0.0252	0.0288	0.0324	0.0360
70	0.0168	0.0210	0.0252	0.0294	0.0336	0.0378	0.0420
80	0.0192	0.0240	0.0288	0.0336	0.0384	0.0432	0.0480
90	0.0216	0.0270	0.0324	0.0378	0.0432	0.0486	0.0540
100	0.0240	0.0300	0.0360	0.0420	0.0480	0.0540	0.0600
110	0.0264	0.0330	0.0396	0.0462	0.0528	0.0594	0.0660
120	0.0288	0.0360	0.0432	0.0504	0.0576	0.0648	0.0720
130	0.0312	0.0390	0.0468	0.0546	0.0624	0.0702	0.0780
140	0.0336	0.0420	0.0504	0.0588	0.0672	0.0756	0.0840
150	0.0360	0.0450	0.0540	0.0630	0.0720	0.0810	0.0900
160	0.0384	0.0480	0.0576	0.0672	0.0768	0.0864	0.0960
170	0.0408	0.0510	0.0612	0.0714	0.0816	0.0918	0.1020
180	0.0432	0.0540	0.0648	0.0756	0.0864	0.0972	0.1080
190	0.0456	0.0570	0.0684	0.0798	0.0912	0.1026	0.1140
200	0.0480	0.0600	0.0720	0.0840	0.0960	0.1080	0.1200
210	0.0504	0.0630	0.0756	0.0882	0.1008	0.1134	0.1260
220	0.0528	0.0660	0.0792	0.0924	0.1056	0.1188	0.1320
230	0.0552	0.0690	0.0828	0.0966	0.1104	0.1242	0.1380
240	0.0576	0.0720	0.0864	0.1008	0.1152	0.1296	0.1440
250	0.0600	0.0750	0.0900	0.1050	0.1200	0.1350	0.1500
260	0.0624	0.0780	0.0936	0.1092	0.1248	0.1404	0.1560
270	0.0648	0.0810	0.0972	0.1134	0.1296	0.1458	0.1620
280	0.0672	0.0840	0.1008	0.1176	0.1344	0.1512	0.1680
290	0.0696	0.0870	0.1044	0.1218	0.1392	0.1566	0.1740
300	0.0720	0.0900	0.1080	0.1260	0.1440	0.1620	0.1800

（续）

材长/m	6.2						
材宽/mm	材厚/mm						
	12	15	18	21	25	30	35
	材积/m³						
30	0.0022	0.0028	0.0033	0.0039	0.0047	0.0056	0.0065
40	0.0030	0.0037	0.0045	0.0052	0.0062	0.0074	0.0087
50	0.0037	0.0047	0.0056	0.0065	0.0078	0.0093	0.0109
60	0.0045	0.0056	0.0067	0.0078	0.0093	0.0112	0.0130
70	0.0052	0.0065	0.0078	0.0091	0.0109	0.0130	0.0152
80	0.0060	0.0074	0.0089	0.0104	0.0124	0.0149	0.0174
90	0.0067	0.0084	0.0100	0.0117	0.0140	0.0167	0.0195
100	0.0074	0.0093	0.0112	0.0130	0.0155	0.0186	0.0217
110	0.0082	0.0102	0.0123	0.0143	0.0171	0.0205	0.0239
120	0.0089	0.0112	0.0134	0.0156	0.0186	0.0223	0.0260
130	0.0097	0.0121	0.0145	0.0169	0.0202	0.0242	0.0282
140	0.0104	0.0130	0.0156	0.0182	0.0217	0.0260	0.0304
150	0.0112	0.0140	0.0167	0.0195	0.0233	0.0279	0.0326
160	0.0119	0.0149	0.0179	0.0208	0.0248	0.0298	0.0347
170	0.0126	0.0158	0.0190	0.0221	0.0264	0.0316	0.0369
180	0.0134	0.0167	0.0201	0.0234	0.0279	0.0335	0.0391
190	0.0141	0.0177	0.0212	0.0247	0.0295	0.0353	0.0412
200	0.0149	0.0186	0.0223	0.0260	0.0310	0.0372	0.0434
210	0.0156	0.0195	0.0234	0.0273	0.0326	0.0391	0.0456
220	0.0164	0.0205	0.0246	0.0286	0.0341	0.0409	0.0477
230	0.0171	0.0214	0.0257	0.0299	0.0357	0.0428	0.0499
240	0.0179	0.0223	0.0268	0.0312	0.0372	0.0446	0.0521
250	0.0186	0.0233	0.0279	0.0326	0.0388	0.0465	0.0543
260	0.0193	0.0242	0.0290	0.0339	0.0403	0.0484	0.0564
270	0.0201	0.0251	0.0301	0.0352	0.0419	0.0502	0.0586
280	0.0208	0.0260	0.0312	0.0365	0.0434	0.0521	0.0608
290	0.0216	0.0270	0.0324	0.0378	0.0450	0.0539	0.0629
300	0.0223	0.0279	0.0335	0.0391	0.0465	0.0558	0.0651

（续）

材长/m	6.2						
材宽/mm	材厚/mm						
	40	50	60	70	80	90	100
	材积/m³						
30	0.0074	0.0093	0.0112	0.0130	0.0149	0.0167	0.0186
40	0.0099	0.0124	0.0149	0.0174	0.0198	0.0223	0.0248
50	0.0124	0.0155	0.0186	0.0217	0.0248	0.0279	0.0310
60	0.0149	0.0186	0.0223	0.0260	0.0293	0.0335	0.0372
70	0.0174	0.0217	0.0260	0.0304	0.0347	0.0391	0.0434
80	0.0198	0.0248	0.0298	0.0347	0.0397	0.0446	0.0496
90	0.0223	0.0279	0.0335	0.0391	0.0446	0.0502	0.0558
100	0.0248	0.0310	0.0372	0.0434	0.0496	0.0558	0.0620
110	0.0273	0.0341	0.0409	0.0477	0.0546	0.0614	0.0682
120	0.0298	0.0372	0.0446	0.0521	0.0595	0.0670	0.0744
130	0.0322	0.0403	0.0484	0.0564	0.0645	0.0725	0.0806
140	0.0347	0.0434	0.0521	0.0608	0.0694	0.0781	0.0868
150	0.0372	0.0465	0.0558	0.0651	0.0744	0.0837	0.0930
160	0.0397	0.0496	0.0595	0.0694	0.0794	0.0893	0.0992
170	0.0422	0.0527	0.0632	0.0738	0.0843	0.0949	0.1054
180	0.0446	0.0558	0.0670	0.0781	0.0893	0.1004	0.1116
190	0.0471	0.0589	0.0707	0.0825	0.0942	0.1060	0.1178
200	0.0496	0.0620	0.0744	0.0868	0.0992	0.1116	0.1240
210	0.0521	0.0651	0.0781	0.0911	0.1042	0.1172	0.1302
220	0.0546	0.0682	0.0818	0.0955	0.1091	0.1228	0.1364
230	0.0570	0.0713	0.0856	0.0998	0.1141	0.1283	0.1426
240	0.0595	0.0744	0.0893	0.1042	0.1190	0.1339	0.1488
250	0.0620	0.0775	0.0930	0.1085	0.1240	0.1395	0.1550
260	0.0645	0.0806	0.0967	0.1128	0.1290	0.1451	0.1612
270	0.0670	0.0837	0.1004	0.1172	0.1339	0.1507	0.1674
280	0.0694	0.0868	0.1042	0.1215	0.1389	0.1562	0.1736
290	0.0719	0.0899	0.1079	0.1259	0.1438	0.1618	0.1798
300	0.0744	0.0930	0.1116	0.1302	0.1488	0.1674	0.1860

（续）

材长/m	6.4						
材宽/mm	材厚/mm						
	12	15	18	21	25	30	35
	材积/m³						
30	0.0023	0.0029	0.0035	0.0040	0.0048	0.0058	0.0067
40	0.0031	0.0038	0.0046	0.0054	0.0064	0.0077	0.0090
50	0.0038	0.0048	0.0058	0.0067	0.0080	0.0096	0.0112
60	0.0046	0.0058	0.0069	0.0081	0.0096	0.0115	0.0134
70	0.0054	0.0067	0.0081	0.0094	0.0112	0.0134	0.0157
80	0.0061	0.0077	0.0092	0.0108	0.0128	0.0154	0.0179
90	0.0069	0.0086	0.0104	0.0121	0.0144	0.0173	0.0202
100	0.0077	0.0096	0.0115	0.0134	0.0160	0.0192	0.0224
110	0.0084	0.0106	0.0127	0.0148	0.0176	0.0211	0.0246
120	0.0092	0.0115	0.0138	0.0161	0.0192	0.0230	0.0269
130	0.0100	0.0125	0.0150	0.0175	0.0208	0.0250	0.0291
140	0.0108	0.0134	0.0161	0.0188	0.0224	0.0269	0.0314
150	0.0115	0.0144	0.0173	0.0202	0.0240	0.0288	0.0336
160	0.0123	0.0154	0.0184	0.0215	0.0256	0.0307	0.0358
170	0.0131	0.0163	0.0196	0.0228	0.0272	0.0326	0.0381
180	0.0138	0.0173	0.0207	0.0242	0.0288	0.0346	0.0403
190	0.0146	0.0182	0.0219	0.0255	0.0304	0.0365	0.0426
200	0.0154	0.0192	0.0230	0.0269	0.0320	0.0384	0.0448
210	0.0161	0.0202	0.0242	0.0282	0.0336	0.0403	0.0470
220	0.0169	0.0211	0.0253	0.0296	0.0352	0.0422	0.0493
230	0.0177	0.0221	0.0265	0.0309	0.0368	0.0442	0.0515
240	0.0184	0.0230	0.0276	0.0323	0.0384	0.0461	0.0538
250	0.0192	0.0240	0.0288	0.0336	0.0400	0.0480	0.0560
260	0.0200	0.0250	0.0300	0.0349	0.0416	0.0499	0.0582
270	0.0207	0.0259	0.0311	0.0363	0.0432	0.0518	0.0605
280	0.0215	0.0269	0.0323	0.0376	0.0448	0.0538	0.0627
290	0.0223	0.0278	0.0334	0.0390	0.0464	0.0557	0.0650
300	0.0230	0.0288	0.0346	0.0403	0.0480	0.0576	0.0672

（续）

材长/m	6.4						
材宽 /mm	材厚/mm						
	40	50	60	70	80	90	100
	材积/m³						
30	0.0077	0.0096	0.0115	0.0134	0.0154	0.0173	0.0192
40	0.0102	0.0128	0.0154	0.0179	0.0205	0.0230	0.0256
50	0.0128	0.0160	0.0192	0.0224	0.0256	0.0288	0.0320
60	0.0154	0.0192	0.0230	0.0269	0.0307	0.0346	0.0384
70	0.0179	0.0224	0.0269	0.0314	0.0358	0.0403	0.0448
80	0.0205	0.0256	0.0307	0.0358	0.0410	0.0461	0.0512
90	0.0230	0.0288	0.0346	0.0403	0.0461	0.0518	0.0576
100	0.0256	0.0320	0.0384	0.0448	0.0512	0.0576	0.0640
110	0.0282	0.0352	0.0422	0.0493	0.0563	0.0634	0.0704
120	0.0307	0.0384	0.0461	0.0538	0.0614	0.0691	0.0768
130	0.0333	0.0416	0.0499	0.0582	0.0666	0.0749	0.0832
140	0.0358	0.0448	0.0538	0.0627	0.0717	0.0806	0.0896
150	0.0384	0.0480	0.0576	0.0672	0.0768	0.0864	0.0960
160	0.0410	0.0512	0.0614	0.0717	0.0819	0.0922	0.1024
170	0.0435	0.0544	0.0653	0.0762	0.0870	0.0979	0.1088
180	0.0461	0.0576	0.0691	0.0806	0.0922	0.1037	0.1152
190	0.0486	0.0608	0.0730	0.0851	0.0973	0.1094	0.1216
200	0.0512	0.0640	0.0768	0.0896	0.1024	0.1152	0.1280
210	0.0538	0.0672	0.0806	0.0941	0.1075	0.1210	0.1344
220	0.0563	0.0704	0.0845	0.0986	0.1126	0.1267	0.1408
230	0.0589	0.0736	0.0883	0.1030	0.1178	0.1325	0.1472
240	0.0614	0.0768	0.0922	0.1075	0.1229	0.1382	0.1536
250	0.0640	0.0800	0.0960	0.1120	0.1280	0.1440	0.1600
260	0.0666	0.0832	0.0998	0.1165	0.1331	0.1498	0.1664
270	0.0691	0.0864	0.1037	0.1210	0.1382	0.1555	0.1728
280	0.0717	0.0896	0.1075	0.1254	0.1434	0.1613	0.1792
290	0.0742	0.0928	0.1114	0.1299	0.1485	0.1670	0.1856
300	0.0768	0.0960	0.1152	0.1344	0.1536	0.1728	0.1920

（续）

材长/m	6.6						
材宽/mm	材厚/mm						
	12	15	18	21	25	30	35
	材积/m³						
30	0.0024	0.0030	0.0036	0.0042	0.0050	0.0059	0.0069
40	0.0032	0.0040	0.0048	0.0055	0.0066	0.0079	0.0092
50	0.0040	0.0050	0.0059	0.0069	0.0083	0.0099	0.0116
60	0.0048	0.0059	0.0071	0.0083	0.0099	0.0119	0.0139
70	0.0055	0.0069	0.0083	0.0097	0.0116	0.0139	0.0162
80	0.0063	0.0079	0.0095	0.0111	0.0132	0.0158	0.0185
90	0.0071	0.0089	0.0107	0.0125	0.0149	0.0178	0.0208
100	0.0079	0.0099	0.0119	0.0139	0.0165	0.0198	0.0231
110	0.0087	0.0109	0.0131	0.0152	0.0182	0.0218	0.0254
120	0.0095	0.0119	0.0143	0.0166	0.0198	0.0238	0.0277
130	0.0103	0.0129	0.0154	0.0180	0.0215	0.0257	0.0300
140	0.0111	0.0139	0.0166	0.0194	0.0231	0.0277	0.0323
150	0.0119	0.0149	0.0178	0.0208	0.0248	0.0297	0.0347
160	0.0127	0.0158	0.0190	0.0222	0.0264	0.0317	0.0370
170	0.0135	0.0168	0.0202	0.0236	0.0281	0.0337	0.0393
180	0.0143	0.0178	0.0214	0.0249	0.0297	0.0356	0.0416
190	0.0150	0.0188	0.0226	0.0263	0.0314	0.0376	0.0439
200	0.0158	0.0198	0.0238	0.0277	0.0330	0.0396	0.0462
210	0.0166	0.0208	0.0249	0.0291	0.0347	0.0416	0.0485
220	0.0174	0.0218	0.0261	0.0305	0.0363	0.0436	0.0508
230	0.0182	0.0228	0.0273	0.0319	0.0380	0.0455	0.0531
240	0.0190	0.0238	0.0285	0.0333	0.0396	0.0475	0.0554
250	0.0198	0.0248	0.0297	0.0347	0.0413	0.0495	0.0578
260	0.0206	0.0257	0.0309	0.0360	0.0429	0.0515	0.0601
270	0.0214	0.0267	0.0321	0.0374	0.0446	0.0535	0.0624
280	0.0222	0.0277	0.0333	0.0388	0.0462	0.0554	0.0647
290	0.0230	0.0287	0.0345	0.0402	0.0479	0.0574	0.0670
300	0.0238	0.0297	0.0356	0.0416	0.0495	0.0594	0.0693

（续）

材长/m	6.6						
材宽/mm	材厚/mm						
	40	50	60	70	80	90	100
	材积/m³						
30	0.0079	0.0099	0.0119	0.0139	0.0158	0.0178	0.0198
40	0.0106	0.0132	0.0158	0.0185	0.0211	0.0238	0.0264
50	0.0132	0.0165	0.0198	0.0231	0.0264	0.0297	0.0330
60	0.0158	0.0198	0.0238	0.0277	0.0317	0.0356	0.0396
70	0.0185	0.0231	0.0277	0.0323	0.0370	0.0416	0.0462
80	0.0211	0.0264	0.0317	0.0370	0.0422	0.0475	0.0528
90	0.0238	0.0297	0.0356	0.0416	0.0475	0.0535	0.0594
100	0.0264	0.0330	0.0396	0.0462	0.0528	0.0594	0.0660
110	0.0290	0.0363	0.0436	0.0508	0.0581	0.0653	0.0726
120	0.0317	0.0396	0.0475	0.0554	0.0634	0.0713	0.0792
130	0.0343	0.0429	0.0515	0.0601	0.0686	0.0772	0.0858
140	0.0370	0.0462	0.0554	0.0647	0.0739	0.0832	0.0924
150	0.0396	0.0495	0.0594	0.0693	0.0792	0.0891	0.0990
160	0.0422	0.0528	0.0634	0.0739	0.0845	0.0950	0.1056
170	0.0449	0.0561	0.0673	0.0785	0.0898	0.1010	0.1122
180	0.0475	0.0594	0.0713	0.0832	0.0950	0.1069	0.1188
190	0.0502	0.0627	0.0752	0.0878	0.1003	0.1129	0.1254
200	0.0528	0.0660	0.0792	0.0924	0.1056	0.1188	0.1320
210	0.0554	0.0693	0.0832	0.0970	0.1109	0.1247	0.1386
220	0.0581	0.0726	0.0871	0.1016	0.1162	0.1307	0.1452
230	0.0607	0.0759	0.0911	0.1063	0.1214	0.1366	0.1518
240	0.0634	0.0792	0.0950	0.1109	0.1267	0.1426	0.1584
250	0.0660	0.0825	0.0990	0.1155	0.1320	0.1485	0.1650
260	0.0686	0.0858	0.1030	0.1201	0.1373	0.1544	0.1716
270	0.0713	0.0891	0.1069	0.1247	0.1426	0.1604	0.1782
280	0.0739	0.0924	0.1109	0.1294	0.1478	0.1663	0.1848
290	0.0766	0.0957	0.1148	0.1340	0.1531	0.1723	0.1914
300	0.0792	0.0990	0.1188	0.1386	0.1584	0.1782	0.1980

（续）

材长/m	6.8						
材宽/mm	材厚/mm						
	12	15	18	21	25	30	35
	材积/m³						
30	0.0024	0.0031	0.0037	0.0043	0.0051	0.0061	0.0071
40	0.0033	0.0041	0.0049	0.0057	0.0068	0.0082	0.0095
50	0.0041	0.0051	0.0061	0.0071	0.0085	0.0102	0.0119
60	0.0049	0.0061	0.0073	0.0086	0.0102	0.0122	0.0143
70	0.0057	0.0071	0.0086	0.0100	0.0119	0.0143	0.0167
80	0.0065	0.0082	0.0098	0.0114	0.0136	0.0163	0.0190
90	0.0073	0.0092	0.0110	0.0129	0.0153	0.0184	0.0214
100	0.0082	0.0102	0.0122	0.0143	0.0170	0.0204	0.0238
110	0.0090	0.0112	0.0135	0.0157	0.0187	0.0224	0.0262
120	0.0098	0.0122	0.0147	0.0171	0.0204	0.0245	0.0286
130	0.0106	0.0133	0.0159	0.0186	0.0221	0.0265	0.0309
140	0.0114	0.0143	0.0171	0.0200	0.0238	0.0286	0.0333
150	0.0122	0.0153	0.0184	0.0214	0.0255	0.0306	0.0357
160	0.0131	0.0163	0.0196	0.0228	0.0272	0.0326	0.0381
170	0.0139	0.0173	0.0208	0.0243	0.0289	0.0347	0.0405
180	0.0147	0.0184	0.0220	0.0257	0.0306	0.0367	0.0428
190	0.0155	0.0194	0.0233	0.0271	0.0323	0.0388	0.0452
200	0.0163	0.0204	0.0245	0.0286	0.0340	0.0408	0.0476
210	0.0171	0.0214	0.0257	0.0300	0.0357	0.0428	0.0500
220	0.0180	0.0224	0.0269	0.0314	0.0374	0.0449	0.0524
230	0.0188	0.0235	0.0282	0.0328	0.0391	0.0469	0.0547
240	0.0196	0.0245	0.0294	0.0343	0.0408	0.0490	0.0571
250	0.0204	0.0255	0.0306	0.0357	0.0425	0.0510	0.0595
260	0.0212	0.0265	0.0318	0.0371	0.0442	0.0530	0.0619
270	0.0220	0.0275	0.0330	0.0386	0.0459	0.0551	0.0643
280	0.0228	0.0286	0.0343	0.0400	0.0476	0.0571	0.0666
290	0.0237	0.0296	0.0355	0.0414	0.0493	0.0592	0.0690
300	0.0245	0.0306	0.0367	0.0428	0.0510	0.0612	0.0714

（续）

材长/m	6.8						
材宽/mm	材厚/mm						
	40	50	60	70	80	90	100
	材积/m³						
30	0.0082	0.0102	0.0122	0.0143	0.0163	0.0184	0.0204
40	0.0109	0.0136	0.0163	0.0190	0.0218	0.0245	0.0272
50	0.0136	0.0170	0.0204	0.0238	0.0272	0.0306	0.0340
60	0.0163	0.0204	0.0245	0.0286	0.0326	0.0367	0.0408
70	0.0190	0.0238	0.0286	0.0333	0.0381	0.0428	0.0476
80	0.0218	0.0272	0.0326	0.0381	0.0435	0.0490	0.0544
90	0.0245	0.0306	0.0367	0.0428	0.0490	0.0551	0.0612
100	0.0272	0.0340	0.0408	0.0476	0.0544	0.0612	0.0680
110	0.0299	0.0374	0.0449	0.0524	0.0598	0.0673	0.0748
120	0.0326	0.0408	0.0490	0.0571	0.0653	0.0734	0.0816
130	0.0354	0.0442	0.0530	0.0619	0.0707	0.0796	0.0884
140	0.0381	0.0476	0.0571	0.0666	0.0762	0.0857	0.0952
150	0.0408	0.0510	0.0612	0.0714	0.0816	0.0918	0.1020
160	0.0435	0.0544	0.0653	0.0762	0.0870	0.0979	0.1088
170	0.0462	0.0578	0.0694	0.0809	0.0925	0.1040	0.1156
180	0.0490	0.0612	0.0734	0.0857	0.0979	0.1102	0.1224
190	0.0517	0.0646	0.0775	0.0904	0.1034	0.1163	0.1292
200	0.0544	0.0680	0.0816	0.0952	0.1088	0.1224	0.1360
210	0.0571	0.0714	0.0857	0.1000	0.1142	0.1285	0.1428
220	0.0598	0.0748	0.0898	0.1047	0.1197	0.1346	0.1496
230	0.0626	0.0782	0.0938	0.1095	0.1251	0.1408	0.1564
240	0.0653	0.0816	0.0979	0.1142	0.1306	0.1469	0.1632
250	0.0680	0.0850	0.1020	0.1190	0.1360	0.1530	0.1700
260	0.0707	0.0884	0.1061	0.1238	0.1414	0.1591	0.1768
270	0.0734	0.0918	0.1102	0.1285	0.1469	0.1652	0.1836
280	0.0762	0.0952	0.1142	0.1333	0.1523	0.1714	0.1904
290	0.0789	0.0986	0.1183	0.1380	0.1578	0.1775	0.1972
300	0.0816	0.1020	0.1224	0.1428	0.1632	0.1836	0.2040

（续）

材长/m	7.0						
材宽/mm	材厚/mm						
	12	15	18	21	25	30	35
	材积/m³						
30	0.0025	0.0032	0.0038	0.0044	0.0053	0.0063	0.0074
40	0.0034	0.0042	0.0050	0.0059	0.0070	0.0084	0.0098
50	0.0042	0.0053	0.0063	0.0074	0.0088	0.0105	0.0123
60	0.0050	0.0063	0.0076	0.0088	0.0105	0.0126	0.0147
70	0.0059	0.0074	0.0088	0.0103	0.0123	0.0147	0.0172
80	0.0067	0.0084	0.0101	0.0118	0.0140	0.0168	0.0196
90	0.0076	0.0095	0.0113	0.0132	0.0158	0.0189	0.0221
100	0.0084	0.0105	0.0126	0.0147	0.0175	0.0210	0.0245
110	0.0092	0.0116	0.0139	0.0162	0.0193	0.0231	0.0270
120	0.0101	0.0126	0.0151	0.0176	0.0210	0.0252	0.0294
130	0.0109	0.0137	0.0164	0.0191	0.0228	0.0273	0.0319
140	0.0118	0.0147	0.0176	0.0206	0.0245	0.0294	0.0343
150	0.0126	0.0158	0.0189	0.0221	0.0263	0.0315	0.0368
160	0.0134	0.0168	0.0202	0.0235	0.0280	0.0336	0.0392
170	0.0143	0.0179	0.0214	0.0250	0.0298	0.0357	0.0417
180	0.0151	0.0189	0.0227	0.0265	0.0315	0.0378	0.0441
190	0.0160	0.0200	0.0239	0.0279	0.0333	0.0399	0.0466
200	0.0168	0.0210	0.0252	0.0294	0.0350	0.0420	0.0490
210	0.0176	0.0221	0.0265	0.0309	0.0368	0.0441	0.0515
220	0.0185	0.0231	0.0277	0.0323	0.0385	0.0462	0.0539
230	0.0193	0.0242	0.0290	0.0338	0.0403	0.0483	0.0564
240	0.0202	0.0252	0.0302	0.0353	0.0420	0.0504	0.0588
250	0.0210	0.0263	0.0315	0.0368	0.0438	0.0525	0.0613
260	0.0218	0.0273	0.0328	0.0382	0.0455	0.0546	0.0637
270	0.0227	0.0284	0.0340	0.0397	0.0473	0.0567	0.0662
280	0.0235	0.0294	0.0353	0.0412	0.0490	0.0588	0.0686
290	0.0244	0.0305	0.0365	0.0426	0.0508	0.0609	0.0711
300	0.0252	0.0315	0.0378	0.0441	0.0525	0.0630	0.0735

（续）

材长/m	7.0						
材宽/mm	材厚/mm						
	40	50	60	70	80	90	100
	材积/m³						
30	0.0084	0.0105	0.0126	0.0147	0.0168	0.0189	0.0210
40	0.0112	0.0140	0.0168	0.0196	0.0224	0.0252	0.0280
50	0.0140	0.0175	0.0210	0.0245	0.0280	0.0315	0.0350
60	0.0168	0.0210	0.0252	0.0294	0.0336	0.0378	0.0420
70	0.0196	0.0245	0.0294	0.0343	0.0392	0.0441	0.0490
80	0.0224	0.0280	0.0336	0.0392	0.0448	0.0504	0.0560
90	0.0252	0.0315	0.0378	0.0441	0.0504	0.0567	0.0630
100	0.0280	0.0350	0.0420	0.0490	0.0560	0.0630	0.0700
110	0.0308	0.0385	0.0462	0.0539	0.0616	0.0693	0.0770
120	0.0336	0.0420	0.0504	0.0588	0.0672	0.0756	0.0840
130	0.0364	0.0455	0.0546	0.0637	0.0728	0.0819	0.0910
140	0.0392	0.0490	0.0588	0.0686	0.0784	0.0882	0.0980
150	0.0420	0.0525	0.0630	0.0735	0.0840	0.0945	0.1050
160	0.0448	0.0560	0.0672	0.0784	0.0896	0.1008	0.1120
170	0.0476	0.0595	0.0714	0.0833	0.0952	0.1071	0.1190
180	0.0504	0.0630	0.0756	0.0882	0.1008	0.1134	0.1260
190	0.0532	0.0665	0.0798	0.0931	0.1064	0.1197	0.1330
200	0.0560	0.0700	0.0840	0.0980	0.1120	0.1260	0.1400
210	0.0588	0.0735	0.0882	0.1029	0.1176	0.1323	0.1470
220	0.0616	0.0770	0.0924	0.1078	0.1232	0.1386	0.1540
230	0.0644	0.0805	0.0966	0.1127	0.1288	0.1449	0.1610
240	0.0672	0.0840	0.1008	0.1176	0.1344	0.1512	0.1680
250	0.0700	0.0875	0.1050	0.1225	0.1400	0.1575	0.1750
260	0.0728	0.0910	0.1092	0.1274	0.1456	0.1638	0.1820
270	0.0756	0.0945	0.1134	0.1323	0.1512	0.1701	0.1890
280	0.0784	0.0980	0.1176	0.1372	0.1568	0.1764	0.1960
290	0.0812	0.1015	0.1218	0.1421	0.1624	0.1827	0.2030
300	0.0840	0.1050	0.1260	0.1470	0.1680	0.1890	0.2100

（续）

材长/m	7.2						
材宽/mm	材厚/mm						
	12	15	18	21	25	30	35
	材积/m³						
30	0.0026	0.0032	0.0039	0.0045	0.0054	0.0065	0.0076
40	0.0035	0.0043	0.0052	0.0060	0.0072	0.0086	0.0101
50	0.0043	0.0054	0.0065	0.0076	0.0090	0.0108	0.0126
60	0.0052	0.0065	0.0078	0.0091	0.0108	0.0130	0.0151
70	0.0060	0.0076	0.0091	0.0106	0.0126	0.0151	0.0176
80	0.0069	0.0086	0.0104	0.0121	0.0144	0.0173	0.0202
90	0.0078	0.0097	0.0117	0.0136	0.0162	0.0194	0.0227
100	0.0086	0.0108	0.0130	0.0151	0.0180	0.0216	0.0252
110	0.0095	0.0119	0.0143	0.0166	0.0198	0.0238	0.0277
120	0.0104	0.0130	0.0156	0.0181	0.0216	0.0259	0.0302
130	0.0112	0.0140	0.0168	0.0197	0.0234	0.0281	0.0328
140	0.0121	0.0151	0.0181	0.0212	0.0252	0.0302	0.0353
150	0.0130	0.0162	0.0194	0.0227	0.0270	0.0324	0.0378
160	0.0138	0.0173	0.0207	0.0242	0.0288	0.0346	0.0403
170	0.0147	0.0184	0.0220	0.0257	0.0306	0.0367	0.0428
180	0.0156	0.0194	0.0233	0.0272	0.0324	0.0389	0.0454
190	0.0164	0.0205	0.0246	0.0287	0.0342	0.0410	0.0479
200	0.0173	0.0216	0.0259	0.0302	0.0360	0.0432	0.0504
210	0.0181	0.0227	0.0272	0.0318	0.0378	0.0454	0.0529
220	0.0190	0.0238	0.0285	0.0333	0.0396	0.0475	0.0554
230	0.0199	0.0248	0.0298	0.0348	0.0414	0.0497	0.0580
240	0.0207	0.0259	0.0311	0.0363	0.0432	0.0518	0.0605
250	0.0216	0.0270	0.0324	0.0378	0.0450	0.0540	0.0630
260	0.0225	0.0281	0.0337	0.0393	0.0468	0.0562	0.0655
270	0.0233	0.0292	0.0350	0.0408	0.0486	0.0583	0.0680
280	0.0242	0.0302	0.0363	0.0423	0.0504	0.0605	0.0706
290	0.0251	0.0313	0.0376	0.0438	0.0522	0.0626	0.0731
300	0.0259	0.0324	0.0389	0.0454	0.0540	0.0648	0.0756

（续）

材长/m	7.2						
材宽/mm	材厚/mm						
	40	50	60	70	80	90	100
	材积/m³						
30	0.0086	0.0108	0.0130	0.0151	0.0173	0.0194	0.0216
40	0.0115	0.0144	0.0173	0.0202	0.0230	0.0259	0.0288
50	0.0144	0.0180	0.0216	0.0252	0.0288	0.0324	0.0360
60	0.0173	0.0216	0.0259	0.0302	0.0346	0.0389	0.0432
70	0.0202	0.0252	0.0302	0.0353	0.0403	0.0454	0.0504
80	0.0230	0.0288	0.0346	0.0403	0.0461	0.0518	0.0576
90	0.0259	0.0324	0.0389	0.0454	0.0518	0.0583	0.0648
100	0.0288	0.0360	0.0432	0.0504	0.0576	0.0648	0.0720
110	0.0317	0.0396	0.0475	0.0554	0.0634	0.0713	0.0792
120	0.0346	0.0432	0.0518	0.0605	0.0691	0.0778	0.0864
130	0.0374	0.0468	0.0562	0.0655	0.0749	0.0842	0.0936
140	0.0403	0.0504	0.0605	0.0706	0.0806	0.0907	0.1008
150	0.0432	0.0540	0.0648	0.0756	0.0864	0.0972	0.1080
160	0.0461	0.0576	0.0691	0.0806	0.0922	0.1037	0.1152
170	0.0490	0.0612	0.0734	0.0857	0.0979	0.1102	0.1224
180	0.0518	0.0648	0.0778	0.0907	0.1037	0.1166	0.1296
190	0.0547	0.0684	0.0821	0.0958	0.1094	0.1231	0.1368
200	0.0576	0.0720	0.0864	0.1008	0.1152	0.1296	0.1440
210	0.0605	0.0756	0.0907	0.1058	0.1210	0.1361	0.1512
220	0.0634	0.0792	0.0950	0.1109	0.1267	0.1426	0.1584
230	0.0662	0.0828	0.0994	0.1159	0.1325	0.1490	0.1656
240	0.0691	0.0864	0.1037	0.1210	0.1382	0.1555	0.1728
250	0.0720	0.0900	0.1080	0.1260	0.1440	0.1620	0.1800
260	0.0749	0.0936	0.1123	0.1310	0.1498	0.1685	0.1872
270	0.0778	0.0972	0.1166	0.1361	0.1555	0.1750	0.1944
280	0.0806	0.1008	0.1210	0.1411	0.1613	0.1814	0.2016
290	0.0835	0.1044	0.1253	0.1462	0.1670	0.1879	0.2088
300	0.0864	0.1080	0.1296	0.1512	0.1728	0.1944	0.2160

（续）

材长/m	7.4						
材宽/mm	材厚/mm						
	12	15	18	21	25	30	35
	材积/m³						
30	0.0027	0.0033	0.0040	0.0047	0.0056	0.0067	0.0078
40	0.0036	0.0044	0.0053	0.0062	0.0074	0.0089	0.0104
50	0.0044	0.0056	0.0067	0.0078	0.0093	0.0111	0.0130
60	0.0053	0.0067	0.0080	0.0093	0.0111	0.0133	0.0155
70	0.0062	0.0078	0.0093	0.0109	0.0130	0.0155	0.0181
80	0.0071	0.0089	0.0107	0.0124	0.0148	0.0178	0.0207
90	0.0080	0.0100	0.0120	0.0140	0.0167	0.0200	0.0233
100	0.0089	0.0111	0.0133	0.0155	0.0185	0.0222	0.0259
110	0.0098	0.0122	0.0147	0.0171	0.0204	0.0244	0.0285
120	0.0107	0.0133	0.0160	0.0186	0.0222	0.0266	0.0311
130	0.0115	0.0144	0.0173	0.0202	0.0241	0.0289	0.0337
140	0.0124	0.0155	0.0186	0.0218	0.0259	0.0311	0.0363
150	0.0133	0.0167	0.0200	0.0233	0.0278	0.0333	0.0389
160	0.0142	0.0178	0.0213	0.0249	0.0296	0.0355	0.0414
170	0.0151	0.0189	0.0226	0.0264	0.0315	0.0377	0.0440
180	0.0160	0.0200	0.0240	0.0280	0.0333	0.0400	0.0466
190	0.0169	0.0211	0.0253	0.0295	0.0352	0.0422	0.0492
200	0.0178	0.0222	0.0266	0.0311	0.0370	0.0444	0.0518
210	0.0186	0.0233	0.0280	0.0326	0.0389	0.0466	0.0544
220	0.0195	0.0244	0.0293	0.0342	0.0407	0.0488	0.0570
230	0.0204	0.0255	0.0306	0.0357	0.0426	0.0511	0.0596
240	0.0213	0.0266	0.0320	0.0373	0.0444	0.0533	0.0622
250	0.0222	0.0278	0.0333	0.0389	0.0463	0.0555	0.0648
260	0.0231	0.0289	0.0346	0.0404	0.0481	0.0577	0.0673
270	0.0240	0.0300	0.0360	0.0420	0.0500	0.0599	0.0699
280	0.0249	0.0311	0.0373	0.0435	0.0518	0.0622	0.0725
290	0.0258	0.0322	0.0386	0.0451	0.0537	0.0644	0.0751
300	0.0266	0.0333	0.0400	0.0466	0.0555	0.0666	0.0777

（续）

材长/m	7.4						
材宽/mm	材厚/mm						
	40	50	60	70	80	90	100
	材积/m³						
30	0.0089	0.0111	0.0133	0.0155	0.0178	0.0200	0.0222
40	0.0118	0.0148	0.0178	0.0207	0.0237	0.0266	0.0296
50	0.0148	0.0185	0.0222	0.0259	0.0296	0.0333	0.0370
60	0.0178	0.0222	0.0266	0.0311	0.0355	0.0400	0.0444
70	0.0207	0.0259	0.0311	0.0363	0.0414	0.0466	0.0518
80	0.0237	0.0296	0.0355	0.0414	0.0474	0.0533	0.0592
90	0.0266	0.0333	0.0400	0.0466	0.0533	0.0599	0.0666
100	0.0296	0.0370	0.0444	0.0518	0.0592	0.0666	0.0740
110	0.0326	0.0407	0.0488	0.0570	0.0651	0.0733	0.0814
120	0.0355	0.0444	0.0533	0.0622	0.0710	0.0799	0.0888
130	0.0385	0.0481	0.0577	0.0673	0.0770	0.0866	0.0962
140	0.0414	0.0518	0.0622	0.0725	0.0829	0.0932	0.1036
150	0.0444	0.0555	0.0666	0.0777	0.0888	0.0999	0.1110
160	0.0474	0.0592	0.0710	0.0829	0.0947	0.1066	0.1184
170	0.0503	0.0629	0.0755	0.0881	0.1006	0.1132	0.1258
180	0.0533	0.0666	0.0799	0.0932	0.1066	0.1199	0.1332
190	0.0562	0.0703	0.0844	0.0984	0.1125	0.1265	0.1406
200	0.0592	0.0740	0.0888	0.1036	0.1184	0.1332	0.1480
210	0.0622	0.0777	0.0932	0.1088	0.1243	0.1399	0.1554
220	0.0651	0.0814	0.0977	0.1140	0.1302	0.1465	0.1628
230	0.0681	0.0851	0.1021	0.1191	0.1362	0.1532	0.1702
240	0.0710	0.0888	0.1066	0.1243	0.1421	0.1598	0.1776
250	0.0740	0.0925	0.1110	0.1295	0.1480	0.1665	0.1850
260	0.0770	0.0962	0.1154	0.1347	0.1539	0.1732	0.1924
270	0.0799	0.0999	0.1199	0.1399	0.1598	0.1798	0.1998
280	0.0829	0.1036	0.1243	0.1450	0.1658	0.1865	0.2072
290	0.0858	0.1073	0.1288	0.1502	0.1717	0.1931	0.2146
300	0.0888	0.1110	0.1332	0.1554	0.1776	0.1998	0.2220

（续）

材长/m	7.6						
材宽 /mm	材厚/mm						
	12	15	18	21	25	30	35
	材积/m³						
30	0.0027	0.0034	0.0041	0.0048	0.0057	0.0068	0.0080
40	0.0036	0.0046	0.0055	0.0064	0.0076	0.0091	0.0106
50	0.0046	0.0057	0.0068	0.0080	0.0095	0.0114	0.0133
60	0.0055	0.0068	0.0082	0.0096	0.0114	0.0137	0.0160
70	0.0064	0.0080	0.0096	0.0112	0.0133	0.0160	0.0186
80	0.0073	0.0091	0.0109	0.0128	0.0152	0.0182	0.0213
90	0.0082	0.0103	0.0123	0.0144	0.0171	0.0205	0.0239
100	0.0091	0.0114	0.0137	0.0160	0.0190	0.0228	0.0266
110	0.0100	0.0125	0.0150	0.0176	0.0209	0.0251	0.0293
120	0.0109	0.0137	0.0164	0.0192	0.0228	0.0274	0.0319
130	0.0119	0.0148	0.0178	0.0207	0.0247	0.0296	0.0346
140	0.0128	0.0160	0.0192	0.0223	0.0266	0.0319	0.0372
150	0.0137	0.0171	0.0205	0.0239	0.0285	0.0342	0.0399
160	0.0146	0.0182	0.0219	0.0255	0.0304	0.0365	0.0426
170	0.0155	0.0194	0.0233	0.0271	0.0323	0.0388	0.0452
180	0.0164	0.0205	0.0246	0.0287	0.0342	0.0410	0.0479
190	0.0173	0.0217	0.0260	0.0303	0.0361	0.0433	0.0505
200	0.0182	0.0228	0.0274	0.0319	0.0380	0.0456	0.0532
210	0.0192	0.0239	0.0287	0.0335	0.0399	0.0479	0.0559
220	0.0201	0.0251	0.0301	0.0351	0.0418	0.0502	0.0585
230	0.0210	0.0262	0.0315	0.0367	0.0437	0.0524	0.0612
240	0.0219	0.0274	0.0328	0.0383	0.0456	0.0547	0.0638
250	0.0228	0.0285	0.0342	0.0399	0.0475	0.0570	0.0665
260	0.0237	0.0296	0.0356	0.0415	0.0494	0.0593	0.0692
270	0.0246	0.0308	0.0369	0.0431	0.0513	0.0616	0.0718
280	0.0255	0.0319	0.0383	0.0447	0.0532	0.0638	0.0745
290	0.0264	0.0331	0.0397	0.0463	0.0551	0.0661	0.0771
300	0.0274	0.0342	0.0410	0.0479	0.0570	0.0684	0.0798

（续）

材长/m	7.6						
材宽/mm	材厚/mm						
	40	50	60	70	80	90	100
	材积/m³						
30	0.0091	0.0114	0.0137	0.0160	0.0182	0.0205	0.0228
40	0.0122	0.0152	0.0182	0.0213	0.0243	0.0274	0.0304
50	0.0152	0.0190	0.0228	0.0266	0.0304	0.0342	0.0380
60	0.0182	0.0228	0.0274	0.0319	0.0365	0.0410	0.0456
70	0.0213	0.0266	0.0319	0.0372	0.0426	0.0479	0.0532
80	0.0243	0.0304	0.0365	0.0426	0.0486	0.0547	0.0608
90	0.0274	0.0342	0.0410	0.0479	0.0547	0.0616	0.0684
100	0.0304	0.0380	0.0456	0.0532	0.0608	0.0684	0.0760
110	0.0334	0.0418	0.0502	0.0585	0.0669	0.0752	0.0836
120	0.0365	0.0456	0.0547	0.0638	0.0730	0.0821	0.0912
130	0.0395	0.0494	0.0593	0.0692	0.0790	0.0889	0.0988
140	0.0426	0.0532	0.0638	0.0745	0.0851	0.0958	0.1064
150	0.0456	0.0570	0.0684	0.0798	0.0912	0.1026	0.1140
160	0.0486	0.0608	0.0730	0.0851	0.0973	0.1094	0.1216
170	0.0517	0.0646	0.0775	0.0904	0.1034	0.1163	0.1292
180	0.0547	0.0684	0.0821	0.0958	0.1094	0.1231	0.1368
190	0.0578	0.0722	0.0866	0.1011	0.1155	0.1300	0.1444
200	0.0608	0.0760	0.0912	0.1064	0.1216	0.1368	0.1520
210	0.0638	0.0798	0.0958	0.1117	0.1277	0.1436	0.1596
220	0.0669	0.0836	0.1003	0.1170	0.1338	0.1505	0.1672
230	0.0699	0.0874	0.1049	0.1224	0.1398	0.1573	0.1748
240	0.0730	0.0912	0.1094	0.1277	0.1459	0.1642	0.1824
250	0.0760	0.0950	0.1140	0.1330	0.1520	0.1710	0.1900
260	0.0790	0.0988	0.1186	0.1383	0.1581	0.1778	0.1976
270	0.0821	0.1026	0.1231	0.1436	0.1642	0.1847	0.2052
280	0.0851	0.1064	0.1277	0.1490	0.1702	0.1915	0.2128
290	0.0882	0.1102	0.1322	0.1543	0.1763	0.1984	0.2204
300	0.0912	0.1140	0.1368	0.1596	0.1824	0.2052	0.2280

（续）

材长/m	7.8						
材宽/mm	材厚/mm						
	12	15	18	21	25	30	35
	材积/m³						
30	0.0028	0.0035	0.0042	0.0049	0.0059	0.0070	0.0082
40	0.0037	0.0047	0.0056	0.0066	0.0078	0.0094	0.0109
50	0.0047	0.0059	0.0070	0.0082	0.0098	0.0117	0.0137
60	0.0056	0.0070	0.0084	0.0098	0.0117	0.0140	0.0164
70	0.0066	0.0082	0.0098	0.0115	0.0137	0.0164	0.0191
80	0.0075	0.0094	0.0112	0.0131	0.0156	0.0187	0.0218
90	0.0084	0.0105	0.0126	0.0147	0.0176	0.0211	0.0246
100	0.0094	0.0117	0.0140	0.0164	0.0195	0.0234	0.0273
110	0.0103	0.0129	0.0154	0.0180	0.0215	0.0257	0.0300
120	0.0112	0.0140	0.0168	0.0197	0.0234	0.0281	0.0328
130	0.0122	0.0152	0.0183	0.0213	0.0254	0.0304	0.0355
140	0.0131	0.0164	0.0197	0.0229	0.0273	0.0328	0.0382
150	0.0140	0.0176	0.0211	0.0246	0.0293	0.0351	0.0410
160	0.0150	0.0187	0.0225	0.0262	0.0312	0.0374	0.0437
170	0.0159	0.0199	0.0239	0.0278	0.0332	0.0398	0.0464
180	0.0168	0.0211	0.0253	0.0295	0.0351	0.0421	0.0491
190	0.0178	0.0222	0.0267	0.0311	0.0371	0.0445	0.0519
200	0.0187	0.0234	0.0281	0.0328	0.0390	0.0468	0.0546
210	0.0197	0.0246	0.0295	0.0344	0.0410	0.0491	0.0573
220	0.0206	0.0257	0.0309	0.0360	0.0429	0.0515	0.0601
230	0.0215	0.0269	0.0323	0.0377	0.0449	0.0538	0.0628
240	0.0225	0.0281	0.0337	0.0393	0.0468	0.0562	0.0655
250	0.0234	0.0293	0.0351	0.0410	0.0488	0.0585	0.0683
260	0.0243	0.0304	0.0365	0.0426	0.0507	0.0608	0.0710
270	0.0253	0.0316	0.0379	0.0442	0.0527	0.0632	0.0737
280	0.0262	0.0328	0.0393	0.0459	0.0546	0.0655	0.0764
290	0.0271	0.0339	0.0407	0.0475	0.0566	0.0679	0.0792
300	0.0281	0.0351	0.0421	0.0491	0.0585	0.0702	0.0819

（续）

材长/m	7.8						
材宽 /mm	材厚/mm						
	40	50	60	70	80	90	100
	材积/m³						
30	0.0094	0.0117	0.0140	0.0164	0.0187	0.0211	0.0234
40	0.0125	0.0156	0.0187	0.0218	0.0250	0.0281	0.0312
50	0.0156	0.0195	0.0234	0.0273	0.0312	0.0351	0.0390
60	0.0187	0.0234	0.0281	0.0328	0.0374	0.0421	0.0468
70	0.0218	0.0273	0.0328	0.0382	0.0437	0.0491	0.0546
80	0.0250	0.0312	0.0374	0.0437	0.0499	0.0562	0.0624
90	0.0281	0.0351	0.0421	0.0491	0.0562	0.0632	0.0702
100	0.0312	0.0390	0.0468	0.0546	0.0624	0.0702	0.0780
110	0.0343	0.0429	0.0515	0.0601	0.0686	0.0772	0.0858
120	0.0374	0.0468	0.0562	0.0655	0.0749	0.0842	0.0936
130	0.0406	0.0507	0.0608	0.0710	0.0811	0.0913	0.1014
140	0.0437	0.0546	0.0655	0.0764	0.0874	0.0983	0.1092
150	0.0468	0.0585	0.0702	0.0819	0.0936	0.1053	0.1170
160	0.0499	0.0624	0.0749	0.0874	0.0998	0.1123	0.1248
170	0.0530	0.0663	0.0796	0.0928	0.1061	0.1193	0.1326
180	0.0562	0.0702	0.0842	0.0983	0.1123	0.1264	0.1404
190	0.0593	0.0741	0.0889	0.1037	0.1186	0.1334	0.1482
200	0.0624	0.0780	0.0936	0.1092	0.1248	0.1404	0.1560
210	0.0655	0.0819	0.0983	0.1147	0.1310	0.1474	0.1638
220	0.0686	0.0858	0.1030	0.1201	0.1373	0.1544	0.1716
230	0.0718	0.0897	0.1076	0.1256	0.1435	0.1615	0.1794
240	0.0749	0.0936	0.1123	0.1310	0.1498	0.1685	0.1872
250	0.0780	0.0975	0.1170	0.1365	0.1560	0.1755	0.1950
260	0.0811	0.1014	0.1217	0.1420	0.1622	0.1825	0.2028
270	0.0842	0.1053	0.1264	0.1474	0.1685	0.1895	0.2106
280	0.0874	0.1092	0.1310	0.1529	0.1747	0.1966	0.2184
290	0.0905	0.1131	0.1357	0.1583	0.1810	0.2036	0.2262
300	0.0936	0.1170	0.1404	0.1638	0.1872	0.2106	0.2340

（续）

材长/m	8.0						
材宽/mm	材厚/mm						
	12	15	18	21	25	30	35
	材积/m³						
30	0.0029	0.0036	0.0043	0.0050	0.0600	0.0072	0.0084
40	0.0038	0.0048	0.0058	0.0067	0.0080	0.0096	0.0112
50	0.0048	0.0060	0.0072	0.0084	0.0100	0.0120	0.0140
60	0.0058	0.0072	0.0086	0.0101	0.0120	0.0144	0.0168
70	0.0067	0.0084	0.0101	0.0118	0.0140	0.0168	0.0196
80	0.0077	0.0096	0.0115	0.0134	0.0160	0.0192	0.0224
90	0.0086	0.0108	0.0130	0.0151	0.0180	0.0216	0.0252
100	0.0096	0.0120	0.0144	0.0168	0.0200	0.0240	0.0280
110	0.0106	0.0132	0.0158	0.0185	0.0220	0.0264	0.0308
120	0.0115	0.0144	0.0173	0.0202	0.0240	0.0288	0.0336
130	0.0125	0.0156	0.0187	0.0218	0.0260	0.0312	0.0364
140	0.0134	0.0168	0.0202	0.0235	0.0280	0.0336	0.0392
150	0.0144	0.0180	0.0216	0.0252	0.0300	0.0360	0.0420
160	0.0154	0.0192	0.0230	0.0269	0.0320	0.0384	0.0448
170	0.0163	0.0204	0.0245	0.0286	0.0340	0.0408	0.0476
180	0.0173	0.0216	0.0259	0.0302	0.0360	0.0432	0.0504
190	0.0182	0.0228	0.0274	0.0319	0.0380	0.0456	0.0532
200	0.0192	0.0240	0.0288	0.0336	0.0400	0.0480	0.0560
210	0.0202	0.0252	0.0302	0.0353	0.0420	0.0504	0.0588
220	0.0211	0.0264	0.0317	0.0370	0.0440	0.0528	0.0616
230	0.0221	0.0276	0.0331	0.0386	0.0460	0.0552	0.0644
240	0.0230	0.0288	0.0346	0.0403	0.0480	0.0576	0.0672
250	0.0240	0.0300	0.0360	0.0420	0.0500	0.0600	0.0700
260	0.0250	0.0312	0.0374	0.0437	0.0520	0.0624	0.0728
270	0.0259	0.0324	0.0389	0.0454	0.0540	0.0648	0.0756
280	0.0269	0.0336	0.0403	0.0470	0.0560	0.0672	0.0784
290	0.0278	0.0348	0.0418	0.0487	0.0580	0.0696	0.0812
300	0.0288	0.0360	0.0432	0.0504	0.0600	0.0720	0.0840

（续）

材长/m	8.0						
材宽/mm	材厚/mm						
	40	50	60	70	80	90	100
	材积/m³						
30	0.0096	0.0120	0.0144	0.0168	0.0192	0.0216	0.0240
40	0.0128	0.0160	0.0192	0.0224	0.0256	0.0288	0.0320
50	0.0160	0.0200	0.0240	0.0280	0.0320	0.0360	0.0400
60	0.0192	0.0240	0.0288	0.0336	0.0384	0.0432	0.0480
70	0.0224	0.0280	0.0336	0.0392	0.0448	0.0504	0.0560
80	0.0256	0.0320	0.0384	0.0448	0.0512	0.0576	0.0640
90	0.0288	0.0360	0.0432	0.0504	0.0576	0.0648	0.0720
100	0.0320	0.0400	0.0480	0.0560	0.0640	0.0720	0.0800
110	0.0352	0.0440	0.0528	0.0616	0.0704	0.0792	0.0880
120	0.0384	0.0480	0.0576	0.0672	0.0768	0.0864	0.0960
130	0.0416	0.0520	0.0624	0.0728	0.0832	0.0936	0.1040
140	0.0448	0.0560	0.0672	0.0784	0.0896	0.1008	0.1120
150	0.0480	0.0600	0.0720	0.0840	0.0960	0.1080	0.1200
160	0.0512	0.0640	0.0768	0.0896	0.1024	0.1152	0.1280
170	0.0544	0.0680	0.0816	0.0952	0.1088	0.1224	0.1360
180	0.0576	0.0720	0.0864	0.1008	0.1152	0.1296	0.1440
190	0.0608	0.0760	0.0912	0.1064	0.1216	0.1368	0.1520
200	0.0640	0.0800	0.0960	0.1120	0.1280	0.1440	0.1600
210	0.0672	0.0840	0.1008	0.1176	0.1344	0.1512	0.1680
220	0.0704	0.0880	0.1056	0.1232	0.1408	0.1584	0.1760
230	0.0736	0.0920	0.1104	0.1288	0.1472	0.1656	0.1840
240	0.0768	0.0960	0.1152	0.1344	0.1536	0.1728	0.1920
250	0.0800	0.1000	0.1200	0.1400	0.1600	0.1800	0.2000
260	0.0832	0.1040	0.1248	0.1456	0.1664	0.1872	0.2080
270	0.0864	0.1080	0.1296	0.1512	0.1728	0.1944	0.2160
280	0.0896	0.1120	0.1344	0.1568	0.1792	0.2016	0.2240
290	0.0928	0.1160	0.1392	0.1624	0.1856	0.2088	0.2320
300	0.0960	0.1200	0.1440	0.1680	0.1920	0.2160	0.2400

3.3.2 专用锯材材积速查表

适用于枕木锯材、铁路货车锯材、载货汽车锯材、罐道木和机台木锯材的材积查定。

1. 枕木锯材材积速查表

编表依据 GB/T 449—2009《锯材材积表》中的 4.2.4 节,按 GB 154—1984《枕木》对铁路标准轨(轨距 1435mm)普通枕木、道岔枕木和桥梁枕木的尺寸规格规定,制定枕木锯材材积表,材积数保留四位小数。枕木锯材材积速查表见表 3-2。

表 3-2 枕木锯材材积速查表

$\dfrac{宽}{mm} \times \dfrac{厚}{mm}$	材长/m				
	2.5	2.6	2.8	3.0	3.2
	材积/m³				
200×145	0.0725	—	—	—	—
200×220	—	—	—	0.1320	—
200×240	—	—	—	0.1440	—
220×160	0.0880	—	—	—	—
220×260	—	—	—	0.1716	—
220×280	—	—	—	—	0.1971
240×160	—	0.0998	0.1075	0.1152	0.1229
240×300	—	—	—	—	0.2304

$\dfrac{宽}{mm} \times \dfrac{厚}{mm}$	材长/m			
	3.4	3.6	3.8	4.0
	材积/m³			
200×145	—	—	—	—
200×220	—	—	—	—
200×240	—	—	—	—
220×160	—	—	—	—
220×260	—	—	—	—

（续）

宽/mm × 厚/mm	材长/m			
	3.4	3.6	3.8	4.0
	材积/m³			
220×280	—	—	—	—
240×160	0.1306	0.1382	0.1459	0.1536
240×300	0.2448			

宽/mm × 厚/mm	材长/m			
	4.2	4.4	4.6	4.8
	材积/m³			
200×145	—			—
200×220	0.1848			0.2112
200×240	0.2016			0.2304
220×160	—			—
220×260	0.2402			0.2746
220×280	0.2587			0.2957
240×160	0.1613	0.1690	0.1766	0.1843
240×300	0.3024			0.3456

2. 铁路货车锯材材积速查表

编表依据 GB/T 449—2009《锯材材积表》中的 4.2.5 节，按 LY/T 1295—2012《铁路货车锯材》对铁路货车车厢维修用锯材的尺寸规格规定，制定铁路货车锯材材积表，材积数保留四位小数。铁路货车锯材材积速查表见表 3-3。

3. 载货汽车锯材材积速查表

编表依据 GB/T 449—2009《锯材材积表》中 4.2.6，按 LY/T 1296—2012《载重汽车锯材》对载货汽车车厢所用梁材、板材和栏板条的尺寸规格规定，制定载货汽车锯材材积表，材积数保留四位小数。载货汽车锯材材积速查表见表3-4。

表3-3 铁路货车锯材材积速查表

材宽/mm	材长/m					
	3.0	5.0	6.0	2.5	5.0	6.0
	材厚/mm					
	52.0			57.0		
	材积/m³					
120	0.0187	0.0312	0.0374	0.0171	0.0342	0.0410
130	0.0203	0.0338	0.0406	0.0185	0.0371	0.0445
140	0.0218	0.0364	0.0437	0.0200	0.0399	0.0479
150	0.0234	0.0390	0.0468	0.0214	0.0428	0.0513
160	0.0250	0.0416	0.0499	0.0228	0.0456	0.0547
170	0.0265	0.0442	0.0530	0.0242	0.0485	0.0581
180	0.0281	0.0468	0.0562	0.0257	0.0513	0.0616
190	0.0296	0.0494	0.0593	0.0271	0.0542	0.0650
200	0.0312	0.0520	0.0624	0.0285	0.0570	0.0684
210	0.0328	0.0546	0.0655	0.0299	0.0599	0.0718
220	0.0343	0.0572	0.0686	0.0314	0.0627	0.0752
230	0.0359	0.0598	0.0718	0.0328	0.0656	0.0787
240	0.0374	0.0624	0.0749	0.0342	0.0684	0.0821
250	0.0390	0.0650	0.0780	0.0356	0.0713	0.0855
260	0.0406	0.0676	0.0811	0.0371	0.0741	0.0889
270	0.0421	0.0702	0.0842	0.0385	0.0770	0.0923
280	0.0437	0.0728	0.0874	0.0399	0.0798	0.0958
290	0.0452	0.0754	0.0905	0.0413	0.0827	0.0992
300	0.0468	0.0780	0.0936	0.0428	0.0855	0.1026

表 3-4　载货汽车锯材材积速查表

材长/m	2.5							
材宽/mm	材厚/mm							
	30	35	40	45	50	60	70	80
	材积/m³							
80	0.0060	0.0070	0.0080	0.0090	0.0100	0.0120	0.0140	0.0160
90	0.0068	0.0079	0.0090	0.0101	0.0113	0.0135	0.0158	0.0180
120	0.0090	0.0105	0.0120	0.0135	0.0150	0.0180	0.0210	0.0240
130	0.0098	0.0114	0.0130	0.0146	0.0163	0.0195	0.0228	0.0260
140	0.0105	0.0123	0.0140	0.0158	0.0175	0.0210	0.0245	0.0280
150	0.0113	0.0131	0.0150	0.0169	0.0188	0.0225	0.0263	0.0300
160	0.0120	0.0140	0.0160	0.0180	0.0200	0.0240	0.0280	0.0320
170	0.0128	0.0149	0.0170	0.0191	0.0213	0.0255	0.0298	0.0340
180	0.0135	0.0158	0.0180	0.0203	0.0225	0.0270	0.0315	0.0360
200	0.0150	0.0175	0.0200	0.0225	0.0250	0.0300	0.0350	0.0400
210	0.0158	0.0184	0.0210	0.0236	0.0263	0.0315	0.0368	0.0420
220	0.0165	0.0193	0.0220	0.0248	0.0275	0.0330	0.0385	0.0440
材长/m	3.0							
材宽/mm	材厚/mm							
	30	35	40	45	50	60	70	80
	材积/m³							
80	0.0072	0.0084	0.0096	0.0108	0.0120	0.0144	0.0168	0.0192
90	0.0081	0.0095	0.0108	0.0122	0.0135	0.0162	0.0189	0.0216
120	0.0108	0.0126	0.0144	0.0162	0.0180	0.0216	0.0252	0.0288
130	0.0117	0.0137	0.0156	0.0176	0.0195	0.0234	0.0273	0.0312
140	0.0126	0.0147	0.0168	0.0189	0.0210	0.0252	0.0294	0.0336
150	0.0135	0.0158	0.0180	0.0203	0.0225	0.0270	0.0315	0.0360
160	0.0144	0.0168	0.0192	0.0216	0.0240	0.0288	0.0336	0.0384
170	0.0153	0.0179	0.0204	0.0230	0.0255	0.0306	0.0357	0.0408
180	0.0162	0.0189	0.0216	0.0243	0.0270	0.0324	0.0378	0.0432
200	0.0180	0.0210	0.0240	0.0270	0.0300	0.0360	0.0420	0.0480
210	0.0189	0.0221	0.0252	0.0284	0.0315	0.0378	0.0441	0.0504
220	0.0198	0.0231	0.0264	0.0297	0.0330	0.0396	0.0462	0.0528

（续）

材长/m	3.4							
材宽/mm	材厚/mm							
	30	35	40	45	50	60	70	80
	材积/m³							
80	0.0082	0.0095	0.0109	0.0122	0.0136	0.0163	0.0190	0.0218
90	0.0092	0.0107	0.0122	0.0138	0.0153	0.0184	0.0214	0.0245
120	0.0122	0.0143	0.0163	0.0184	0.0204	0.0245	0.0286	0.0326
130	0.0133	0.0155	0.0177	0.0199	0.0221	0.0265	0.0309	0.0354
140	0.0143	0.0167	0.0190	0.0214	0.0238	0.0286	0.0333	0.0381
150	0.0153	0.0179	0.0204	0.0230	0.0255	0.0306	0.0357	0.0408
160	0.0163	0.0190	0.0218	0.0245	0.0272	0.0326	0.0381	0.0435
170	0.0173	0.0202	0.0231	0.0260	0.0289	0.0347	0.0405	0.0462
180	0.0184	0.0214	0.0245	0.0275	0.0306	0.0367	0.0428	0.0490
200	0.0204	0.0238	0.0272	0.0306	0.0340	0.0408	0.0476	0.0544
210	0.0214	0.0250	0.0286	0.0321	0.0357	0.0428	0.0500	0.0571
220	0.0224	0.0262	0.0299	0.0337	0.0374	0.0449	0.0524	0.0598

材长/m	4.0							
材宽/mm	材厚/mm							
	30	35	40	45	50	60	70	80
	材积/m³							
80	0.0096	0.0112	0.0128	0.0144	0.0160	0.0192	0.0224	0.0256
90	0.0108	0.0126	0.0144	0.0162	0.0180	0.0216	0.0252	0.0288
120	0.0144	0.0168	0.0192	0.0216	0.0240	0.0288	0.0336	0.0384
130	0.0156	0.0182	0.0208	0.0234	0.0260	0.0312	0.0364	0.0416
140	0.0168	0.0196	0.0224	0.0252	0.0280	0.0336	0.0392	0.0448
150	0.0180	0.0210	0.0240	0.0270	0.0300	0.0360	0.0420	0.0480
160	0.0192	0.0224	0.0256	0.0288	0.0320	0.0384	0.0448	0.0512
170	0.0204	0.0238	0.0272	0.0306	0.0340	0.0408	0.0476	0.0544
180	0.0216	0.0252	0.0288	0.0324	0.0360	0.0432	0.0504	0.0576
200	0.0240	0.0280	0.0320	0.0360	0.0400	0.0480	0.0560	0.0640
210	0.0252	0.0294	0.0336	0.0378	0.0420	0.0504	0.0538	0.0672
220	0.0264	0.0308	0.0352	0.0396	0.0440	0.0528	0.0616	0.0704

（续）

材长/m	4.4							
	材厚/mm							
材宽/mm	30	35	40	45	50	60	70	80
	材积/m³							
80	0.0106	0.0123	0.0141	0.0158	0.0176	0.0211	0.0246	0.0282
90	0.0119	0.0139	0.0158	0.0178	0.0198	0.0238	0.0277	0.0317
120	0.0158	0.0185	0.0211	0.0238	0.0264	0.0317	0.0370	0.0422
130	0.0172	0.0200	0.0229	0.0257	0.0286	0.0343	0.0400	0.0458
140	0.0185	0.0216	0.0246	0.0277	0.0308	0.0370	0.0431	0.0493
150	0.0198	0.0231	0.0264	0.0297	0.0330	0.0396	0.0462	0.0528
160	0.0211	0.0246	0.0282	0.0317	0.0352	0.0422	0.0493	0.0563
170	0.0224	0.0262	0.0299	0.0337	0.0374	0.0449	0.0524	0.0598
180	0.0238	0.0277	0.0317	0.0356	0.0396	0.0475	0.0554	0.0634
200	0.0264	0.0308	0.0352	0.0396	0.0440	0.0528	0.0616	0.0704
210	0.0277	0.0323	0.0370	0.0416	0.0462	0.0554	0.0647	0.0739
220	0.0290	0.0339	0.0387	0.0436	0.0484	0.0581	0.0678	0.0774

材长/m	5.0							
	材厚/mm							
材宽/mm	30	35	40	45	50	60	70	80
	材积/m³							
80	0.0120	0.0140	0.0160	0.0180	0.0200	0.0240	0.0280	0.0320
90	0.0135	0.0158	0.0180	0.0203	0.0225	0.0270	0.0315	0.0360
120	0.0180	0.0210	0.0240	0.0270	0.0300	0.0360	0.0420	0.0480
130	0.0195	0.0228	0.0260	0.0293	0.0325	0.0390	0.0455	0.0520
140	0.0210	0.0245	0.0280	0.0315	0.0350	0.0420	0.0490	0.0560
150	0.0225	0.0263	0.0300	0.0338	0.0375	0.0450	0.0525	0.0600
160	0.0240	0.0280	0.0320	0.0360	0.0400	0.0480	0.0560	0.0640
170	0.0255	0.0298	0.0340	0.0383	0.0425	0.0510	0.0595	0.0680
180	0.0270	0.0315	0.0360	0.0405	0.0450	0.0540	0.0630	0.0720
200	0.0300	0.0350	0.0400	0.0450	0.0500	0.0600	0.0700	0.0800
210	0.0315	0.0368	0.0420	0.0473	0.0525	0.0630	0.0735	0.0840
220	0.0330	0.0385	0.0440	0.0495	0.0550	0.0660	0.0770	0.0880

（续）

材长/m	5.4							
材宽/mm	材厚/mm							
	30	35	40	45	50	60	70	80
	材积/m³							
80	0.0130	0.0151	0.0173	0.0194	0.0216	0.0259	0.0302	0.0346
90	0.0146	0.0170	0.0194	0.0219	0.0243	0.0292	0.0340	0.0389
120	0.0194	0.0227	0.0259	0.0292	0.0324	0.0389	0.0454	0.0518
130	0.0211	0.0246	0.0281	0.0316	0.0351	0.0421	0.0491	0.0562
140	0.0227	0.0265	0.0302	0.0340	0.0378	0.0454	0.0529	0.0605
150	0.0243	0.0284	0.0324	0.0365	0.0405	0.0486	0.0567	0.0648
160	0.0259	0.0302	0.0346	0.0389	0.0432	0.0518	0.0605	0.0691
170	0.0275	0.0321	0.0367	0.0413	0.0459	0.0551	0.0643	0.0734
180	0.0292	0.0340	0.0389	0.0437	0.0486	0.0583	0.0680	0.0778
200	0.0324	0.0378	0.0432	0.0486	0.0540	0.0648	0.0756	0.0864
210	0.0340	0.0397	0.0454	0.0510	0.0567	0.0680	0.0794	0.0907
220	0.0356	0.0416	0.0475	0.0535	0.0594	0.0713	0.0832	0.0950

材长/m	6.0							
材宽/mm	材厚/mm							
	30	35	40	45	50	60	70	80
	材积/m³							
80	0.0144	0.0168	0.0192	0.0216	0.0240	0.0288	0.0336	0.0384
90	0.0162	0.0189	0.0216	0.0243	0.0270	0.0324	0.0378	0.0432
120	0.0216	0.0252	0.0288	0.0324	0.0360	0.0432	0.0504	0.0576
130	0.0234	0.0273	0.0312	0.0351	0.0390	0.0468	0.0546	0.0624
140	0.0252	0.0294	0.0336	0.0378	0.0420	0.0504	0.0588	0.0672
150	0.0270	0.0315	0.0360	0.0405	0.0450	0.0540	0.0630	0.0720
160	0.0288	0.0336	0.0384	0.0432	0.0480	0.0576	0.0672	0.0768
170	0.0306	0.0357	0.0408	0.0459	0.0510	0.0612	0.0714	0.0816
180	0.0324	0.0378	0.0432	0.0486	0.0540	0.0648	0.0756	0.0864
200	0.0360	0.0420	0.0480	0.0540	0.0600	0.0720	0.0840	0.0960
210	0.0378	0.0441	0.0504	0.0567	0.0630	0.0756	0.0882	0.1008
220	0.0396	0.0462	0.0528	0.0594	0.0660	0.0792	0.0924	0.1056

4. 罐道木和机台木锯材材积速查表

编表依据 GB/T 449—2009《锯材材积表》中的 4.2.7 节，按 GB 4820—1995《罐道木》对矿山竖井罐道木和 LY/T 1200—2012《机台木》对机台木的尺寸规格规定，制定罐道木和机台木锯材材积表，材积数保留三位小数。罐道木和机台木锯材材积速查表见表 3-5。

表 3-5　罐道木和机台木锯材材积速查表

材长 /m	宽×厚/mm					
	210×210	220×220	230×230	240×240	250×250	260×260
	材积/m³					
4.0	0.176	0.194	0.212	0.230	0.250	0.270
4.5	0.198	0.218	0.238	0.259	0.281	0.304
5.0	0.221	0.242	0.265	0.288	0.313	0.338
5.2	0.229	0.252	0.275	0.300	0.325	0.352
5.4	0.238	0.261	0.286	0.311	0.338	0.365
5.5	0.243	0.266	0.291	0.317	0.344	0.372
5.6	0.247	0.271	0.296	0.323	0.350	0.379
5.8	0.256	0.281	0.307	0.334	0.363	0.392
6.0	0.265	0.290	0.317	0.346	0.375	0.406
6.2	0.273	0.300	0.328	0.357	0.388	0.419
6.4	0.282	0.310	0.339	0.369	0.400	0.433
6.5	0.287	0.315	0.344	0.374	0.406	0.439
6.6	0.291	0.319	0.349	0.380	0.413	0.446
6.8	0.300	0.329	0.360	0.392	0.425	0.460
7.0	0.309	0.339	0.370	0.403	0.438	0.473
7.2	0.318	0.348	0.381	0.415	0.450	0.487
7.4	0.326	0.358	0.391	0.426	0.463	0.500
7.5	0.331	0.363	0.397	0.432	0.469	0.507
7.6	0.335	0.368	0.402	0.438	0.475	0.514
7.8	0.334	0.378	0.413	0.449	0.488	0.527
8.0	0.353	0.387	0.423	0.461	0.500	0.541

（续）

材长 /m	宽 × 厚/mm					
	270 × 270	280 × 280	290 × 290	300 × 300	310 × 310	320 × 320
	材积/m³					
4.0	0.292	0.314	0.336	0.360	0.384	0.410
4.5	0.328	0.353	0.378	0.405	0.432	0.461
5.0	0.365	0.392	0.421	0.450	0.500	0.512
5.2	0.379	0.408	0.437	0.468	0.500	0.532
5.4	0.394	0.423	0.454	0.486	0.519	0.553
5.5	0.401	0.431	0.463	0.495	0.529	0.563
5.6	0.408	0.439	0.471	0.504	0.538	0.573
5.8	0.423	0.455	0.488	0.522	0.557	0.594
6.0	0.437	0.470	0.505	0.540	0.596	0.635
6.2	0.452	0.486	0.521	0.558	0.596	0.635
6.4	0.467	0.502	0.538	0.576	0.615	0.655
6.5	0.474	0.510	0.547	0.585	0.625	0.666
6.6	0.481	0.517	0.555	0.594	0.634	0.676
6.8	0.496	0.533	0.572	0.612	0.653	0.696
7.0	0.510	0.549	0.589	0.630	0.673	0.717
7.2	0.525	0.564	0.606	0.648	0.692	0.737
7.4	0.539	0.580	0.622	0.666	0.711	0.758
7.5	0.547	0.588	0.631	0.675	0.721	0.768
7.6	0.554	0.596	0.639	0.684	0.730	0.778
7.8	0.569	0.612	0.656	0.702	0.750	0.799
8.0	0.583	0.627	0.673	0.720	0.769	0.819

第2篇 进口原木材积表

第4章 美国原木

美国现行的原木检尺和评等方法有两种：一种是《原木检尺斯克莱布诺板英尺规则》(即《原木检尺和评等规则》)(1982年1月1日版)；另一种是《西北部原木检尺立方英尺规则》。我国进口美国原木时，一般采用美国官方原木标准《原木检尺和评等规则》(1982年1月1日版)进行交接。美国斯克莱布诺原木材积是以板英尺(BF)为单位的($1m^3 = 424BF$)，决定原木材积大小的要素为检尺径和检尺长。

4.1 美国原木数量检量

《原木检尺和评等规则》(1982年1月1日版)规定：

1. 检尺径

(1)直径检量 通过小头断面中心先量短径，再通过小头断面中心检量与短径相垂直的长径，取其平均值作为原木直径尺寸，带皮者要去其皮厚。以英寸(in)为单位(1in = 0.0254m)，短径、长径和平均值均以1in为进级单位，不足1in的舍去。

(2)检尺径确定 原木直径按进级的规定，经进级后为检尺径。检尺径以1in为一个增进单位，不足1in的舍去。

2. 检尺长

(1)长度检量 应沿原木的检尺圆柱体的轴线方向量取原木两端断面的最短距离。检尺圆柱体是以小头直径(去掉树皮)作为圆柱体自始至终的直径，延伸到整根原木内的圆柱体。以英尺(ft)为单位(1ft=0.3048m),量至英尺,不足1ft的舍去。

(2)检尺长确定 实际长度(算至英寸)按进级后的规定,经进级后为检尺长。检尺长以1ft为一个增进单位,不足1ft的舍去。特殊用途的原木,经批准可按2ft为一个增进单位,并保留17ft的检尺长。原木最大检尺长为40ft,最小检尺长针叶树为12ft、阔叶树为8ft。检尺长41ft以上者为长原木,作为特殊用材实行分段检量;针叶原木检尺长自8~11ft者为短原木;检尺长小于8ft者,可作为特殊用材单独检量。

4.2 美国原木材积计算

现行的《斯克莱布诺材积表》是1972年7月1日修订的,采用十进位制,即把个位数整化为十位数。《斯克莱布诺材积表》是用绘图法编制的,其计算公式基于从原木小头断面切取厚度1in的板图形,具体方法是在原木小头断面画出厚为1in、最小宽度大于或等于4in、块与块之间留有0.25in锯缝的若干块板条,把所有板条的面积加起来再乘以原木的检尺长,得出该原木的材积。计算公式:

$$V = AL/12$$

式中,V是材积(BF);A是绘在小头断面上的板图形的面积(in^2);L是检尺长(ft)。

由于上述计算方法比较复杂,一般可用斯克莱布诺材积估算公式计算材积,计算公式:

$$V = L(D^2 - 3D)/20$$

式中,V是材积(BF);D是检尺径(in);L是检尺长(ft)。

4.3 美国原木材积速查表

编表依据《斯克莱布诺材积表》,适于检尺径自4~60in、检尺长自8~48ft的所有树种原木材积查定,原木材积数保留整数。美国原木材积速查表见表4-1。

（续）

检尺径/in	检尺长/ft 材积/BF													
	8	9	10	11	12	13	14	15	16	17	18	19	20	21
24	200	220	250	270	300	320	350	370	400	420	450	470	500	520
25	220	240	290	300	330	350	380	410	440	460	490	520	550	570
26	230	260	310	320	350	380	410	440	470	500	530	560	590	620
27	250	290	320	350	380	420	450	480	510	550	580	610	640	680
28	280	310	350	380	420	450	490	520	560	590	630	660	700	730
29	300	330	370	410	450	490	520	560	600	640	670	710	750	790
30	320	360	400	440	480	520	560	600	640	680	720	760	810	850
31	340	390	430	470	520	560	600	650	690	730	780	820	860	910
32	370	410	460	510	550	600	640	690	740	780	830	880	920	970
33	390	440	490	540	590	640	690	740	790	840	890	940	990	1030
34	420	470	520	570	630	680	730	790	840	890	940	1000	1050	1100
35	440	500	560	610	670	720	780	840	890	950	1000	1060	1120	1170
36	470	530	590	650	710	770	830	890	950	1000	1060	1120	1180	1240
37	500	560	620	690	750	810	880	940	1000	1060	1130	1190	1250	1320
38	530	590	660	730	790	860	930	990	1060	1130	1190	1260	1330	1390
39	560	630	700	770	840	910	980	1050	1120	1190	1260	1330	1400	1470
40	590	660	740	810	880	960	1030	1110	1180	1250	1330	1400	1480	1550
41	620	700	770	850	930	1010	1090	1160	1240	1320	1400	1480	1550	1630
42	650	730	810	900	980	1060	1140	1220	1310	1390	1470	1550	1630	1710

（续）

检尺径/in	检尺长/ft 材积/BF													
	8	9	10	11	12	13	14	15	16	17	18	19	20	21
43	680	770	860	940	1030	1110	1200	1290	1370	1460	1540	1630	1720	1800
44	720	810	900	990	1080	1170	1260	1350	1440	1530	1620	1710	1800	1890
45	750	850	940	1030	1130	1220	1320	1410	1510	1600	1700	1790	1890	1980
46	790	890	980	1080	1180	1280	1380	1480	1580	1680	1780	1870	1970	2070
47	820	930	1030	1130	1240	1340	1440	1550	1650	1750	1860	1960	2060	2170
48	860	970	1080	1180	1290	1390	1510	1620	1720	1830	1940	2050	2160	2260
49	900	1010	1120	1230	1350	1460	1570	1690	1800	1910	2020	2140	2250	2360
50	940	1050	1170	1290	1410	1520	1640	1760	1880	1990	2110	2230	2350	2460
51	970	1100	1220	1340	1460	1590	1710	1830	1950	2080	2200	2320	2440	2570
52	1010	1140	1270	1400	1520	1650	1780	1910	2030	2160	2290	2420	2540	2670
53	1060	1190	1320	1450	1590	1720	1850	1980	2120	2250	2380	2510	2650	2780
54	1100	1230	1370	1510	1650	1790	1920	2060	2200	2340	2470	2610	2750	2890
55	1140	1280	1430	1570	1710	1850	2000	2140	2280	2430	2570	2710	2860	3000
56	1180	1330	1480	1630	1780	1920	2070	2220	2370	2520	2670	2810	2960	3110
57	1230	1380	1530	1690	1840	2000	2150	2300	2460	2610	2770	2920	3070	3230
58	1270	1430	1590	1750	1910	2070	2230	2390	2550	2710	2870	3030	3190	3340
59	1320	1480	1650	1810	1980	2140	2310	2470	2640	2800	2970	3130	3300	3460
60	1360	1530	1710	1880	2050	2220	2390	2560	2730	2900	3070	3240	3420	3590

（续）

检尺长/ft　材积/BF

检尺径/in	22	23	24	25	26	27	28	29	30	31	32	33	34	35
4	10	20	20	20	20	20	20	20	20	20	20	20	20	20
5	20	30	30	30	30	30	30	30	30	30	30	40	40	40
6	30	30	30	30	30	30	30	40	40	40	50	50	50	50
7	40	40	40	40	40	40	50	50	50	50	60	60	60	60
8	40	40	40	50	50	50	50	70	60	60	70	70	70	80
9	50	60	60	60	60	70	70	70	80	80	90	100	100	100
10	70	80	80	80	90	90	90	100	110	110	120	130	130	130
11	90	100	100	110	110	110	120	120	130	130	140	140	140	150
12	110	120	120	130	140	140	150	150	160	160	170	170	180	180
13	140	140	150	160	160	170	180	180	190	200	200	210	220	220
14	160	170	180	190	200	200	210	220	230	230	240	250	260	260
15	190	200	210	220	230	240	250	260	270	270	280	290	300	310
16	220	230	240	260	270	280	290	300	310	320	330	340	350	360
17	260	270	280	290	300	320	330	340	350	360	380	390	400	410
18	290	310	320	330	350	360	370	390	400	410	430	440	450	470
19	330	340	360	380	390	410	420	440	450	470	480	500	510	530
20	370	390	400	420	440	450	470	490	510	520	540	560	570	590
21	410	430	450	470	490	510	520	540	560	580	600	620	640	660
22	450	480	500	520	540	560	580	600	620	640	660	680	710	730
23	500	520	550	570	590	620	640	660	690	710	730	750	780	800

（续）

检尺径/in	检尺长/ft 材积/BF													
	22	23	24	25	26	27	28	29	30	31	32	33	34	35
24	550	570	600	630	650	680	700	730	750	780	800	830	850	880
25	600	630	660	680	710	740	770	790	820	850	880	900	930	960
26	650	680	710	740	770	800	830	860	890	920	950	980	1010	1040
27	710	740	770	810	840	870	900	930	970	1000	1030	1060	1100	1130
28	770	800	840	870	910	940	980	1010	1050	1080	1120	1150	1190	1220
29	820	860	900	940	980	1010	1050	1090	1130	1160	1200	1240	1280	1310
30	890	930	970	1010	1050	1090	1130	1170	1210	1250	1290	1330	1370	1410
31	950	990	1040	1080	1120	1170	1210	1250	1300	1340	1380	1430	1470	1510
32	1020	1060	1110	1160	1200	1250	1290	1340	1390	1430	1480	1530	1570	1620
33	1080	1130	1180	1230	1280	1330	1380	1430	1480	1530	1580	1630	1680	1730
34	1150	1210	1260	1310	1370	1420	1470	1520	1580	1630	1680	1730	1790	1840
35	1230	1280	1340	1400	1450	1510	1560	1620	1680	1730	1790	1840	1900	1960
36	1300	1360	1420	1480	1540	1600	1660	1720	1780	1840	1900	1960	2010	2070
37	1380	1440	1500	1570	1630	1690	1760	1820	1880	1940	2010	2070	2130	2200
38	1460	1520	1590	1660	1720	1790	1860	1920	1990	2060	2120	2190	2260	2320
39	1540	1610	1680	1750	1820	1890	1960	2030	2100	2170	2240	2310	2380	2450
40	1620	1700	1770	1850	1920	1990	2070	2140	2220	2290	2360	2440	2510	2590
41	1710	1790	1860	1940	2020	2100	2180	2250	2330	2410	2490	2570	2640	2720
42	1800	1880	1960	2040	2120	2210	2290	2370	2450	2530	2620	2700	2780	2860

（续）

检尺径/in	检尺长/ft 材积/BF													
	22	23	24	25	26	27	28	29	30	31	32	33	34	35
43	1890	1970	2060	2150	2230	2320	2400	2490	2580	2660	2750	2830	2920	3010
44	1980	2070	2160	2260	2340	2430	2520	2610	2700	2790	2880	2970	3060	3150
45	2070	2170	2260	2360	2450	2550	2640	2740	2830	2920	3020	3110	3210	3300
46	2170	2270	2370	2470	2570	2670	2760	2860	2960	3060	3160	3260	3360	3460
47	2270	2370	2480	2580	2680	2790	2890	2990	3100	3200	3300	3410	3510	3610
48	2370	2480	2590	2700	2800	2910	3020	3130	3240	3340	3450	3560	3670	3780
49	2470	2590	2700	2810	2930	3040	3150	3260	3380	3490	3600	3710	3830	3940
50	2580	2700	2820	2930	3050	3170	3290	3400	3520	3640	3760	3870	3990	4110
51	2690	2810	2930	3060	3180	3300	3420	3540	3670	3790	3910	4030	4160	4280
52	2800	2930	3050	3180	3310	3430	3560	3690	3820	3940	4070	4200	4330	4450
53	2910	3040	3180	3310	3440	3570	3710	3840	3970	4100	4240	4370	4500	4630
54	3020	3160	3300	3440	3580	3710	3850	3990	4130	4260	4400	4540	4680	4810
55	3140	3280	3430	3570	3710	3860	4000	4140	4290	4430	4570	4710	4860	5000
56	3260	3410	3560	3710	3850	4000	4150	4300	4450	4600	4740	4890	5040	5190
57	3380	3530	3680	3830	4000	4150	4300	4460	4610	4770	4920	5070	5230	5380
58	3500	3660	3820	3980	4140	4300	4460	4620	4780	4940	5100	5260	5420	5580
59	3630	3790	3960	4130	4290	4460	4620	4790	4950	5120	5280	5450	5610	5780
60	3760	3930	4100	4270	4440	4610	4780	4950	5130	5300	5470	5640	5810	5980

（续）

检尺长/ft

材积/BF

检尺径/in	36	37	38	39	40	41	42	43	44	45	46	47	48
4	20	30	30	30	30	30	30	40	40	50	50	50	50
5	40	40	40	40	40	50	50	50	60	60	70	70	70
6	60	60	60	60	60	70	70	70	70	70	70	70	70
7	60	70	80	70	70	80	90	70	70	90	90	100	100
8	80	80	80	90	90	110	110	110	120	120	120	120	130
9	100	110	110	110	120	130	130	140	140	150	150	160	160
10	140	140	140	150	150	170	180	180	190	190	200	200	210
11	160	170	170	180	180	210	210	220	220	230	230	240	250
12	190	190	200	210	210	240	250	260	270	280	280	280	290
13	230	240	240	250	260	260	270	310	320	330	340	350	360
14	270	280	290	300	300	310	320	360	360	370	380	390	400
15	320	330	340	350	360	360	370	380	390	400	410	420	430
16	370	380	390	400	410	420	430	440	450	460	470	480	490
17	440	440	450	460	470	480	490	510	520	530	540	550	570
18	480	490	510	520	540	550	560	580	590	600	620	630	640
19	540	560	570	590	600	620	630	650	660	680	690	710	720
20	610	620	640	660	680	690	710	730	740	760	780	790	810
21	680	690	710	730	750	770	790	810	830	850	860	880	900
22	750	770	790	810	830	850	870	890	910	940	960	980	1000
23	820	850	870	890	920	940	960	980	1010	1030	1050	1080	1100

（续）

检尺径/in	36	37	38	39	40	41	42	43	44	45	46	47	48
							检尺长/ft						
							材积/BF						
24	900	930	950	980	1000	1030	1050	1080	1100	1130	1150	1180	1200
25	990	1010	1040	1070	1100	1120	1150	1180	1210	1230	1260	1290	1320
26	1070	1100	1130	1160	1190	1220	1250	1280	1310	1340	1370	1400	1430
27	1160	1190	1230	1260	1290	1320	1360	1390	1420	1450	1490	1520	1550
28	1260	1290	1330	1360	1400	1430	1470	1500	1540	1570	1610	1640	1680
29	1350	1390	1430	1470	1500	1540	1580	1620	1650	1690	1730	1770	1800
30	1450	1490	1530	1570	1620	1660	1700	1740	1780	1820	1860	1900	1940
31	1560	1600	1640	1690	1730	1770	1820	1860	1900	1950	1990	2030	2080
32	1670	1710	1760	1800	1850	1900	1940	1990	2040	2080	2130	2180	2220
33	1780	1830	1880	1930	1980	2020	2070	2120	2170	2220	2270	2320	2370
34	1890	1940	2000	2050	2100	2160	2210	2260	2310	2370	2420	2470	2520
35	2010	2070	2120	2180	2240	2290	2350	2400	2460	2520	2570	2630	2680
36	2130	2190	2250	2310	2370	2430	2490	2550	2610	2670	2730	2790	2850
37	2260	2320	2390	2450	2510	2570	2640	2700	2760	2830	2890	2950	3010
38	2390	2460	2520	2590	2660	2720	2790	2850	2920	2990	3050	3120	3190
39	2520	2590	2660	2730	2800	2870	2940	3010	3080	3150	3220	3290	3360
40	2660	2730	2810	2880	2960	3030	3100	3180	3250	3330	3400	3470	3550
41	2800	2880	2960	3030	3110	3190	3270	3340	3420	3500	3580	3660	3730
42	2940	3030	3110	3190	3270	3350	3430	3520	3600	3680	3760	3840	3930

（续）

检尺径/in	检尺长/ft 材积/BF												
	36	37	38	39	40	41	42	43	44	45	46	47	48
43	3090	3180	3260	3350	3440	3520	3610	3690	3780	3870	3950	4040	4120
44	3240	3330	3420	3510	3600	3690	3780	3870	3960	4050	4140	4230	4320
45	3400	3490	3590	3680	3780	3870	3960	4060	4150	4250	4340	4440	4530
46	3560	3650	3750	3850	3950	4050	4150	4250	4350	4450	4540	4640	4740
47	3720	3820	3920	4030	4130	4230	4340	4440	4540	4650	4750	4850	4960
48	3880	3990	4100	4210	4320	4420	4530	4640	4750	4860	4960	5070	5180
49	4050	4160	4280	4390	4500	4620	4730	4840	4950	5070	5180	5290	5400
50	4230	4340	4460	4580	4700	4810	4930	5050	5170	5280	5400	5520	5640
51	4400	4520	4650	4770	4890	5010	5140	5260	5380	5500	5630	5750	5870
52	4580	4710	4840	4960	5090	5220	5350	5470	5600	5730	5860	5980	6110
53	4770	4900	5030	5160	5300	5430	5560	5690	5830	5960	6090	6220	6360
54	4950	5090	5230	5370	5500	5640	5780	5920	6050	6190	6330	6470	6600
55	5140	5290	5430	5570	5720	5860	6000	6140	6290	6430	6570	6720	6860
56	5340	5490	5630	5780	5930	6080	6230	6380	6520	6670	6820	6970	7120
57	5540	5690	5840	6000	6150	6300	6460	6610	6770	6920	7070	7230	7380
58	5740	5900	6060	6220	6380	6530	6690	6850	7010	7170	7330	7490	7650
59	5940	6110	6270	6440	6600	6770	6930	7100	7260	7430	7590	7760	7920
60	6150	6320	6490	6660	6840	7010	7180	7350	7520	7690	7860	8030	8200

第5章 俄罗斯原木

俄罗斯现行原木标准和检验方法，仍按前苏联部长会议国家标准委员会颁布的原木标准规定执行。我国进口俄罗斯原木时，计量单位为材积（m³），决定原木材积大小的要素为检尺径和检尺长。

5.1 俄罗斯原木数量检量

ГОСТ 2292—1988《原木打号印、分类、运输、检验方法、验收方法》规定：

1. 检尺径

（1）直径检量　在小头断面检量直径，带皮者应去其皮厚，单位为厘米（cm）。检量直径时，通过小头断面中心检量相互垂直的最长、最短直径，长短径均量至毫米，不足 1mm 的舍去，并以长短径平均值作为原木直径。

（2）检尺径确定　直径小于或等于 13cm 的，采用 1cm 进级制，自 0.5cm 以上的尾数进级取整，不足 0.5cm 的尾数舍去。如原木直径自 12.5～13.4cm 的，检尺径按 13cm 计。直径大于 14cm 的，采用 2cm 进级制，自 1cm 以上的尾数进级，逢奇进偶，不足 1cm 的尾数舍去。如原木直径自 15.0～16.9cm 的，检尺径按 16cm 计。直径 14cm 为过渡直径，即原木直径自 13.5～14.9cm 的，检尺径按 14cm 计。

2. 检尺长

(1)长度检量 在原木大头和小头的两端断面之间相距最短处取直检量,单位为米(m),量至厘米,不足1cm者四舍五入取整。

(2)检尺长确定 将实际量得的长度进级为检尺长,应满足原木标准规定的尺寸进级和后备余量(5~8cm)的要求。我国与俄罗斯签订的合同规定,除3.65m、3.8m、7.3m、7.6m几种长度外,均以0.25m进级,不足进级的尺寸及规定应留的后备余量,均视作检尺长的余量。后备余量关键在于下限。如原木实际长度为5.07m,按进级规定,检尺长定为5m,因为多余的长度(7cm)不少于后备余量下限(5cm);如多余的长度不足5cm,则按4.75m计。

5.2 俄罗斯原木材积计算

俄罗斯现行原木材积计算,仍使用前苏联部长会议国家标准委员会颁布的 ГОСТ 2708—1975《原木材积表》,ГОСТ 2708—1975《原木材积表》没有计算公式,表中所列数据均为通过测定几十万株以上各种规格的原木材积的基础上而得到的平均值,一般只要确定了原木检尺径和检尺长,都可直接在该表查得其材积。

5.3 俄罗斯原木材积速查表

编表依据 ГОСТ 2708—1975《原木材积表》,适于检尺径自3~120cm、检尺长自2~9m的所有树种原木材积查定。检尺径自 3~9cm 的原木材积数保留四位小数，检尺径自 10~28cm 的原木材积数保留三位小数，检尺径自 30cm 以上的原木材积数保留两位小数。俄罗斯原木材积速查表见表 5-1。

表 5-1　俄罗斯原木材积速查表

检尺径/cm	检尺长/m							
	2.00	2.25	2.50	2.75	3.00	3.25	3.50	3.75
	材积/m³							
3					0.0045	0.0051	0.0057	0.0062
4	0.0037	0.0044	0.0051	0.0058	0.0065	0.0072	0.0079	0.0086
5	0.0053	0.0061	0.0071	0.0079	0.0088	0.0096	0.0110	0.0120
6	0.0073	0.0083	0.0093	0.0100	0.0120	0.0130	0.0140	0.0150
7	0.0100	0.0110	0.0120	0.0130	0.0150	0.0160	0.0180	0.0190
8	0.0110	0.0120	0.0140	0.0160	0.0170	0.0200	0.0210	0.0230
9	0.0140	0.0160	0.0180	0.0200	0.0210	0.0240	0.0260	0.0290
10	0.017	0.019	0.022	0.024	0.026	0.029	0.031	0.033
11	0.022	0.024	0.027	0.029	0.032	0.034	0.037	0.041
12	0.026	0.028	0.031	0.035	0.038	0.042	0.046	0.049
13	0.030	0.033	0.036	0.041	0.045	0.049	0.053	0.057
14	0.035	0.039	0.043	0.047	0.052	0.057	0.061	0.067
16	0.044	0.049	0.056	0.063	0.069	0.075	0.082	0.088
18	0.056	0.063	0.071	0.079	0.086	0.095	0.103	0.111
20	0.069	0.077	0.087	0.097	0.107	0.116	0.126	0.136
22	0.084	0.096	0.107	0.118	0.130	0.143	0.154	0.166
24	0.103	0.116	0.130	0.143	0.157	0.170	0.184	0.198
26	0.123	0.138	0.154	0.169	0.185	0.200	0.210	0.230
28	0.144	0.161	0.180	0.198	0.220	0.230	0.250	0.270
30	0.17	0.19	0.20	0.23	0.25	0.27	0.29	0.31
32	0.19	0.21	0.23	0.25	0.28	0.30	0.33	0.35
34	0.21	0.24	0.26	0.29	0.32	0.34	0.37	0.40
36	0.23	0.26	0.29	0.33	0.36	0.39	0.42	0.45
38	0.26	0.29	0.32	0.36	0.39	0.43	0.46	0.50
40	0.28	0.32	0.36	0.39	0.43	0.47	0.50	0.54

（续）

检尺径/cm	检尺长/m							
	2.00	2.25	2.50	2.75	3.00	3.25	3.50	3.75
	材积/m³							
42	0.31	0.35	0.39	0.43	0.47	0.51	0.56	0.60
44	0.34	0.38	0.43	0.47	0.52	0.56	0.61	0.66
46	0.37	0.42	0.47	0.52	0.57	0.62	0.67	0.72
48	0.41	0.46	0.51	0.56	0.62	0.67	0.73	0.78
50	0.44	0.50	0.56	0.61	0.67	0.73	0.79	0.85
52	0.48	0.55	0.61	0.67	0.73	0.79	0.86	0.93
54	0.53	0.60	0.66	0.73	0.80	0.86	0.93	1.00
56	0.57	0.64	0.72	0.79	0.86	0.94	1.01	1.08
58	0.61	0.69	0.77	0.85	0.92	1.00	1.08	1.16
60	0.66	0.74	0.83	0.91	0.99	1.07	1.16	1.25
62	0.71	0.79	0.88	0.97	1.06	1.15	1.24	1.33
64	0.75	0.84	0.94	1.04	1.13	1.23	1.33	1.42
66	0.80	0.90	1.00	1.10	1.20	1.30	1.40	1.51
68	0.85	0.95	1.05	1.16	1.27	1.38	1.49	1.59
70	0.89	1.01	1.12	1.23	1.34	1.46	1.57	1.69
72	0.93	1.06	1.18	1.30	1.41	1.54	1.66	1.79
74	0.98	1.11	1.24	1.37	1.49	1.62	1.75	1.89
76	1.04	1.17	1.31	1.44	1.57	1.71	1.85	1.99
78	1.09	1.23	1.38	1.51	1.66	1.80	1.95	2.09
80	1.15	1.29	1.46	1.59	1.74	1.89	2.05	2.20
82	1.21	1.36	1.53	1.67	1.83	1.99	2.15	2.31
84	1.27	1.43	1.61	1.75	1.92	2.09	2.26	2.43
86	1.33	1.50	1.68	1.84	2.01	2.19	2.37	2.55
88	1.39	1.57	1.76	1.93	2.11	2.29	2.48	2.67
90	1.46	1.64	1.84	2.02	2.21	2.40	2.59	2.79
92	1.52	1.71	1.92	2.11	2.30	2.51	2.71	2.91
94	1.59	1.79	2.00	2.20	2.41	2.62	2.83	3.04
96	1.66	1.87	2.09	2.29	2.51	2.73	2.95	3.17
98	1.73	1.95	2.17	2.39	2.62	2.84	3.07	3.30
100	1.80	2.03	2.27	2.49	2.72	2.96	3.20	3.44

（续）

检尺径/cm	检尺长/m							
	2.00	2.25	2.50	2.75	3.00	3.25	3.50	3.75
	材积/m³							
102	1.87	2.11	2.35	2.59	2.83	3.08	3.33	3.58
104	1.95	2.19	2.45	2.69	2.95	3.20	3.46	3.72
106	2.02	2.27	2.54	2.79	3.06	3.32	3.59	3.86
108	2.10	2.36	2.64	2.90	3.18	3.45	3.73	4.01
110	2.18	2.45	2.73	3.01	3.29	3.58	3.87	4.16
112	2.26	2.54	2.83	3.12	3.42	3.71	4.01	4.31
114	2.34	2.63	2.94	3.23	3.54	3.84	4.16	4.47
116	2.42	2.72	3.04	3.35	3.66	3.98	4.31	4.63
118	2.50	2.82	3.15	3.47	3.79	4.12	4.45	4.79
120	2.59	2.92	3.26	3.59	3.92	4.26	4.61	4.96

检尺径/cm	检尺长/m						
	4.00	4.25	4.50	4.75	5.00	5.25	5.50
	材积/m³						
3	0.0067	0.0072	0.0078	0.0084	0.0092	0.0100	0.0100
4	0.0093	0.0110	0.0110	0.0120	0.0130	0.0130	0.0140
5	0.0130	0.0140	0.0150	0.0160	0.0180	0.0190	0.0200
6	0.0170	0.0180	0.0190	0.0210	0.0220	0.0230	0.0250
7	0.0210	0.0230	0.0250	0.0260	0.0280	0.0300	0.0320
8	0.0260	0.0290	0.0310	0.0330	0.0350	0.0370	0.0400
9	0.0320	0.0350	0.0370	0.0400	0.0430	0.0460	0.0490
10	0.037	0.041	0.044	0.047	0.051	0.055	0.058
11	0.045	0.049	0.053	0.058	0.062	0.067	0.070
12	0.053	0.058	0.063	0.068	0.073	0.078	0.083
13	0.062	0.068	0.074	0.080	0.085	0.091	0.097
14	0.073	0.078	0.084	0.090	0.097	0.104	0.110
16	0.095	0.102	0.110	0.117	0.124	0.132	0.140
18	0.120	0.129	0.138	0.147	0.156	0.166	0.175
20	0.147	0.158	0.170	0.180	0.190	0.200	0.210

（续）

检尺径/cm	检尺长/m						
	4.00	4.25	4.50	4.75	5.00	5.25	5.50
	材积/m³						
22	0.178	0.190	0.200	0.210	0.230	0.240	0.250
24	0.210	0.220	0.240	0.250	0.270	0.280	0.300
26	0.250	0.260	0.280	0.300	0.320	0.340	0.350
28	0.290	0.310	0.330	0.350	0.370	0.390	0.410
30	0.33	0.35	0.38	0.40	0.42	0.45	0.47
32	0.38	0.40	0.43	0.45	0.48	0.51	0.53
34	0.43	0.46	0.49	0.51	0.54	0.57	0.60
36	0.48	0.51	0.54	0.57	0.60	0.64	0.67
38	0.53	0.57	0.60	0.63	0.67	0.71	0.74
40	0.58	0.62	0.66	0.70	0.74	0.78	0.82
42	0.64	0.68	0.73	0.77	0.81	0.86	0.90
44	0.70	0.75	0.80	0.85	0.89	0.94	0.99
46	0.77	0.82	0.87	0.93	0.98	1.03	1.08
48	0.84	0.89	0.95	1.01	1.06	1.12	1.18
50	0.91	0.97	1.03	1.09	1.15	1.22	1.28
52	0.99	1.05	1.12	1.19	1.25	1.32	1.39
54	1.07	1.14	1.21	1.28	1.35	1.43	1.50
56	1.16	1.23	1.31	1.38	1.46	1.54	1.62
58	1.25	1.33	1.41	1.49	1.57	1.66	1.74
60	1.33	1.42	1.51	1.60	1.68	1.77	1.86
62	1.43	1.52	1.62	1.71	1.80	1.90	1.99
64	1.52	1.62	1.72	1.82	1.91	2.01	2.11
66	1.61	1.72	1.82	1.92	2.02	2.13	2.23
68	1.70	1.81	1.92	2.02	2.13	2.25	2.35
70	1.80	1.91	2.02	2.13	2.25	2.36	2.48
72	1.90	2.02	2.14	2.25	2.38	2.50	2.62
74	2.01	2.14	2.26	2.38	2.52	2.66	2.77
76	2.12	2.26	2.39	2.52	2.67	2.79	2.92
78	2.24	2.38	2.52	2.66	2.82	2.95	3.08
80	2.35	2.51	2.66	2.81	2.97	3.11	3.24

（续）

检尺径 /cm	检尺长/m						
	4.00	4.25	4.50	4.75	5.00	5.25	5.50
	材积/m³						
82	2.47	2.64	2.80	2.96	3.13	3.28	3.41
84	2.59	2.77	2.94	3.12	3.28	3.45	3.58
86	2.71	2.90	3.03	3.27	3.40	3.61	3.77
88	2.85	3.04	3.23	3.42	3.60	3.78	3.95
90	2.98	3.18	3.37	3.57	3.77	3.95	4.14
92	3.11	3.32	3.53	3.74	3.94	4.14	4.34
94	3.25	3.47	3.68	3.90	4.11	4.32	4.52
96	3.39	3.62	3.84	4.07	4.29	4.50	4.73
98	3.53	3.77	4.00	4.24	4.47	4.69	4.93
100	3.67	3.92	4.17	4.41	4.65	4.88	5.14
102	3.82	4.08	4.33	4.60	4.84	5.08	5.35
104	3.97	4.24	4.51	4.77	5.03	5.29	5.57
106	4.13	4.41	4.68	4.96	5.23	5.50	5.79
108	4.29	4.58	4.86	5.14	5.43	5.71	6.01
110	4.45	4.75	5.04	5.33	5.63	5.92	6.24
112	4.61	4.92	5.23	5.53	5.84	6.14	6.46
114	4.78	5.10	5.41	5.74	6.05	6.36	6.70
116	4.94	5.28	5.61	5.94	6.26	6.58	6.93
118	5.12	5.46	5.80	6.13	6.48	6.82	7.18
120	5.29	5.65	6.00	6.35	6.70	7.06	7.42

检尺径 /cm	检尺长/m						
	5.75	6.00	6.25	6.50	6.75	7.00	7.25
	材积/m³						
3	0.0110	0.0120	0.0130	0.0130	0.0130	0.0150	0.0150
4	0.0150	0.0160	0.0160	0.0180	0.0190	0.0200	0.0220
5	0.0210	0.0230	0.0240	0.0250	0.0270	0.0290	0.0310
6	0.0270	0.0280	0.0290	0.0310	0.0330	0.0370	0.0400
7	0.0340	0.0360	0.0390	0.0400	0.0420	0.0450	0.0480

（续）

检尺径/cm	检尺长/m						
	5.75	6.00	6.25	6.50	6.75	7.00	7.25
	材积/m³						
8	0.0420	0.0450	0.0470	0.0510	0.0530	0.0570	0.0610
9	0.0510	0.0550	0.0580	0.0610	0.0640	0.0690	0.0720
10	0.062	0.065	0.070	0.075	0.078	0.082	0.086
11	0.075	0.080	0.084	0.090	0.094	0.098	0.103
12	0.088	0.093	0.098	0.103	0.108	0.114	0.119
13	0.102	0.108	0.114	0.120	0.126	0.132	0.137
14	0.116	0.123	0.128	0.135	0.143	0.150	0.157
16	0.147	0.155	0.164	0.172	0.180	0.189	0.196
18	0.184	0.194	0.200	0.210	0.220	0.230	0.240
20	0.220	0.230	0.240	0.260	0.270	0.280	0.290
22	0.260	0.280	0.290	0.310	0.320	0.340	0.350
24	0.310	0.330	0.340	0.360	0.380	0.400	0.410
26	0.370	0.390	0.410	0.430	0.440	0.460	0.490
28	0.430	0.450	0.470	0.490	0.510	0.530	0.560
30	0.49	0.52	0.54	0.56	0.59	0.61	0.64
32	0.56	0.59	0.62	0.64	0.67	0.70	0.73
34	0.63	0.66	0.69	0.72	0.76	0.78	0.82
36	0.71	0.74	0.77	0.80	0.85	0.88	0.92
38	0.78	0.82	0.86	0.90	0.94	0.97	1.02
40	0.86	0.90	0.94	0.99	1.03	1.07	1.12
42	0.95	1.00	1.04	1.08	1.13	1.18	1.23
44	1.04	1.09	1.14	1.20	1.24	1.30	1.35
46	1.14	1.19	1.24	1.30	1.35	1.41	1.47
48	1.23	1.30	1.35	1.41	1.48	1.54	1.60
50	1.34	1.41	1.47	1.54	1.60	1.67	1.74
52	1.46	1.53	1.59	1.67	1.74	1.81	1.89
54	1.58	1.65	1.73	1.86	1.88	1.96	2.04
56	1.70	1.78	1.86	1.95	2.03	2.11	2.20
58	1.82	1.91	2.00	2.08	2.17	2.27	2.36
60	1.95	2.05	2.13	2.23	2.32	2.42	2.52

（续）

检尺径/cm	检尺长/m						
	5.75	6.00	6.25	6.50	6.75	7.00	7.25
	材积/m³						
62	2.09	2.18	2.28	2.37	2.48	2.57	2.68
64	2.21	2.32	2.42	2.52	2.62	2.73	2.84
66	2.34	2.44	2.55	2.66	2.77	2.88	3.00
68	2.47	2.57	2.70	2.81	2.93	3.05	3.17
70	2.61	2.72	2.85	2.97	3.10	3.23	3.35
72	2.75	2.87	3.02	3.14	3.28	3.42	3.55
74	2.90	3.03	3.20	3.32	3.47	3.62	3.76
76	3.05	3.20	3.38	3.51	3.67	3.81	3.96
78	3.23	3.38	3.57	3.70	3.88	4.04	4.19
80	3.39	3.57	3.76	3.90	4.09	4.26	4.42
82	3.58	3.75	3.96	4.11	4.31	4.47	4.66
84	3.75	3.94	4.16	4.32	4.53	4.70	4.91
86	3.94	4.13	4.37	4.54	4.75	4.94	5.14
88	4.14	4.34	4.58	4.77	4.98	5.18	5.38
90	4.33	4.56	4.80	4.99	5.21	5.42	5.63
92	4.54	4.78	5.02	5.22	5.45	5.67	5.88
94	4.75	5.00	5.24	5.47	5.69	5.92	6.14
96	4.96	5.22	5.47	5.69	5.95	6.17	6.40
98	5.18	5.45	5.71	5.93	6.19	6.43	6.67
100	5.39	5.68	5.95	6.19	6.45	6.70	6.95
102	5.63	5.91	6.18	6.43	6.71	6.97	7.23
104	5.85	6.15	6.43	6.68	6.97	7.25	7.51
106	6.08	6.39	6.68	6.97	7.24	7.53	7.80
108	6.32	6.63	6.93	7.23	7.52	7.81	8.10
110	6.56	6.88	7.19	7.50	7.80	8.11	8.41
112	6.80	7.13	7.45	7.77	8.09	8.40	8.71
114	7.05	7.39	7.73	8.05	8.38	8.71	9.03
116	7.29	7.65	8.00	8.34	8.68	9.01	9.35
118	7.55	7.91	8.27	8.63	8.98	9.33	9.68
120	7.82	8.18	8.56	8.93	9.29	9.65	10.01

（续）

检尺径/cm	检尺长/m						
	7.50	7.75	8.00	8.25	8.50	8.75	9.00
	材积/m³						
3	0.0170	0.0180	0.0180	0.0180	0.0190	0.0200	0.0210
4	0.0230	0.0240	0.0260	0.0260	0.0280	0.0290	0.0310
5	0.0320	0.0350	0.0360	0.0370	0.0390	0.0410	0.0430
6	0.0420	0.0440	0.0470	0.0480	0.0510	0.0530	0.0560
7	0.0510	0.0550	0.0580	0.0620	0.0640	0.0680	0.0700
8	0.0640	0.0680	0.0710	0.0750	0.0780	0.0800	0.0840
9	0.0760	0.0800	0.0840	0.0880	0.0920	0.0960	0.1000
10	0.090	0.095	0.100	0.105	0.110	0.116	0.122
11	0.108	0.114	0.120	0.126	0.130	0.135	0.140
12	0.125	0.130	0.138	0.144	0.150	0.158	0.166
13	0.144	0.151	0.158	0.165	0.173	0.181	0.190
14	0.164	0.171	0.179	0.187	0.195	0.200	0.210
16	0.200	0.210	0.220	0.230	0.240	0.250	0.260
18	0.250	0.260	0.280	0.290	0.300	0.310	0.320
20	0.300	0.320	0.330	0.350	0.360	0.380	0.390
22	0.370	0.380	0.400	0.410	0.430	0.440	0.460
24	0.430	0.450	0.470	0.480	0.500	0.520	0.550
26	0.500	0.520	0.540	0.560	0.580	0.610	0.630
28	0.580	0.600	0.630	0.650	0.670	0.700	0.720
30	0.66	0.69	0.72	0.75	0.78	0.80	0.83
32	0.76	0.79	0.82	0.85	0.88	0.91	0.94
34	0.85	0.89	0.92	0.95	0.98	1.02	1.06
36	0.95	0.99	1.02	1.07	1.10	1.14	1.18
38	1.05	1.09	1.13	1.18	1.22	1.26	1.30
40	1.16	1.20	1.25	1.30	1.35	1.40	1.44
42	1.28	1.33	1.38	1.43	1.48	1.53	1.58
44	1.40	1.46	1.51	1.56	1.62	1.67	1.73
46	1.53	1.59	1.65	1.71	1.77	1.83	1.90
48	1.67	1.73	1.80	1.87	1.93	2.00	2.07
50	1.81	1.88	1.95	2.03	2.10	2.18	2.26

（续）

检尺径/cm	检尺长/m						
	7.50	7.75	8.00	8.25	8.50	8.75	9.00
	材积/m³						
52	1.97	2.04	2.12	2.20	2.28	2.36	2.45
54	2.12	2.20	2.29	2.37	2.46	2.54	2.63
56	2.28	2.37	2.46	2.55	2.64	2.73	2.83
58	2.45	2.54	2.62	2.73	2.83	2.93	3.03
60	2.62	2.71	2.81	2.91	3.02	3.12	3.23
62	2.78	2.88	2.99	3.10	3.21	3.32	3.43
64	2.95	3.06	3.17	3.29	3.40	3.51	3.63
66	3.11	3.25	3.38	3.50	3.62	3.73	3.86
68	3.31	3.45	3.59	3.72	3.84	3.97	4.09
70	3.51	3.67	3.80	3.95	4.07	4.21	4.33
72	3.72	3.87	4.02	4.17	4.31	4.45	4.58
74	3.92	4.10	4.25	4.41	4.55	4.70	4.85
76	4.14	4.32	4.48	4.65	4.80	4.96	5.12
78	4.37	4.55	4.72	4.90	5.06	5.22	5.39
80	4.60	4.78	4.95	5.15	5.32	5.49	5.67
82	4.82	5.02	5.22	5.41	5.59	5.77	5.95
84	5.07	5.27	5.47	5.68	5.86	6.06	6.24
86	5.32	5.52	5.72	5.95	6.15	6.34	6.54
88	5.57	5.77	6.00	6.23	6.44	6.65	6.87
90	5.83	6.04	6.27	6.52	6.73	6.95	7.17
92	6.09	6.30	6.55	6.82	7.04	7.26	7.50
94	6.36	6.61	6.83	7.08	7.33	7.58	7.83
96	6.63	6.87	7.12	7.38	7.63	7.91	8.18
98	6.91	7.16	7.44	7.72	7.93	8.24	8.52
100	7.20	7.46	7.73	8.01	8.30	8.58	8.87
102	7.49	7.76	8.04	8.34	8.64	8.93	9.23
104	7.79	8.07	8.36	8.67	8.99	9.28	9.59
106	8.10	8.41	8.72	9.03	9.34	9.64	9.97
108	8.40	8.72	9.05	9.39	9.69	10.00	10.34
110	8.72	9.05	9.38	9.73	10.06	10.38	10.73

（续）

检尺径/cm	检尺长/m						
	7.50	7.75	8.00	8.25	8.50	8.75	9.00
	材积/m³						
112	9.03	9.38	9.73	10.08	10.43	10.76	11.13
114	9.37	9.72	10.07	10.42	10.80	11.15	11.53
116	9.69	10.07	10.44	10.82	11.18	11.54	11.93
118	10.03	10.41	10.79	11.19	11.58	11.94	12.34
120	10.38	10.78	11.18	11.58	11.97	12.35	12.77

第6章 东南亚国家原木

东南亚地区是出口木材比较多的国家,主要有马来西亚、菲律宾、印度尼西亚等国家。这些国家的原木检量虽有不同,但其材积表却基本相同,质量评定统一按《东南亚木材制造商协会(SEALPA)原木分级法规》执行。我国进口东南亚国家的原木时,计量单位为材积(m³),决定原木材积大小的要素为检尺径和检尺长。

6.1 东南亚国家原木数量检量

6.1.1 马来西亚原木数量检量

我国从马来西亚进口的原木,主要来自该国的沙巴州和沙捞越州,沙巴州、沙捞越州虽同属一个国家,但他们检量原木数量的方法却有不同。

6.1.1.1 沙巴州原木数量检量

1. 检尺径

(1)直径检量 用围径卷尺检量原木两端靠近端面5cm处的原木直径,取平均值,单位为厘米(cm)。检量原木直径时,带皮者应扣除树皮皮厚尺寸。

(2)检尺径确定 原木直径按进级规定,经进级后为检尺径。原木的两端直径、平均直径均以1cm为一个增进单位,不足1cm的尾数四舍五入。如原木平均直径为40.1~40.4cm的,检尺径为40cm;原木平均直径为40.5

~41.0cm 的，检尺径为 41cm。

2. 检尺长

(1)长度检量　检量原木两端断面之间的距离，单位为米(m)。若原木两端断面锯口偏斜，则检量其最长和最短的长度，取平均值。

(2)检尺长确定　原木长度按进级规定，经进级后为检尺长，以 0.2m 为一个增进单位，不足 0.2m 的尾数，足 0.1m 时进级，不足者舍去。如实际长度为 4.00 ~ 4.09m 的，检尺长为 4.0m；实际长度为 4.10 ~ 4.19m 的，检尺长为 4.2m。

6.1.1.2　沙涝越州原木数量检量

1. 检尺径

(1)直径检量　用圈径卷尺在原木实际长度的 1/2 处检量原木直径，单位为厘米(cm)。检量原木直径时，带皮的应扣除皮厚尺寸；检量处如有节子、树瘤等缺陷而造成不正常的断面形状时，可在中央处两侧等距离检量原木直径，取其平均值。

(2)检尺径确定　原木直径按进级规定，经进级后为检尺径，以 1cm 为一个增进单位，不足 1cm 的尾数舍去。如实际直径为 40.1 ~ 40.9cm 的，检尺径为 40cm；实际直径为 41.1 ~ 41.9cm 的，检尺径为 41cm。

2. 检尺长

(1)长度检量　沿原木纵轴方向检量原木两端断面间的最短距离，单位为米(m)。

(2)检尺长确定　原木长度按进级规定，经进级后为检尺长，以 0.2m 为一个增进单位，不足 0.2m 的尾数舍去。如实际长度为 4.01～4.19m 的，检尺长为 4m；实际长度为 4.21～4.39m 的，检尺长为 4.2m。

6.1.2　菲律宾原木数量检量

1. 检尺径

(1)直径检量　检量原木两端通过断面中心的最短直径和最长直径(不需要垂直交叉)的平均直径，取大小头直径的平均值作为原木直径，单位为厘米(cm)。量取大小头断面的短径、长径及计算其平均值时，均算至毫米。

(2)检尺径确定　原木直径按进级规定，经进级后为检尺径，以 2cm 为一个增进单位，不足 2cm 的尾数舍去。

2. 检尺长

(1)长度检量　检量与原木轴心相平行的原木两端断面间的最短距离，单位为米(m)。

(2)检尺长确定　原木长度按进级规定，经进级后为检尺长，以 0.2m 为一个增进单位，不足 0.2m 的尾数舍去，并允许有不大于 10cm 的后备长度。

6.1.3　印度尼西亚原木数量检量

1. 检尺径

(1)直径检量　原木直径由大头直径和小头直径的平均值来确定，原木大头直径、小头直径及大小头平均直径，均以厘米计，不足 1cm 的尾数舍去。检量大头或小头直径时，应通过原木断面中心检量短径，通过中心垂直于短径检量长径，并取平均值为大头或小头直径。检量原木断面的短径和长径时，量至厘米，不足 1cm 的尾数舍去。

（2）检尺径确定　原木直径按进级规定，经进级后为检尺径，以1cm为一个增进单位，不足1cm的尾数舍去。

2. 检尺长

（1）长度检量　检量平行于原木轴线的两端断面间的最短距离，单位为米（m）。检量原木长度时，应注意观察原木外形以确定头尾。

（2）检尺长确定　原木长度按进级规定，经进级后为检尺长，以0.1m为一个增进单位，不足0.1m的尾数舍去，并应留有10～19cm的锯截余量。如实际长度为4.20～4.29m的，检尺长为4.10m。

6.2　东南亚国家原木材积计算

马来西亚、菲律宾、印度尼西亚等东南亚国家的原木材积计算公式相同，计算公式：

$$V = 0.7854D^2L/10000$$

式中，V 是材积（m^3）；D 是检尺径（cm）；L 是检尺长（m）。

6.3　东南亚国家原木材积速查表

编表依据《马来西亚（沙巴）、印度尼西亚、菲律宾、新西兰通用原木材积表》，适于检尺径自10～199cm、检尺长自1～19.9m的所有树种原木材积查定，马来西亚沙巴州、菲律宾、印度尼西亚的原木材积数保留两位小数，第三位四舍五入，马来西亚沙涝越州原木材积数保留四位小数，第五位四舍五入。东南亚国家原木材积速查表见表6-1。

表 6-1　东南亚国家原木材积速查表

检尺径/cm	检尺长/m 材积/m³									
	1.0	1.1	1.2	1.3	1.4	1.5	1.6	1.7	1.8	1.9
10	0.0079	0.0086	0.0094	0.0102	0.0110	0.0118	0.0126	0.0134	0.0141	0.0149
11	0.0095	0.0105	0.0114	0.0124	0.0133	0.0143	0.0152	0.0162	0.0171	0.0181
12	0.0113	0.0124	0.0136	0.0147	0.0158	0.0170	0.0181	0.0192	0.0204	0.0215
13	0.0133	0.0146	0.0159	0.0173	0.0186	0.0199	0.0212	0.0226	0.0239	0.0252
14	0.0154	0.0169	0.0185	0.0200	0.0216	0.0231	0.0246	0.0262	0.0277	0.0292
15	0.0177	0.0194	0.0212	0.0230	0.0247	0.0265	0.0283	0.0300	0.0318	0.0336
16	0.0201	0.0221	0.0241	0.0261	0.0281	0.0302	0.0322	0.0342	0.0362	0.0382
17	0.0227	0.0250	0.0272	0.0295	0.0318	0.0340	0.0363	0.0386	0.0400	0.0431
18	0.0254	0.0280	0.0305	0.0331	0.0356	0.0382	0.0407	0.0433	0.0458	0.0483
19	0.0284	0.0312	0.0340	0.0369	0.0397	0.0425	0.0454	0.0482	0.0510	0.0539
20	0.0314	0.0346	0.0377	0.0408	0.0440	0.0471	0.0503	0.0534	0.0565	0.0597
21	0.0346	0.0381	0.0416	0.0450	0.0485	0.0520	0.0554	0.0589	0.0623	0.0658
22	0.0380	0.0418	0.0456	0.0494	0.0532	0.0570	0.0608	0.0646	0.0684	0.0722
23	0.0415	0.0457	0.0499	0.0540	0.0582	0.0623	0.0665	0.0706	0.0748	0.0759
24	0.0452	0.0498	0.0543	0.0588	0.0633	0.0679	0.0724	0.0769	0.0814	0.0860
25	0.0491	0.0540	0.0589	0.0638	0.0687	0.0736	0.0785	0.0834	0.0884	0.0933
26	0.0531	0.0584	0.0637	0.0690	0.0743	0.0796	0.0849	0.0903	0.0956	0.1009
27	0.0573	0.0630	0.0687	0.0744	0.0802	0.0859	0.0916	0.0973	0.1031	0.1088
28	0.0616	0.0677	0.0739	0.0800	0.0862	0.0924	0.0985	0.1047	0.1108	0.1170
29	0.0661	0.0727	0.0793	0.0859	0.0925	0.0991	0.1057	0.1123	0.1189	0.1255

（续）

检尺径/cm	检尺长/m									
	1.0	1.1	1.2	1.3	1.4	1.5	1.6	1.7	1.8	1.9
	材积/m³									
30	0.0707	0.0778	0.0848	0.0919	0.0990	0.1060	0.1131	0.1202	0.1272	0.1343
31	0.0755	0.0830	0.0906	0.0981	0.1057	0.1132	0.1208	0.1283	0.1359	0.1434
32	0.0804	0.0885	0.0965	0.1046	0.1126	0.1206	0.1287	0.1367	0.1448	0.1528
33	0.0855	0.0941	0.1026	0.1112	0.1197	0.1283	0.1368	0.1454	0.1540	0.1625
34	0.0908	0.0999	0.1090	0.1180	0.1271	0.1362	0.1453	0.1543	0.1634	0.1725
35	0.0962	0.1058	0.1155	0.1251	0.1347	0.1443	0.1539	0.1636	0.1732	0.1828
36	0.1018	0.1120	0.1221	0.1323	0.1425	0.1527	0.1629	0.1730	0.1832	0.1934
37	0.1075	0.1183	0.1290	0.1398	0.1505	0.1613	0.1720	0.1828	0.1935	0.2043
38	0.1134	0.1248	0.1361	0.1474	0.1588	0.1701	0.1815	0.1928	0.2041	0.2155
39	0.1195	0.1314	0.1434	0.1553	0.1672	0.1792	0.1911	0.2031	0.2150	0.2270
40	0.1257	0.1382	0.1508	0.1634	0.1759	0.1885	0.2011	0.2136	0.2262	0.2388
41	0.1320	0.1452	0.1584	0.1716	0.1848	0.1980	0.2112	0.2244	0.2376	0.2508
42	0.1385	0.1524	0.1663	0.1801	0.1940	0.2078	0.2217	0.2355	0.2494	0.2632
43	0.1452	0.1597	0.1743	0.1888	0.2033	0.2178	0.2324	0.2469	0.2614	0.2759
44	0.1521	0.1673	0.1825	0.1977	0.2129	0.2281	0.2433	0.2585	0.2737	0.2889
45	0.1590	0.1749	0.1909	0.2068	0.2227	0.2386	0.2545	0.2704	0.2863	0.3022
46	0.1662	0.1828	0.1994	0.2160	0.2327	0.2493	0.2659	0.2825	0.2991	0.3158
47	0.1735	0.1908	0.2082	0.2255	0.2429	0.2602	0.2776	0.2949	0.3123	0.3296
48	0.1810	0.1991	0.2171	0.2352	0.2533	0.2714	0.2895	0.3076	0.3257	0.3438
49	0.1886	0.2074	0.2263	0.2451	0.2640	0.2829	0.3017	0.3206	0.3394	0.3583

（续）

检尺径/cm	检尺长/m									
	材积/m³									
	1.0	1.1	1.2	1.3	1.4	1.5	1.6	1.7	1.8	1.9
50	0.1964	0.2160	0.2356	0.2553	0.2749	0.2945	0.3142	0.3338	0.3534	0.3731
51	0.2043	0.2247	0.2451	0.2656	0.2860	0.3064	0.3269	0.3473	0.3677	0.3881
52	0.2124	0.2336	0.2548	0.2761	0.2973	0.3186	0.3398	0.3610	0.3823	0.4035
53	0.2206	0.2427	0.2647	0.2868	0.3089	0.3309	0.3530	0.3751	0.3971	0.4192
54	0.2290	0.2519	0.2748	0.2977	0.3206	0.3435	0.3664	0.3893	0.4122	0.4351
55	0.2376	0.2613	0.2851	0.3089	0.3326	0.3564	0.3801	0.4039	0.4277	0.4514
56	0.2463	0.2709	0.2956	0.3202	0.3448	0.3695	0.3941	0.4187	0.4433	0.4680
57	0.2552	0.2807	0.3062	0.3317	0.3572	0.3828	0.4083	0.4338	0.4593	0.4848
58	0.2642	0.2906	0.3171	0.3435	0.3699	0.3963	0.4227	0.4492	0.4756	0.5020
59	0.2734	0.3007	0.3281	0.3554	0.3828	0.4101	0.4374	0.4648	0.4921	0.5195
60	0.2827	0.3110	0.3393	0.3676	0.3958	0.4241	0.4524	0.4807	0.5089	0.5372
61	0.2922	0.3215	0.3507	0.3799	0.4091	0.4384	0.4676	0.4968	0.5260	0.5553
62	0.3019	0.3321	0.3623	0.3925	0.4227	0.4529	0.4831	0.5132	0.5434	0.5736
63	0.3117	0.3429	0.3741	0.4052	0.4364	0.4676	0.4988	0.5299	0.5611	0.5923
64	0.3217	0.3539	0.3860	0.4182	0.4504	0.4825	0.5147	0.5469	0.5791	0.6112
65	0.3318	0.3650	0.3982	0.4314	0.4646	0.4977	0.5309	0.5641	0.5973	0.6305
66	0.3421	0.3763	0.4105	0.4448	0.4790	0.5132	0.5474	0.5816	0.6158	0.6500
67	0.3526	0.3878	0.4231	0.4583	0.4936	0.5288	0.5641	0.5994	0.6346	0.6699
68	0.3632	0.3995	0.4358	0.4721	0.5084	0.5443	0.5811	0.6174	0.6537	0.6900
69	0.3739	0.4113	0.4487	0.4861	0.5235	0.5609	0.5983	0.6357	0.6731	0.7105

（续）

检尺径/cm	检尺长/m 材积/m³									
	1.0	1.1	1.2	1.3	1.4	1.5	1.6	1.7	1.8	1.9
70	0.3848	0.4233	0.4618	0.5003	0.5388	0.5773	0.6158	0.6542	0.6927	0.7312
71	0.3959	0.4355	0.4751	0.5147	0.5543	0.5939	0.6335	0.6731	0.7127	0.7522
72	0.4072	0.4479	0.4886	0.5293	0.5700	0.6107	0.6514	0.6922	0.7329	0.7736
73	0.4185	0.4604	0.5022	0.5441	0.5860	0.6278	0.6697	0.7115	0.7534	0.7952
74	0.4301	0.4731	0.5161	0.5591	0.6021	0.6451	0.6881	0.7311	0.7742	0.8172
75	0.4418	0.4860	0.5301	0.5743	0.6185	0.6627	0.7069	0.7510	0.7952	0.8394
76	0.4536	0.4990	0.5444	0.5897	0.6351	0.6805	0.7258	0.7712	0.8166	0.8619
77	0.4657	0.5122	0.5588	0.6054	0.6519	0.6985	0.7451	0.7916	0.8382	0.8848
78	0.4778	0.5256	0.5734	0.6212	0.6690	0.7168	0.7645	0.8123	0.8601	0.9079
79	0.4902	0.5392	0.5882	0.6372	0.6862	0.7353	0.7843	0.8333	0.8823	0.9313
80	0.5027	0.5529	0.6032	0.6535	0.7037	0.7540	0.8042	0.8545	0.9048	0.9550
81	0.5153	0.5668	0.6184	0.6699	0.7214	0.7730	0.8245	0.8760	0.9275	0.9791
82	0.5281	0.5809	0.6337	0.6865	0.7393	0.7922	0.8450	0.8978	0.9506	1.0034
83	0.5411	0.5952	0.6493	0.7034	0.7575	0.8116	0.8657	0.9198	0.9739	1.0280
84	0.5542	0.6096	0.6650	0.7204	0.7758	0.8313	0.8867	0.9421	0.9975	1.0529
85	0.5675	0.6242	0.6809	0.7377	0.7944	0.8512	0.9079	0.9647	1.0214	1.0782
86	0.5809	0.6390	0.6971	0.7551	0.8132	0.8713	0.9294	0.9875	1.0456	1.1037
87	0.5945	0.6539	0.7134	0.7728	0.8323	0.8917	0.9512	1.0106	1.0700	1.1295
88	0.6082	0.6690	0.7299	0.7907	0.8515	0.9123	0.9731	1.0340	1.0948	1.1556
89	0.6221	0.6843	0.7465	0.8087	0.8710	0.9332	0.9954	1.0576	1.1198	1.1820

（续）

检尺径/cm	检尺长/m									
	材积/m³									
	1.0	1.1	1.2	1.3	1.4	1.5	1.6	1.7	1.8	1.9
90	0.6362	0.6998	0.7634	0.8270	0.8906	0.9543	1.0179	1.0815	1.1451	1.2087
91	0.6504	0.7154	0.7805	0.8455	0.9105	0.9756	1.0406	1.1057	1.1707	1.2357
92	0.6648	0.7312	0.7977	0.8642	0.9307	0.9971	1.0636	1.1301	1.1966	1.2630
93	0.6793	0.7472	0.8152	0.8831	0.9510	1.0189	1.0869	1.1548	1.2227	1.2907
94	0.6940	0.7634	0.8328	0.9022	0.9716	1.0410	1.1104	1.1798	1.2492	1.3186
95	0.7088	0.7797	0.8506	0.9215	0.9924	1.0632	1.1341	1.2050	1.2759	1.3468
96	0.7238	0.7962	0.8686	0.9410	1.0134	1.0857	1.1581	1.2305	1.3029	1.3753
97	0.7390	0.8129	0.8868	0.9607	1.0346	1.1085	1.1824	1.2563	1.3302	1.4041
98	0.7543	0.8297	0.9052	0.9806	1.0560	1.1314	1.2069	1.2823	1.3577	1.4332
99	0.7698	0.8467	0.9237	1.0007	1.0777	1.1547	1.2316	1.3086	1.3856	1.4626
100	0.7854	0.8639	0.9425	1.0210	1.0996	1.1781	1.2566	1.3352	1.4137	1.4923
101	0.8012	0.8813	0.9614	1.0415	1.1217	1.2018	1.2819	1.3620	1.4421	1.5223
102	0.8171	0.8988	0.9806	1.0623	1.1440	1.2257	1.3074	1.3891	1.4708	1.5525
103	0.8332	0.9166	0.9999	1.0832	1.1665	1.2498	1.3332	1.4165	1.4998	1.5831
104	0.8495	0.9344	1.0194	1.1043	1.1893	1.2742	1.3592	1.4441	1.5291	1.6140
105	0.8659	0.9525	1.0391	1.1257	1.2123	1.2989	1.3854	1.4720	1.5586	1.6452
106	0.8825	0.9707	1.0590	1.1472	1.2355	1.3237	1.4120	1.5002	1.5885	1.6767
107	0.8992	0.9891	1.0790	1.1690	1.2589	1.3488	1.4387	1.5286	1.6186	1.7085
108	0.9161	1.0077	1.0993	1.1909	1.2825	1.3741	1.4657	1.5574	1.6490	1.7406
109	0.9331	1.0264	1.1198	1.2131	1.3064	1.3997	1.4930	1.5863	1.6796	1.7730

（续）

检尺径/cm	检尺长/m									
	1.0	1.1	1.2	1.3	1.4	1.5	1.6	1.7	1.8	1.9
	材积/m³									
110	0.9503	1.0454	1.1404	1.2354	1.3305	1.4255	1.5205	1.6156	1.7106	1.8056
111	0.9677	1.0645	1.1612	1.2580	1.3548	1.4515	1.5483	1.6451	1.7418	1.8386
112	0.9852	1.0837	1.1822	1.2808	1.3793	1.4778	1.5763	1.6748	1.7734	1.8719
113	1.0029	1.1032	1.2035	1.3037	1.4040	1.5043	1.6046	1.7049	1.8052	1.9055
114	1.0207	1.1228	1.2248	1.3269	1.4290	1.5311	1.6331	1.7352	1.8373	1.9393
115	1.0387	1.1426	1.2464	1.3503	1.4542	1.5580	1.6619	1.7658	1.8696	1.9735
116	1.0568	1.1625	1.2682	1.3739	1.4796	1.5853	1.6909	1.7966	1.9023	2.0080
117	1.0751	1.1826	1.2902	1.3977	1.5052	1.6127	1.7202	1.8277	1.9352	2.0428
118	1.0936	1.2030	1.3123	1.4217	1.5310	1.6404	1.7497	1.8591	1.9685	2.0778
119	1.1122	1.2234	1.3346	1.4459	1.5571	1.6683	1.7795	1.8907	2.0020	2.1132
120	1.1310	1.2441	1.3572	1.4703	1.5834	1.6965	1.8096	1.9227	2.0358	2.1489
121	1.1499	1.2649	1.3799	1.4949	1.6099	1.7249	1.8398	1.9548	2.0698	2.1848
122	1.1690	1.2859	1.4028	1.5197	1.6366	1.7535	1.8704	1.9873	2.1042	2.2211
123	1.1882	1.3071	1.4259	1.5447	1.6635	1.7823	1.9012	2.0200	2.1388	2.2576
124	1.2076	1.3284	1.4492	1.5699	1.6907	1.8114	1.9322	2.0530	2.1737	2.2945
125	1.2272	1.3499	1.4726	1.5953	1.7181	1.8408	1.9635	2.0862	2.2089	2.3317
126	1.2469	1.3716	1.4963	1.6210	1.7457	1.8704	1.9950	2.1197	2.2444	2.3691
127	1.2668	1.3934	1.5201	1.6468	1.7735	1.9002	2.0268	2.1535	2.2802	2.4069
128	1.2868	1.4155	1.5442	1.6728	1.8015	1.9302	2.0589	2.1876	2.3162	2.4449
129	1.3070	1.4377	1.5684	1.6991	1.8298	1.9605	2.0912	2.2219	2.3526	2.4833

（续）

检尺径/cm	检尺长/m 材积/m³									
	1.0	1.1	1.2	1.3	1.4	1.5	1.6	1.7	1.8	1.9
130	1.3273	1.4601	1.5928	1.7255	1.8583	1.9910	2.1237	2.2565	2.3892	2.5219
131	1.3478	1.4826	1.6174	1.7522	1.8870	2.0217	2.1565	2.2913	2.4261	2.5609
132	1.3685	1.5053	1.6422	1.7790	1.9159	2.0527	2.1896	2.3264	2.4633	2.6001
133	1.3893	1.5282	1.6672	1.8061	1.9450	2.0839	2.2229	2.3618	2.5007	2.6397
134	1.4103	1.5513	1.6923	1.8333	1.9744	2.1154	2.2564	2.3974	2.5385	2.6795
135	1.4314	1.5745	1.7177	1.8608	2.0039	2.1471	2.2902	2.4334	2.5765	2.7196
136	1.4527	1.5979	1.7432	1.8885	2.0337	2.1790	2.3243	2.4695	2.6148	2.7601
137	1.4741	1.6215	1.7689	1.9164	2.0638	2.2112	2.3586	2.5060	2.6534	2.8008
138	1.4957	1.6453	1.7949	1.9444	2.0940	2.2436	2.3931	2.5427	2.6923	2.8419
139	1.5175	1.6692	1.8210	1.9727	2.1245	2.2762	2.4280	2.5797	2.7314	2.8832
140	1.5394	1.6933	1.8473	2.0012	2.1551	2.3091	2.4630	2.6170	2.7709	2.9248
141	1.5615	1.7176	1.8737	2.0299	2.1860	2.3422	2.4983	2.6545	2.8106	2.9668
142	1.5837	1.7420	1.9004	2.0588	2.2172	2.3755	2.5339	2.6923	2.8506	3.0090
143	1.6061	1.7667	1.9273	2.0879	2.2485	2.4091	2.5697	2.7303	2.8909	3.0515
144	1.6286	1.7915	1.9543	2.1172	2.2800	2.4429	2.6058	2.7686	2.9315	3.0944
145	1.6513	1.8164	1.9816	2.1467	2.3118	2.4770	2.6421	2.8072	2.9723	3.1375
146	1.6742	1.8416	2.0090	2.1764	2.3438	2.5112	2.6787	2.8461	3.0135	3.1809
147	1.6972	1.8669	2.0366	2.2063	2.3760	2.5458	2.7155	2.8852	3.0549	3.2246
148	1.7203	1.8924	2.0644	2.2364	2.4085	2.5805	2.7525	2.9246	3.0966	3.2686
149	1.7437	1.9180	2.0924	2.2668	2.4411	2.6155	2.7899	2.9642	3.1386	3.3130

（续）

检尺径/cm	检尺长/m									
	材积/m³									
	1.0	1.1	1.2	1.3	1.4	1.5	1.6	1.7	1.8	1.9
150	1.7672	1.9439	2.1206	2.2973	2.4740	2.6507	2.8274	3.0042	3.1809	3.3576
151	1.7908	1.9699	2.1489	2.3280	2.5071	2.6862	2.8653	3.0443	3.2234	3.4025
152	1.8146	1.9960	2.1775	2.3590	2.5404	2.7219	2.9033	3.0848	3.2663	3.4477
153	1.8385	2.0224	2.2063	2.3901	2.5740	2.7578	2.9417	3.1255	3.3094	3.4932
154	1.8627	2.0489	2.2352	2.4215	2.6077	2.7940	2.9802	3.1665	3.3528	3.5390
155	1.8869	2.0756	2.2643	2.4530	2.6417	2.8304	3.0191	3.2078	3.3965	3.5852
156	1.9113	2.1025	2.2936	2.4848	2.6759	2.8670	3.0582	3.2493	3.4404	3.6316
157	1.9359	2.1295	2.3231	2.5167	2.7103	2.9039	3.0975	3.2911	3.4847	3.6783
158	1.9607	2.1567	2.3528	2.5489	2.7449	2.9410	3.1371	3.3331	3.5292	3.7253
159	1.9856	2.1841	2.3827	2.5812	2.7798	2.9784	3.1769	3.3755	3.5740	3.7726
160	2.0106	2.2117	2.4127	2.6138	2.8149	3.0159	3.2170	3.4181	3.6191	3.8202
161	2.0358	2.2394	2.4430	2.6466	2.8502	3.0538	3.2573	3.4609	3.6645	3.8681
162	2.0612	2.2673	2.4734	2.6796	2.8857	3.0918	3.2979	3.5040	3.7102	3.9163
163	2.0867	2.2954	2.5041	2.7127	2.9214	3.1301	3.3388	3.5474	3.7561	3.9648
164	2.1124	2.3237	2.5349	2.7461	2.9574	3.1686	3.3799	3.5911	3.8023	4.0136
165	2.1383	2.3521	2.5659	2.7797	2.9936	3.2074	3.4212	3.6350	3.8489	4.0627
166	2.1642	2.3807	2.5971	2.8135	3.0299	3.2464	3.4628	3.6792	3.8956	4.1121
167	2.1904	2.4094	2.6285	2.8475	3.0666	3.2856	3.5046	3.7237	3.9427	4.1618
168	2.2167	2.4384	2.6601	2.8817	3.1034	3.3251	3.5467	3.7684	3.9901	4.2118
169	2.2432	2.4675	2.6918	2.9161	3.1405	3.3648	3.5891	3.8134	4.0377	4.2620

（续）

检尺径/cm	检尺长/m 材积/m³									
	1.0	1.1	1.2	1.3	1.4	1.5	1.6	1.7	1.8	1.9
170	2.2698	2.4968	2.7238	2.9507	3.1777	3.4047	3.6317	3.8587	4.0857	4.3126
171	2.2966	2.5262	2.7559	2.9856	3.2152	3.4449	3.6745	3.9042	4.1339	4.3635
172	2.3235	2.5559	2.7882	3.0206	3.2529	3.4853	3.7176	3.9500	4.1823	4.4147
173	2.3506	2.5857	2.8207	3.0558	3.2909	3.5259	3.7610	3.9961	4.2311	4.4662
174	2.3779	2.6157	2.8535	3.0912	3.3290	3.5668	3.8046	4.0424	4.2802	4.5180
175	2.4053	2.6458	2.8863	3.1269	3.3674	3.6079	3.8485	4.0890	4.3295	4.5700
176	2.4329	2.6761	2.9194	3.1627	3.4060	3.6493	3.8926	4.1359	4.3791	4.6224
177	2.4606	2.7066	2.9527	3.1988	3.4448	3.6909	3.9369	4.1830	4.4290	4.6751
178	2.4885	2.7373	2.9862	3.2350	3.4838	3.7327	3.9815	4.2304	4.4792	4.7281
179	2.5165	2.7682	3.0198	3.2715	3.5231	3.7748	4.0264	4.2781	4.5297	4.7814
180	2.5447	2.7992	3.0536	3.3081	3.5626	3.8170	4.0715	4.3260	4.5805	4.8349
181	2.5730	2.8304	3.0877	3.3450	3.6023	3.8596	4.1169	4.3742	4.6315	4.8888
182	2.6016	2.8617	3.1219	3.3820	3.6422	3.9023	4.1625	4.4227	4.6828	4.9430
183	2.6302	2.8932	3.1563	3.4193	3.6823	3.9453	4.2084	4.4714	4.7344	4.9974
184	2.6591	2.9250	3.1909	3.4568	3.7227	3.9886	4.2545	4.5204	4.7863	5.0522
185	2.6880	2.9568	3.2256	3.4944	3.7632	4.0320	4.3009	4.5697	4.8385	5.1073
186	2.7172	2.9889	3.2606	3.5323	3.8040	4.0758	4.3475	4.6192	4.8909	5.1626
187	2.7465	3.0211	3.2958	3.5704	3.8451	4.1197	4.3943	4.6690	4.9436	5.2183
188	2.7759	3.0535	3.3311	3.6087	3.8863	4.1639	4.4415	4.7191	4.9967	5.2742
189	2.8055	3.0861	3.3666	3.6472	3.9277	4.2083	4.4888	4.7694	5.0499	5.3305

（续）

检尺径/cm	检尺长/m									
	1.0	1.1	1.2	1.3	1.4	1.5	1.6	1.7	1.8	1.9
	材积/m³									
190	2.8353	3.1188	3.4024	3.6859	3.9694	4.2529	4.5365	4.8200	5.1035	5.3871
191	2.8652	3.1517	3.4383	3.7248	4.0113	4.2978	4.5843	4.8709	5.1574	5.4439
192	2.8953	3.1848	3.4744	3.7639	4.0534	4.3429	4.6325	4.9220	5.2115	5.5011
193	2.9255	3.2181	3.5106	3.8032	4.0958	4.3883	4.6809	4.9734	5.2660	5.5585
194	2.9559	3.2515	3.5471	3.8427	4.1383	4.4339	4.7295	5.0251	5.3207	5.6163
195	2.9865	3.2851	3.5838	3.8824	4.1811	4.4797	4.7784	5.0770	5.3757	5.6743
196	3.0172	3.3189	3.6206	3.9224	4.2241	4.5258	4.8275	5.1292	5.4309	5.7327
197	3.0481	3.3529	3.6577	3.9625	4.2673	4.5721	4.8769	5.1817	5.4865	5.7913
198	3.0791	3.3870	3.6949	4.0028	4.3107	4.6186	4.9265	5.2344	5.5423	5.8503
199	3.1103	3.4213	3.7323	4.0433	4.3544	4.6654	4.9764	5.2874	5.5985	5.9095

检尺径/cm	检尺长/m									
	2.0	2.1	2.2	2.3	2.4	2.5	2.6	2.7	2.8	2.9
	材积/m³									
10	0.0157	0.0165	0.0173	0.0181	0.0188	0.0196	0.0204	0.0212	0.0220	0.0228
11	0.0190	0.0200	0.0209	0.0219	0.0228	0.0238	0.0247	0.0257	0.0266	0.0276
12	0.0226	0.0238	0.0249	0.0260	0.0271	0.0283	0.0294	0.0305	0.0317	0.0328
13	0.0265	0.0279	0.0292	0.0305	0.0319	0.0332	0.0345	0.0358	0.0372	0.0385
14	0.0308	0.0323	0.0339	0.0354	0.0369	0.0385	0.0400	0.0416	0.0431	0.0446

（续）

检尺径/cm	检尺长/m 材积/m³									
	2.0	2.1	2.2	2.3	2.4	2.5	2.6	2.7	2.8	2.9
15	0.0353	0.0371	0.0389	0.0406	0.0424	0.0442	0.0459	0.0477	0.0495	0.0512
16	0.0402	0.0422	0.0442	0.0462	0.0483	0.0503	0.0523	0.0543	0.0563	0.0583
17	0.0454	0.0477	0.0499	0.0522	0.0545	0.0567	0.0590	0.0613	0.0636	0.0658
18	0.0509	0.0534	0.0560	0.0585	0.0611	0.0636	0.0662	0.0687	0.0713	0.0738
19	0.0567	0.0595	0.0624	0.0652	0.0680	0.0709	0.0737	0.0766	0.0794	0.0822
20	0.0628	0.0660	0.0691	0.0723	0.0754	0.0785	0.0817	0.0848	0.0880	0.0911
21	0.0693	0.0727	0.0762	0.0797	0.0831	0.0866	0.0901	0.0935	0.0970	0.1004
22	0.0760	0.0798	0.0836	0.0874	0.0912	0.0950	0.0988	0.1026	0.1064	0.1102
23	0.0831	0.0873	0.0914	0.0956	0.0997	0.1039	0.1080	0.1122	0.1163	0.1205
24	0.0905	0.0950	0.0995	0.1040	0.1086	0.1131	0.1176	0.1221	0.1267	0.1312
25	0.0982	0.1031	0.1080	0.1129	0.1178	0.1227	0.1276	0.1325	0.1374	0.1424
26	0.1062	0.1115	0.1168	0.1221	0.1274	0.1327	0.1380	0.1434	0.1487	0.1540
27	0.1145	0.1202	0.1260	0.1317	0.1374	0.1431	0.1489	0.1546	0.1603	0.1660
28	0.1232	0.1293	0.1355	0.1416	0.1478	0.1539	0.1601	0.1663	0.1724	0.1786
29	0.1321	0.1387	0.1453	0.1519	0.1585	0.1651	0.1717	0.1783	0.1849	0.1916
30	0.1414	0.1484	0.1555	0.1626	0.1696	0.1767	0.1838	0.1909	0.1979	0.2050
31	0.1510	0.1585	0.1660	0.1736	0.1811	0.1887	0.1962	0.2038	0.2113	0.2189
32	0.1608	0.1689	0.1769	0.1850	0.1930	0.2011	0.2091	0.2171	0.2252	0.2332
33	0.1711	0.1796	0.1882	0.1967	0.2053	0.2138	0.2224	0.2309	0.2395	0.2480
34	0.1816	0.1907	0.1997	0.2088	0.2179	0.2270	0.2361	0.2451	0.2542	0.2633

（续）

检尺径/cm	检尺长/m 材积/m³									
	2.0	2.1	2.2	2.3	2.4	2.5	2.6	2.7	2.8	2.9
35	0.1924	0.2020	0.2117	0.2213	0.2309	0.2405	0.2501	0.2598	0.2694	0.2790
36	0.2036	0.2138	0.2239	0.2341	0.2443	0.2545	0.2646	0.2748	0.2850	0.2952
37	0.2150	0.2258	0.2365	0.2473	0.2581	0.2688	0.2796	0.2903	0.3011	0.3118
38	0.2268	0.2382	0.2495	0.2608	0.2722	0.2835	0.2949	0.3062	0.3176	0.3289
39	0.2389	0.2509	0.2628	0.2748	0.2867	0.2986	0.3106	0.3225	0.3345	0.3464
40	0.2513	0.2639	0.2765	0.2890	0.3016	0.3142	0.3267	0.3393	0.3519	0.3644
41	0.2641	0.2773	0.2905	0.3037	0.3169	0.3301	0.3433	0.3565	0.3697	0.3829
42	0.2771	0.2909	0.3048	0.3187	0.3325	0.3464	0.3602	0.3741	0.3879	0.4018
43	0.2904	0.3050	0.3195	0.3340	0.3485	0.3631	0.3776	0.3921	0.4066	0.4211
44	0.3041	0.3193	0.3345	0.3497	0.3649	0.3801	0.3953	0.4105	0.4257	0.4410
45	0.3181	0.3340	0.3499	0.3658	0.3817	0.3976	0.4135	0.4294	0.4453	0.4612
46	0.3324	0.3490	0.3656	0.3822	0.3989	0.4155	0.4321	0.4487	0.4653	0.4820
47	0.3470	0.3643	0.3817	0.3990	0.4164	0.4337	0.4511	0.4684	0.4858	0.5031
48	0.3619	0.3800	0.3981	0.4162	0.4343	0.4524	0.4705	0.4886	0.5067	0.5248
49	0.3771	0.3960	0.4149	0.4337	0.4526	0.4714	0.4903	0.5092	0.5280	0.5469
50	0.3927	0.4123	0.4320	0.4516	0.4712	0.4909	0.5105	0.5301	0.5498	0.5694
51	0.4086	0.4290	0.4494	0.4698	0.4903	0.5107	0.5311	0.5516	0.5720	0.5924
52	0.4247	0.4460	0.4672	0.4885	0.5097	0.5309	0.5522	0.5734	0.5946	0.6159
53	0.4412	0.4633	0.4854	0.5074	0.5295	0.5515	0.5736	0.5957	0.6177	0.6398
54	0.4580	0.4809	0.5038	0.5268	0.5497	0.5726	0.5955	0.6184	0.6413	0.6642

（续）

检尺径/cm	检尺长/m 材积/m³									
	2.0	2.1	2.2	2.3	2.4	2.5	2.6	2.7	2.8	2.9
55	0.4752	0.4989	0.5227	0.5464	0.5702	0.5940	0.6177	0.6415	0.6652	0.6890
56	0.4926	0.5172	0.5419	0.5665	0.5911	0.6158	0.6404	0.6650	0.6896	0.7143
57	0.5104	0.5359	0.5614	0.5869	0.6124	0.6379	0.6635	0.6890	0.7145	0.7400
58	0.5284	0.5548	0.5813	0.6077	0.6341	0.6605	0.6869	0.7134	0.7398	0.7662
59	0.5468	0.5741	0.6015	0.6288	0.6562	0.6835	0.7108	0.7382	0.7655	0.7929
60	0.5655	0.5938	0.6220	0.6503	0.6756	0.7069	0.7351	0.7634	0.7917	0.8200
61	0.5845	0.6137	0.6429	0.6722	0.7014	0.7306	0.7598	0.7891	0.8183	0.8475
62	0.6038	0.6340	0.6642	0.6944	0.7246	0.7548	0.7850	0.8152	0.8453	0.8755
63	0.6235	0.6546	0.6858	0.7170	0.7481	0.7793	0.8105	0.8417	0.8728	0.9040
64	0.6434	0.6756	0.7077	0.7399	0.7721	0.8042	0.8364	0.8686	0.9008	0.9329
65	0.6637	0.6968	0.7300	0.7632	0.7964	0.8296	0.8628	0.8959	0.9291	0.9623
66	0.6842	0.7185	0.7527	0.7869	0.8211	0.8553	0.8895	0.9237	0.9579	0.9921
67	0.7051	0.7404	0.7756	0.8109	0.8462	0.8814	0.9167	0.9519	0.9872	1.0224
68	0.7263	0.7627	0.7990	0.8353	0.8716	0.9079	0.9442	0.9806	1.0169	1.0532
69	0.7479	0.7853	0.8226	0.8600	0.8974	0.9348	0.9722	1.0096	1.0470	1.0844
70	0.7697	0.8082	0.8467	0.8851	0.9236	0.9621	1.0006	1.0391	1.0776	1.1161
71	0.7918	0.8314	0.8710	0.9106	0.9502	0.9898	1.0294	1.0690	1.1086	1.1482
72	0.8143	0.8550	0.8957	0.9364	0.9772	1.0179	1.0586	1.0993	1.1400	1.1807
73	0.8371	0.8789	0.9208	0.9626	1.0045	1.0463	1.0882	1.1301	1.1719	1.2138
74	0.8602	0.9032	0.9462	0.9892	1.0322	1.0752	1.1182	1.1612	1.2042	1.2472

（续）

检尺径/cm	检尺长/m									
	材积/m³									
	2.0	2.1	2.2	2.3	2.4	2.5	2.6	2.7	2.8	2.9
75	0.8836	0.9278	0.9719	1.0161	1.0603	1.1045	1.1489	1.1928	1.2370	1.2812
76	0.9073	0.9527	0.9980	1.0434	1.0888	1.1341	1.1795	1.2248	1.2702	1.3156
77	0.9313	0.9779	1.0245	1.0710	1.1176	1.1642	1.2107	1.2573	1.3039	1.3504
78	0.9557	1.0035	1.0512	1.0990	1.1468	1.1946	1.2424	1.2902	1.3379	1.3857
79	0.9803	1.0294	1.0784	1.1274	1.1764	1.2254	1.2744	1.3235	1.3725	1.4215
80	1.0053	1.0556	1.1058	1.1561	1.2064	1.2566	1.3069	1.3572	1.4074	1.4577
81	1.0306	1.0821	1.1337	1.1852	1.2367	1.2883	1.3398	1.3913	1.4428	1.4944
82	1.0562	1.1090	1.1618	1.2146	1.2674	1.3203	1.3731	1.4259	1.4787	1.5315
83	1.0821	1.1362	1.1903	1.2444	1.2985	1.3527	1.4068	1.4609	1.5150	1.5691
84	1.1084	1.1638	1.2192	1.2746	1.3300	1.3854	1.4409	1.4963	1.5517	1.6071
85	1.1349	1.1916	1.2434	1.3051	1.3619	1.4186	1.4754	1.5321	1.5889	1.6456
86	1.1618	1.2199	1.2779	1.3360	1.3941	1.4522	1.5103	1.5684	1.6265	1.6846
87	1.1889	1.2484	1.3078	1.3673	1.4267	1.4862	1.5456	1.6051	1.6645	1.7240
88	1.2164	1.2772	1.3381	1.3989	1.4597	1.5205	1.5814	1.6422	1.7030	1.7638
89	1.2442	1.3064	1.3687	1.4309	1.4931	1.5553	1.6175	1.6797	1.7419	1.8041
90	1.2723	1.3360	1.3996	1.4632	1.5268	1.5904	1.6541	1.7177	1.7813	1.8449
91	1.3008	1.3658	1.4309	1.4959	1.5609	1.6260	1.6910	1.7561	1.8211	1.8861
92	1.3295	1.3960	1.4625	1.5290	1.5954	1.6619	1.7284	1.7949	1.8613	1.9278
93	1.3586	1.4265	1.4944	1.5624	1.6303	1.6982	1.7662	1.8341	1.9020	1.9699
94	1.3880	1.4574	1.5268	1.5962	1.6656	1.7349	1.8043	1.8737	1.9431	2.0125

（续）

检尺径/cm	检尺长/m 材积/m³									
	2.0	2.1	2.2	2.3	2.4	2.5	2.6	2.7	2.8	2.9
95	1.4176	1.4885	1.5594	1.6303	1.7012	1.7721	1.8429	1.9138	1.9847	2.0556
96	1.4476	1.5200	1.5924	1.6648	1.7372	1.8096	1.8819	1.9543	2.0267	2.0991
97	1.4780	1.5519	1.6258	1.6997	1.7736	1.8475	1.9214	1.9953	2.0692	2.1431
98	1.5086	1.5840	1.6595	1.7349	1.8103	1.8857	1.9612	2.0366	2.1120	2.1875
99	1.5395	1.6165	1.6935	1.7705	1.8474	1.9244	2.0014	2.0784	2.1554	2.2323
100	1.5708	1.6493	1.7279	1.8064	1.8850	1.9635	2.0420	2.1206	2.1991	2.2777
101	1.6024	1.6825	1.7626	1.8427	1.9228	2.0030	2.0831	2.1632	2.2433	2.3234
102	1.6343	1.7160	1.7977	1.8794	1.9611	2.0428	2.1245	2.2063	2.2880	2.3697
103	1.6665	1.7498	1.8331	1.9164	1.9998	2.0831	2.1664	2.2497	2.3330	2.4164
104	1.6990	1.7839	1.8689	1.9538	2.0388	2.1237	2.2087	2.2936	2.3786	2.4635
105	1.7318	1.8184	1.9050	1.9916	2.0782	2.1648	2.2513	2.3379	2.4245	2.5111
106	1.7650	1.8532	1.9414	2.0297	2.1179	2.2062	2.2944	2.3827	2.4709	2.5592
107	1.7984	1.8883	1.9782	2.0682	2.1581	2.2480	2.3379	2.4279	2.5178	2.6077
108	1.8322	1.9238	2.0154	2.1070	2.1986	2.2902	2.3818	2.4734	2.5651	2.6567
109	1.8663	1.9596	2.0529	2.1462	2.2395	2.3328	2.4261	2.5195	2.6128	2.7061
110	1.9007	1.9957	2.0907	2.1858	2.2808	2.3758	2.4709	2.5659	2.6609	2.7560
111	1.9354	2.0322	2.1289	2.2257	2.3225	2.4192	2.5160	2.6128	2.7095	2.8063
112	1.9704	2.0689	2.1675	2.2660	2.3645	2.4630	2.5615	2.6601	2.7586	2.8571
113	2.0058	2.1060	2.2063	2.3066	2.4069	2.5072	2.6075	2.7078	2.8081	2.9083
114	2.0414	2.1435	2.2456	2.3476	2.4497	2.5518	2.6538	2.7559	2.8580	2.9600

（续）

检尺径/cm	检尺长/m									
	材积/m³									
	2.0	2.1	2.2	2.3	2.4	2.5	2.6	2.7	2.8	2.9
115	2.0774	2.1813	2.2851	2.3890	2.4929	2.5967	2.7006	2.8045	2.9083	3.0122
116	2.1137	2.2194	2.3250	2.4307	2.5364	2.6421	2.7478	2.8535	2.9591	3.0648
117	2.1503	2.2578	2.3653	2.4728	2.5803	2.6878	2.7953	2.9029	3.0104	3.1179
118	2.1872	2.2965	2.4059	2.5153	2.6246	2.7340	2.8433	2.9527	3.0621	3.1714
119	2.2244	2.3356	2.4469	2.5581	2.6693	2.7805	2.8917	3.0030	3.1142	3.2254
120	2.2620	2.3750	2.4881	2.6012	2.7143	2.8274	2.9405	3.0536	3.1667	3.2798
121	2.2998	2.4148	2.5298	2.6448	2.7598	2.8748	2.9898	3.1047	3.2197	3.3347
122	2.3380	2.4549	2.5718	2.6887	2.8056	2.9225	3.0394	3.1563	3.2732	3.3901
123	2.3765	2.4953	2.6141	2.7329	2.8518	2.9706	3.0894	3.2082	3.3270	3.4459
124	2.4153	2.5360	2.6568	2.7776	2.8983	3.0191	3.1398	3.2606	3.3814	3.5021
125	2.4544	2.5771	2.6998	2.8225	2.9453	3.0680	3.1907	3.3134	3.4361	3.5588
126	2.4938	2.6185	2.7432	2.8679	2.9926	3.1173	3.2419	3.3666	3.4913	3.6160
127	2.5335	2.6602	2.7869	2.9136	3.0403	3.1669	3.2936	3.4203	3.5470	3.6736
128	2.5736	2.7023	2.8310	2.9596	3.0883	3.2170	3.3457	3.4744	3.6030	3.7317
129	2.6140	2.7447	2.8754	3.0061	3.1386	3.2675	3.3982	3.5289	3.6596	3.7903
130	2.6547	2.7874	2.9201	3.0528	3.1856	3.3183	3.4510	3.5838	3.7165	3.8492
131	2.6956	2.8304	2.9652	3.1000	3.2348	3.3696	3.5043	3.6391	3.7739	3.9087
132	2.7370	2.8738	3.0107	3.1475	3.2844	3.4212	3.5581	3.6949	3.8317	3.9686
133	2.7786	2.9175	3.0564	3.1954	3.3343	3.4732	3.6122	3.7511	3.8900	4.0290
134	2.8205	2.9616	3.1026	3.2436	3.3846	3.5257	3.6667	3.8077	3.9487	4.0898

（续）

检尺径/cm	检尺长/m									
	2.0	2.1	2.2	2.3	2.4	2.5	2.6	2.7	2.8	2.9
	材积/m³									
135	2.8628	3.0059	3.1491	3.2922	3.4353	3.5785	3.7216	3.8648	4.0079	4.1510
136	2.9054	3.0506	3.1959	3.3412	3.4864	3.6317	3.7770	3.9222	4.0675	4.2128
137	2.9482	3.0956	3.2431	3.3905	3.5379	3.6853	3.8327	3.9801	4.1275	4.2749
138	2.9914	3.1410	3.2906	3.4401	3.5897	3.7393	3.8889	4.0384	4.1880	4.3376
139	3.0349	3.1867	3.3384	3.4902	3.6419	3.7937	3.9454	4.0972	4.2489	4.4007
140	3.0788	3.2327	3.3866	3.5406	3.6945	3.8485	4.0024	4.1563	4.3103	4.4642
141	3.1229	3.2791	3.4352	3.5913	3.7475	3.9036	4.0598	4.2159	4.3721	4.5282
142	3.1674	3.3257	3.4841	3.6425	3.8008	3.9592	4.1176	4.2759	4.4343	4.5927
143	3.2121	3.3727	3.5333	3.6939	3.8546	4.0152	4.1758	4.3364	4.4970	4.6576
144	3.2572	3.4201	3.5829	3.7458	3.9087	4.0715	4.2344	4.3972	4.5601	4.7230
145	3.3026	3.4677	3.6329	3.7980	3.9631	4.1283	4.2934	4.4585	4.6236	4.7888
146	3.3483	3.5157	3.6831	3.8506	4.0180	4.1854	4.3528	4.5202	4.6876	4.8551
147	3.3943	3.5641	3.7338	3.9035	4.0732	4.2429	4.4126	4.5824	4.7521	4.9218
148	3.4407	3.6127	3.7847	3.9568	4.1288	4.3009	4.4729	4.6449	4.8170	4.9890
149	3.4873	3.6617	3.8361	4.0104	4.1848	4.3592	4.5335	4.7079	4.8823	5.0566
150	3.5343	3.7110	3.8877	4.0644	4.2412	4.4179	4.5946	4.7713	4.9480	5.1247
151	3.5816	3.7607	3.9397	4.1188	4.2979	4.4770	4.6561	4.8351	5.0142	5.1933
152	3.6292	3.8106	3.9921	4.1736	4.3550	4.5365	4.7179	4.8994	5.0808	5.2623
153	3.6771	3.8609	4.0448	4.2286	4.4125	4.5964	4.7802	4.9641	5.1479	5.3318
154	3.7253	3.9116	4.0978	4.2841	4.4704	4.6566	4.8429	5.0292	5.2154	5.4017

（续）

检尺径/cm	检尺长/m									
	2.0	2.1	2.2	2.3	2.4	2.5	2.6	2.7	2.8	2.9
	材积/m³									
155	3.7738	3.9625	4.1512	4.3399	4.5286	4.7173	4.9060	5.0947	5.2834	5.4721
156	3.8227	4.0138	4.2050	4.3961	4.5872	4.7784	4.9695	5.1606	5.3518	5.5429
157	3.8719	4.0655	4.2591	4.4526	4.6462	4.8398	5.0334	5.2270	5.4206	5.6142
158	3.9213	4.1174	4.3135	4.5095	4.7056	4.9017	5.0977	5.2938	5.4899	5.6860
159	3.9711	4.1697	4.3683	4.5668	4.7654	4.9639	5.1625	5.3610	5.5596	5.7582
160	4.0212	4.2223	4.4234	4.6244	4.8255	5.0266	5.2276	5.4287	5.6297	5.8303
161	4.0717	4.2753	4.4788	4.6824	4.8860	5.0896	5.2932	5.4968	5.7003	5.9039
162	4.1224	4.3285	4.5346	4.7408	4.9469	5.1530	5.3591	5.5653	5.7714	5.9775
163	4.1753	4.3821	4.5908	4.7995	5.0082	5.2168	5.4255	5.6342	5.8428	6.0515
164	4.2248	4.4361	4.6473	4.8585	5.0698	5.2810	5.4923	5.7035	5.9148	6.1260
165	4.2765	4.4903	4.7042	4.9180	5.1318	5.3456	5.5595	5.7733	5.9871	6.2009
166	4.3285	4.5449	4.7613	4.9778	5.1942	5.4106	5.6270	5.8435	6.0599	6.2763
167	4.3808	4.5998	4.8189	5.0379	5.2570	5.4760	5.6950	5.9141	6.1331	6.3522
168	4.4334	4.6551	4.8768	5.0984	5.3201	5.5418	5.7635	5.9851	6.2068	6.4285
169	4.4864	4.7107	4.9350	5.1593	5.3836	5.6080	5.8323	6.0566	6.2809	6.5052
170	4.5396	4.7666	4.9936	5.2206	5.4475	5.6745	5.9015	6.1285	6.3555	6.5824
171	4.5932	4.8228	5.0525	5.2822	5.5118	5.7415	5.9711	6.2008	6.4304	6.6601
172	4.6471	4.8794	5.1118	5.3441	5.5765	5.8088	6.0412	6.2735	6.5059	6.7382
173	4.7012	4.9363	5.1714	5.4064	5.6415	5.8766	6.1116	6.3467	6.5817	6.8168
174	4.7558	4.9935	5.2313	5.4691	5.7069	5.9447	6.1825	6.4203	6.6581	6.8958

（续）

检尺径/cm	检尺长/m									
	材积/m³									
	2.0	2.1	2.2	2.3	2.4	2.5	2.6	2.7	2.8	2.9
175	4.8106	5.0511	5.2916	5.5322	5.7727	6.0132	6.2537	6.4943	6.7348	6.9753
176	4.8657	5.1090	5.3523	5.5956	5.8389	6.0821	6.3254	6.5687	6.8120	7.0553
177	4.9212	5.1672	5.4133	5.6593	5.9054	6.1514	6.3975	6.6436	6.8896	7.1357
178	4.9769	5.2258	5.4746	5.7235	5.9723	6.2212	6.4700	6.7188	6.9677	7.2165
179	5.0330	5.2847	5.5363	5.7880	6.0396	6.2913	6.5429	6.7946	7.0462	7.2979
180	5.0894	5.3439	5.5983	5.8528	6.1073	6.3617	6.6162	6.8707	7.1251	7.3796
181	5.1461	5.4034	5.6607	5.9180	6.1753	6.4326	6.6899	6.9472	7.2045	7.4618
182	5.2031	5.4633	5.7234	5.9836	6.2437	6.5039	6.7641	7.0242	7.2844	7.5445
183	5.2605	5.5235	5.7865	6.0495	6.3125	6.5756	6.8386	7.1016	7.3646	7.6277
184	5.3181	5.5840	5.8499	6.1158	6.3817	6.6476	6.9135	7.1794	7.4453	7.7112
185	5.3761	5.6449	5.9137	6.1825	6.4513	6.7201	6.9889	7.2577	7.5265	7.7953
186	5.4343	5.7061	5.9778	6.2495	6.5212	6.7929	7.0646	7.3364	7.6081	7.8798
187	5.4929	5.7676	6.0422	6.3169	6.5915	6.8662	7.1408	7.4155	7.6901	7.9647
188	5.5518	5.8294	6.1070	6.3846	6.6622	6.9398	7.2174	7.4950	7.7726	8.0502
189	5.6111	5.8916	6.1722	6.4527	6.7333	7.0138	7.2944	7.5749	7.8555	8.1360
190	5.6706	5.9541	6.2376	6.5212	6.8047	7.0882	7.3718	7.6553	7.9388	8.2224
191	5.7304	6.0170	6.3035	6.5900	6.8765	7.1630	7.4496	7.7361	8.0226	8.3091
192	5.7906	6.0801	6.3697	6.6592	6.9487	7.2382	7.5278	7.8173	8.1068	8.3964
193	5.8511	6.1436	6.4362	6.7287	7.0213	7.3138	7.6064	7.8989	8.1915	8.4841
194	5.9119	6.2075	6.5030	6.7986	7.0942	7.3898	7.6854	7.9810	8.2766	8.5722

（续）

检尺径/cm	检尺长/m 材积/m³									
	2.0	2.1	2.2	2.3	2.4	2.5	2.6	2.7	2.8	2.9
195	5.9730	6.2716	6.5703	6.8689	7.1676	7.4662	7.7649	8.0635	8.3622	8.6608
196	6.0344	6.3361	6.6378	6.9395	7.2413	7.5430	7.8447	8.1464	8.4481	8.7499
197	6.0961	6.4009	6.7057	7.0105	7.3153	7.6201	7.9250	8.2298	8.5346	8.8394
198	6.1582	6.4661	6.7740	7.0819	7.3898	7.6977	8.0056	8.3135	8.6214	8.9293
199	6.2205	6.5316	6.8426	7.1536	7.4646	7.7757	8.0867	8.3977	8.7087	9.0198

检尺径/cm	检尺长/m 材积/m³									
	3.0	3.1	3.2	3.3	3.4	3.5	3.6	3.7	3.8	3.9
10	0.0236	0.0243	0.0251	0.0259	0.0267	0.0275	0.0283	0.0291	0.0298	0.0306
11	0.0285	0.0295	0.0304	0.0314	0.0323	0.0333	0.0342	0.0352	0.0361	0.0371
12	0.0339	0.0351	0.0362	0.0373	0.0385	0.0396	0.0407	0.0418	0.0430	0.0441
13	0.0398	0.0411	0.0425	0.0438	0.0451	0.0465	0.0478	0.0491	0.0504	0.0518
14	0.0462	0.0477	0.0493	0.0508	0.0523	0.0539	0.0554	0.0570	0.0585	0.0600
15	0.0530	0.0548	0.0565	0.0583	0.0601	0.0619	0.0636	0.0654	0.0672	0.0689
16	0.0603	0.0623	0.0643	0.0664	0.0684	0.0704	0.0724	0.0744	0.0764	0.0784
17	0.0681	0.0704	0.0726	0.0749	0.0772	0.0794	0.0817	0.0840	0.0863	0.0885
18	0.0763	0.0789	0.0814	0.0840	0.0865	0.0891	0.0916	0.0942	0.0967	0.0992
19	0.0851	0.0879	0.0907	0.0936	0.0964	0.0992	0.1021	0.1049	0.1077	0.1106

（续）

检尺径/cm	检尺长/m									
	材积/m³									
	3.0	3.1	3.2	3.3	3.4	3.5	3.6	3.7	3.8	3.9
20	0.0942	0.0974	0.1005	0.1037	0.1068	0.1100	0.1131	0.1162	0.1194	0.1225
21	0.1039	0.1074	0.1108	0.1143	0.1178	0.1212	0.1247	0.1282	0.1316	0.1351
22	0.1140	0.1178	0.1216	0.1254	0.1292	0.1330	0.1368	0.1406	0.1445	0.1483
23	0.1246	0.1288	0.1330	0.1371	0.1413	0.1454	0.1496	0.1537	0.1579	0.1620
24	0.1357	0.1402	0.1448	0.1493	0.1538	0.1583	0.1629	0.1674	0.1719	0.1764
25	0.1473	0.1522	0.1571	0.1620	0.1669	0.1718	0.1767	0.1816	0.1865	0.1914
26	0.1593	0.1646	0.1699	0.1752	0.1805	0.1858	0.1911	0.1964	0.2018	0.2071
27	0.1718	0.1775	0.1832	0.1889	0.1947	0.2004	0.2061	0.2118	0.2176	0.2233
28	0.1847	0.1909	0.1970	0.2032	0.2094	0.2155	0.2217	0.2278	0.2340	0.2401
29	0.1982	0.2048	0.2114	0.2180	0.2246	0.2312	0.2378	0.2444	0.2510	0.2576
30	0.2121	0.2191	0.2262	0.2333	0.2403	0.2474	0.2545	0.2615	0.2686	0.2757
31	0.2264	0.2340	0.2415	0.2491	0.2566	0.2642	0.2717	0.2793	0.2868	0.2944
32	0.2413	0.2493	0.2574	0.2654	0.2734	0.2815	0.2895	0.2976	0.3056	0.3137
33	0.2566	0.2651	0.2737	0.2822	0.2908	0.2994	0.3079	0.3165	0.3250	0.3336
34	0.2724	0.2815	0.2905	0.2996	0.3087	0.3178	0.3269	0.3359	0.3450	0.3541
35	0.2886	0.2983	0.3079	0.3175	0.3271	0.3367	0.3464	0.3560	0.3656	0.3752
36	0.3054	0.3155	0.3257	0.3359	0.3461	0.3563	0.3664	0.3766	0.3868	0.3970
37	0.3226	0.3333	0.3441	0.3548	0.3656	0.3763	0.3871	0.3978	0.4086	0.4193
38	0.3402	0.3516	0.3629	0.3743	0.3856	0.3969	0.4083	0.4196	0.4310	0.4423
39	0.3584	0.3703	0.3823	0.3942	0.4062	0.4181	0.4301	0.4420	0.4539	0.4659

（续）

检尺径/cm	检尺长/m 材积/m³									
	3.0	3.1	3.2	3.3	3.4	3.5	3.6	3.7	3.8	3.9
40	0.3770	0.3896	0.4021	0.4147	0.4273	0.4398	0.4524	0.4650	0.4775	0.4901
41	0.3961	0.4093	0.4225	0.4357	0.4489	0.4621	0.4753	0.4885	0.5017	0.5149
42	0.4156	0.4295	0.4433	0.4572	0.4711	0.4849	0.4988	0.5126	0.5265	0.5403
43	0.4357	0.4502	0.4647	0.4792	0.4937	0.5083	0.5228	0.5373	0.5518	0.5664
44	0.4562	0.4714	0.4866	0.5018	0.5170	0.5322	0.5474	0.5626	0.5778	0.5930
45	0.4771	0.4930	0.5089	0.5248	0.5407	0.5567	0.5726	0.5885	0.6044	0.6203
46	0.4986	0.5152	0.5318	0.5484	0.5650	0.5817	0.5983	0.6149	0.6315	0.6481
47	0.5205	0.5378	0.5552	0.5725	0.5899	0.6072	0.6246	0.6419	0.6593	0.6766
48	0.5429	0.5610	0.5791	0.5972	0.6153	0.6333	0.6514	0.6695	0.6876	0.7057
49	0.5657	0.5846	0.6034	0.6223	0.6412	0.6600	0.6789	0.6977	0.7166	0.7354
50	0.5891	0.6087	0.6283	0.6480	0.6676	0.6872	0.7069	0.7265	0.7461	0.7658
51	0.6128	0.6333	0.6537	0.6741	0.6946	0.7150	0.7354	0.7558	0.7763	0.7967
52	0.6371	0.6584	0.6796	0.7008	0.7221	0.7433	0.7645	0.7858	0.8070	0.8283
53	0.6619	0.6839	0.7060	0.7280	0.7501	0.7722	0.7942	0.8163	0.8384	0.8604
54	0.6871	0.7100	0.7329	0.7558	0.7787	0.8016	0.8245	0.8474	0.8703	0.8932
55	0.7128	0.7365	0.7603	0.7840	0.8078	0.8315	0.8553	0.8791	0.9028	0.9266
56	0.7389	0.7635	0.7882	0.8128	0.8374	0.8621	0.8867	0.9113	0.9359	0.9606
57	0.7655	0.7910	0.8166	0.8421	0.8676	0.8931	0.9186	0.9442	0.9697	0.9952
58	0.7926	0.8190	0.8455	0.8719	0.8983	0.9247	0.9512	0.9776	1.0040	1.0304
59	0.8202	0.8475	0.8749	0.9022	0.9296	0.9569	0.9842	1.0116	1.0389	1.0663

（续）

检尺径/cm	检尺长/m									
	3.0	3.1	3.2	3.3	3.4	3.5	3.6	3.7	3.8	3.9
	材积/m³									
60	0.8482	0.8765	0.9048	0.9331	0.9613	0.9896	1.0179	1.0462	1.0744	1.1027
61	0.8767	0.9060	0.9352	0.9644	0.9936	1.0229	1.0521	1.0813	1.1105	1.1398
62	0.9057	0.9359	0.9661	0.9963	1.0265	1.0567	1.0869	1.1171	1.1472	1.1774
63	0.9352	0.9663	0.9975	1.0287	1.0599	1.0910	1.1222	1.1534	1.1846	1.2157
64	0.9651	0.9973	1.0294	1.0616	1.0938	1.1259	1.1581	1.1903	1.2225	1.2546
65	0.9955	1.0287	1.0619	1.0950	1.1282	1.1614	1.1946	1.2278	1.2610	1.2941
66	1.0264	1.0606	1.0948	1.1290	1.1632	1.1974	1.2316	1.2658	1.3001	1.3343
67	1.0577	1.0930	1.1282	1.1635	1.1987	1.2340	1.2692	1.3045	1.3398	1.3750
68	1.0895	1.1258	1.1621	1.1985	1.2348	1.2711	1.3074	1.3437	1.3800	1.4164
69	1.1218	1.1592	1.1966	1.2340	1.2714	1.3088	1.3461	1.3835	1.4209	1.4583
70	1.1545	1.1930	1.2315	1.2700	1.3085	1.3470	1.3854	1.4239	1.4624	1.5009
71	1.1878	1.2274	1.2669	1.3065	1.3461	1.3857	1.4253	1.4649	1.5045	1.5441
72	1.2215	1.2622	1.3029	1.3436	1.3843	1.4250	1.4657	1.5065	1.5472	1.5879
73	1.2556	1.2975	1.3393	1.3812	1.4230	1.4649	1.5067	1.5486	1.5905	1.6323
74	1.2903	1.3333	1.3763	1.4193	1.4623	1.5053	1.5483	1.5913	1.6343	1.6773
75	1.3254	1.3695	1.4137	1.4579	1.5021	1.5463	1.5904	1.6346	1.6788	1.7230
76	1.3609	1.4063	1.4517	1.4970	1.5424	1.5878	1.6331	1.6785	1.7239	1.7692
77	1.3970	1.4436	1.4901	1.5367	1.5833	1.6298	1.6764	1.7230	1.7695	1.8161
78	1.4335	1.4813	1.5291	1.5769	1.6246	1.6724	1.7202	1.7680	1.8158	1.8636
79	1.4705	1.5195	1.5685	1.6176	1.6666	1.7156	1.7646	1.8136	1.8626	1.9117

（续）

检尺径/cm	检尺长/m 材积/m³									
	3.0	3.1	3.2	3.3	3.4	3.5	3.6	3.7	3.8	3.9
80	1.5080	1.5582	1.6085	1.6588	1.7090	1.7593	1.8096	1.8598	1.9101	1.9604
81	1.5459	1.5974	1.6490	1.7005	1.7520	1.8036	1.8551	1.9066	1.9581	2.0097
82	1.5843	1.6371	1.6899	1.7427	1.7956	1.8484	1.9012	1.9540	2.0068	2.0596
83	1.6232	1.6773	1.7314	1.7855	1.8396	1.8937	1.9478	2.0019	2.0560	2.1101
84	1.6625	1.7180	1.7734	1.8288	1.8842	1.9396	1.9950	2.0505	2.1059	2.1613
85	1.7024	1.7591	1.8158	1.8726	1.9293	1.9861	2.0428	2.0996	2.1563	2.2131
86	1.7426	1.8007	1.8588	1.9169	1.9750	2.0331	2.0912	2.1493	2.2074	2.2654
87	1.7834	1.8429	1.9023	1.9617	2.0212	2.0806	2.1401	2.1995	2.2590	2.3184
88	1.8246	1.8855	1.9463	2.0071	2.0679	2.1287	2.1896	2.2504	2.3112	2.3720
89	1.8663	1.9286	1.9908	2.0530	2.1152	2.1774	2.2396	2.3018	2.3640	2.4262
90	1.9085	1.9721	2.0358	2.0994	2.1630	2.2266	2.2902	2.3538	2.4175	2.4811
91	1.9512	2.0162	2.0812	2.1463	2.2113	2.2764	2.3414	2.4064	2.4715	2.5365
92	1.9943	2.0608	2.1272	2.1937	2.2602	2.3267	2.3931	2.4596	2.5261	2.5926
93	2.0379	2.1058	2.1737	2.2417	2.3096	2.3775	2.4455	2.5134	2.5813	2.6492
94	2.0819	2.1513	2.2207	2.2901	2.3595	2.4289	2.4983	2.5677	2.6371	2.7065
95	2.1265	2.1974	2.2682	2.3391	2.4100	2.4809	2.5518	2.6226	2.6935	2.7644
96	2.1715	2.2439	2.3162	2.3886	2.4610	2.5334	2.6058	2.6782	2.7505	2.8229
97	2.2169	2.2908	2.3647	2.4386	2.5125	2.5864	2.6603	2.7342	2.8081	2.8820
98	2.2629	2.3383	2.4138	2.4892	2.5646	2.6400	2.7155	2.7909	2.8663	2.9418
99	2.3093	2.3863	2.4633	2.5402	2.6172	2.6942	2.7712	2.8482	2.9251	3.0021

（续）

检尺径/cm	检尺长/m									
	3.0	3.1	3.2	3.3	3.4	3.5	3.6	3.7	3.8	3.9
	材积/m³									
100	2.3562	2.4347	2.5133	2.5918	2.6704	2.7489	2.8274	2.9060	2.9845	3.0631
101	2.4036	2.4837	2.5638	2.6439	2.7240	2.8042	2.8843	2.9644	3.0445	3.1246
102	2.4514	2.5331	2.6148	2.6965	2.7782	2.8600	2.9417	3.0234	3.1051	3.1868
103	2.4997	2.5830	2.6663	2.7497	2.8330	2.9163	2.9996	3.0830	3.1663	3.2496
104	2.5485	2.6334	2.7184	2.8033	2.8883	2.9732	3.0582	3.1431	3.2281	3.3130
105	2.5977	2.6843	2.7709	2.8575	2.9441	3.0307	3.1173	3.2038	3.2904	3.3770
106	2.6474	2.7357	2.8239	2.9122	3.0004	3.0887	3.1769	3.2652	3.3534	3.4417
107	2.6976	2.7875	2.8775	2.9674	3.0573	3.1472	3.2371	3.3271	3.4170	3.5069
108	2.7483	2.8399	2.9315	3.0231	3.1147	3.2063	3.2979	3.3895	3.4811	3.5728
109	2.7994	2.8927	2.9860	3.0793	3.1727	3.2660	3.3593	3.4526	3.5459	3.6392
110	2.8510	2.9460	3.0411	3.1361	3.2311	3.3262	3.4212	3.5162	3.6113	3.7063
111	2.9031	2.9998	3.0966	3.1934	3.2902	3.3869	3.4837	3.5805	3.6772	3.7740
112	2.9556	3.0541	3.1527	3.2512	3.3497	3.4482	3.5467	3.6453	3.7438	3.8423
113	3.0086	3.1089	3.2092	3.3095	3.4098	3.5101	3.6104	3.7106	3.8109	3.9112
114	3.0621	3.1642	3.2663	3.3683	3.4704	3.5725	3.6745	3.7766	3.8787	3.9808
115	3.1161	3.2199	3.3238	3.4277	3.5316	3.6354	3.7393	3.8432	3.9470	4.0509
116	3.1705	3.2762	3.3819	3.4876	3.5932	3.6989	3.8046	3.9103	4.0160	4.1217
117	3.2254	3.3329	3.4404	3.5479	3.6555	3.7630	3.8705	3.9780	4.0855	4.1930
118	3.2808	3.3901	3.4995	3.6089	3.7182	3.8276	3.9369	4.0463	4.1556	4.2650
119	3.3366	3.4478	3.5591	3.6703	3.7815	3.8927	4.0039	4.1152	4.2264	4.3376

（续）

检尺径/cm	检尺长/m									
	3.0	3.1	3.2	3.3	3.4	3.5	3.6	3.7	3.8	3.9
	材积/m³									
120	3.3929	3.5060	3.6191	3.7322	3.8453	3.9584	4.0715	4.1846	4.2977	4.4108
121	3.4497	3.5647	3.6797	3.7947	3.9097	4.0247	4.1397	4.2546	4.3696	4.4846
122	3.5070	3.6239	3.7408	3.8577	3.9746	4.0915	4.2084	4.3253	4.4422	4.5591
123	3.5647	3.6835	3.8023	3.9212	4.0400	4.1588	4.2776	4.3965	4.5153	4.6341
124	3.6229	3.7437	3.8644	3.9852	4.1059	4.2267	4.3475	4.4682	4.5890	4.7098
125	3.6816	3.8043	3.9270	4.0497	4.1724	4.2952	4.4179	4.5406	4.6633	4.7860
126	3.7407	3.8654	3.9901	4.1148	4.2395	4.3642	4.4888	4.6135	4.7382	4.8629
127	3.8003	3.9270	4.0537	4.1803	4.3070	4.4337	4.5604	4.6871	4.8137	4.9404
128	3.8604	3.9891	4.1178	4.2464	4.3751	4.5038	4.6325	4.7612	4.8898	5.0185
129	3.9210	4.0517	4.1823	4.3130	4.4437	4.5744	4.7051	4.8358	4.9665	5.0972
130	3.9820	4.1147	4.2474	4.3802	4.5129	4.6456	4.7784	4.9111	5.0438	5.1766
131	4.0435	4.1783	4.3130	4.4478	4.5826	4.7174	4.8522	4.9870	5.1217	5.2565
132	4.1054	4.2423	4.3791	4.5160	4.6528	4.7897	4.9265	5.0634	5.2002	5.3371
133	4.1679	4.3068	4.4457	4.5847	4.7236	4.8625	5.0015	5.1404	5.2793	5.4182
134	4.2308	4.3718	4.5128	4.6539	4.7949	4.9359	5.0770	5.2180	5.3590	5.5000
135	4.2942	4.4373	4.5805	4.7236	4.8667	5.0099	5.1530	5.2961	5.4393	5.5824
136	4.3580	4.5033	4.6486	4.7938	4.9391	5.0844	5.2296	5.3749	5.5202	5.6654
137	4.4224	4.5698	4.7172	4.8646	5.0120	5.1594	5.3068	5.4542	5.6016	5.7491
138	4.4871	4.6367	4.7863	4.9359	5.0854	5.2350	5.3846	5.5341	5.6837	5.8333
139	4.5524	4.7042	4.8559	5.0077	5.1594	5.3111	5.4629	5.6146	5.7664	5.9181

（续）

检尺径/cm	检尺长/m　材积/m³									
	3.0	3.1	3.2	3.3	3.4	3.5	3.6	3.7	3.8	3.9
140	4.6182	4.7721	4.9260	5.0800	5.2339	5.3878	5.5418	5.6957	5.8497	6.0036
141	4.6844	4.8405	4.9967	5.1528	5.3089	5.4651	5.6212	5.7774	5.9335	6.0897
142	4.7510	4.9094	5.0678	5.2261	5.3845	5.5429	5.7013	5.8596	6.0180	6.1764
143	4.8182	4.9788	5.1394	5.3000	5.4606	5.6212	5.7818	5.9424	6.1030	6.2637
144	4.8858	5.0487	5.2115	5.3744	5.5373	5.7001	5.8630	6.0258	6.1887	6.3516
145	4.9539	5.1190	5.2842	5.4493	5.6144	5.7796	5.9447	6.1098	6.2750	6.4401
146	5.0225	5.1899	5.3573	5.5247	5.6921	5.8596	6.0270	6.1944	6.3618	6.5292
147	5.0915	5.2612	5.4309	5.6007	5.7704	5.9401	6.1098	6.2795	6.4492	6.6190
148	5.1610	5.3331	5.5051	5.6771	5.8492	6.0212	6.1932	6.3653	6.5373	6.7093
149	5.2310	5.4054	5.5797	5.7541	5.9285	6.1028	6.2772	6.4516	6.6259	6.8003
150	5.3015	5.4782	5.6549	5.8316	6.0083	6.1850	6.3617	6.5385	6.7152	6.8919
151	5.3724	5.5515	5.7305	5.9096	6.0887	6.2678	6.4468	6.6259	6.8050	6.9841
152	5.4438	5.6252	5.8067	5.9881	6.1696	6.3511	6.5325	6.7140	6.8954	7.0769
153	5.5156	5.6995	5.8833	6.0672	6.2510	6.4349	6.6188	6.8026	6.9865	7.1703
154	5.5880	5.7742	5.9605	6.1468	6.3330	6.5193	6.7056	6.8918	7.0781	7.2644
155	5.6608	5.8495	6.0382	6.2268	6.4155	6.6042	6.7929	6.9816	7.1703	7.3590
156	5.7340	5.9252	6.1163	6.3075	6.4986	6.6897	6.8809	7.0720	7.2631	7.4543
157	5.8078	6.0014	6.1950	6.3886	6.5822	6.7758	6.9694	7.1630	7.3565	7.5501
158	5.8820	6.0781	6.2742	6.4702	6.6663	6.8624	7.0584	7.2545	7.4506	7.6466
159	5.9567	6.1553	6.3538	6.5524	6.7509	6.9495	7.1481	7.3466	7.5452	7.7437

（续）

检尺径/cm	检尺长/m									
	3.0	3.1	3.2	3.3	3.4	3.5	3.6	3.7	3.8	3.9
	材积/m³									
160	6.0319	6.2329	6.4340	6.6351	6.8361	7.0372	7.2382	7.4393	7.6404	7.8414
161	6.1075	6.3111	6.5147	6.7183	6.9218	7.1254	7.3290	7.5326	7.7362	7.9398
162	6.1836	6.3897	6.5959	6.8020	7.0081	7.2142	7.4203	7.6265	7.8326	8.0387
163	6.2602	6.4689	6.6775	6.8862	7.0949	7.3036	7.5122	7.7209	7.9296	8.1382
164	6.3372	6.5485	6.7597	6.9710	7.1822	7.3934	7.6047	7.8159	8.0272	8.2384
165	6.4148	6.6286	6.8424	7.0562	7.2701	7.4839	7.6977	7.9115	8.1254	8.3392
166	6.4927	6.7092	6.9256	7.1420	7.3584	7.5749	7.7913	8.0077	8.2241	8.4406
167	6.5712	6.7902	7.0093	7.2283	7.4474	7.6664	7.8854	8.1045	8.3235	8.5426
168	6.6501	6.8718	7.0935	7.3152	7.5368	7.7585	7.9802	8.2018	8.4235	8.6452
169	6.7295	6.9539	7.1782	7.4025	7.6268	7.8511	8.0755	8.2998	8.5241	8.7484
170	6.8094	7.0364	7.2634	7.4904	7.7173	7.9443	8.1713	8.3983	8.6253	8.8522
171	6.8898	7.1194	7.3491	7.5787	7.8084	8.0381	8.2677	8.4974	8.7270	8.9567
172	6.9706	7.2029	7.4353	7.6676	7.9000	8.1323	8.3647	8.5971	8.8294	9.0618
173	7.0519	7.2869	7.5220	7.7571	7.9921	8.2272	8.4622	8.6973	8.9324	9.1674
174	7.1336	7.3714	7.6092	7.8470	8.0848	8.3226	8.5604	8.7981	9.0359	9.2737
175	7.2159	7.4564	7.6969	7.9374	8.1780	8.4185	8.6590	8.8996	9.1401	9.3806
176	7.2986	7.5419	7.7851	8.0284	8.2717	8.5150	8.7583	9.0016	9.2448	9.4881
177	7.3817	7.6278	7.8739	8.1199	8.3660	8.6120	8.8581	9.1041	9.3502	9.5963
178	7.4654	7.7142	7.9631	8.2119	8.4608	8.7096	8.9585	9.2073	9.4562	9.7050
179	7.5495	7.8012	8.0528	8.3045	8.5561	8.8078	9.0594	9.3111	9.5627	9.8144

（续）

检尺径 /cm	检尺长/m 材积/m³									
	3.0	3.1	3.2	3.3	3.4	3.5	3.6	3.7	3.8	3.9
180	7.6341	7.8886	8.1430	8.3975	8.6520	8.9064	9.1609	9.4154	9.6698	9.9243
181	7.7191	7.9765	8.2338	8.4911	8.7484	9.0057	9.2630	9.5203	9.7776	10.0349
182	7.8047	8.0648	8.3250	8.5851	8.8453	9.1055	9.3656	9.6258	9.8859	10.1461
183	7.8907	8.1537	8.4167	8.6797	8.9428	9.2058	9.4688	9.7318	9.9949	10.2579
184	7.9772	8.2431	8.5090	8.7749	9.0408	9.3067	9.5726	9.8385	10.1044	10.3703
185	8.0641	8.3329	8.6017	8.8705	9.1393	9.4081	9.6769	9.9457	10.2145	10.4833
186	8.1515	8.4232	8.6949	8.9667	9.2384	9.5101	9.7818	10.0535	10.3252	10.5970
187	8.2394	8.5140	8.7887	9.0633	9.3380	9.6126	9.8873	10.1619	10.4366	10.7112
188	8.3278	8.6053	8.8829	9.1605	9.4381	9.7157	9.9933	10.2709	10.5485	10.8261
189	8.4166	8.6971	8.9777	9.2582	9.5388	9.8193	10.0999	10.3805	10.6610	10.9416
190	8.5059	8.7894	9.0729	9.3565	9.6400	9.9235	10.2071	10.4906	10.7741	11.0576
191	8.5957	8.8822	9.1687	9.4552	9.7417	10.0283	10.3148	10.6013	10.8878	11.1743
192	8.6859	8.9754	9.2650	9.5545	9.8440	10.1335	10.4231	10.7126	11.0021	11.2917
193	8.7766	9.0692	9.3617	9.6543	9.9468	10.2394	10.5319	10.8245	11.1170	11.4096
194	8.8678	9.1634	9.4590	9.7546	10.0502	10.3458	10.6414	10.9369	11.2325	11.5281
195	8.9595	9.2581	9.5567	9.8554	10.1540	10.4527	10.7513	11.0500	11.3486	11.6473
196	9.0516	9.3533	9.6550	9.9567	10.2585	10.5602	10.8619	11.1636	11.4653	11.7671
197	9.1442	9.4490	9.7538	10.0586	10.3634	10.6682	10.9730	11.2778	11.5826	11.8874
198	9.2372	9.5452	9.8531	10.1610	10.4689	10.7768	11.0847	11.3926	11.7005	12.0084
199	9.3308	9.6418	9.9528	10.2639	10.5749	10.8859	11.1969	11.5080	11.8190	12.1300

（续）

检尺径/cm	检尺长/m									
	4.0	4.1	4.2	4.3	4.4	4.5	4.6	4.7	4.8	4.9
	材积/m³									
10	0.0314	0.0322	0.0330	0.0338	0.0346	0.0353	0.0361	0.0369	0.0377	0.0385
11	0.0380	0.0390	0.0399	0.0409	0.0418	0.0428	0.0437	0.0447	0.0456	0.0466
12	0.0452	0.0464	0.0475	0.0486	0.0498	0.0509	0.0520	0.0532	0.0543	0.0554
13	0.0531	0.0544	0.0557	0.0571	0.0584	0.0597	0.0611	0.0624	0.0637	0.0650
14	0.0616	0.0631	0.0647	0.0662	0.0677	0.0693	0.0708	0.0724	0.0739	0.0754
15	0.0707	0.0725	0.0742	0.0760	0.0778	0.0795	0.0813	0.0831	0.0848	0.0866
16	0.0804	0.0824	0.0844	0.0865	0.0885	0.0905	0.0925	0.0945	0.0965	0.0985
17	0.0908	0.0931	0.0953	0.0976	0.0999	0.1021	0.1044	0.1067	0.1090	0.1112
18	0.1018	0.1043	0.1069	0.1094	0.1120	0.1145	0.1171	0.1196	0.1221	0.1247
19	0.1134	0.1162	0.1191	0.1219	0.1248	0.1276	0.1304	0.1333	0.1361	0.1389
20	0.1257	0.1288	0.1319	0.1351	0.1382	0.1414	0.1445	0.1477	0.1508	0.1539
21	0.1385	0.1420	0.1455	0.1489	0.1524	0.1559	0.1593	0.1628	0.1663	0.1697
22	0.1521	0.1559	0.1597	0.1635	0.1673	0.1711	0.1749	0.1787	0.1825	0.1863
23	0.1662	0.1703	0.1745	0.1787	0.1828	0.1870	0.1911	0.1953	0.1994	0.2036
24	0.1810	0.1855	0.1900	0.1945	0.1991	0.2036	0.2081	0.2126	0.2171	0.2217
25	0.1964	0.2013	0.2062	0.2111	0.2160	0.2209	0.2258	0.2307	0.2356	0.2405
26	0.2124	0.2177	0.2230	0.2283	0.2336	0.2389	0.2442	0.2495	0.2548	0.2602
27	0.2290	0.2347	0.2405	0.2462	0.2519	0.2577	0.2634	0.2691	0.2748	0.2806
28	0.2463	0.2525	0.2586	0.2648	0.2709	0.2771	0.2832	0.2894	0.2956	0.3017
29	0.2642	0.2708	0.2774	0.2840	0.2906	0.2972	0.3038	0.3104	0.3171	0.3237

（续）

检尺径/cm	检尺长/m 材积/m³									
	4.0	4.1	4.2	4.3	4.4	4.5	4.6	4.7	4.8	4.9
30	0.2827	0.2898	0.2969	0.3039	0.3110	0.3181	0.3252	0.3322	0.3393	0.3464
31	0.3019	0.3095	0.3170	0.3246	0.3321	0.3396	0.3472	0.3547	0.3623	0.3698
32	0.3217	0.3297	0.3378	0.3458	0.3539	0.3619	0.3700	0.3780	0.3860	0.3941
33	0.3421	0.3507	0.3592	0.3678	0.3763	0.3849	0.3934	0.4020	0.4105	0.4191
34	0.3632	0.3722	0.3813	0.3904	0.3995	0.4086	0.4176	0.4267	0.4358	0.4449
35	0.3848	0.3945	0.4041	0.4137	0.4233	0.4330	0.4426	0.4522	0.4618	0.4714
36	0.4072	0.4173	0.4275	0.4377	0.4479	0.4580	0.4682	0.4784	0.4886	0.4988
37	0.4301	0.4408	0.4516	0.4623	0.4731	0.4838	0.4946	0.5053	0.5161	0.5269
38	0.4536	0.4650	0.4763	0.4877	0.4990	0.5104	0.5217	0.5330	0.5444	0.5557
39	0.4778	0.4898	0.5017	0.5137	0.5256	0.5376	0.5495	0.5615	0.5734	0.5854
40	0.5027	0.5152	0.5278	0.5404	0.5529	0.5655	0.5781	0.5906	0.6032	0.6158
41	0.5281	0.5413	0.5545	0.5677	0.5809	0.5941	0.6073	0.6205	0.6337	0.6469
42	0.5542	0.5680	0.5819	0.5957	0.6096	0.6235	0.6373	0.6512	0.6650	0.6789
43	0.5809	0.5954	0.6099	0.6244	0.6390	0.6535	0.6680	0.6825	0.6971	0.7116
44	0.6082	0.6234	0.6386	0.6538	0.6690	0.6842	0.6994	0.7147	0.7299	0.7451
45	0.6362	0.6521	0.6680	0.6839	0.6998	0.7157	0.7316	0.7475	0.7634	0.7793
46	0.6648	0.6814	0.6980	0.7146	0.7312	0.7479	0.7645	0.7811	0.7977	0.8143
47	0.6940	0.7113	0.7287	0.7460	0.7634	0.7807	0.7981	0.8154	0.8328	0.8501
48	0.7238	0.7419	0.7600	0.7781	0.7962	0.8143	0.8324	0.8505	0.8686	0.8867
49	0.7543	0.7732	0.7920	0.8109	0.8297	0.8486	0.8674	0.8863	0.9052	0.9240

（续）

检尺径/cm	检尺长/m									
	4.0	4.1	4.2	4.3	4.4	4.5	4.6	4.7	4.8	4.9
	材积/m³									
50	0.7854	0.8050	0.8247	0.8443	0.8639	0.8836	0.9032	0.9228	0.9425	0.9621
51	0.8171	0.8376	0.8580	0.8784	0.8988	0.9193	0.9397	0.9601	0.9806	1.0010
52	0.8495	0.8707	0.8920	0.9132	0.9344	0.9557	0.9769	0.9981	1.0194	1.0406
53	0.8825	0.9045	0.9266	0.9487	0.9707	0.9928	1.0148	1.0369	1.0590	1.0810
54	0.9161	0.9390	0.9619	0.9848	1.0077	1.0306	1.0535	1.0764	1.0993	1.1222
55	0.9503	0.9741	0.9979	1.0216	1.0454	1.0691	1.0929	1.1166	1.1404	1.1642
56	0.9852	1.0098	1.0345	1.0591	1.0837	1.1084	1.1330	1.1576	1.1822	1.2069
57	1.0207	1.0462	1.0717	1.0973	1.1228	1.1483	1.1738	1.1993	1.2248	1.2504
58	1.0568	1.0833	1.1097	1.1361	1.1625	1.1889	1.2154	1.2418	1.2682	1.2946
59	1.0936	1.1209	1.1483	1.1756	1.2030	1.2303	1.2576	1.2850	1.3123	1.3396
60	1.1310	1.1593	1.1875	1.2158	1.2441	1.2723	1.3006	1.3289	1.3572	1.3854
61	1.1690	1.1982	1.2274	1.2567	1.2859	1.3151	1.3443	1.3736	1.4028	1.4320
62	1.2076	1.2378	1.2680	1.2982	1.3284	1.3586	1.3888	1.4190	1.4492	1.4793
63	1.2469	1.2781	1.3092	1.3404	1.3716	1.4028	1.4339	1.4651	1.4963	1.5275
64	1.2868	1.3190	1.3511	1.3833	1.4155	1.4476	1.4798	1.5120	1.5442	1.5763
65	1.3273	1.3605	1.3937	1.4269	1.4601	1.4932	1.5264	1.5596	1.5928	1.6260
66	1.3655	1.4027	1.4369	1.4711	1.5053	1.5395	1.5738	1.6080	1.6422	1.6764
67	1.4103	1.4455	1.4808	1.5160	1.5513	1.5865	1.6218	1.6571	1.6923	1.7276
68	1.4527	1.4890	1.5253	1.5616	1.5979	1.6343	1.6706	1.7069	1.7432	1.7795
69	1.4957	1.5331	1.5705	1.6079	1.6453	1.6827	1.7201	1.7575	1.7949	1.8323

（续）

检尺径/cm	检尺长/m 材积/m³									
	4.0	4.1	4.2	4.3	4.4	4.5	4.6	4.7	4.8	4.9
70	1.5394	1.5779	1.6164	1.6548	1.6933	1.7318	1.7703	1.8088	1.8473	1.8857
71	1.5837	1.6233	1.6629	1.7025	1.7420	1.7816	1.8212	1.8608	1.9004	1.9400
72	1.6286	1.6693	1.7100	1.7508	1.7915	1.8322	1.8729	1.9136	1.9543	1.9950
73	1.6742	1.7160	1.7579	1.7997	1.8416	1.8834	1.9253	1.9671	2.0090	2.0508
74	1.7203	1.7633	1.8064	1.8494	1.8924	1.9354	1.9784	2.0214	2.0644	2.1074
75	1.7672	1.8113	1.8555	1.8997	1.9439	1.9880	2.0322	2.0764	2.1206	2.1648
76	1.8146	1.8600	1.9053	1.9507	1.9960	2.0414	2.0868	2.1321	2.1775	2.2229
77	1.8627	1.9092	1.9558	2.0024	2.0489	2.0955	2.1421	2.1886	2.2352	2.2818
78	1.9113	1.9591	2.0069	2.0547	2.1025	2.1503	2.1981	2.2458	2.2936	2.3414
79	1.9607	2.0097	2.0587	2.1077	2.1567	2.2058	2.2548	2.3038	2.3528	2.4018
80	2.0106	2.0609	2.1112	2.1614	2.2117	2.2620	2.3122	2.3625	2.4127	2.4630
81	2.0612	2.1127	2.1643	2.2158	2.2673	2.3189	2.3704	2.4219	2.4734	2.5250
82	2.1124	2.1652	2.2180	2.2708	2.3237	2.3765	2.4293	2.4821	2.5349	2.5877
83	2.1642	2.2184	2.2725	2.3266	2.3807	2.4348	2.4889	2.5430	2.5971	2.6512
84	2.2167	2.2721	2.3275	2.3830	2.4384	2.4938	2.5492	2.6046	2.6601	2.7155
85	2.2698	2.3266	2.3833	2.4400	2.4968	2.5535	2.6103	2.6670	2.7238	2.7805
86	2.3235	2.3816	2.4397	2.4978	2.5559	2.6140	2.6721	2.7301	2.7882	2.8463
87	2.3779	2.4373	2.4968	2.5562	2.6157	2.6751	2.7346	2.7940	2.8535	2.9129
88	2.4329	2.4937	2.5545	2.6153	2.6761	2.7370	2.7978	2.8586	2.9194	2.9802
89	2.4885	2.5507	2.6129	2.6751	2.7373	2.7995	2.8617	2.9239	2.9862	3.0484

（续）

检尺径/cm	检尺长/m									
	4.0	4.1	4.2	4.3	4.4	4.5	4.6	4.7	4.8	4.9
	材积/m³									
90	2.5447	2.6083	2.6719	2.7355	2.7992	2.8628	2.9264	2.9900	3.0536	3.1173
91	2.6016	2.6666	2.7316	2.7967	2.8617	2.9268	2.9918	3.0568	3.1219	3.1869
92	2.6591	2.7255	2.7920	2.8585	2.9250	2.9914	3.0579	3.1244	3.1909	3.2573
93	2.7172	2.7851	2.8530	2.9210	2.9889	3.0568	3.1247	3.1927	3.2606	3.3285
94	2.7759	2.8453	2.9147	2.9841	3.0535	3.1229	3.1923	3.2617	3.3311	3.4005
95	2.8353	2.9062	2.9771	3.0479	3.1188	3.1897	3.2606	3.3315	3.4024	3.4732
96	2.8953	2.9677	3.0401	3.1124	3.1848	3.2572	3.3296	3.4020	3.4744	3.5467
97	2.9559	3.0298	3.1037	3.1776	3.2515	3.3254	3.3993	3.4732	3.5471	3.6210
98	3.0172	3.0926	3.1681	3.2435	3.3189	3.3943	3.4698	3.5452	3.6206	3.6961
99	3.0791	3.1561	3.2330	3.3100	3.3870	3.4640	3.5409	3.6179	3.6949	3.7719
100	3.1416	3.2201	3.2987	3.3772	3.4558	3.5343	3.6128	3.6914	3.7699	3.8485
101	3.2047	3.2849	3.3650	3.4451	3.5252	3.6053	3.6855	3.7656	3.8457	3.9258
102	3.2685	3.3502	3.4319	3.5137	3.5954	3.6771	3.7588	3.8405	3.9222	4.0039
103	3.3329	3.4162	3.4996	3.5829	3.6662	3.7495	3.8329	3.9162	3.9995	4.0828
104	3.3980	3.4829	3.5679	3.6528	3.7378	3.8227	3.9076	3.9926	4.0775	4.1625
105	3.4636	3.5502	3.6368	3.7234	3.8100	3.8966	3.9832	4.0697	4.1563	4.2429
106	3.5299	3.6181	3.7064	3.7946	3.8829	3.9711	4.0594	4.1476	4.2359	4.3241
107	3.5968	3.6867	3.7767	3.8666	3.9565	4.0464	4.1363	4.2263	4.3162	4.4061
108	3.6644	3.7560	3.8476	3.9392	4.0308	4.1224	4.2140	4.3056	4.3972	4.4888
109	3.7325	3.8258	3.9192	4.0125	4.1058	4.1991	4.2924	4.3857	4.4790	4.5724

（续）

检尺径/cm	检尺长/m 材积/m³									
	4.0	4.1	4.2	4.3	4.4	4.5	4.6	4.7	4.8	4.9
110	3.8013	3.8964	3.9914	4.0864	4.1815	4.2765	4.3715	4.4666	4.5616	4.6566
111	3.8708	3.9675	4.0643	4.1611	4.2578	4.3546	4.4514	4.5481	4.6449	4.7417
112	3.9408	4.0393	4.1379	4.2364	4.3349	4.4334	4.5319	4.6305	4.7290	4.8275
113	4.0115	4.1118	4.2121	4.3124	4.4127	4.5129	4.6132	4.7135	4.8138	4.9141
114	4.0828	4.1849	4.2870	4.3890	4.4911	4.5932	4.6952	4.7973	4.8994	5.0015
115	4.1548	4.2586	4.3625	4.4664	4.5702	4.6741	4.7780	4.8819	4.9857	5.0896
116	4.2273	4.3330	4.4387	4.5444	4.6501	4.7558	4.8614	4.9671	5.0728	5.1785
117	4.3005	4.4080	4.5156	4.6231	4.7306	4.8381	4.9456	5.0531	5.1606	5.2682
118	4.3744	4.4837	4.5931	4.7024	4.8118	4.9212	5.0305	5.1399	5.2492	5.3586
119	4.4488	4.5600	4.6713	4.7825	4.8937	5.0049	5.1161	5.2274	5.3386	5.4498
120	4.5239	4.6370	4.7501	4.8632	4.9763	5.0894	5.2025	5.3156	5.4287	5.5418
121	4.5996	4.7146	4.8296	4.9446	5.0596	5.1746	5.2896	5.4045	5.5195	5.6345
122	4.6760	4.7929	4.9098	5.0267	5.1436	5.2605	5.3774	5.4942	5.6111	5.7280
123	4.7529	4.8717	4.9906	5.1094	5.2282	5.3470	5.4659	5.5847	5.7035	5.8223
124	4.8305	4.9513	5.0721	5.1928	5.3136	5.4343	5.5551	5.6759	5.7966	5.9174
125	4.9088	5.0315	5.1542	5.2769	5.3996	5.5223	5.6451	5.7678	5.8905	6.0132
126	4.9876	5.1123	5.2370	5.3617	5.4864	5.6111	5.7357	5.8604	5.9851	6.1098
127	5.0671	5.1938	5.3204	5.4471	5.5738	5.7005	5.8271	5.9538	6.0805	6.2072
128	5.1472	5.2759	5.4046	5.5332	5.6619	5.7906	5.9193	6.0480	6.1766	6.3053
129	5.2279	5.3586	5.4893	5.6200	5.7507	5.8814	6.0121	6.1428	6.2735	6.4042

（续）

检尺径/cm	4.0	4.1	4.2	4.3	4.4	4.5	4.6	4.7	4.8	4.9
					材积/m³					
130	5.3093	5.4420	5.5748	5.7075	5.8402	5.9730	6.1057	6.2384	6.3712	6.5039
131	5.3913	5.5261	5.6609	5.7956	5.9304	6.0652	6.2000	6.3348	6.4696	6.6043
132	5.4739	5.6108	5.7476	5.8845	6.0213	6.1582	6.2950	6.4319	6.5687	6.7056
133	5.5572	5.6961	5.8350	5.9740	6.1129	6.2518	6.3908	6.5297	6.6686	6.8075
134	5.6411	5.7821	5.9231	6.0641	6.2052	6.3462	6.4872	6.6282	6.7693	6.9103
135	5.7256	5.8687	6.0118	6.1550	6.2981	6.4413	6.5844	6.7275	6.8707	7.0138
136	5.8107	5.9560	6.1012	6.2465	6.3918	6.5370	6.6823	6.8276	6.9728	7.1181
137	5.8965	6.0439	6.1913	6.3387	6.4861	6.6335	6.7809	6.9284	7.0758	7.2232
138	5.9829	6.1324	6.2820	6.4316	6.5811	6.7307	6.8803	7.0299	7.1794	7.3290
139	6.0699	6.2216	6.3734	6.5251	6.6769	6.8286	6.9804	7.1321	7.2839	7.4356
140	6.1575	6.3115	6.4654	6.6194	6.7733	6.9272	7.0812	7.2351	7.3890	7.5430
141	6.2458	6.4020	6.5581	6.7143	6.8704	7.0265	7.1827	7.3388	7.4950	7.6511
142	6.3347	6.4931	6.6515	6.8098	6.9682	7.1266	7.2849	7.4433	7.6017	7.7600
143	6.4243	6.5849	6.7455	6.9061	7.0667	7.2273	7.3879	7.5485	7.7091	7.8697
144	6.5144	6.6773	6.8401	7.0030	7.1659	7.3287	7.4916	7.6544	7.8173	7.9802
145	6.6052	6.7703	6.9355	7.1006	7.2657	7.4309	7.5960	7.7611	7.9263	8.0914
146	6.6966	6.8641	7.0315	7.1989	7.3663	7.5337	7.7011	7.8685	8.0360	8.2034
147	6.7887	6.9584	7.1281	7.2978	7.4676	7.6373	7.8070	7.9767	8.1464	8.3161
148	6.8814	7.0534	7.2254	7.3975	7.5695	7.7415	7.9136	8.0856	8.2576	8.4297
149	6.9747	7.1490	7.3234	7.4978	7.6721	7.8465	8.0209	8.1952	8.3696	8.5440

（续）

检尺径 /cm	检尺长 /m									
	材积 /m³									
	4.0	4.1	4.2	4.3	4.4	4.5	4.6	4.7	4.8	4.9
150	7.0686	7.2453	7.4220	7.5987	7.7755	7.9522	8.1289	8.3056	8.4823	8.6590
151	7.1632	7.3422	7.5213	7.7004	7.8795	8.0586	8.2376	8.4167	8.5958	8.7749
152	7.2584	7.4398	7.6213	7.8027	7.9842	8.1656	8.3471	8.5286	8.7100	8.8915
153	7.3542	7.5380	7.7219	7.9057	8.0896	8.2734	8.4573	8.6412	8.8250	9.0089
154	7.4506	7.6369	7.8231	8.0094	8.1957	8.3819	8.5682	8.7545	8.9407	9.1270
155	7.5477	7.7364	7.9251	8.1138	8.3025	8.4912	8.6798	8.8685	9.0572	9.2459
156	7.6454	7.8365	8.0277	8.2188	8.4099	8.6011	8.7922	8.9833	9.1745	9.3656
157	7.7437	7.9373	8.1309	8.3245	8.5181	8.7117	8.9053	9.0989	9.2925	9.4861
158	7.8427	8.0388	8.2348	8.4309	8.6270	8.8230	9.0191	9.2152	9.4112	9.6073
159	7.9423	8.1408	8.3394	8.5379	8.7365	8.9351	9.1336	9.3322	9.5307	9.7293
160	8.0425	8.2436	8.4446	8.6457	8.8467	9.0478	9.2489	9.4499	9.6510	9.8521
161	8.1433	8.3469	8.5505	8.7541	8.9577	9.1613	9.3648	9.5684	9.7720	9.9756
162	8.2448	8.4509	8.6571	8.8632	9.0693	9.2754	9.4815	9.6877	9.8938	10.0999
163	8.3469	8.5556	8.7643	8.9729	9.1816	9.3903	9.5990	9.8076	10.0163	10.2250
164	8.4496	8.6609	8.8721	9.0834	9.2946	9.5059	9.7171	9.9283	10.1396	10.3508
165	8.5530	8.7668	8.9807	9.1945	9.4083	9.6221	9.8360	10.0498	10.2636	10.4774
166	8.6570	8.8734	9.0898	9.3063	9.5227	9.7391	9.9555	10.1720	10.3584	10.6048
167	8.7616	8.9806	9.1997	9.4187	9.6378	9.8568	10.0758	10.2949	10.5139	10.7330
168	8.8669	9.0885	9.3102	9.5319	9.7535	9.9752	10.1969	10.4186	10.6402	10.8619
169	8.9727	9.1970	9.4214	9.6457	9.8700	10.0943	10.3186	10.5430	10.7673	10.9916

（续）

检尺径/cm	检尺长/m									
	4.0	4.1	4.2	4.3	4.4	4.5	4.6	4.7	4.8	4.9
	材积/m³									
170	9.0792	9.3062	9.5332	9.7602	9.9871	10.2141	10.4411	10.6681	10.8951	11.1220
171	9.1864	9.4160	9.6457	9.8753	10.1050	10.3346	10.5643	10.7940	11.0236	11.2533
172	9.2941	9.5265	9.7588	9.9912	10.2235	10.4559	10.6882	10.9206	11.1529	11.3853
173	9.4025	9.6376	9.8726	10.1077	10.3427	10.5778	10.8129	11.0479	11.2830	11.5181
174	9.5115	9.7493	9.9871	10.2249	10.4627	10.7004	10.9382	11.1760	11.4138	11.6516
175	9.6212	9.8617	10.1022	10.3427	10.5833	10.8238	11.0643	11.3049	11.5454	11.7859
176	9.7314	9.9747	10.2180	10.4613	10.7046	10.9478	11.1911	11.4344	11.6777	11.9210
177	9.8423	10.0884	10.3344	10.5805	10.8266	11.0726	11.3187	11.5647	11.8108	12.0568
178	9.9538	10.2027	10.4515	10.7004	10.9492	11.1981	11.4469	11.6958	11.9446	12.1935
179	10.0660	10.3177	10.5693	10.8210	11.0726	11.3243	11.5759	11.8276	12.0792	12.3309
180	10.1788	10.4333	10.6877	10.9422	11.1967	11.4511	11.7056	11.9601	12.2145	12.4690
181	10.2922	10.5495	10.8068	11.0641	11.3214	11.5787	11.8360	12.0933	12.3506	12.6079
182	10.4062	10.6664	10.9265	11.1867	11.4469	11.7070	11.9672	12.2273	12.4875	12.7476
183	10.5209	10.7839	11.0469	11.3100	11.5730	11.8360	12.0990	12.3621	12.6251	12.8881
184	10.6362	10.9021	11.1680	11.4339	11.6998	11.9657	12.2316	12.4975	12.7634	13.0293
185	10.7521	11.0209	11.2897	11.5585	11.8273	12.0961	12.3649	12.6337	12.9026	13.1714
186	10.8687	11.1404	11.4121	11.6838	11.9555	12.2273	12.4990	12.7707	13.0424	13.3141
187	10.9859	11.2605	11.5352	11.8098	12.0844	12.3591	12.6337	12.9034	13.1830	13.4577
188	11.1037	11.3813	11.6589	11.9364	12.2140	12.4916	12.7692	13.0468	13.3244	13.6020
189	11.2221	11.5027	11.7832	12.0638	12.3443	12.6249	12.9054	13.1860	13.4665	13.7471

（续）

检尺径/cm	检尺长/m									
	4.0	4.1	4.2	4.3	4.4	4.5	4.6	4.7	4.8	4.9
	材积/m³									
190	11.3412	11.6247	11.9082	12.1918	12.4753	12.7588	13.0424	13.3259	13.6094	13.8929
191	11.4609	11.7474	12.0339	12.3204	12.6070	12.8935	13.1800	13.4665	13.7530	14.0396
192	11.5812	11.8707	12.1603	12.4498	12.7393	13.0288	13.3184	13.6079	13.8974	14.1870
193	11.7021	11.9947	12.2873	12.5798	12.8724	13.1649	13.4575	13.7500	14.0426	14.3351
194	11.8237	12.1193	12.4149	12.7105	13.0061	13.3017	13.5973	13.8929	14.1885	14.4841
195	11.9459	12.2446	12.5432	12.8419	13.1405	13.4392	13.7378	14.0365	14.3351	14.6338
196	12.0688	12.3705	12.6722	12.9739	13.2756	13.5774	13.8791	14.1808	14.4525	14.7842
197	12.1922	12.4970	12.8018	13.1067	13.4115	13.7163	14.0211	14.3259	14.6307	14.9355
198	12.3163	12.6242	12.9321	13.2401	13.5480	13.8559	14.1638	14.4717	14.7796	15.0875
199	12.4411	12.7521	13.0631	13.3741	13.6852	13.9962	14.3072	14.6182	14.9293	15.2403

检尺径/cm	检尺长/m									
	5.0	5.1	5.2	5.3	5.4	5.5	5.6	5.7	5.8	5.9
	材积/m³									
10	0.0393	0.0401	0.0408	0.0416	0.0424	0.0432	0.0440	0.0448	0.0456	0.0463
11	0.0475	0.0485	0.0494	0.0504	0.0513	0.0523	0.0532	0.0542	0.0551	0.0561
12	0.0565	0.0577	0.0588	0.0599	0.0611	0.0622	0.0633	0.0645	0.0656	0.0667
13	0.0664	0.0677	0.0690	0.0703	0.0717	0.0730	0.0743	0.0757	0.0770	0.0783
14	0.0770	0.0785	0.0800	0.0816	0.0831	0.0847	0.0862	0.0877	0.0893	0.0908

（续）

检尺径/cm	检尺长/m									
	5.0	5.1	5.2	5.3	5.4	5.5	5.6	5.7	5.8	5.9
	材积/m³									
15	0.0884	0.0901	0.0919	0.0937	0.0954	0.0972	0.0990	0.1007	0.1025	0.1043
16	0.1005	0.1025	0.1046	0.1066	0.1086	0.1106	0.1126	0.1146	0.1166	0.1186
17	0.1135	0.1158	0.1180	0.1203	0.1226	0.1248	0.1271	0.1294	0.1316	0.1339
18	0.1272	0.1298	0.1323	0.1349	0.1374	0.1400	0.1425	0.1450	0.1476	0.1501
19	0.1418	0.1446	0.1474	0.1503	0.1531	0.1559	0.1588	0.1616	0.1644	0.1673
20	0.1571	0.1602	0.1634	0.1665	0.1696	0.1728	0.1759	0.1791	0.1822	0.1854
21	0.1732	0.1766	0.1801	0.1836	0.1870	0.1905	0.1940	0.1974	0.2009	0.2044
22	0.1901	0.1939	0.1977	0.2015	0.2053	0.2091	0.2129	0.2167	0.2205	0.2243
23	0.2077	0.2119	0.2160	0.2202	0.2244	0.2285	0.2327	0.2368	0.2410	0.2451
24	0.2262	0.2307	0.2352	0.2398	0.2443	0.2488	0.2533	0.2579	0.2624	0.2669
25	0.2454	0.2503	0.2553	0.2602	0.2651	0.2700	0.2749	0.2798	0.2847	0.2896
26	0.2655	0.2708	0.2761	0.2814	0.2867	0.2920	0.2973	0.3026	0.3079	0.3132
27	0.2863	0.2920	0.2977	0.3035	0.3092	0.3149	0.3206	0.3264	0.3321	0.3378
28	0.3079	0.3140	0.3202	0.3263	0.3325	0.3387	0.3448	0.3510	0.3571	0.3633
29	0.3303	0.3369	0.3435	0.3501	0.3567	0.3633	0.3699	0.3765	0.3831	0.3897
30	0.3534	0.3605	0.3676	0.3746	0.3817	0.3888	0.3958	0.4029	0.4100	0.4170
31	0.3774	0.3849	0.3925	0.4000	0.4076	0.4151	0.4227	0.4302	0.4378	0.4453
32	0.4021	0.4102	0.4182	0.4263	0.4343	0.4423	0.4504	0.4584	0.4665	0.4745
33	0.4277	0.4362	0.4448	0.4533	0.4619	0.4704	0.4790	0.4875	0.4961	0.5046
34	0.4540	0.4630	0.4721	0.4812	0.4903	0.4994	0.5084	0.5175	0.5266	0.5357

（续）

检尺径/cm	检尺长/m 材积/m³									
	5.0	5.1	5.2	5.3	5.4	5.5	5.6	5.7	5.8	5.9
35	0.4811	0.4907	0.5003	0.5099	0.5195	0.5292	0.5388	0.5484	0.5580	0.5676
36	0.5089	0.5191	0.5293	0.5395	0.5497	0.5598	0.5700	0.5802	0.5904	0.6005
37	0.5376	0.5484	0.5591	0.5699	0.5806	0.5914	0.6021	0.6129	0.6236	0.6344
38	0.5671	0.5784	0.5897	0.6011	0.6124	0.6238	0.6351	0.6464	0.6578	0.6691
39	0.5973	0.6092	0.6212	0.6331	0.6451	0.6570	0.6690	0.6809	0.6929	0.7048
40	0.6283	0.6409	0.6535	0.6660	0.6786	0.6912	0.7037	0.7163	0.7289	0.7414
41	0.6601	0.6733	0.6865	0.6997	0.7129	0.7261	0.7393	0.7525	0.7657	0.7790
42	0.6927	0.7066	0.7204	0.7343	0.7481	0.7620	0.7758	0.7897	0.8036	0.8174
43	0.7261	0.7406	0.7551	0.7697	0.7842	0.7987	0.8132	0.8278	0.8423	0.8568
44	0.7603	0.7755	0.7907	0.8059	0.8211	0.8363	0.8515	0.8667	0.8819	0.8971
45	0.7952	0.8111	0.8270	0.8429	0.8588	0.8747	0.8906	0.9065	0.9225	0.9384
46	0.8310	0.8476	0.8642	0.8808	0.8974	0.9140	0.9307	0.9473	0.9639	0.9805
47	0.8675	0.8848	0.9022	0.9195	0.9369	0.9542	0.9716	0.9889	1.0063	1.0236
48	0.9048	0.9229	0.9410	0.9591	0.9772	0.9953	1.0134	1.0315	1.0495	1.0676
49	0.9429	0.9617	0.9806	0.9994	1.0183	1.0372	1.0560	1.0749	1.0937	1.1126
50	0.9818	1.0014	1.0210	1.0407	1.0603	1.0799	1.0996	1.1192	1.1388	1.1585
51	1.0214	1.0418	1.0623	1.0827	1.1031	1.1236	1.1440	1.1644	1.1848	1.2053
52	1.0619	1.0831	1.1043	1.1256	1.1468	1.1680	1.1893	1.2105	1.2318	1.2530
53	1.1031	1.1252	1.1472	1.1693	1.1913	1.2134	1.2355	1.2575	1.2796	1.3017
54	1.1451	1.1680	1.1909	1.2138	1.2367	1.2596	1.2825	1.3054	1.3283	1.3512

（续）

检尺径/cm	检尺长/m									
	材积/m³									
	5.0	5.1	5.2	5.3	5.4	5.5	5.6	5.7	5.8	5.9
55	1.1879	1.2117	1.2354	1.2592	1.2830	1.3067	1.3305	1.3542	1.3780	1.6682
56	1.2315	1.2561	1.2808	1.3054	1.3300	1.3547	1.3793	1.4039	1.4285	1.4532
57	1.2759	1.3014	1.3269	1.3524	1.3780	1.4035	1.4290	1.4545	1.4800	1.5055
58	1.3210	1.3475	1.3739	1.4003	1.4267	1.4531	1.4796	1.5060	1.5324	1.5588
59	1.3670	1.3943	1.4217	1.4490	1.4763	1.5037	1.5310	1.5584	1.5857	1.6130
60	1.4137	1.4420	1.4703	1.4985	1.5268	1.5551	1.5834	1.6116	1.6399	1.6682
61	1.4612	1.4905	1.5197	1.5489	1.5781	1.6074	1.6366	1.6658	1.6950	1.7243
62	1.5095	1.5397	1.5699	1.6001	1.6303	1.6605	1.6907	1.7209	1.7511	1.7813
63	1.5586	1.5898	1.6210	1.6521	1.6833	1.7145	1.7457	1.7768	1.8080	1.8392
64	1.6085	1.6407	1.6728	1.7050	1.7372	1.7693	1.8105	1.8337	1.8659	1.8980
65	1.6592	1.6923	1.7255	1.7587	1.7919	1.8251	1.8583	1.8914	1.9246	1.9578
66	1.7106	1.7448	1.7790	1.8132	1.8474	1.8817	1.9159	1.9501	1.9843	2.0185
67	1.7628	1.7981	1.8333	1.8686	1.9039	1.9391	1.9744	2.0096	2.0449	2.0801
68	1.8158	1.8522	1.8885	1.9248	1.9611	1.9974	2.0337	2.0701	2.1064	2.1427
69	1.8696	1.9070	1.9444	1.9818	2.0192	2.0566	2.0940	2.1314	2.1688	2.2062
70	1.9242	1.9627	2.0012	2.0397	2.0782	2.1167	2.1551	2.1936	2.2321	2.2706
71	1.9796	2.0192	2.0588	2.0984	2.1380	2.1776	2.2172	2.2567	2.2963	2.3359
72	2.0358	2.0765	2.1172	2.1579	2.1986	2.2393	2.2800	2.3208	2.3615	2.4022
73	2.0927	2.1346	2.1764	2.2183	2.2601	2.3020	2.3438	2.3857	2.4275	2.4694
74	2.1504	2.1934	2.2364	2.2795	2.3225	2.3655	2.4085	2.4515	2.4945	2.5375

（续）

检尺径 /cm	检尺长/m									
	材积/m³									
	5.0	5.1	5.2	5.3	5.4	5.5	5.6	5.7	5.8	5.9
75	2.2089	2.2531	2.2973	2.3415	2.3857	2.4298	2.4740	2.5182	2.5624	2.6065
76	2.2682	2.3136	2.3590	2.4043	2.4497	2.4951	2.5404	2.5858	2.6312	2.6765
77	2.3283	2.3749	2.4215	2.4680	2.5146	2.5612	2.6077	2.6543	2.7008	2.7474
78	2.3892	2.4370	2.4848	2.5325	2.5803	2.6281	2.6759	2.7237	2.7715	2.8192
79	2.4508	2.4999	2.5489	2.5979	2.6469	2.6959	2.7449	2.7940	2.8430	2.8920
80	2.5133	2.5635	2.6138	2.6641	2.7143	2.7646	2.8149	2.8651	2.9154	2.9657
81	2.5765	2.6280	2.6796	2.7311	2.7826	2.8342	2.8857	2.9372	2.9887	3.0403
82	2.6405	2.6933	2.7461	2.7989	2.8518	2.9046	2.9574	3.0102	3.0630	3.1158
83	2.7053	2.7594	2.8135	2.8676	2.9217	2.9758	3.0299	3.0841	3.1382	3.1923
84	2.7709	2.8263	2.8817	2.9371	2.9926	3.0480	3.1034	3.1588	3.2142	3.2697
85	2.8373	2.8940	2.9507	3.0075	3.0642	3.1210	3.1777	3.2345	3.2912	3.3480
86	2.9044	2.9625	3.0206	3.0787	3.1368	3.1949	3.2529	3.3110	3.3691	3.4272
87	2.9723	3.0318	3.0912	3.1507	3.2101	3.2696	3.3290	3.3885	3.4479	3.5074
88	3.0411	3.1019	3.1627	3.2235	3.2844	3.3452	3.4060	3.4668	3.5276	3.5885
89	3.1106	3.1728	3.2350	3.2972	3.3594	3.4216	3.4838	3.5461	3.6083	3.6705
90	3.1809	3.2445	3.3081	3.3717	3.4353	3.4990	3.5626	3.6262	3.6898	3.7534
91	3.2519	3.3170	3.3820	3.4471	3.5121	3.5771	3.6422	3.7072	3.7723	3.8373
92	3.3238	3.3903	3.4568	3.5232	3.5897	3.6562	3.7227	3.7891	3.8556	3.9221
93	3.3965	3.4644	3.5323	3.6003	3.6682	3.7361	3.8040	3.8720	3.9399	4.0078
94	3.4699	3.5393	3.6087	3.6781	3.7475	3.8169	3.8863	3.9557	4.0251	4.0945

（续）

检尺径/cm	检尺长/m 材积/m³									
	5.0	5.1	5.2	5.3	5.4	5.5	5.6	5.7	5.8	5.9
95	3.5441	3.6150	3.6859	3.7568	3.8276	3.8985	3.9694	4.0403	4.1112	4.1821
96	3.6191	3.6915	3.7639	3.8363	3.9087	3.9810	4.0534	4.1258	4.1982	4.2706
97	3.6949	3.7688	3.8427	3.9166	3.9905	4.0644	4.1383	4.2122	4.2861	4.3600
98	3.7715	3.8469	3.9224	3.9978	4.0732	4.1486	4.2241	4.2995	4.3749	4.4504
99	3.8489	3.9258	4.0028	4.0798	4.1568	4.2337	4.3107	4.3877	4.4647	4.5416
100	3.9270	4.0055	4.0841	4.1626	4.2412	4.3197	4.3982	4.4768	4.5553	4.6339
101	4.0059	4.0861	4.1662	4.2463	4.3264	4.4065	4.4866	4.5668	4.6469	4.7270
102	4.0857	4.1674	4.2491	4.3308	4.4125	4.4942	4.5759	4.6576	4.7394	4.8211
103	4.1662	4.2495	4.3328	4.4161	4.4994	4.5828	4.6661	4.7494	4.8327	4.9161
104	4.2474	4.3324	4.4173	4.5023	4.5872	4.6722	4.7571	4.8421	4.9270	5.0120
105	4.3295	4.4161	4.5027	4.5893	4.6759	4.7625	4.8491	4.9356	5.0222	5.1088
106	4.4124	4.5006	4.5889	4.6771	4.7654	4.8536	4.9419	5.0301	5.1184	5.2066
107	4.4960	4.5859	4.6759	4.7658	4.8557	4.9456	5.0355	5.1254	5.2154	5.3053
108	4.5805	4.6721	4.7637	4.8553	4.9469	5.0385	5.1301	5.2217	5.3133	5.4049
109	4.6657	4.7590	4.8523	4.9456	5.0389	5.1322	5.2255	5.3189	5.4122	5.5055
110	4.7517	4.8467	4.9417	5.0368	5.1318	5.2268	5.3219	5.4169	5.5119	5.6070
111	4.8385	4.9352	5.0320	5.1288	5.2255	5.3223	5.4191	5.5158	5.6126	5.7094
112	4.9260	5.0245	5.1231	5.2216	5.3201	5.4186	5.5172	5.6157	5.7142	5.8127
113	5.0144	5.1147	5.2150	5.3152	5.4155	5.5158	5.6161	5.7164	5.8167	5.9170
114	5.1035	5.2056	5.3077	5.4097	5.5118	5.6139	5.7160	5.8180	5.9201	6.0222

（续）

检尺径/cm	检尺长/m 材积/m³									
	5.0	5.1	5.2	5.3	5.4	5.5	5.6	5.7	5.8	5.9
115	5.1935	5.2973	5.4012	5.5051	5.6089	5.7128	5.8167	5.9205	6.0244	6.1283
116	5.2842	5.3899	5.4955	5.6012	5.7069	5.8126	5.9183	6.0240	6.1296	6.2353
117	5.3757	5.4832	5.5907	5.6982	5.8057	5.9132	6.0208	6.1283	6.2358	6.3433
118	5.4680	5.5773	5.6867	5.7960	5.9054	6.0148	6.1241	6.2335	6.3428	6.4522
119	5.5610	5.6722	5.7835	5.8947	6.0059	6.1171	6.2283	6.3396	6.4508	6.5620
120	5.6549	5.7680	5.8811	5.9942	6.1073	6.2204	6.3335	6.4466	6.5597	6.6728
121	5.7495	5.8645	5.9795	6.0945	6.2095	6.3245	6.4395	6.5545	6.6694	6.7844
122	5.8449	5.9618	6.0787	6.1956	6.3125	6.4294	6.5463	6.6632	6.7801	6.8970
123	5.9412	6.0600	6.1788	6.2976	6.4165	6.5353	6.6541	6.7729	6.8917	7.0106
124	6.0382	6.1589	6.2797	6.4004	6.5212	6.6420	6.7627	6.8835	7.0043	7.1250
125	6.1359	6.2587	6.3814	6.5041	6.6268	6.7495	6.8723	6.9950	7.1177	7.2404
126	6.2345	6.3592	6.4839	6.6086	6.7333	6.8580	6.9826	7.1073	7.2320	7.3567
127	6.3339	6.4605	6.5872	6.7139	6.8406	6.9672	7.0939	7.2206	7.3473	7.4740
128	6.4340	6.5627	6.6914	6.8200	6.9487	7.0774	7.2061	7.3348	7.4634	7.5921
129	6.5349	6.6656	6.7963	6.9270	7.0577	7.1884	7.3191	7.4498	7.5805	7.7112
130	6.6366	6.7694	6.9021	7.0348	7.1676	7.3003	7.4330	7.5658	7.6985	7.8312
131	6.7391	6.8739	7.0087	7.1435	7.2783	7.4130	7.5478	7.6826	7.8174	7.9522
132	6.8424	6.9793	7.1161	7.2529	7.3898	7.5266	7.6635	7.8003	7.9372	8.0740
133	6.9465	7.0854	7.2243	7.3633	7.5022	7.6411	7.7800	7.9190	8.0579	8.1968
134	7.0513	7.1923	7.3334	7.4744	7.6154	7.7565	7.8975	8.0385	8.1795	8.3206

（续）

材积单位：材积/m³，检尺长/m

检尺径/cm	5.9	5.8	5.7	5.6	5.5	5.4	5.3	5.2	5.1	5.0
135	8.4452	8.3021	8.1589	8.0158	7.8727	7.7295	7.5864	7.4432	7.3001	7.1570
136	8.5708	8.4255	8.2803	8.1350	7.9897	7.8444	7.6992	7.5539	7.4086	7.2634
137	8.6973	8.5499	8.4025	8.2551	8.1076	7.9602	7.8128	7.6654	7.5180	7.3706
138	8.8247	8.6752	8.5256	8.3760	8.2264	8.0769	7.9273	7.7777	7.6282	7.4786
139	8.9531	8.8013	8.6496	8.4978	8.3461	8.1943	8.0426	7.8909	7.7391	7.5874
140	9.0824	8.9284	8.7745	8.6206	8.4666	8.3127	8.1587	8.0048	7.8509	7.6969
141	9.2126	9.0564	8.9003	8.7441	8.5880	8.4319	8.2757	8.1196	7.9634	7.8073
142	9.3437	9.1853	9.0270	8.8686	8.7102	8.5519	8.3935	8.2351	8.0768	7.9184
143	9.4758	9.3152	9.1546	8.9940	8.8334	8.6727	8.5121	8.3515	8.1909	8.0303
144	9.6088	9.4459	9.2831	9.1202	8.9573	8.7945	8.6316	8.4687	8.3059	8.1430
145	9.7427	9.5776	9.4124	9.2473	9.0822	8.9170	8.7519	8.5868	8.4216	8.2565
146	9.8775	9.7101	9.5427	9.3753	9.2079	9.0405	8.8730	8.7056	8.5382	8.3708
147	10.0133	9.8436	9.6739	9.5042	9.3344	9.1647	8.9950	8.8253	8.6556	8.4859
148	10.1500	9.9780	9.8059	9.6339	9.4619	9.2898	9.1178	8.9458	8.7737	8.6017
149	10.2876	10.1133	9.9389	9.7645	9.5902	9.4158	9.2414	9.0671	8.8927	8.7183
150	10.4262	10.2495	10.0728	9.8960	9.7193	9.5426	9.3659	9.1892	9.0125	8.8358
151	10.5657	10.3866	10.2075	10.0284	9.8493	9.6703	9.4912	9.3121	9.1330	8.9540
152	10.7061	10.5246	10.3432	10.1617	9.9802	9.7988	9.6173	9.4359	9.2544	9.0729
153	10.8474	10.6635	10.4797	10.2958	10.1120	9.9281	9.7443	9.5604	9.3766	9.1927
154	10.9897	10.8034	10.6171	10.4309	10.2446	10.0583	9.8721	9.6858	9.4995	9.3133

（续）

检尺长/m　材积/m³

检尺径/cm	5.0	5.1	5.2	5.3	5.4	5.5	5.6	5.7	5.8	5.9
155	9.4346	9.6233	9.8120	10.0007	10.1894	10.3781	10.5668	10.7555	10.9442	11.1328
156	9.5567	9.7479	9.9390	10.1302	10.3213	10.5124	10.7036	10.8947	11.0858	11.2770
157	9.6797	9.8733	10.0688	10.2604	10.4540	10.6476	10.8412	11.0348	11.2284	11.4220
158	9.8034	9.9994	10.1955	10.3916	10.5876	10.7837	10.9798	11.1758	11.3719	11.5680
159	9.9278	10.1264	10.3250	10.5235	10.7221	10.9206	11.1192	11.3177	11.5163	11.7149
160	10.0531	10.2542	10.4552	10.6563	10.8574	11.0584	11.2595	11.4606	11.6616	11.8627
161	10.1792	10.3828	10.5863	10.7899	10.9935	11.1971	11.4007	11.6043	11.8078	12.0114
162	10.3060	10.5121	10.7183	10.9244	11.1305	11.3366	11.5427	11.7489	11.9550	12.1611
163	10.4336	10.6423	10.8510	11.0597	11.2683	11.4770	11.6857	11.8944	12.1030	12.3117
164	10.5621	10.7733	10.9845	11.1958	11.4070	11.6183	11.8295	12.0407	12.2520	12.4632
165	10.6913	10.9051	11.1189	11.3327	11.5466	11.7604	11.9742	12.1880	12.4019	12.6157
166	10.8212	11.0377	11.2541	11.4705	11.6869	11.9034	12.1198	12.3362	12.5526	12.7691
167	10.9520	11.1711	11.3901	11.6091	11.8282	12.0472	12.2663	12.4853	12.7043	12.9234
168	11.0836	11.3052	11.5269	11.7486	11.9702	12.1919	12.4136	12.6353	12.8569	13.0786
169	11.2159	11.4402	11.6645	11.8889	12.1132	12.3375	12.5618	12.7861	13.0104	13.2348
170	11.3490	11.5760	11.8030	12.0300	12.2570	12.4839	12.7109	12.9379	13.1649	13.3919
171	11.4829	11.7126	11.9423	12.1719	12.4016	12.6312	12.8609	13.0906	13.3202	13.5499
172	11.6176	11.8500	12.0823	12.3147	12.5470	12.7794	13.0118	13.2441	13.4765	13.7088
173	11.7531	11.9882	12.2232	12.4583	12.6934	12.9284	13.1635	13.3986	13.6336	13.8687
174	11.8894	12.1272	12.3650	12.6027	12.8405	13.0783	13.3161	13.5539	13.7917	14.0295

（续）

检尺径/cm	检尺长/m									
	材积/m³									
	5.0	5.1	5.2	5.3	5.4	5.5	5.6	5.7	5.8	5.9
175	12.0264	12.2670	12.5075	12.7480	12.9886	13.2291	13.4696	13.7101	13.9507	14.1912
176	12.1643	12.4076	12.6508	12.8941	13.1374	13.3807	13.6240	13.8673	14.1106	14.3538
177	12.3029	12.5490	12.7950	13.0411	13.2871	13.5332	13.7792	14.0253	14.2714	14.5174
178	12.4423	12.6912	12.9400	13.1888	13.4377	13.6865	13.9354	14.1842	14.4331	14.6819
179	12.5825	12.8342	13.0858	13.3375	13.5891	13.8408	14.0924	14.3441	14.5957	14.8474
180	12.7235	12.9779	13.2324	13.4869	13.7414	13.9958	14.2503	14.5048	14.7592	15.0137
181	12.8652	13.1225	13.3799	13.6372	13.8945	14.1518	14.4091	14.6664	14.9237	15.1810
182	13.0078	13.2680	13.5281	13.7883	14.0484	14.3086	14.5687	14.8289	15.0890	15.3492
183	13.1511	13.4142	13.6772	13.9402	14.2032	14.4662	14.7293	14.9923	15.2553	15.5183
184	13.2953	13.5612	13.8271	14.0930	14.3589	14.6248	14.8907	15.1566	15.4225	15.6884
185	13.4402	13.7090	13.9778	14.2466	14.5154	14.7842	15.0530	15.3218	15.5906	15.8594
186	13.5858	13.8576	14.1293	14.4010	14.6727	14.9444	15.2162	15.4879	15.7596	16.0313
187	13.7323	14.0070	14.2816	14.5563	14.8309	15.1056	15.3802	15.6549	15.9295	16.2041
188	13.8796	14.1572	14.4348	14.7124	14.9900	15.2675	15.5451	15.8227	16.1003	16.3779
189	14.0276	14.3082	14.5887	14.8693	15.1498	15.4304	15.7110	15.9915	16.2721	16.5526
190	14.1765	14.4600	14.7435	15.0271	15.3106	15.5941	15.8776	16.1612	16.4447	16.7282
191	14.3261	14.6126	14.8991	15.1857	15.4722	15.7587	16.0452	16.3317	16.6183	16.9048
192	14.4765	14.7660	15.0556	15.3451	15.6346	15.9241	16.2137	16.5032	16.7927	17.0823
193	14.6277	14.9202	15.2128	15.5053	15.7979	16.0905	16.3830	16.6756	16.9681	17.2607
194	14.7797	15.00753	15.3708	15.6664	15.9620	16.2576	16.5532	16.8488	17.1444	17.4400

（续）

检尺径/cm	检尺长/m 材积/m³									
	5.0	5.1	5.2	5.3	5.4	5.5	5.6	5.7	5.8	5.9
195	14.9324	15.2311	15.5297	15.8284	16.1270	16.4257	16.7243	17.0230	17.3216	17.6203
196	15.0860	15.3877	15.6894	15.9911	16.2928	16.5946	16.8963	17.1980	17.4997	17.8014
197	15.2403	15.5451	15.8499	16.1547	16.4595	16.7643	17.0691	17.3739	17.6787	17.9835
198	15.3954	15.7033	16.0112	16.3191	16.6270	16.9350	17.2429	17.5508	17.8587	18.1666
199	15.5513	15.8623	16.1734	16.4844	16.7954	17.1064	17.4175	17.7285	18.0395	18.3505

检尺径/cm	检尺长/m 材积/m³									
	6.0	6.1	6.2	6.3	6.4	6.5	6.6	6.7	6.8	6.9
10	0.0471	0.0479	0.0487	0.0495	0.0503	0.0511	0.0518	0.0526	0.0534	0.0542
11	0.0570	0.0580	0.0589	0.0599	0.0608	0.0618	0.0627	0.0637	0.0646	0.0656
12	0.0679	0.0690	0.0701	0.0713	0.0724	0.0735	0.0746	0.0758	0.0769	0.0780
13	0.0796	0.0810	0.0823	0.0836	0.0849	0.0863	0.0876	0.0889	0.0903	0.0916
14	0.0924	0.0939	0.0954	0.0970	0.0985	0.1001	0.1016	0.1031	0.1047	0.1062
15	0.1060	0.1078	0.1096	0.1113	0.1131	0.1149	0.1166	0.1184	0.1202	0.1219
16	0.1206	0.1226	0.1247	0.1267	0.1287	0.1307	0.1327	0.1347	0.1367	0.1387
17	0.1362	0.1385	0.1407	0.1430	0.1453	0.1475	0.1498	0.1521	0.1543	0.1566
18	0.1527	0.1552	0.1578	0.1603	0.1629	0.1654	0.1679	0.1705	0.1730	0.1756
19	0.1701	0.1730	0.1758	0.1786	0.1815	0.1843	0.1871	0.1900	0.1928	0.1956

（续）

检尺径/cm	检尺长/m									
	材积/m³									
	6.0	6.1	6.2	6.3	6.4	6.5	6.6	6.7	6.8	6.9
20	0.1885	0.1916	0.1948	0.1979	0.2011	0.2042	0.2073	0.2105	0.2136	0.2168
21	0.2078	0.2113	0.2147	0.2182	0.2217	0.2251	0.2286	0.2321	0.2355	0.2390
22	0.2281	0.2319	0.2357	0.2395	0.2433	0.2471	0.2509	0.2547	0.2585	0.2623
23	0.2493	0.2534	0.2576	0.2618	0.2659	0.2701	0.2742	0.2784	0.2825	0.2867
24	0.2714	0.2760	0.2805	0.2850	0.2895	0.2941	0.2986	0.3031	0.3076	0.3121
25	0.2945	0.2994	0.3043	0.3093	0.3142	0.3191	0.3240	0.3289	0.3338	0.3387
26	0.3186	0.3239	0.3292	0.3345	0.3398	0.3451	0.3504	0.3557	0.3610	0.3663
27	0.3435	0.3493	0.3550	0.3607	0.3664	0.3722	0.3779	0.3836	0.3893	0.3951
28	0.3695	0.3756	0.3818	0.3879	0.3941	0.4002	0.4064	0.4126	0.4187	0.4249
29	0.3963	0.4029	0.4095	0.4161	0.4227	0.4293	0.4359	0.4425	0.4492	0.4558
30	0.4241	0.4312	0.4383	0.4453	0.4524	0.4595	0.4665	0.4736	0.4807	0.4877
31	0.4529	0.4604	0.4680	0.4755	0.4831	0.4906	0.4981	0.5057	0.5132	0.5208
32	0.4825	0.4906	0.4986	0.5067	0.5147	0.5228	0.5308	0.5388	0.5469	0.5549
33	0.5132	0.5217	0.5303	0.5388	0.5474	0.5559	0.5645	0.5731	0.5816	0.5902
34	0.5448	0.5538	0.5629	0.5720	0.5811	0.5901	0.5992	0.6083	0.6174	0.6265
35	0.5773	0.5869	0.5965	0.6061	0.6158	0.6254	0.6350	0.6446	0.6542	0.6639
36	0.6107	0.6209	0.6311	0.6413	0.6514	0.6616	0.6718	0.6820	0.6922	0.7023
37	0.6451	0.6559	0.6666	0.6774	0.6881	0.6989	0.7096	0.7204	0.7311	0.7419
38	0.6805	0.6918	0.7032	0.7145	0.7258	0.7372	0.7485	0.7599	0.7712	0.7825
39	0.7168	0.7287	0.7406	0.7526	0.7645	0.7765	0.7884	0.8004	0.8123	0.8243

（续）

检尺径/cm	检尺长/m 6.0	6.1	6.2	6.3	6.4	6.5	6.6	6.7	6.8	6.9
	材积/m³									
40	0.7540	0.7666	0.7791	0.7917	0.8042	0.8168	0.8294	0.8419	0.8545	0.8671
41	0.7922	0.8054	0.8186	0.8318	0.8450	0.8582	0.8714	0.8846	0.8978	0.9110
42	0.8313	0.8451	0.8590	0.8728	0.8867	0.9005	0.9144	0.9282	0.9421	0.9560
43	0.8713	0.8858	0.9004	0.9149	0.9294	0.9439	0.9585	0.9730	0.9875	1.0020
44	0.9123	0.9275	0.9427	0.9579	0.9731	0.9883	1.0036	1.0188	1.0340	1.0492
45	0.9543	0.9702	0.9861	1.0020	1.0179	1.0338	1.0497	1.0656	1.0815	1.0974
46	0.9971	1.0138	1.0304	1.0470	1.0636	1.0802	1.0969	1.1135	1.1301	1.1467
47	1.0410	1.0583	1.0757	1.0930	1.1104	1.1277	1.1451	1.1624	1.1798	1.1971
48	1.0857	1.1038	1.1219	1.1400	1.1581	1.1762	1.1943	1.2124	1.2305	1.2486
49	1.1314	1.1503	1.1692	1.1880	1.2069	1.2257	1.2446	1.2634	1.2823	1.3012
50	1.1781	1.1977	1.2174	1.2370	1.2566	1.2763	1.2959	1.3155	1.3352	1.3548
51	1.2257	1.2461	1.2666	1.2870	1.3074	1.3278	1.3483	1.3687	1.3891	1.4095
52	1.2742	1.2955	1.3167	1.3379	1.3592	1.3804	1.4017	1.4229	1.4441	1.4654
53	1.3237	1.3458	1.3678	1.3899	1.4120	1.4340	1.4561	1.4781	1.5002	1.5223
54	1.3741	1.3970	1.4199	1.4428	1.4657	1.4886	1.5115	1.5345	1.5574	1.5803
55	1.4255	1.4493	1.4730	1.4968	1.5205	1.5443	1.5681	1.5918	1.6156	1.6393
56	1.4778	1.5024	1.5271	1.5517	1.5763	1.6010	1.6256	1.6502	1.6748	1.6995
57	1.5311	1.5566	1.5821	1.6076	1.6331	1.6586	1.6842	1.7097	1.7352	1.7607
58	1.5853	1.6117	1.6381	1.6645	1.6909	1.7174	1.7438	1.7702	1.7966	1.8230
59	1.6404	1.6677	1.6951	1.7224	1.7497	1.7771	1.8044	1.8318	1.8591	1.8864

（续）

检尺径/cm	检尺长/m									
	6.0	6.1	6.2	6.3	6.4	6.5	6.6	6.7	6.8	6.9
	材积/m³									
60	1.6965	1.7247	1.7530	1.7813	1.8096	1.8378	1.8661	1.8944	1.9227	1.9509
61	1.7535	1.7827	1.8119	1.8412	1.8704	1.8996	1.9288	1.9581	1.9873	2.0165
62	1.8114	1.8416	1.8718	1.9020	1.9322	1.9624	1.9926	2.0228	2.0530	2.0832
63	1.8704	1.9015	1.9327	1.9639	1.9950	2.0262	2.0574	2.0886	2.1197	2.1509
64	1.9302	1.9624	1.9945	2.0267	2.0589	2.0910	2.1232	2.1554	2.1876	2.2197
65	1.9910	2.0242	2.0574	2.0905	2.1237	2.1569	2.1901	2.2233	2.2565	2.2896
66	2.0527	2.0869	2.1211	2.1554	2.1896	2.2238	2.2580	2.2922	2.3264	2.3606
67	2.1154	2.1507	2.1859	2.2212	2.2564	2.2917	2.3269	2.3622	2.3974	2.4327
68	2.1790	2.2153	2.2516	2.2880	2.3243	2.3606	2.3969	2.4332	2.4695	2.5059
69	2.2436	2.2810	2.3184	2.3558	2.3931	2.4305	2.4679	2.5053	2.5427	2.5801
70	2.3091	2.3476	2.3860	2.4245	2.4630	2.5015	2.5400	2.5785	2.6170	2.6554
71	2.3755	2.4151	2.4547	2.4943	2.5339	2.5735	2.6131	2.6527	2.6923	2.7318
72	2.4429	2.4836	2.5243	2.5651	2.6058	2.6465	2.6872	2.7279	2.7686	2.8093
73	2.5112	2.5531	2.5949	2.6368	2.6787	2.7205	2.7624	2.8042	2.8461	2.8879
74	2.5805	2.6235	2.6665	2.7095	2.7525	2.7956	2.8386	2.8816	2.9246	2.9676
75	2.6507	2.6949	2.7391	2.7833	2.8274	2.8716	2.9158	2.9600	3.0042	3.0483
76	2.7219	2.7672	2.8126	2.8580	2.9033	2.9487	2.9941	3.0394	3.0848	3.1302
77	2.7940	2.8405	2.8871	2.9337	2.9802	3.0268	3.0734	3.1199	3.1665	3.2131
78	2.8670	2.9148	2.9626	3.0104	3.0582	3.1059	3.1537	3.2015	3.2493	3.2971
79	2.9410	2.9900	3.0390	3.0881	3.1371	3.1861	3.2351	3.2841	3.3331	3.3822

（续）

检尺径/cm	检尺长/m									
	6.0	6.1	6.2	6.3	6.4	6.5	6.6	6.7	6.8	6.9
	材积/m³									
80	3.0159	3.0662	3.1165	3.1667	3.2170	3.2673	3.3175	3.3678	3.4181	3.4683
81	3.0918	3.1433	3.1949	3.2464	3.2979	3.3495	3.4010	3.4525	3.5040	3.5556
82	3.1686	3.2214	3.2742	3.3270	3.3799	3.4327	3.4855	3.5383	3.5911	3.6439
83	3.2464	3.3005	3.3546	3.4087	3.4628	3.5169	3.5710	3.6251	3.6792	3.7333
84	3.3251	3.3805	3.4359	3.4913	3.5467	3.6022	3.6576	3.7130	3.7634	3.8238
85	3.4047	3.4615	3.5182	3.5749	3.6317	3.6884	3.7452	3.8019	3.8587	3.9154
86	3.4853	3.5434	3.6015	3.6596	3.7176	3.7757	3.8338	3.8919	3.9500	4.0081
87	3.5668	3.6263	3.6857	3.7452	3.8046	3.8641	3.9235	3.9829	4.0424	4.1018
88	3.6493	3.7101	3.7709	3.8317	3.8926	3.9534	4.0142	4.0750	4.1359	4.1967
89	3.7327	3.7949	3.8571	3.9193	3.9815	4.0437	4.1060	4.1682	4.2304	4.2926
90	3.8170	3.8807	3.9443	4.0079	4.0715	4.1351	4.1987	4.2624	4.3260	4.3896
91	3.9023	3.9674	4.0324	4.0975	4.1625	4.2275	4.2926	4.3576	4.4227	4.4877
92	3.9886	4.0551	4.1215	4.1880	4.2545	4.3210	4.3874	4.4539	4.5204	4.5869
93	4.0758	4.1437	4.2116	4.2795	4.3475	4.4154	4.4833	4.5513	4.6192	4.6871
94	4.1639	4.2333	4.3027	4.3721	4.4415	4.5109	4.5803	4.6497	4.7191	4.7885
95	4.2529	4.3238	4.3947	4.4656	4.5365	4.6074	4.6782	4.7491	4.8200	4.8909
96	4.3429	4.4153	4.4877	4.5601	4.6325	4.7049	4.7772	4.8496	4.9220	4.9944
97	4.4339	4.5078	4.5817	4.6556	4.7295	4.8034	4.8773	4.9512	5.0251	5.0990
98	4.5258	4.6012	4.6766	4.7521	4.8275	4.9029	4.9784	5.0538	5.1292	5.2047
99	4.6186	4.6956	4.7726	4.8496	4.9265	5.0035	5.0805	5.1575	5.2344	5.3114

（续）

检尺径/cm	检尺长/m 材积/m³									
	6.0	6.1	6.2	6.3	6.4	6.5	6.6	6.7	6.8	6.9
100	4.7124	4.7909	4.8695	4.9480	5.0266	5.1051	5.1836	5.2622	5.3407	5.4193
101	4.8071	4.8872	4.9674	5.0475	5.1276	5.2077	5.2878	5.3679	5.4481	5.5282
102	4.9028	4.9845	5.0662	5.1479	5.2296	5.3113	5.3931	5.4748	5.5565	5.6382
103	4.9994	5.0827	5.1660	5.2494	5.3327	5.4160	5.4993	5.5826	5.6660	5.7493
104	5.0969	5.1819	5.2668	5.3518	5.4367	5.5217	5.6066	5.6916	5.7765	5.8615
105	5.1954	5.2820	5.3686	5.4552	5.5418	5.6284	5.7150	5.8016	5.8881	5.9747
106	5.2949	5.3831	5.4713	5.5596	5.6478	5.7361	5.8243	5.9126	6.0008	6.0891
107	5.3952	5.4851	5.5751	5.6650	5.7549	5.8448	5.9347	6.0247	6.1146	6.2045
108	5.4965	5.5882	5.6798	5.7714	5.8630	5.9546	6.0462	6.1378	6.2294	6.3210
109	5.5988	5.6921	5.7854	5.8787	5.9721	6.0654	6.1587	6.2520	6.3453	6.4386
110	5.7020	5.7970	5.8921	5.9871	6.0821	6.1772	6.2722	6.3672	6.4623	6.5573
111	5.8061	5.9029	5.9997	6.0965	6.1932	6.2900	6.3868	6.4835	6.5803	6.6771
112	5.9112	6.0098	6.1083	6.2068	6.3053	6.4038	6.5024	6.6009	6.6994	6.7979
113	6.0173	6.1176	6.2178	6.3181	6.4184	6.5187	6.6190	6.7193	6.8196	6.9199
114	6.1242	6.2263	6.3284	6.4304	6.5325	6.6346	6.7367	6.8387	6.9408	7.0429
115	6.2321	6.3360	6.4399	6.5438	6.6476	6.7515	6.8554	6.9592	7.0631	7.1670
116	6.3410	6.4467	6.5524	6.6581	6.7637	6.8694	6.9751	7.0808	7.1865	7.2922
117	6.4508	6.5583	6.6658	6.7733	6.8809	6.9884	7.0959	7.2034	7.3109	7.4184
118	6.5615	6.6709	6.7803	6.8896	6.9990	7.1083	7.2177	7.3271	7.4364	7.5458
119	6.6732	6.7845	6.8957	7.0069	7.1181	7.2293	7.3406	7.4518	7.5630	7.6742

（续）

检尺径/cm	检尺长/m 材积/m³									
	6.0	6.1	6.2	6.3	6.4	6.5	6.6	6.7	6.8	6.9
120	6.7859	6.8990	7.0121	7.1251	7.2382	7.3513	7.4644	7.5775	7.6906	7.8037
121	6.8994	7.0144	7.1294	7.2444	7.3594	7.4744	7.5894	7.7044	7.8193	7.9343
122	7.0139	7.1308	7.2477	7.3646	7.4815	7.5984	7.7153	7.8322	7.9491	8.0660
123	7.1294	7.2482	7.3670	7.4859	7.6047	7.7235	7.8423	7.9612	8.0800	8.1988
124	7.2458	7.3665	7.4873	7.6081	7.7288	7.8496	7.9704	8.0911	8.2119	8.3327
125	7.3631	7.4858	7.6086	7.7313	7.8540	7.9767	8.0994	8.2222	8.3449	8.4676
126	7.4814	7.6061	7.7308	7.8555	7.9802	8.1049	8.2295	8.3542	8.4789	8.6036
127	7.6006	7.7273	7.8540	7.9807	8.1073	8.2340	8.3607	8.4874	8.6140	8.7407
128	7.7208	7.8495	7.9782	8.1068	8.2355	8.3642	8.4929	8.6216	8.7502	8.8789
129	7.8419	7.9726	8.1033	8.2340	8.3647	8.4954	8.6261	8.7568	8.8875	9.0182
130	7.9640	8.0967	8.2294	8.3622	8.4949	8.6276	8.7604	8.8931	9.0258	9.1585
131	8.0869	8.2217	8.3565	8.4913	8.6261	8.7609	8.8956	9.0304	9.1652	9.3000
132	8.2109	8.3477	8.4846	8.6214	8.7583	8.8951	9.0320	9.1688	9.3057	9.4425
133	8.3358	8.4747	8.6136	8.7526	8.8915	9.0304	9.1693	9.3083	9.4472	9.5861
134	8.4616	8.6026	8.7436	8.8847	9.0257	9.1667	9.3077	9.4488	9.5898	9.7308
135	8.5883	8.7315	8.8746	9.0178	9.1609	9.3040	9.4472	9.5903	9.7335	9.8766
136	8.7161	8.8613	9.0066	9.1519	9.2971	9.4424	9.5877	9.7329	9.8782	10.0235
137	8.8447	8.9921	9.1395	9.2869	9.4344	9.5818	9.7292	9.8766	10.0240	10.1714
138	8.9743	9.1239	9.2734	9.4230	9.5726	9.7222	9.8717	10.0213	10.1709	10.3204
139	9.1048	9.2566	9.4083	9.5601	9.7118	9.8636	10.0153	10.1617	10.3188	10.4706

（续）

检尺径/cm	检尺长/m									
	6.0	6.1	6.2	6.3	6.4	6.5	6.6	6.7	6.8	6.9
	材积/m³									
140	9.2363	9.3902	9.5442	9.6981	9.8521	10.0060	10.1599	10.3139	10.4678	10.6217
141	9.3687	9.5249	9.6810	9.8372	9.9933	10.1494	10.3056	10.4617	10.6179	10.7740
142	9.5021	9.6605	9.8188	9.9772	10.1356	10.2939	10.4523	10.6107	10.7690	10.9274
143	9.6364	9.7970	9.9576	10.1182	10.2788	10.4394	10.6000	10.7606	10.9212	11.0818
144	9.7716	9.9345	10.0974	10.2602	10.4231	10.5859	10.7488	10.9117	11.0745	11.2374
145	9.9078	10.0730	10.2381	10.4032	10.5683	10.7335	10.8986	11.0637	11.2289	11.3940
146	10.0450	10.2124	10.3798	10.5472	10.7146	10.8820	11.0494	11.2169	11.3843	11.5517
147	10.1830	10.3527	10.5225	10.6922	10.8619	11.0316	11.2013	11.3710	11.5408	11.7105
148	10.3220	10.4941	10.6661	10.8381	11.0102	11.1822	11.3452	11.5263	11.6983	11.8703
149	10.4620	10.6364	10.8107	10.9851	11.1595	11.3338	11.5082	11.6826	11.8569	12.0313
150	10.6029	10.7796	10.9563	11.1330	11.3098	11.4865	11.6632	11.8399	12.0166	12.1933
151	10.7447	10.9238	11.1029	11.2820	11.4611	11.6401	11.8192	11.9983	12.1774	12.3565
152	10.8875	11.0690	11.2504	11.4319	11.6134	11.7948	11.9763	12.1577	12.3392	12.5207
153	11.0313	11.2151	11.3990	11.5828	11.7667	11.9505	12.1344	12.3182	12.5021	12.6859
154	11.1759	11.3622	11.5485	11.7347	11.9210	12.1073	12.2935	12.4798	12.6661	12.8523
155	11.3215	11.5102	11.6989	11.8876	12.0763	12.2650	12.4537	12.6424	12.8311	13.0198
156	11.4681	11.6592	11.8504	12.0415	12.2326	12.4238	12.6149	12.8060	12.9972	13.1883
157	11.6156	11.8092	12.0028	12.1964	12.3900	12.5836	12.7772	12.9707	13.1643	13.3579
158	11.7640	11.9601	12.1562	12.3522	12.5483	12.7444	12.9404	13.1365	13.3326	13.5286
159	11.9134	12.1120	12.3105	12.5091	12.7076	12.9062	13.1048	13.3033	13.5019	13.7004

（续）

检尺径/cm	检尺长/m 材积/m³									
	6.0	6.1	6.2	6.3	6.4	6.5	6.6	6.7	6.8	6.9
160	12.0637	12.2648	12.4659	12.6669	12.8680	13.0691	13.2701	13.4712	13.6722	13.8733
161	12.2150	12.4186	12.6222	12.8258	13.0293	13.2329	13.4365	13.6401	13.8437	14.0473
162	12.3672	12.5733	12.7795	12.9856	13.1917	13.3978	13.6039	13.8101	14.0162	14.2223
163	12.5204	12.7290	12.9377	13.1464	13.3551	13.5637	13.7724	13.9811	14.1898	14.3984
164	12.6745	12.8857	13.0970	13.3082	13.5194	13.7307	13.9419	14.1532	14.3644	14.5756
165	12.8295	13.0433	13.2572	13.4710	13.6848	13.8986	14.1125	14.3263	14.5401	14.7539
166	12.9855	13.2019	13.4183	13.6348	13.8512	14.0676	14.2840	14.5005	14.7169	14.9333
167	13.1424	13.3615	13.5805	13.7995	14.0186	14.2376	14.4567	14.6757	14.8947	15.1138
168	13.3003	13.5219	13.7436	13.9653	14.1870	14.4086	14.6303	14.8520	15.0736	15.2953
169	13.4591	13.6834	13.9077	14.1320	14.3564	14.5807	14.8050	15.0293	15.2536	15.4779
170	13.6188	13.8458	14.0728	14.2998	14.5268	14.7537	14.9807	15.2077	15.4347	15.6617
171	13.7795	14.0092	14.2388	14.4685	14.6982	14.9278	15.1575	15.3871	15.6168	15.8465
172	13.9412	14.1735	14.4059	14.6382	14.8706	15.1029	15.3353	15.5676	15.8000	16.0323
173	14.1037	14.3388	14.5739	14.8089	15.0440	15.2791	15.5141	15.7492	15.9842	16.2193
174	14.2673	14.5050	14.7428	14.9806	15.2184	15.4562	15.6940	15.9318	16.1696	16.4074
175	14.4317	14.6723	14.9128	15.1533	15.3938	15.6344	15.8749	16.1154	16.3560	16.5965
176	14.5971	14.8404	15.0837	15.3270	15.5703	15.8136	16.0568	16.3001	16.5434	16.7867
177	14.7635	15.0095	15.2556	15.5017	15.7477	15.9938	16.2398	16.4859	16.7319	16.9780
178	14.9308	15.1796	15.4285	15.6773	15.9262	16.1750	16.4238	16.6727	16.9215	17.1704
179	15.0990	15.3507	15.6023	15.8540	16.1056	16.3573	16.6089	16.8606	17.1122	17.3639

（续）

检尺径/cm	检尺长/m									
	6.0	6.1	6.2	6.3	6.4	6.5	6.6	6.7	6.8	6.9
	材积/m³									
180	15.2682	15.5226	15.7771	16.0316	16.2861	16.5405	16.7950	17.0495	17.3039	17.5584
181	15.4383	15.6956	15.9529	16.2102	16.4675	16.7248	16.9821	17.2394	17.4967	17.7540
182	15.6094	15.8695	16.1297	16.3898	16.6500	16.9101	17.1703	17.4304	17.6906	17.9508
183	15.7814	16.0444	16.3074	16.5704	16.8334	17.0965	17.3595	17.6225	17.8855	18.1486
184	15.9543	16.2202	16.4861	16.7520	17.0179	17.2838	17.5497	17.8156	18.0815	18.3474
185	16.1282	16.3970	16.6658	16.9346	17.2034	17.4722	17.7410	18.0098	18.2786	18.5474
186	16.3030	16.5747	16.8465	17.1182	17.3899	17.6616	17.9333	18.2050	18.4768	18.7485
187	16.4788	16.7534	17.0281	17.3027	17.5774	17.8520	18.1267	18.4013	18.6760	18.9506
188	16.6555	16.9331	17.2107	17.4883	17.7659	18.0435	18.3211	18.5986	18.8762	19.1538
189	16.8332	17.1137	17.3943	17.6748	17.9554	18.2359	18.5165	18.7970	19.0776	19.3581
190	17.0118	17.2953	17.5788	17.8624	18.1459	18.4294	18.7129	18.9965	19.2800	19.5635
191	17.1913	17.4778	17.7643	18.0509	18.3374	18.6239	18.9104	19.1970	19.4835	19.7700
192	17.3718	17.6613	17.9509	18.2404	18.5299	18.8194	19.1090	19.3985	19.6880	19.9776
193	17.5532	17.8458	18.1383	18.4309	18.7234	19.0160	19.3085	19.6011	19.8936	20.1862
194	17.7356	18.0312	18.3268	18.6224	18.9180	19.2136	19.5091	19.8047	20.1003	20.3959
195	17.9189	18.2175	18.5162	18.8148	19.1135	19.4121	19.7108	20.0094	20.3081	20.6067
196	18.1032	18.4049	18.7066	19.0083	19.3100	19.6118	19.9135	20.2152	20.5169	20.8186
197	18.2884	18.5932	18.8980	19.2028	19.5076	19.8124	20.1172	20.4220	20.7268	21.0316
198	18.4745	18.7824	19.0903	19.3982	19.7061	20.0140	20.3219	20.6299	20.9378	21.2457
199	18.6616	18.9726	19.2836	19.5947	19.9057	20.2167	20.5277	20.8388	21.1498	21.4608

（续）

检尺径 /cm	检尺长 /m									
	7.0	7.1	7.2	7.3	7.4	7.5	7.6	7.7	7.8	7.9
	材积/m³									
10	0.0550	0.0558	0.0565	0.0573	0.0581	0.0589	0.0597	0.0605	0.0613	0.0620
11	0.0665	0.0675	0.0684	0.0694	0.0703	0.0713	0.0722	0.0732	0.0741	0.0751
12	0.0792	0.0803	0.0814	0.0826	0.0837	0.0848	0.0860	0.0871	0.0882	0.0893
13	0.0929	0.0942	0.0956	0.0969	0.0982	0.0995	0.1009	0.1022	0.1035	0.1049
14	0.1078	0.1093	0.1108	0.1124	0.1139	0.1155	0.1170	0.1185	0.1201	0.1216
15	0.1237	0.1255	0.1272	0.1290	0.1308	0.1325	0.1343	0.1361	0.1378	0.1396
16	0.1407	0.1428	0.1448	0.1468	0.1488	0.1508	0.1528	0.1548	0.1568	0.1588
17	0.1589	0.1612	0.1634	0.1657	0.1680	0.1702	0.1725	0.1748	0.1770	0.1793
18	0.1781	0.1807	0.1832	0.1858	0.1883	0.1909	0.1934	0.1959	0.1985	0.2010
19	0.1985	0.2013	0.2041	0.2070	0.2098	0.2126	0.2155	0.2183	0.2212	0.2240
20	0.2199	0.2231	0.2262	0.2293	0.2325	0.2356	0.2388	0.2419	0.2450	0.2482
21	0.2425	0.2459	0.2494	0.2528	0.2563	0.2598	0.2632	0.2667	0.2702	0.2736
22	0.2661	0.2699	0.2737	0.2775	0.2813	0.2851	0.2889	0.2927	0.2965	0.3003
23	0.2908	0.2950	0.2991	0.3033	0.3075	0.3116	0.3158	0.3199	0.3241	0.3282
24	0.3167	0.3212	0.3257	0.3302	0.3348	0.3393	0.3438	0.3483	0.3529	0.3574
25	0.3436	0.3485	0.3534	0.3583	0.3632	0.3682	0.3731	0.3780	0.3829	0.3878
26	0.3717	0.3770	0.3823	0.3876	0.3929	0.3982	0.4035	0.4088	0.4141	0.4194
27	0.4008	0.4065	0.4122	0.4180	0.4237	0.4294	0.4351	0.4409	0.4466	0.4523
28	0.4310	0.4372	0.4433	0.4495	0.4557	0.4618	0.4680	0.4741	0.4803	0.4864
29	0.4624	0.4690	0.4756	0.4822	0.4888	0.4954	0.5020	0.5086	0.5152	0.5218

（续）

检尺径/cm	检尺长/m									
	7.0	7.1	7.2	7.3	7.4	7.5	7.6	7.7	7.8	7.9
	材积/m³									
30	0.4948	0.5019	0.5089	0.5160	0.5231	0.5301	0.5372	0.5443	0.5514	0.5584
31	0.5283	0.5359	0.5434	0.5510	0.5585	0.5661	0.5736	0.5812	0.5887	0.5963
32	0.5630	0.5710	0.5791	0.5871	0.5951	0.6032	0.6112	0.6193	0.6273	0.6354
33	0.5987	0.6073	0.6158	0.6244	0.6329	0.6415	0.6500	0.6586	0.6671	0.6757
34	0.6355	0.6446	0.6537	0.6628	0.6719	0.6809	0.6900	0.6991	0.7082	0.7173
35	0.6735	0.6831	0.6927	0.7023	0.7120	0.7216	0.7312	0.7408	0.7504	0.7601
36	0.7125	0.7227	0.7329	0.7431	0.7532	0.7634	0.7736	0.7838	0.7939	0.8041
37	0.7526	0.7634	0.7742	0.7849	0.7957	0.8064	0.8172	0.8279	0.8387	0.8494
38	0.7939	0.8052	0.8166	0.8279	0.8392	0.8506	0.8619	0.8733	0.8846	0.8960
39	0.8362	0.8482	0.8601	0.8721	0.8840	0.8959	0.9079	0.9198	0.9318	0.9437
40	0.8796	0.8922	0.9048	0.9173	0.9299	0.9425	0.9550	0.9676	0.9802	0.9927
41	0.9242	0.9374	0.9506	0.9638	0.9770	0.9902	1.0034	1.0166	1.0298	1.0430
42	0.9698	0.9837	0.9975	1.0114	1.0252	1.0391	1.0529	1.0668	1.0806	1.0945
43	1.0165	1.0311	1.0456	1.0601	1.0746	1.0892	1.1037	1.1182	1.1327	1.1472
44	1.0644	1.0796	1.0948	1.1100	1.1252	1.1404	1.1556	1.1708	1.1860	1.2012
45	1.1133	1.1292	1.1451	1.1610	1.1769	1.1928	1.2087	1.2246	1.2405	1.2564
46	1.1633	1.1800	1.1966	1.2132	1.2298	1.2464	1.2630	1.2797	1.2963	1.3129
47	1.2145	1.2318	1.2492	1.2665	1.2839	1.3012	1.3186	1.3359	1.3533	1.3706
48	1.2667	1.2848	1.3029	1.3210	1.3391	1.3572	1.3753	1.3934	1.4115	1.4296
49	1.3200	1.3389	1.3577	1.3766	1.3955	1.4143	1.4332	1.4520	1.4709	1.4897

（续）

检尺径/cm	检尺长/m 材积/m³									
	7.0	7.1	7.2	7.3	7.4	7.5	7.6	7.7	7.8	7.9
50	1.3745	1.3941	1.4137	1.4334	1.4530	1.4726	1.4923	1.5119	1.5315	1.5512
51	1.4300	1.4504	1.4708	1.4913	1.5117	1.5321	1.5525	1.5730	1.5934	1.6138
52	1.4866	1.5078	1.5291	1.5503	1.5716	1.5928	1.6140	1.6353	1.6565	1.6777
53	1.5443	1.5664	1.5885	1.6105	1.6326	1.6546	1.6767	1.6988	1.7208	1.7429
54	1.6032	1.6261	1.6490	1.6719	1.6948	1.7177	1.7406	1.7635	1.7864	1.8093
55	1.6631	1.6868	1.7106	1.7344	1.7581	1.7819	1.8056	1.8294	1.8532	1.8769
56	1.7241	1.7487	1.7734	1.7980	1.8226	1.8473	1.8719	1.8965	1.9212	1.9458
57	1.7862	1.8118	1.8373	1.8628	1.8883	1.9138	1.9393	1.9649	1.9904	2.0159
58	1.8495	1.8759	1.9023	1.9287	1.9551	1.9816	2.0080	2.0344	2.0608	2.0872
59	1.9138	1.9411	1.9685	1.9958	2.0231	2.0505	2.0778	2.1052	2.1325	2.1598
60	1.9792	2.0075	2.0358	2.0640	2.0923	2.1206	2.1489	2.1771	2.2054	2.2337
61	2.0457	2.0750	2.1042	2.1334	2.1626	2.1919	2.2211	2.2503	2.2795	2.3088
62	2.1134	2.1435	2.1737	2.2039	2.2341	2.2643	2.2945	2.3247	2.3549	2.3851
63	2.1821	2.2132	2.2444	2.2756	2.3068	2.3379	2.3691	2.4003	2.4315	2.4626
64	2.2519	2.2841	2.3162	2.3484	2.3806	2.4127	2.4449	2.4771	2.5093	2.5414
65	2.3228	2.3560	2.3892	2.4224	2.4556	2.4887	2.5219	2.5551	2.5883	2.6215
66	2.3948	2.4291	2.4633	2.4975	2.5317	2.5659	2.6001	2.6343	2.6685	2.7027
67	2.4680	2.5032	2.5385	2.5737	2.6090	2.6442	2.6795	2.7148	2.7500	2.7853
68	2.5422	2.5785	2.6148	2.6511	2.6875	2.7238	2.7601	2.7964	2.8327	2.8690
69	2.6175	2.6549	2.6923	2.7297	2.7671	2.8045	2.8419	2.8793	2.9166	2.9540

（续）

检尺径/cm	检尺长/m 材积/m³									
	7.0	7.1	7.2	7.3	7.4	7.5	7.6	7.7	7.8	7.9
70	2.6939	2.7324	2.7709	2.8094	2.8479	2.8863	2.9248	2.9633	3.0018	3.0403
71	2.7714	2.8110	2.8506	2.8902	2.9298	2.9694	3.0090	3.0486	3.0882	3.1278
72	2.8501	2.8908	2.9315	2.9722	3.0129	3.0536	3.0944	3.1351	3.1758	3.2165
73	2.9298	2.9716	3.0135	3.0553	3.0972	3.1390	3.1809	3.2228	3.2646	3.3065
74	3.0106	3.0536	3.0966	3.1396	3.1826	3.2256	3.2686	3.3117	3.3547	3.3977
75	3.0925	3.1367	3.1809	3.2250	3.2692	3.3134	3.3576	3.4018	3.4459	3.4901
76	3.1755	3.2209	3.2663	3.3116	3.3570	3.4024	3.4477	3.4931	3.5384	3.5838
77	3.2596	3.3062	3.3528	3.3993	3.4459	3.4925	3.5390	3.5856	3.6322	3.6787
78	3.3449	3.3926	3.4404	3.4882	3.5360	3.5838	3.6316	3.6793	3.7271	3.7749
79	3.4312	3.4802	3.5292	3.5782	3.6272	3.6763	3.7253	3.7743	3.8233	3.8723
80	3.5186	3.5689	3.6191	3.6694	3.7197	3.7699	3.8202	3.8705	3.9207	3.9710
81	3.6071	3.6586	3.7102	3.7617	3.8132	3.8648	3.9163	3.9678	4.0193	4.0709
82	3.6967	3.7495	3.8023	3.8552	3.9080	3.9608	4.0136	4.0664	4.1192	4.1720
83	3.7874	3.8415	3.8956	3.9498	4.0039	4.0580	4.1121	4.1662	4.2203	4.2744
84	3.8792	3.9347	3.9901	4.0455	4.1009	4.1563	4.2118	4.2672	4.3226	4.3780
85	3.9722	4.0289	4.0857	4.1424	4.1991	4.2559	4.3126	4.3694	4.4261	4.4829
86	4.0662	4.1243	4.1823	4.2404	4.2985	4.3566	4.4147	4.4728	4.5309	4.5890
87	4.1613	4.2207	4.2802	4.3396	4.3991	4.4585	4.5180	4.5774	4.6369	4.6963
88	4.2575	4.3183	4.3791	4.4400	4.5008	4.5616	4.6224	4.6832	4.7441	4.8049
89	4.3548	4.4170	4.4792	4.5414	4.6037	4.6659	4.7281	4.7903	4.8525	4.9147

（续）

检尺径/cm	检尺长/m 材积/m³									
	7.0	7.1	7.2	7.3	7.4	7.5	7.6	7.7	7.8	7.9
90	4.4532	4.5168	4.5805	4.6441	4.7077	4.7713	4.8349	4.8985	4.9622	5.0258
91	4.5527	4.6178	4.6828	4.7478	4.8129	4.8779	4.9430	5.0080	5.0730	5.1381
92	4.6533	4.7198	4.7863	4.8528	4.9192	4.9857	5.0522	5.1187	5.1851	5.2516
93	4.7550	4.8230	4.8909	4.9588	5.0268	5.0947	5.1626	5.2306	5.2985	5.3664
94	4.8579	4.9273	4.9967	5.0660	5.1354	5.2048	5.2742	5.3436	5.4130	5.4824
95	4.9618	5.0326	5.1035	5.1744	5.2453	5.3162	5.3871	5.4579	5.5288	5.5997
96	5.0668	5.1392	5.2115	5.2839	5.3563	5.4287	5.5011	5.5734	5.6458	5.7182
97	5.1729	5.2468	5.3207	5.3946	5.4685	5.5424	5.6163	5.6902	5.7641	5.8380
98	5.2801	5.3555	5.4309	5.5064	5.5818	5.6572	5.7327	5.8081	5.8835	5.9590
99	5.3884	5.4654	5.5423	5.6193	5.6963	5.7733	5.8503	5.9272	6.0042	6.0812
100	5.4978	5.5763	5.6549	5.7334	5.8120	5.8905	5.9690	6.0476	6.1261	6.2047
101	5.6083	5.6884	5.7685	5.8487	5.9288	6.0089	6.0890	6.1691	6.2493	6.3294
102	5.7199	5.8016	5.8833	5.9651	6.0468	6.1285	6.2102	6.2919	6.3736	6.4553
103	5.8326	5.9159	5.9993	6.0826	6.1659	6.2492	6.3326	6.4159	6.4992	6.5825
104	5.9464	6.0314	6.1163	6.2013	6.2862	6.3712	6.4561	6.5411	6.6260	6.7110
105	6.0613	6.1479	6.2345	6.3211	6.4077	6.4943	6.5809	6.6675	6.7540	6.8406
106	6.1773	6.2656	6.3538	6.4421	6.5303	6.6186	6.7068	6.7951	6.8833	6.9716
107	6.2944	6.3844	6.4743	6.5642	6.6541	6.7440	6.8340	6.9239	7.0138	7.1037
108	6.4126	6.5042	6.5959	6.6875	6.7791	6.8707	6.9623	7.0539	7.1455	7.2371
109	6.5319	6.6252	6.7186	6.8119	6.9052	6.9985	7.0918	7.1851	7.2784	7.3718

（续）

检尺径/cm	检尺长/m									
	材积/m³									
	7.0	7.1	7.2	7.3	7.4	7.5	7.6	7.7	7.8	7.9
110	6.6523	6.7474	6.8424	6.9374	7.0325	7.1275	7.2225	7.3176	7.4126	7.5076
111	6.7738	6.8706	6.9674	7.0641	7.1609	7.2577	7.3545	7.4512	7.5480	7.6448
112	6.8964	6.9950	7.0935	7.1920	7.2905	7.3890	7.4876	7.5861	7.6846	7.7831
113	7.0201	7.1204	7.2207	7.3210	7.4213	7.5216	7.6219	7.7222	7.8224	7.9227
114	7.1449	7.2470	7.3491	7.4512	7.5532	7.6553	7.7574	7.8594	7.9615	8.0636
115	7.2708	7.3747	7.4786	7.5824	7.6863	7.7902	7.8941	7.9979	8.1018	8.2057
116	7.3978	7.5035	7.6092	7.7149	7.8206	7.9263	8.0319	8.1376	8.2433	8.3490
117	7.5259	7.6335	7.7410	7.8485	7.9560	8.0635	8.1710	8.2785	8.3860	8.4936
118	7.6551	7.7645	7.8739	7.9832	8.0926	8.2019	8.3113	8.4207	8.5300	8.6394
119	7.7854	7.8967	8.0079	8.1191	8.2303	8.3415	8.4528	8.5640	8.6752	8.7864
120	7.9168	8.0299	8.1430	8.2561	8.3692	8.4823	8.5954	8.7085	8.8216	8.9347
121	8.0493	8.1643	8.2793	8.3943	8.5093	8.6243	8.7393	8.8543	8.9693	9.0842
122	8.1829	8.2998	8.4167	8.5336	8.6505	8.7674	8.8843	9.0012	9.1181	9.2350
123	8.3176	8.4364	8.5553	8.6741	8.7929	8.9117	9.0306	9.1494	9.2682	9.3870
124	8.4534	8.5742	8.6949	8.8157	8.9365	9.0572	9.1780	9.2988	9.4195	9.5403
125	8.5903	8.7130	8.8358	8.9585	9.0812	9.2039	9.3266	9.4493	9.5721	9.6948
126	8.7283	8.8530	8.9777	9.1024	9.2271	9.3518	9.4764	9.6011	9.7258	9.8505
127	8.8674	8.9941	9.1208	9.2474	9.3741	9.5008	9.6275	9.7541	9.8808	10.0075
128	9.0076	9.1363	9.2650	9.3936	9.5223	9.6510	9.7797	9.9084	10.0370	10.1657
129	9.1489	9.2796	9.4103	9.5410	9.6717	9.8024	9.9331	10.0638	10.1945	10.3252

（续）

检尺径/cm	检尺长/m 材积/m³									
	7.0	7.1	7.2	7.3	7.4	7.5	7.6	7.7	7.8	7.9
130	9.2913	9.4240	9.5567	9.6895	9.8222	9.9549	10.0877	10.2204	10.3531	10.4859
131	9.4348	9.5696	9.7043	9.8391	9.9739	10.1087	10.2435	10.3783	10.5130	10.6478
132	9.5794	9.7162	9.8531	9.9899	10.1268	10.2636	10.4005	10.5373	10.6742	10.8110
133	9.7251	9.8640	10.0029	10.1418	10.2808	10.4197	10.5586	10.6976	10.8365	10.9754
134	9.8718	10.0129	10.1539	10.2949	10.4360	10.5770	10.7180	10.8590	11.0001	11.1411
135	10.0197	10.1629	10.3060	10.4492	10.5923	10.7354	10.8786	11.0217	11.1649	11.3080
136	10.1687	10.3140	10.4593	10.6045	10.7498	10.8951	11.0403	11.1856	11.3309	11.4761
137	10.3188	10.4662	10.6136	10.7611	10.9085	11.0559	11.2033	11.3507	11.4981	11.6455
138	10.4700	10.6196	10.7692	10.9187	11.0683	11.2179	11.3674	11.5170	11.6666	11.8162
139	10.6223	10.7740	10.9258	11.0775	11.2293	11.3810	11.5328	11.6845	11.8363	11.9880
140	10.7757	10.9296	11.0836	11.2375	11.3914	11.5454	11.6993	11.8533	12.0072	12.1611
141	10.9302	11.0863	11.2425	11.3986	11.5548	11.7109	11.8670	12.0232	12.1793	12.3355
142	11.0858	11.2441	11.4025	11.5609	11.7192	11.8776	12.0360	12.1943	12.3527	12.5111
143	11.2425	11.4031	11.5637	11.7243	11.8849	12.0455	12.2061	12.3667	12.5273	12.6879
144	11.4002	11.5631	11.7260	11.8888	12.0517	12.2145	12.3774	12.5403	12.7031	12.8660
145	11.5591	11.7243	11.8894	12.0545	12.2196	12.3848	12.5499	12.7150	12.8802	13.0453
146	11.7191	11.8865	12.0539	12.2214	12.3888	12.5562	12.7236	12.8910	13.0584	13.2259
147	11.8802	12.0499	12.2196	12.3893	12.5591	12.7288	12.8985	13.0682	13.2379	13.4076
148	12.0424	12.2144	12.3864	12.5585	12.7305	12.9026	13.0746	13.2466	13.4187	13.5907
149	12.2057	12.3800	12.5544	12.7288	12.9031	13.0775	13.2519	13.4262	13.6006	13.7750

（续）

检尺径/cm	检尺长/m									
	材积/m³									
	7.0	7.1	7.2	7.3	7.4	7.5	7.6	7.7	7.8	7.9
150	12.3701	12.5468	12.7235	12.9002	13.0769	13.2536	13.4303	13.6071	13.7838	13.9605
151	12.5355	12.7146	12.8937	13.0728	13.2518	13.4309	13.6100	13.7891	13.9682	14.1472
152	12.7021	12.8836	13.0650	13.2465	13.4280	13.6094	13.7909	13.9723	14.1538	14.3352
153	12.8698	13.0537	13.2375	13.4214	13.6052	13.7891	13.9729	14.1568	14.3406	14.5245
154	13.0386	13.2248	13.4111	13.5974	13.7836	13.9699	14.1562	14.3424	14.5287	14.7150
155	13.2085	13.3972	13.5858	13.7745	13.9632	14.1519	14.3406	14.5293	14.7180	14.9067
156	13.3794	13.5706	13.7617	13.9529	14.1440	14.3351	14.5263	14.7174	14.9085	15.0997
157	13.5515	13.7451	13.9387	14.1323	14.3259	14.5195	14.7131	14.9067	15.1003	15.2939
158	13.7247	13.9208	14.1168	14.3129	14.5090	14.7050	14.9011	15.0972	15.2932	15.4893
159	13.8990	14.0975	14.2961	14.4947	14.6932	14.8918	15.0903	15.2889	15.4874	15.6860
160	14.0744	14.2754	14.4765	14.6776	14.8786	15.0797	15.2807	15.4818	15.6829	15.8839
161	14.2508	14.4544	14.6580	14.8616	15.0652	15.2688	15.4723	15.6759	15.8795	16.0831
162	14.4284	14.6345	14.8407	15.0468	15.2529	15.4590	15.6651	15.8713	16.0774	16.2835
163	14.6071	14.8158	15.0245	15.2331	15.4418	15.6505	15.8591	16.0678	16.2765	16.4852
164	14.7869	14.9981	15.2094	15.4206	15.6318	15.8431	16.0543	16.2656	16.4768	16.6881
165	14.9678	15.1816	15.3954	15.6092	15.8231	16.0369	16.2507	16.4645	16.6784	16.8922
166	15.1497	15.3662	15.5826	15.7990	16.0154	16.2319	16.4483	16.6647	16.8811	17.0976
167	15.3328	15.5519	15.7709	15.9899	16.2090	16.4280	16.6471	16.8661	17.0851	17.3042
168	15.5170	15.7387	15.9603	16.1820	16.4037	16.6253	16.8470	17.0687	17.2904	17.5120
169	15.7023	15.9266	16.1509	16.3752	16.5995	16.8239	17.0482	17.2725	17.4968	17.7211

（续）

检尺径/cm	检尺长/m 材积/m³									
	7.0	7.1	7.2	7.3	7.4	7.5	7.6	7.7	7.8	7.9
170	15.8886	16.1156	16.3426	16.5696	16.7966	17.0235	17.2505	17.4775	17.7045	17.9315
171	16.0761	16.3058	16.5354	16.7651	16.9948	17.2244	17.4541	17.6837	17.9134	18.1430
172	16.2647	16.4970	16.7294	16.9617	17.1941	17.4265	17.6588	17.8912	18.1235	18.3559
173	16.4544	16.6894	16.9245	17.1596	17.3946	17.6297	17.8647	18.0998	18.3349	18.5699
174	16.6451	16.8829	17.1207	17.3585	17.5963	17.8341	18.0719	18.3097	18.5474	18.7852
175	16.8370	17.0775	17.3181	17.5586	17.7991	18.0397	18.2802	18.5207	18.7612	19.0018
176	17.0300	17.2733	17.5166	17.7598	18.0031	18.2464	18.4897	18.7330	18.9763	19.2196
177	17.2241	17.4701	17.7162	17.9622	18.2083	18.4543	18.7004	18.9465	19.1925	19.4386
178	17.4192	17.6681	17.9169	18.1658	18.4146	18.6635	18.9123	19.1612	19.4100	19.6588
179	17.6155	17.8672	18.1188	18.3705	18.6221	18.8738	19.1254	19.3771	19.6287	19.8804
180	17.8129	18.0673	18.3218	18.5763	18.8308	19.0852	19.3397	19.5942	19.8486	20.1031
181	18.0113	18.2686	18.5260	18.7833	19.0406	19.2979	19.5552	19.8125	20.0698	20.3271
182	18.2109	18.4711	18.7312	18.9914	19.2515	19.5117	19.7718	20.0320	20.2922	20.5523
183	18.4116	18.6746	18.9376	19.2007	19.4637	19.7267	19.9897	20.2527	20.5158	20.7788
184	18.6134	18.8793	19.1452	19.4111	19.6770	19.9429	20.2088	20.4747	20.7406	21.0065
185	18.8162	19.0850	19.3538	19.6226	19.8914	20.1602	20.4290	20.6978	20.9666	21.2354
186	19.0202	19.2919	19.5636	19.8353	20.1071	20.3788	20.6505	20.9222	21.1939	21.4656
187	19.2253	19.4999	19.7745	20.0492	20.3238	20.5985	20.8731	21.1478	21.4224	21.6971
188	19.4314	19.7090	19.9866	20.2642	20.5418	20.8194	21.0970	21.3746	21.6522	21.9298
189	19.6387	19.9192	20.1998	20.4803	20.7609	21.0415	21.3220	21.6026	21.8831	22.1637

（续）

检尺径/cm	检尺长/m									
	7.0	7.1	7.2	7.3	7.4	7.5	7.6	7.7	7.8	7.9
	材积/m³									
190	19.8471	20.1306	20.4141	20.6976	20.9812	21.2647	21.5482	21.8318	22.1153	22.3988
191	20.0565	20.3430	20.6296	20.9161	21.2026	21.4891	21.7757	22.0622	22.3487	22.6352
192	20.2671	20.5566	20.8461	21.1357	21.4252	21.7147	22.0043	22.2938	22.5833	22.8729
193	20.4788	20.7713	21.0639	21.3564	21.6490	21.9415	22.2341	22.5266	22.8192	23.1117
194	20.6915	20.9871	21.2827	21.5783	21.8739	22.1695	22.4651	22.7607	23.0563	23.3519
195	20.9054	21.2040	21.5027	21.8013	22.1000	22.3986	22.6973	22.9959	23.2946	23.5932
196	21.1203	21.4221	21.7238	22.0255	22.3272	22.6289	22.9307	23.2324	23.5341	23.8358
197	21.3364	21.6412	21.9460	22.2508	22.5556	22.8604	23.1652	23.4701	23.7749	24.0797
198	21.5536	21.8615	22.1694	22.4773	22.7852	23.0931	23.4010	23.7089	24.0168	24.3247
199	21.7718	22.0829	22.3939	22.7049	23.0159	23.3270	23.6380	23.9490	24.2600	24.5711

检尺径/cm	检尺长/m									
	8.0	8.1	8.2	8.3	8.4	8.5	8.6	8.7	8.8	8.9
	材积/m³									
10	0.0628	0.0636	0.0644	0.0652	0.0660	0.0668	0.0675	0.0683	0.0691	0.0699
11	0.0760	0.0770	0.0779	0.0789	0.0798	0.0808	0.0817	0.0827	0.0836	0.0846
12	0.0905	0.0916	0.0927	0.0939	0.0950	0.0961	0.0973	0.0984	0.0995	0.1007
13	0.1062	0.1075	0.1088	0.1102	0.1115	0.1128	0.1142	0.1155	0.1168	0.1181
14	0.1232	0.1247	0.1262	0.1278	0.1293	0.1308	0.1324	0.1339	0.1355	0.1370

（续）

检尺径/cm	检尺长/m									
	8.0	8.1	8.2	8.3	8.4	8.5	8.6	8.7	8.8	8.9
	材积/m³									
15	0.1414	0.1431	0.1449	0.1467	0.1484	0.1502	0.1520	0.1537	0.1555	0.1573
16	0.1608	0.1629	0.1649	0.1669	0.1689	0.1709	0.1729	0.1749	0.1769	0.1789
17	0.1816	0.1839	0.1861	0.1884	0.1907	0.1929	0.1952	0.1975	0.1997	0.2020
18	0.2036	0.2061	0.2087	0.2112	0.2138	0.2163	0.2188	0.2214	0.2239	0.2265
19	0.2268	0.2297	0.2325	0.2353	0.2382	0.2410	0.2438	0.2467	0.2495	0.2523
20	0.2513	0.2545	0.2576	0.2608	0.2639	0.2670	0.2702	0.2733	0.2765	0.2796
21	0.2771	0.2806	0.2540	0.2875	0.2909	0.2944	0.2979	0.3013	0.3048	0.3083
22	0.3041	0.3079	0.3117	0.3155	0.3193	0.3231	0.3269	0.3307	0.3345	0.3383
23	0.3324	0.3365	0.3407	0.3448	0.3490	0.3532	0.3573	0.3615	0.3656	0.3698
24	0.3619	0.3664	0.3710	0.3755	0.3800	0.3845	0.3891	0.3936	0.3981	0.4026
25	0.3927	0.3976	0.4025	0.4074	0.4123	0.4072	0.4222	0.4271	0.4320	0.4369
26	0.4247	0.4301	0.4354	0.4407	0.4460	0.4513	0.4566	0.4619	0.4672	0.4725
27	0.4580	0.4638	0.4695	0.4752	0.4809	0.4867	0.4924	0.4981	0.5038	0.5096
28	0.4926	0.4988	0.5049	0.5111	0.5172	0.5234	0.5295	0.5357	0.5419	0.5480
29	0.5284	0.5350	0.5416	0.5482	0.5548	0.5614	0.5680	0.5747	0.5813	0.5879
30	0.5655	0.5726	0.5796	0.5867	0.5938	0.6008	0.6079	0.6150	0.6220	0.6291
31	0.6038	0.6114	0.6189	0.6265	0.6340	0.6416	0.6491	0.6566	0.6642	0.6717
32	0.6434	0.6514	0.6595	0.6675	0.6756	0.6836	0.6917	0.6997	0.7077	0.7158
33	0.6842	0.6928	0.7013	0.7099	0.7185	0.7270	0.7356	0.7441	0.7527	0.7612
34	0.7263	0.7354	0.7445	0.7536	0.7627	0.7717	0.7808	0.7899	0.7990	0.8081

（续）

检尺径/cm	检尺长/m									
	8.0	8.1	8.2	8.3	8.4	8.5	8.6	8.7	8.8	8.9
	材积/m³									
35	0.7697	0.7793	0.7889	0.7986	0.8082	0.8178	0.8274	0.8370	0.8467	0.8563
36	0.8143	0.8245	0.8347	0.8448	0.8550	0.8652	0.8754	0.8856	0.8957	0.9059
37	0.8602	0.8709	0.8817	0.8924	0.9032	0.9139	0.9247	0.9354	0.9462	0.9569
38	0.9073	0.9186	0.9300	0.9413	0.9527	0.9640	0.9753	0.9867	0.9980	1.0094
39	0.9557	0.9676	0.9796	0.9915	1.0035	1.0154	1.0274	1.0393	1.0512	1.0632
40	1.0053	1.0179	1.0304	1.0430	1.0556	1.0681	1.0807	1.0933	1.1058	1.1184
41	1.0562	1.0694	1.0826	1.0958	1.1090	1.1222	1.1354	1.1486	1.1618	1.1750
42	1.1084	1.1222	1.1361	1.1499	1.1638	1.1776	1.1915	1.2053	1.2192	1.2330
43	1.1618	1.1763	1.1908	1.2053	1.2199	1.2344	1.2489	1.2634	1.2779	1.2925
44	1.2164	1.2316	1.2468	1.2620	1.2772	1.2925	1.3077	1.3229	1.3381	1.3533
45	1.2723	1.2883	1.3042	1.3201	1.3360	1.3519	1.3678	1.3837	1.3996	1.4155
46	1.3295	1.3461	1.3628	1.3794	1.3960	1.4126	1.4292	1.4459	1.4625	1.4791
47	1.3880	1.4053	1.4227	1.4400	1.4574	1.4747	1.4921	1.5094	1.5268	1.5441
48	1.4476	1.4657	1.4838	1.5019	1.5200	1.5381	1.5562	1.5743	1.5924	1.6105
49	1.5086	1.5275	1.5463	1.5652	1.5840	1.6029	1.6217	1.6406	1.6595	1.6783
50	1.5708	1.5904	1.6101	1.6297	1.6493	1.6690	1.6886	1.7082	1.7279	1.7475
51	1.6343	1.6547	1.6751	1.6955	1.7160	1.7364	1.7568	1.7773	1.7977	1.8181
52	1.6990	1.7202	1.7415	1.7627	1.7839	1.8052	1.8264	1.8476	1.8689	1.8901
53	1.7650	1.7870	1.8091	1.8311	1.8532	1.8753	1.8973	1.9194	1.9414	1.9635
54	1.8322	1.8551	1.8780	1.9009	1.9238	1.9467	1.9696	1.9925	2.0154	2.0383

（续）

检尺径/cm	检尺长/m 材积/m³									
	8.0	8.1	8.2	8.3	8.4	8.5	8.6	8.7	8.8	8.9
55	1.9007	1.9244	1.9482	1.9719	1.9957	2.0195	2.0432	2.0670	2.0907	2.1145
56	1.9704	1.9950	2.0197	2.0443	2.0689	2.0936	2.1182	2.1428	2.1675	2.1921
57	2.0414	2.0669	2.0924	2.1180	2.1435	2.1690	2.1945	2.2200	2.2456	2.2711
58	2.1137	2.1401	2.1665	2.1929	2.2194	2.2458	2.2722	2.2986	2.3250	2.3515
59	2.1872	2.2145	2.2419	2.2692	2.2965	2.3239	2.3512	2.3786	2.4059	2.4332
60	2.2620	2.2902	2.3185	2.3468	2.3750	2.4033	2.4316	2.4599	2.4881	2.5164
61	2.3380	2.3672	2.3964	2.4257	2.4549	2.4841	2.5133	2.5426	2.5718	2.6010
62	2.4153	2.4455	2.4756	2.5058	2.5360	2.5662	2.5964	2.6266	2.6568	2.6870
63	2.4938	2.5250	2.5561	2.5873	2.6185	2.6497	2.6808	2.7120	2.7432	2.7744
64	2.5736	2.6058	2.6379	2.6701	2.7023	2.7344	2.7666	2.7988	2.8310	2.8631
65	2.6547	2.6878	2.7210	2.7542	2.7874	2.8206	2.8538	2.8869	2.9201	2.9533
66	2.7370	2.7712	2.8054	2.8396	2.8738	2.9080	2.9422	2.9763	3.0107	3.0449
67	2.8205	2.8558	2.8910	2.9263	2.9616	2.9968	3.0321	3.0673	3.1026	3.1378
68	2.9054	2.9417	2.9780	3.0143	3.0506	3.0869	3.1233	3.1596	3.1959	3.2322
69	2.9914	3.0288	3.0662	3.1036	3.1410	3.1784	3.2158	3.2532	3.2906	3.3280
70	3.0788	3.1173	3.1557	3.1942	3.2327	3.2712	3.3097	3.3482	3.3866	3.4251
71	3.1674	3.2070	3.2465	3.2861	3.3257	3.3653	3.4049	3.4445	3.4841	3.5237
72	3.2572	3.2979	3.3386	3.3794	3.4201	3.4608	3.5015	3.5422	3.5829	3.6236
73	3.3483	3.3902	3.4320	3.4739	3.5157	3.5576	3.5994	3.6413	3.6831	3.7250
74	3.4407	3.4837	3.5267	3.5697	3.6127	3.6557	3.6987	3.7417	3.7847	3.8278

（续）

检尺径/cm	检尺长/m									
	8.0	8.1	8.2	8.3	8.4	8.5	8.6	8.7	8.8	8.9
	材积/m³									
75	3.5343	3.5785	3.6227	3.6668	3.7110	3.7552	3.7994	3.8436	3.8877	3.9319
76	3.6292	3.6745	3.7199	3.7653	3.8106	3.8560	3.9014	3.9467	3.9921	4.0375
77	3.7253	3.7719	3.8184	3.8650	3.9116	3.9581	4.0047	4.0513	4.0978	4.1444
78	3.8227	3.8705	3.9183	3.9661	4.0138	4.0616	4.1094	4.1572	4.2050	4.2528
79	3.9213	3.9704	4.0194	4.0684	4.1174	4.1664	4.2154	4.2645	4.3135	4.3625
80	4.0212	4.0715	4.1218	4.1720	4.2223	4.2726	4.3228	4.3731	4.4234	4.4736
81	4.1224	4.1739	4.2255	4.2770	4.3285	4.3801	4.4316	4.4831	4.5346	4.5862
82	4.2248	4.2776	4.3304	4.3833	4.4361	4.4889	4.5417	4.5945	4.6473	4.7001
83	4.3285	4.3826	4.4367	4.4908	4.5449	4.5990	4.6531	4.7072	4.7613	4.8155
84	4.4334	4.4888	4.5443	4.5997	4.6551	4.7105	4.7659	4.8214	4.8768	4.9322
85	4.5396	4.5964	4.6531	4.7098	4.7666	4.8233	4.8801	4.9368	4.9936	5.0503
86	4.6471	4.7051	4.7632	4.8213	4.8794	4.9375	4.9956	5.0537	5.1118	5.1698
87	4.7558	4.8152	4.8746	4.9341	4.9935	5.0530	5.1124	5.1719	5.2313	5.2908
88	4.8657	4.9265	4.9874	5.0482	5.1090	5.1698	5.2306	5.2915	5.3523	5.4131
89	4.9769	5.0391	5.1013	5.1636	5.2258	5.2880	5.3502	5.4124	5.4746	5.5368
90	5.0894	5.1530	5.2166	5.2802	5.3439	5.4075	5.4711	5.5347	5.5983	5.6619
91	5.2031	5.2682	5.3332	5.3982	5.4633	5.5283	5.5934	5.6584	5.7234	5.7885
92	5.3181	5.3846	5.4511	5.5175	5.5840	5.6505	5.7170	5.7834	5.8499	5.9164
93	5.4343	5.5023	5.5702	5.6381	5.7061	5.7740	5.8419	5.9098	5.9778	6.0457
94	5.5518	5.6212	5.6906	5.7600	5.8294	5.8988	5.9682	6.0376	6.1070	6.1764

（续）

检尺径/cm	检尺长/m									
	材积/m³									
	8.0	8.1	8.2	8.3	8.4	8.5	8.6	8.7	8.8	8.9
95	5.6706	5.7415	5.8124	5.8832	5.9541	6.0250	6.0959	6.1668	6.2376	6.3085
96	5.7906	5.8630	5.9354	6.0077	6.0801	6.1525	6.2249	6.2973	6.3697	6.4420
97	5.9119	5.9858	6.0597	6.1336	6.2075	6.2814	6.3553	6.4292	6.5030	6.5769
98	6.0344	6.1098	6.1852	6.2607	6.3361	6.4115	6.4870	6.5624	6.6378	6.7133
99	6.1582	6.2351	6.3121	6.3891	6.4661	6.5430	6.6200	6.6970	6.7740	6.8510
100	6.2832	6.3617	6.4403	6.5188	6.5974	6.6759	6.7544	6.8330	6.9115	6.9901
101	6.4095	6.4896	6.5697	6.6498	6.7300	6.8101	6.8902	6.9703	7.0504	7.1306
102	6.5370	6.6188	6.7005	6.7822	6.8639	6.9456	7.0273	7.1090	7.1907	7.2725
103	6.6658	6.7492	6.8325	6.9158	6.9991	7.0825	7.1658	7.2491	7.3324	7.4158
104	6.7959	6.8809	6.9658	7.0508	7.1357	7.2207	7.3056	7.3906	7.4755	7.5604
105	6.9272	7.0138	7.1004	7.1870	7.2736	7.3602	7.4468	7.5334	7.6200	7.7065
106	7.0598	7.1481	7.2363	7.3245	7.4128	7.5010	7.5893	7.6775	7.7658	7.8540
107	7.1936	7.2836	7.3735	7.4634	7.5533	7.6432	7.7332	7.8231	7.9130	8.0029
108	7.3287	7.4203	7.5119	7.6036	7.6952	7.7868	7.8784	7.9700	8.0616	8.1532
109	7.4651	7.5584	7.6517	7.7450	7.8383	7.9316	8.0250	8.1183	8.2116	8.3049
110	7.6027	7.6977	7.7927	7.8878	7.9828	8.0778	8.1729	8.2679	8.3629	8.4580
111	7.7415	7.8383	7.9351	8.0318	8.1286	8.2254	8.3221	8.4189	8.5157	8.6125
112	7.8816	7.9802	8.0787	8.1772	8.2757	8.3742	8.4728	8.5713	8.6698	8.7633
113	8.0230	8.1233	8.2236	8.3239	8.4242	8.5245	8.6247	8.7250	8.8253	8.9256
114	8.1656	8.2677	8.3698	8.4719	8.5739	8.6760	8.7781	8.8801	8.9822	9.0843

（续）

检尺径/cm	检尺长/m									
	8.0	8.1	8.2	8.3	8.4	8.5	8.6	8.7	8.8	8.9
	材积/m³									
115	8.3095	8.4134	8.5173	8.6211	8.7250	8.8289	8.9327	9.0366	9.1405	9.2444
116	8.4547	8.5604	8.6660	8.7717	8.8774	8.9831	9.0888	9.1945	9.3001	9.4058
117	8.6011	8.7086	8.8161	8.9236	9.0311	9.1386	9.2462	9.3537	9.4612	9.5687
118	8.7487	8.8581	8.9674	9.0768	9.1862	9.2955	9.4049	9.5142	9.6236	9.7330
119	8.8976	9.0089	9.1201	9.2313	9.3425	9.4537	9.5650	9.6762	9.7874	9.8986
120	9.0478	9.1609	9.2740	9.3871	9.5002	9.6133	9.7264	9.8395	9.9526	10.0657
121	9.1992	9.3142	9.4292	9.5442	9.6592	9.7742	9.8892	10.0042	10.1192	10.2341
122	9.3519	9.4688	9.5857	9.7026	9.8195	9.9364	10.0533	10.1702	10.2871	10.4040
123	9.5059	9.6247	9.7435	9.8623	9.9811	10.1000	10.2188	10.3376	10.4564	10.5753
124	9.6610	9.7818	9.9026	10.0233	10.1441	10.2649	10.3856	10.5064	10.6272	10.7479
125	9.8175	9.9402	10.0629	10.1857	10.3084	10.4311	10.5538	10.6765	10.7993	10.9220
126	9.9752	10.0999	10.2246	10.3493	10.4740	10.5987	10.7233	10.8480	10.9727	11.0974
127	10.1342	10.2609	10.3875	10.5142	10.6409	10.7676	10.8942	11.0209	11.1476	11.2743
128	10.2944	10.4231	10.5518	10.6804	10.8091	10.9378	11.0665	11.1952	11.3238	11.4525
129	10.4559	10.5866	10.7173	10.8480	10.9787	11.1094	11.2401	11.3708	11.5015	11.6322
130	10.6186	10.7513	10.8841	11.0168	11.1495	11.2823	11.4150	11.5477	11.6805	11.8132
131	10.7826	10.9174	11.0522	11.1869	11.3217	11.4565	11.5913	11.7261	11.8609	11.9956
132	10.9478	11.0847	11.2215	11.3584	11.4952	11.6321	11.7689	11.9058	12.0426	12.1795
133	11.1144	11.2533	11.3922	11.5311	11.6701	11.8090	11.9479	12.0869	12.2258	12.3647
134	11.2821	11.4231	11.5642	11.7052	11.8462	11.9872	12.1283	12.2693	12.4103	12.5514

（续）

检尺径/cm	检尺长/m									
	8.0	8.1	8.2	8.3	8.4	8.5	8.6	8.7	8.8	8.9
	材积/m³									
135	11.4511	11.5943	11.7374	11.8805	12.0237	12.1668	12.3100	12.4531	12.5962	12.7394
136	11.6214	11.7667	11.9119	12.0572	12.2025	12.3477	12.4930	12.6383	12.7835	12.9288
137	11.7929	11.9403	12.0878	12.2352	12.3826	12.5300	12.6774	12.8248	12.9722	13.1196
138	11.9657	12.1153	12.2649	12.4144	12.5640	12.7136	12.8632	13.0127	13.1623	13.3119
139	12.1398	12.2915	12.4433	12.5950	12.7468	12.8985	13.0503	13.2020	13.3537	13.5055
140	12.3151	12.4690	12.6229	12.7769	12.9308	13.0848	13.2387	13.3926	13.5466	13.7005
141	12.4916	12.6478	12.8039	12.9601	13.1162	13.2724	13.4285	13.5846	13.7408	13.8969
142	12.6694	12.8278	12.9862	13.1445	13.3029	13.4613	13.6197	13.7780	13.9364	14.0948
143	12.8485	13.0091	13.1697	13.3303	13.4909	13.6515	13.8122	13.9728	14.1334	14.2940
144	13.0288	13.1917	13.3546	13.5174	13.6803	13.8431	14.0060	14.1689	14.3317	14.4946
145	13.2104	13.3756	13.5407	13.7058	13.8709	14.0361	14.2012	14.3663	14.5315	14.6966
146	13.3933	13.5607	13.7281	13.8955	14.0629	14.2303	14.3978	14.5652	14.7326	14.9000
147	13.5774	13.7471	13.9168	14.0865	14.2562	14.4260	14.5957	14.7654	14.9351	15.1048
148	13.7627	13.9348	14.1068	14.2788	14.4509	14.6229	14.7949	14.9670	15.1390	15.3110
149	13.9493	14.1237	14.2981	14.4724	14.6468	14.8212	14.9955	15.1699	15.3443	15.5186
150	14.1372	14.3139	14.4906	14.6673	14.8441	15.0208	15.1975	15.3742	15.5509	15.7276
151	14.3263	14.5054	14.6845	14.8636	15.0426	15.2217	15.4008	15.5799	15.7590	15.9380
152	14.5167	14.6982	14.8796	15.0611	15.2425	15.4240	15.6055	15.7869	15.9684	16.1498
153	14.7083	14.8922	15.0761	15.2599	15.4438	15.6276	15.8115	15.9953	16.1792	16.3630
154	14.9012	15.0875	15.2738	15.4600	15.6463	15.8326	16.0188	16.2051	16.3914	16.5776

（续）

检尺径/cm	检尺长/m 材积/m³									
	8.0	8.1	8.2	8.3	8.4	8.5	8.6	8.7	8.8	8.9
155	15.0954	15.2841	15.4728	15.6615	15.8502	16.0388	16.2275	16.4162	16.6049	16.7936
156	15.2908	15.4819	15.6731	15.8642	16.0553	16.2465	16.4376	16.6287	16.8199	17.0110
157	15.4875	15.6811	15.8746	16.0682	16.2618	16.4554	16.6490	16.8426	17.0362	17.2298
158	15.6854	15.8814	16.0775	16.2736	16.4696	16.6657	16.8618	17.0579	17.2539	17.4500
159	15.8846	16.0831	16.2817	16.4802	16.6788	16.8773	17.0759	17.2745	17.4730	17.6716
160	16.0850	16.2861	16.4871	16.6882	16.8892	17.0903	17.2914	17.4924	17.6935	17.8946
161	16.2867	16.4903	16.6938	16.8974	17.1010	17.3046	17.5082	17.7118	17.9154	18.1189
162	16.4896	16.6958	16.9019	17.1080	17.3141	17.5202	17.7264	17.9325	18.1386	18.3447
163	16.6938	16.9025	17.1112	17.3199	17.5285	17.7372	17.9459	18.1545	18.3632	18.5719
164	16.8993	17.1105	17.3218	17.5330	17.7443	17.9555	18.1667	18.3780	18.5892	18.8005
165	17.1060	17.3198	17.5337	17.7475	17.9613	18.1751	18.3890	18.6028	18.8166	19.0304
166	17.3140	17.5304	17.7468	17.9633	18.1797	18.3961	18.6125	18.8290	19.0454	19.2618
167	17.5232	17.7423	17.9613	18.1803	18.3994	18.6184	18.8375	19.0565	19.2755	19.4946
168	17.7337	17.9554	18.1770	18.3987	18.6204	18.8421	19.0637	19.2854	19.5071	19.7287
169	17.9454	18.1698	18.3941	18.6184	18.8427	19.0670	19.2914	19.5157	19.7400	19.9643
170	18.1584	18.3854	18.6124	18.8394	19.0664	19.2934	19.5203	19.7473	19.9743	20.2013
171	18.3727	18.6024	18.8320	19.0617	19.2913	19.5210	19.7507	19.9804	20.2100	20.4396
172	18.5882	18.8206	19.0529	19.2853	19.5176	19.7500	19.9823	20.2147	20.4470	20.6794
173	18.8050	19.0401	19.2751	19.5102	19.7452	19.9803	20.2154	20.4504	20.6855	20.9206
174	19.0230	19.2608	19.4986	19.7364	19.9742	20.2120	20.4497	20.6875	20.9253	21.1631

（续）

检尺径/cm	检尺长/m									
	材积/m³									
	8.0	8.1	8.2	8.3	8.4	8.5	8.6	8.7	8.8	8.9
175	19.2423	19.4828	19.7234	19.9639	20.2044	20.4449	20.6855	20.9260	21.1665	21.4071
176	19.4623	19.7061	19.9494	20.1927	20.4360	20.6793	20.9226	21.1658	21.4091	21.6524
177	19.6846	19.9307	20.1768	20.4228	20.6689	20.9149	21.1610	21.4070	21.6531	21.8992
178	19.9077	20.1565	20.4054	20.6542	20.9031	21.1519	21.4008	21.6496	21.8985	22.1473
179	20.1320	20.3837	20.6353	20.8870	21.1386	21.3903	21.6419	21.8936	22.1452	22.3969
180	20.3576	20.6120	20.8665	21.1210	21.3754	21.6299	21.8844	22.1389	22.3933	22.6478
181	20.5844	20.8417	21.0990	21.3563	21.6136	21.8709	22.1282	22.3855	22.6428	22.9001
182	20.8125	21.0726	21.3328	21.5929	21.8531	22.1133	22.3734	22.6336	22.8937	23.1539
183	21.0418	21.3048	21.5679	21.8309	22.0939	22.3569	22.6199	22.8830	23.1460	23.4090
184	21.2724	21.5383	21.8042	22.0701	22.3360	22.6019	22.8678	23.1337	23.3996	23.6655
185	21.5043	21.7731	22.0419	22.3107	22.5795	22.8483	23.1171	23.3859	23.6547	23.9235
186	21.7374	22.0091	22.2808	22.5525	22.8242	23.0959	23.3677	23.6394	23.9111	24.1828
187	21.9717	22.2464	22.5210	22.7957	23.0703	23.3450	23.6196	23.8943	24.1689	24.4435
188	22.2073	22.4849	22.7625	23.0401	23.3177	23.5953	23.8729	24.1505	24.4281	24.7057
189	22.4442	22.7248	23.0053	23.2859	23.5664	23.8470	24.1275	24.4081	24.6886	24.9692
190	22.6824	22.9659	23.2494	23.5329	23.8165	24.1000	24.3835	24.6671	24.9506	25.2341
191	22.9217	23.2083	23.4948	23.7813	24.0678	24.3544	24.6409	24.9274	25.2139	25.5004
192	23.1624	23.4519	23.7414	24.0310	24.3205	24.6100	24.8996	25.1891	25.4786	25.7682
193	23.4043	23.6968	23.9894	24.2820	24.5745	24.8671	25.1596	25.4522	25.7447	26.0373
194	23.6475	23.9430	24.2386	24.5342	24.8298	25.1254	25.4210	25.7166	26.0122	26.3078

（续）

检 尺 径 /cm	检尺长/m									
	8.0	8.1	8.2	8.3	8.4	8.5	8.6	8.7	8.8	8.9
	材积/m³									
195	23.8919	24.1905	24.4892	24.7878	25.0865	25.3851	25.6838	25.9824	26.2811	26.5797
196	24.1375	24.4393	24.7410	25.0427	25.3444	25.6461	25.9479	26.2496	26.5513	26.8530
197	24.3845	24.6893	24.9941	25.2989	25.6037	25.9085	26.2133	26.5181	26.8229	27.1277
198	24.6327	24.9406	25.2485	25.5564	25.8643	26.1722	26.4801	26.7880	27.0959	27.4038
199	24.8821	25.1931	25.5042	25.8152	26.1262	26.4372	26.7483	27.0593	27.3703	27.6813

检 尺 径 /cm	检尺长/m									
	9.0	9.1	9.2	9.3	9.4	9.5	9.6	9.7	9.8	9.9
	材积/m³									
10	0.0707	0.0715	0.0723	0.0730	0.0738	0.0746	0.0754	0.0762	0.0770	0.0778
11	0.0855	0.0865	0.0874	0.0884	0.0893	0.0903	0.0912	0.0922	0.0931	0.0941
12	0.1018	0.1029	0.1040	0.1052	0.1063	0.1074	0.1086	0.1097	0.1108	0.1120
13	0.1195	0.1208	0.1221	0.1234	0.1248	0.1261	0.1274	0.1288	0.1301	0.1314
14	0.1385	0.1401	0.1416	0.1432	0.1447	0.1462	0.1478	0.1493	0.1509	0.1524
15	0.1590	0.1608	0.1626	0.1643	0.1661	0.1679	0.1696	0.1714	0.1732	0.1749
16	0.1810	0.1830	0.1850	0.1870	0.1890	0.1910	0.1930	0.1950	0.1970	0.1991
17	0.2043	0.2066	0.2088	0.2111	0.2134	0.2156	0.2179	0.2202	0.2224	0.2247
18	0.2290	0.2316	0.2341	0.2367	0.2392	0.2417	0.2443	0.2468	0.2494	0.2519
19	0.2552	0.2580	0.2608	0.2637	0.2665	0.2694	0.2722	0.2750	0.2779	0.2807

（续）

检尺径/cm	检尺长/m 材积/m³									
	9.0	9.1	9.2	9.3	9.4	9.5	9.6	9.7	9.8	9.9
20	0.2827	0.2859	0.2890	0.2922	0.2953	0.2985	0.3016	0.3047	0.3079	0.3110
21	0.3117	0.3152	0.3187	0.3221	0.3256	0.3290	0.3325	0.3360	0.3394	0.3429
22	0.3421	0.3459	0.3497	0.3535	0.3573	0.3611	0.3649	0.3687	0.3725	0.3763
23	0.3739	0.3781	0.3822	0.3864	0.3905	0.3947	0.3989	0.4030	0.4072	0.4113
24	0.4072	0.4117	0.4162	0.4207	0.4252	0.4298	0.4343	0.4388	0.4433	0.4479
25	0.4418	0.4467	0.4516	0.4565	0.4614	0.4663	0.4712	0.4761	0.4811	0.4860
26	0.4778	0.4831	0.4885	0.4938	0.4991	0.5044	0.5097	0.5150	0.5203	0.5256
27	0.5153	0.5210	0.5268	0.5325	0.5382	0.5439	0.5497	0.5554	0.5611	0.5668
28	0.5542	0.5603	0.5665	0.5727	0.5788	0.5850	0.5911	0.5973	0.6034	0.6096
29	0.5945	0.6011	0.6077	0.6143	0.6209	0.6275	0.6341	0.6407	0.6473	0.6539
30	0.6362	0.6432	0.6503	0.6574	0.6644	0.6715	0.6786	0.6857	0.6927	0.6998
31	0.6793	0.6868	0.6944	0.7019	0.7095	0.7170	0.7246	0.7321	0.7397	0.7472
32	0.7238	0.7319	0.7399	0.7480	0.7560	0.7640	0.7721	0.7801	0.7882	0.7962
33	0.7698	0.7783	0.7869	0.7954	0.8040	0.8125	0.8211	0.8296	0.8382	0.8467
34	0.8171	0.8262	0.8353	0.8444	0.8534	0.8625	0.8716	0.8807	0.8898	0.8988
35	0.8659	0.8755	0.8851	0.8948	0.9044	0.9140	0.9236	0.9333	0.9429	0.9525
36	0.9161	0.9263	0.9364	0.9466	0.9568	0.9670	0.9772	0.9873	0.9975	1.0077
37	0.9677	0.9784	0.9892	0.9999	1.0107	1.0215	1.0322	1.0430	1.0537	1.0645
38	1.0207	1.0320	1.0434	1.0547	1.0661	1.0774	1.0888	1.1001	1.1114	1.1228
39	1.0751	1.0871	1.0990	1.1110	1.1229	1.1349	1.1468	1.1588	1.1707	1.1826

（续）

检尺径/cm	检尺长/m 材积/m³									
	9.0	9.1	9.2	9.3	9.4	9.5	9.6	9.7	9.8	9.9
40	1.1310	1.1435	1.1561	1.1687	1.1812	1.1938	1.2064	1.2189	1.2315	1.2441
41	1.1882	1.2014	1.2146	1.2278	1.2410	1.2542	1.2674	1.2806	1.2939	1.3071
42	1.2469	1.2608	1.2746	1.2885	1.3023	1.3162	1.3300	1.3439	1.3577	1.3716
43	1.3070	1.3215	1.3360	1.3506	1.3651	1.3796	1.3941	1.4086	1.4232	1.4377
44	1.3685	1.3837	1.3989	1.4141	1.4293	1.4445	1.4597	1.4749	1.4901	1.5053
45	1.4314	1.4473	1.4632	1.4791	1.4950	1.5109	1.5268	1.5427	1.5586	1.5745
46	1.4957	1.5123	1.5290	1.5456	1.5622	1.5788	1.5954	1.6120	1.6287	1.6453
47	1.5615	1.5788	1.5962	1.6135	1.6309	1.6482	1.6656	1.6829	1.7002	1.7176
48	1.6286	1.6467	1.6648	1.6829	1.7010	1.7191	1.7372	1.7553	1.7734	1.7915
49	1.6972	1.7160	1.7349	1.7537	1.7726	1.7915	1.8103	1.8292	1.8480	1.8669
50	1.7672	1.7868	1.8064	1.8261	1.8457	1.8653	1.8850	1.9046	1.9242	1.9439
51	1.8385	1.8590	1.8794	1.8998	1.9203	1.9407	1.9611	1.9815	2.0020	2.0224
52	1.9113	1.9326	1.9538	1.9751	1.9963	2.0175	2.0388	2.0600	2.0812	2.1025
53	1.9856	2.0076	2.0297	2.0518	2.0738	2.0959	2.1179	2.1400	2.1621	2.1841
54	2.0612	2.0841	2.1070	2.1299	2.1528	2.1757	2.1986	2.2215	2.2444	2.2673
55	2.1383	2.1620	2.1858	2.2095	2.2333	2.2570	2.2808	2.3046	2.3283	2.3521
56	2.2167	2.2413	2.2660	2.2906	2.3152	2.3399	2.3645	2.3891	2.4138	2.4384
57	2.2966	2.3221	2.3476	2.3731	2.3987	2.4242	2.4497	2.4752	2.5007	2.5262
58	2.3779	2.4043	2.4307	2.4571	2.4836	2.5100	2.5364	2.5628	2.5892	2.6157
59	2.4606	2.4879	2.5153	2.5426	2.5699	2.5973	2.6246	2.6520	2.6793	2.7066

（续）

检尺径/cm	检尺长/m 材积/m³									
	9.9	9.8	9.7	9.6	9.5	9.4	9.3	9.2	9.1	9.0
60	2.7992	2.7709	2.7426	2.7143	2.6861	2.6578	2.6295	2.6012	2.5730	2.5447
61	2.8932	2.8640	2.8348	2.8056	2.7763	2.7471	2.7179	2.6887	2.6595	2.6302
62	2.9889	2.9587	2.9285	2.8983	2.8681	2.8379	2.8077	2.7776	2.7474	2.7172
63	3.0861	3.0549	3.0237	2.9926	2.9614	2.9302	2.8990	2.8679	2.8367	2.8055
64	3.1843	3.1527	3.1205	3.0883	3.0561	3.0240	2.9918	2.9596	2.9275	2.8953
65	3.2851	3.2519	3.2188	3.1856	3.1524	3.1192	3.0860	3.0528	3.0197	2.9865
66	3.3870	3.3528	3.3186	3.2844	3.2501	3.2159	3.1817	3.1475	3.1133	3.0791
67	3.4904	3.4551	3.4199	3.3846	3.3494	3.3141	3.2789	3.2436	3.2084	3.1731
68	3.5954	3.5591	3.5227	3.4864	3.4501	3.4138	3.3775	3.3412	3.3048	3.2685
69	3.7019	3.6645	3.6271	3.5897	3.5523	3.5149	3.4775	3.4401	3.4028	3.3654
70	3.8100	3.7715	3.7330	3.6945	3.6560	3.6176	3.5791	3.5406	3.5021	3.4636
71	3.9196	3.8800	3.8404	3.8008	3.7612	3.7216	3.6821	3.6425	3.6029	3.5633
72	4.0308	3.9901	3.9494	3.9087	3.8679	3.8272	3.7865	3.7458	3.7051	3.6644
73	4.1435	4.1017	4.0598	4.0180	3.9761	3.9343	3.8924	3.8506	3.8087	3.7669
74	4.2578	4.2148	4.1718	4.1288	4.0858	4.0428	3.9998	3.9568	3.9138	3.8708
75	4.3737	4.3295	4.2853	4.2412	4.1970	4.1528	4.1086	4.0644	4.0203	3.9761
76	4.4911	4.4457	4.4004	4.3550	4.3096	4.2643	4.2189	4.1736	4.1282	4.0828
77	4.6101	4.5635	4.5169	4.4704	4.4238	4.3772	4.3307	4.2841	4.2375	4.1910
78	4.7306	4.6828	4.6350	4.5872	4.5395	4.4917	4.4439	4.3961	4.3483	4.3005
79	4.8527	4.8036	4.7546	4.7056	4.6566	4.6076	4.5586	4.5095	4.4605	4.4115

（续）

检尺径/cm	检尺长/m 材积/m³									
	9.0	9.1	9.2	9.3	9.4	9.5	9.6	9.7	9.8	9.9
80	4.5239	4.5742	4.6244	4.6747	4.7250	4.7752	4.8255	4.8758	4.9260	4.9763
81	4.6377	4.6892	4.7408	4.7923	4.8438	4.8954	4.9469	4.9984	5.0499	5.1015
82	4.7529	4.8057	4.8585	4.9114	4.9642	5.0170	5.0698	5.1226	5.1754	5.2282
83	4.8696	4.9237	4.9778	5.0319	5.0860	5.1401	5.1942	5.2483	5.3024	5.3565
84	4.9876	5.0430	5.0984	5.1539	5.2093	5.2647	5.3201	5.3755	5.4309	5.4864
85	5.1071	5.1638	5.2206	5.2773	5.3340	5.3908	5.4475	5.5043	5.5610	5.6178
86	5.2279	5.2860	5.3441	5.4022	5.4603	5.5184	5.5765	5.6346	5.6926	5.7507
87	5.3502	5.4097	5.4691	5.5286	5.5880	5.6475	5.7069	5.7664	5.8258	5.8852
88	5.4739	5.5347	5.5956	5.6564	5.7172	5.7780	5.8389	5.8997	5.9605	6.0213
89	5.5990	5.6612	5.7235	5.7857	5.8479	5.9101	5.9723	6.0345	6.0967	6.1589
90	5.7256	5.7892	5.8528	5.9164	5.9800	6.0437	6.1073	6.1709	6.2345	6.2981
91	5.8535	5.9185	5.9836	6.0486	6.1137	6.1787	6.2437	6.3088	6.3738	6.4389
92	5.9829	6.0493	6.1158	6.1823	6.2488	6.3152	6.3817	6.4482	6.5147	6.5811
93	6.1136	6.1816	6.2495	6.3174	6.3853	6.4533	6.5212	6.5891	6.6571	6.7250
94	6.2458	6.3152	6.3846	6.4540	6.5234	6.5928	6.6622	6.7316	6.8010	6.8704
95	6.3794	6.4503	6.5212	6.5921	6.6629	6.7338	6.8047	6.8756	6.9465	7.0174
96	6.5144	6.5868	6.6592	6.7316	6.8040	6.8763	6.9487	7.0211	7.0935	7.1659
97	6.6508	6.7247	6.7986	6.8725	6.9464	7.0203	7.0942	7.1681	7.2420	7.3159
98	6.7887	6.8641	6.9395	7.0150	7.0904	7.1658	7.2413	7.3167	7.3921	7.4676
99	6.9279	7.0049	7.0819	7.1589	7.2358	7.3128	7.3898	7.4668	7.5438	7.6207

（续）

检尺长/m 材积/m³

检尺径/cm	9.0	9.1	9.2	9.3	9.4	9.5	9.6	9.7	9.8	9.9
100	7.0686	7.1471	7.2257	7.3042	7.3828	7.4613	7.5398	7.6184	7.6969	7.7755
101	7.2107	7.2908	7.3709	7.4510	7.5312	7.6113	7.6914	7.7715	7.8516	7.9317
102	7.3542	7.4359	7.5176	7.5993	7.6810	7.7627	7.8444	7.9262	8.0079	8.0896
103	7.4991	7.5824	7.6657	7.7490	7.8324	7.9157	7.9990	8.0823	8.1657	8.2490
104	7.6454	7.7303	7.8153	7.9002	7.9852	8.0701	8.1551	8.2400	8.3250	8.4099
105	7.7931	7.8797	7.9663	8.0529	8.1395	8.2261	8.3127	8.3993	8.4859	8.5724
106	7.9423	8.0305	8.1188	8.2070	8.2953	8.3835	8.4718	8.5600	8.6483	8.7365
107	8.0928	8.1828	8.2727	8.3626	8.4525	8.5424	8.6324	8.7223	8.8122	8.9021
108	8.2448	8.3364	8.4280	8.5196	8.6113	8.7029	8.7945	8.8861	8.9777	9.0693
109	8.3982	8.4915	8.5848	8.6781	8.7715	8.8648	8.9581	9.0514	9.1447	9.2380
110	8.5530	8.6480	8.7431	8.8381	8.9331	9.0282	9.1232	9.2182	9.3133	9.4083
111	8.7092	8.8060	8.9028	8.9995	9.0963	9.1931	9.2898	9.3866	9.4834	9.5801
112	8.8669	8.9654	9.0639	9.1624	9.2609	9.3595	9.4580	9.5565	9.6550	9.7535
113	9.0259	9.1262	9.2265	9.3268	9.4270	9.5273	9.6276	9.7279	9.8282	9.9285
114	9.1864	9.2884	9.3905	9.4926	9.5946	9.6967	9.7988	9.9008	10.0029	10.1050
115	9.3482	9.4521	9.5560	9.6598	9.7637	9.8676	9.9714	10.0753	10.1792	10.2830
116	9.5115	9.6172	9.7229	9.8286	9.9342	10.0399	10.1456	10.2513	10.3570	10.4627
117	9.6762	9.7837	9.8912	9.9987	10.1063	10.2138	10.3213	10.4288	10.5363	10.6438
118	9.8423	9.9517	10.0610	10.1704	10.2798	10.3891	10.4985	10.6078	10.7172	10.8266
119	10.0098	10.1211	10.2323	10.3435	10.4547	10.5659	10.6772	10.7884	10.8996	11.0108

（续）

检尺径/cm	检尺长/m									
	材积/m³									
	9.0	9.1	9.2	9.3	9.4	9.5	9.6	9.7	9.8	9.9
120	10.1788	10.2919	10.4050	10.5181	10.6312	10.7443	10.8574	10.9705	11.0836	11.1967
121	10.3491	10.4641	10.5791	10.6941	10.8091	10.9241	11.0391	11.1541	11.2691	11.3841
122	10.5209	10.6378	10.7547	10.8716	10.9885	11.1054	11.2223	11.3392	11.4561	11.5730
123	10.6941	10.8129	10.9317	11.0506	11.1694	11.2882	11.4070	11.5258	11.6447	11.7635
124	10.8687	10.9894	11.1102	11.2310	11.3517	11.4725	11.5933	11.7140	11.8348	11.9555
125	11.0447	11.1674	11.2901	11.4128	11.5356	11.6583	11.7810	11.9037	12.0264	12.1492
126	11.2221	11.3468	11.4715	11.5962	11.7209	11.8456	11.9702	12.0949	12.2196	12.3443
127	11.4009	11.5276	11.6543	11.7810	11.9077	12.0343	12.1610	12.2877	12.4144	12.5410
128	11.5812	11.7099	11.8386	11.9672	12.0959	12.2246	12.3533	12.4820	12.6106	12.7393
129	11.7629	11.8936	12.0243	12.1550	12.2857	12.4163	12.5470	12.6777	12.8084	12.9391
130	11.9459	12.0787	12.2114	12.3441	12.4769	12.6096	12.7423	12.8751	13.0078	13.1405
131	12.1304	12.2652	12.4000	12.5348	12.6696	12.8043	12.9391	13.0739	13.2087	13.3435
132	12.3163	12.4532	12.5900	12.7269	12.8637	13.0006	13.1374	13.2743	13.4111	13.5480
133	12.5036	12.6426	12.7815	12.9204	13.0594	13.1983	13.3372	13.4762	13.6151	13.7540
134	12.6924	12.8334	12.9744	13.1155	13.2565	13.3975	13.5385	13.6796	13.8206	13.9616
135	12.8825	13.0257	13.1688	13.3119	13.4551	13.5982	13.7414	13.8845	14.0276	14.1708
136	13.0741	13.2194	13.3646	13.5099	13.6552	13.8004	13.9457	14.0910	14.2362	14.3815
137	13.2671	13.4145	13.5619	13.7093	13.8567	14.0041	14.1515	14.2989	14.4463	14.5938
138	13.4614	13.6110	13.7606	13.9102	14.0597	14.2093	14.3589	14.5084	14.6580	14.8076
139	13.6572	13.8090	13.9607	14.1125	14.2642	14.4160	14.5677	14.7195	14.8712	15.0230

（续）

检尺径/cm	检尺长/m									
	9.0	9.1	9.2	9.3	9.4	9.5	9.6	9.7	9.8	9.9
	材积/m³									
140	13.8545	14.0084	14.1623	14.3163	14.4702	14.6241	14.7781	14.9320	15.0860	15.2399
141	14.0531	14.2092	14.3654	14.5215	14.6777	14.8338	14.9900	15.1461	15.3022	15.4584
142	14.2531	14.4115	14.5699	14.7282	14.8866	15.0450	15.2033	15.3617	15.5201	15.6784
143	14.4546	14.6152	14.7758	14.9364	15.0970	15.2576	15.4182	15.5788	15.7394	15.9000
144	14.6574	14.8203	14.9832	15.1460	15.3089	15.4718	15.6346	15.7975	15.9603	16.1232
145	14.8617	15.0269	15.1920	15.3571	15.5223	15.6874	15.8525	16.0176	16.1828	16.3479
146	15.0674	15.2348	15.4023	15.5697	15.7371	15.9045	16.0719	16.2393	16.4068	16.5742
147	15.2745	15.4443	15.6140	15.7837	15.9534	16.1231	16.2928	16.4626	16.6323	16.8020
148	15.4831	15.6551	15.8271	15.9992	16.1712	16.3432	16.5153	16.6873	16.8593	17.0314
149	15.6930	15.8674	16.0417	16.2161	16.3905	16.5648	16.7392	16.9136	17.0879	17.2623
150	15.9044	16.0811	16.2578	16.4345	16.6112	16.7879	16.9646	17.1414	17.3181	17.4948
151	16.1171	16.2962	16.4753	16.6544	16.8334	17.0125	17.1916	17.3707	17.5497	17.7288
152	16.3313	16.5128	16.6942	16.8757	17.0571	17.2386	17.4200	17.6015	17.7830	17.9644
153	16.5469	16.7307	16.9146	17.0984	17.2823	17.4662	17.6500	17.8339	18.0177	18.2016
154	16.7639	16.9502	17.1364	17.3227	17.5090	17.6952	17.8815	18.0678	18.2540	18.4403
155	16.9823	17.1710	17.3597	17.5484	17.7371	17.9258	18.1145	18.3032	18.4919	18.6805
156	17.2021	17.3933	17.5844	17.7755	17.9667	18.1578	18.3490	18.5401	18.7312	18.9224
157	17.4234	17.6170	17.8106	18.0042	18.1978	18.3914	18.5850	18.7785	18.9721	19.1657
158	17.6461	17.8421	18.0382	18.2343	18.4303	18.6264	18.8225	19.0185	19.2146	19.4107
159	17.8701	18.0687	18.2672	18.4658	18.6644	18.8629	19.0615	19.2600	19.4586	19.6571

（续）

检尺径/cm	检尺长/m									
	9.0	9.1	9.2	9.3	9.4	9.5	9.6	9.7	9.8	9.9
	材积/m³									
160	18.0956	18.2967	18.4977	18.6988	18.8999	19.1000	19.3020	19.5031	19.7041	19.9052
161	18.3225	18.5261	18.7297	18.9333	19.1369	19.3404	19.5440	19.7476	19.9512	20.1548
162	18.5508	18.7570	18.9631	19.1692	19.3753	19.5814	19.7876	19.9937	20.1998	20.4059
163	18.7806	18.9892	19.1979	19.4066	19.6153	19.8239	20.0326	20.2413	20.4499	20.6586
164	19.0117	19.2229	19.4342	19.6454	19.8567	20.0679	20.2792	20.4904	20.7016	20.9129
165	19.2443	19.4581	19.6719	19.8857	20.0996	20.3134	20.5272	20.7410	20.9549	21.1687
166	19.4782	19.6947	19.9111	20.1275	20.3439	20.5604	20.7768	20.9932	21.2096	21.4261
167	19.7136	19.9327	20.1517	20.3707	20.5898	20.8088	21.0279	21.2469	21.4659	21.6850
168	19.9504	20.1721	20.3938	20.6154	20.8371	21.0588	21.2804	21.5021	21.7238	21.9455
169	20.1886	20.4129	20.6373	20.8616	21.0859	21.3102	21.5345	21.7589	21.9832	22.2075
170	20.4283	20.6552	20.8822	21.1092	21.3362	21.5632	21.7901	22.0171	22.2441	22.4711
171	20.6693	20.8990	21.1286	21.3583	21.5879	21.8176	22.0472	22.2769	22.5066	22.7362
172	20.9117	21.1441	21.3765	21.6088	21.8412	22.0735	22.3059	22.5382	22.7706	23.0029
173	21.1556	21.3907	21.6257	21.8608	22.0959	22.3309	22.5660	22.8010	23.0361	23.2712
174	21.4009	21.6387	21.8765	22.1143	22.3520	22.5898	22.8276	23.0654	23.3032	23.5410
175	21.6476	21.8881	22.1286	22.3692	22.6097	22.8502	23.0908	23.3313	23.5718	23.8123
176	21.8957	22.1390	22.3823	22.6256	22.8688	23.1121	23.3554	23.5987	23.8420	24.0853
177	22.1452	22.3913	22.6373	22.8834	23.1294	23.3755	23.6216	23.8676	24.1137	24.3597
178	22.3962	22.6450	22.8938	23.1427	23.3915	23.6404	23.8892	24.1381	24.3869	24.6358
179	22.6485	22.9002	23.1518	23.4035	23.6551	23.9068	24.1584	24.4101	24.6617	24.9134

（续）

检尺径 /cm	检尺长/m									
	9.0	9.1	9.2	9.3	9.4	9.5	9.6	9.7	9.8	9.9
	材积/m³									
180	22.9023	23.1567	23.4112	23.6657	23.9201	24.1746	24.4291	24.6836	24.9380	25.1925
181	23.1574	23.4147	23.6721	23.9294	24.1867	24.4440	24.7013	24.9586	25.2159	25.4732
182	23.4140	23.6742	23.9343	24.1945	24.4547	24.7148	24.9750	25.2351	25.4953	25.7554
183	23.6720	23.9351	24.1981	24.4611	24.7241	24.9871	25.2502	25.5132	25.7762	26.0392
184	23.9315	24.1974	24.4633	24.7292	24.9951	25.2610	25.5269	25.7928	26.0587	26.3246
185	24.1923	24.4611	24.7299	24.9987	25.2675	25.5363	25.8051	26.0739	26.3427	26.6115
186	24.4545	24.7262	24.9980	25.2697	25.5414	25.8131	26.0848	26.3565	26.6283	26.9000
187	24.7182	24.9929	25.2675	25.5421	25.8168	26.0914	26.3661	26.6407	26.9154	27.1900
188	24.9833	25.2609	25.5384	25.8160	26.0936	26.3712	26.6488	26.9264	27.2040	27.4816
189	25.2497	25.5303	25.8109	26.0914	26.3720	26.6525	26.9331	27.2136	27.4942	27.7747
190	25.5176	25.8012	26.0847	26.3682	26.6518	26.9353	27.2188	27.5024	27.7859	28.0694
191	25.7870	26.0735	26.3600	26.6465	26.9330	27.2196	27.5061	27.7926	28.0791	28.3657
192	26.0577	26.3472	26.6367	26.9263	27.2158	27.5053	27.7949	28.0844	28.3739	28.6635
193	26.3298	26.6224	26.9149	27.2075	27.5000	27.7926	28.0852	28.3777	28.6703	28.9628
194	26.6034	26.8990	27.1946	27.4902	27.7858	28.0813	28.3769	28.6725	28.9681	29.2637
195	26.8784	27.1770	27.4756	27.7743	28.0729	28.3716	28.6702	28.9689	29.2675	29.5662
196	27.1547	27.4565	27.7582	28.0599	28.3616	28.6633	28.9650	29.2668	29.5685	29.8702
197	27.4325	27.7373	28.0421	28.3469	28.6518	28.9566	29.2614	29.5662	29.8710	30.1758
198	27.7117	28.0196	28.3276	28.6355	28.9434	29.2513	29.5592	29.8671	30.1750	30.4829
199	27.9924	28.3034	28.6144	28.9254	29.2365	29.5475	29.8585	30.1695	30.4806	30.7916

（续）

检尺径/cm	检尺长/m									
	10.0	10.1	10.2	10.3	10.4	10.5	10.6	10.7	10.8	10.9
	材积/m³									
10	0.0785	0.0793	0.0801	0.0809	0.0817	0.0825	0.0833	0.0840	0.0848	0.0856
11	0.0950	0.0960	0.0969	0.0979	0.0988	0.0998	0.1007	0.1017	0.1026	0.1036
12	0.1131	0.1142	0.1154	0.1165	0.1176	0.1188	0.1199	0.1210	0.1221	0.1233
13	0.1327	0.1341	0.1354	0.1367	0.1380	0.1394	0.1407	0.1420	0.1434	0.1447
14	0.1539	0.1555	0.1570	0.1586	0.1601	0.1616	0.1632	0.1647	0.1663	0.1678
15	0.1767	0.1785	0.1802	0.1820	0.1838	0.1856	0.1873	0.1891	0.1909	0.1926
16	0.2011	0.2031	0.2051	0.2071	0.2091	0.2111	0.2131	0.2151	0.2171	0.2192
17	0.2270	0.2293	0.2315	0.2338	0.2361	0.2383	0.2406	0.2429	0.2451	0.2474
18	0.2545	0.2570	0.2596	0.2621	0.2646	0.2672	0.2697	0.2723	0.2748	0.2774
19	0.2835	0.2864	0.2892	0.2920	0.2949	0.2977	0.3005	0.3034	0.3062	0.3090
20	0.3142	0.3173	0.3204	0.3236	0.3267	0.3299	0.3330	0.3362	0.3393	0.3424
21	0.3464	0.3498	0.3533	0.3568	0.3602	0.3637	0.3671	0.3706	0.3741	0.3775
22	0.3801	0.3839	0.3877	0.3915	0.3953	0.3991	0.4029	0.4067	0.4105	0.4143
23	0.4155	0.4196	0.4238	0.4279	0.4321	0.4363	0.4404	0.4446	0.4487	0.4529
24	0.4524	0.4569	0.4614	0.4660	0.4705	0.4750	0.4795	0.4841	0.4886	0.4931
25	0.4909	0.4958	0.5007	0.5056	0.5105	0.5154	0.5203	0.5252	0.5301	0.5351
26	0.5309	0.5362	0.5415	0.5469	0.5522	0.5575	0.5628	0.5681	0.5734	0.5787
27	0.5726	0.5783	0.5840	0.5897	0.5955	0.6012	0.6069	0.6126	0.6184	0.6241
28	0.6158	0.6219	0.6281	0.6342	0.6404	0.6465	0.6527	0.6589	0.6650	0.6712
29	0.6605	0.6671	0.6737	0.6803	0.6869	0.6935	0.7002	0.7068	0.7134	0.7200

（续）

检尺径/cm	检尺长/m 材积/m³									
	10.0	10.1	10.2	10.3	10.4	10.5	10.6	10.7	10.8	10.9
30	0.7069	0.7139	0.7210	0.7281	0.7351	0.7422	0.7493	0.7563	0.7634	0.7705
31	0.7548	0.7623	0.7699	0.7774	0.7850	0.7925	0.8001	0.8076	0.8152	0.8227
32	0.8042	0.8123	0.8203	0.8284	0.8364	0.8445	0.8525	0.8605	0.8686	0.8766
33	0.8553	0.8639	0.8724	0.8810	0.8895	0.8981	0.9066	0.9152	0.9237	0.9323
34	0.9079	0.9170	0.9261	0.9352	0.9442	0.9533	0.9624	0.9715	0.9806	0.9896
35	0.9621	0.9717	0.9814	0.9910	1.0006	1.0102	1.0198	1.0295	1.0391	1.0487
36	1.0179	1.0281	1.0382	1.0484	1.0586	1.0688	1.0790	1.0891	1.0993	1.1095
37	1.0752	1.0860	1.0967	1.1075	1.1182	1.1290	1.1397	1.1505	1.1612	1.1720
38	1.1341	1.1455	1.1568	1.1681	1.1795	1.1908	1.2022	1.2135	1.2248	1.2362
39	1.1946	1.2065	1.2185	1.2304	1.2424	1.2543	1.2663	1.2782	1.2902	1.3021
40	1.2566	1.2692	1.2818	1.2943	1.3069	1.3195	1.3320	1.3446	1.3572	1.3697
41	1.3203	1.3335	1.3467	1.3599	1.3731	1.3863	1.3995	1.4127	1.4259	1.4391
42	1.3854	1.3993	1.4132	1.4270	1.4409	1.4547	1.4686	1.4824	1.4963	1.5101
43	1.4522	1.4667	1.4812	1.4958	1.5103	1.5248	1.5393	1.5539	1.5684	1.5829
44	1.5205	1.5357	1.5509	1.5662	1.5814	1.5966	1.6118	1.6270	1.6422	1.6574
45	1.5904	1.6063	1.6222	1.6381	1.6541	1.6700	1.6859	1.7018	1.7177	1.7336
46	1.6619	1.6785	1.6951	1.7118	1.7284	1.7450	1.7616	1.7782	1.7949	1.8115
47	1.7349	1.7523	1.7696	1.7870	1.8043	1.8217	1.8390	1.8564	1.8737	1.8911
48	1.8096	1.8277	1.8458	1.8638	1.8819	1.9000	1.9181	1.9362	1.9543	1.9724
49	1.8857	1.9046	1.9235	1.9423	1.9612	1.9800	1.9989	2.0177	2.0366	2.0555

（续）

检尺径 /cm	检尺长/m									
	材积/m³									
	10.0	10.1	10.2	10.3	10.4	10.5	10.6	10.7	10.8	10.9
50	1.9635	1.9831	2.0028	2.0224	2.0420	2.0617	2.0813	2.1009	2.1206	2.1402
51	2.0428	2.0633	2.0837	2.1041	2.1245	2.1450	2.1654	2.1858	2.2063	2.2267
52	2.1237	2.1450	2.1662	2.1874	2.2087	2.2299	2.2511	2.2724	2.2936	2.3149
53	2.2062	2.2283	2.2503	2.2724	2.2944	2.3165	2.3386	2.3606	2.3827	2.4047
54	2.2902	2.3131	2.3360	2.3589	2.3818	2.4047	2.4276	2.4505	2.4734	2.4963
55	2.3758	2.3996	2.4234	2.4471	2.4709	2.4946	2.5184	2.5421	2.5659	2.5897
56	2.4630	2.4876	2.5123	2.5369	2.5615	2.5862	2.6108	2.6354	2.6601	2.6847
57	2.5518	2.5773	2.6028	2.6283	2.6538	2.6794	2.7049	2.7304	2.7559	2.7814
58	2.6421	2.6685	2.6949	2.7213	2.7478	2.7742	2.8006	2.8270	2.8535	2.8799
59	2.7340	2.7613	2.7887	2.8160	2.8433	2.8707	2.8980	2.9254	2.9527	2.9800
60	2.8274	2.8557	2.8840	2.9123	2.9405	2.9688	2.9971	3.0254	3.0536	3.0819
61	2.9225	2.9517	2.9809	3.0101	3.0394	3.0686	3.0978	3.1270	3.1563	3.1855
62	3.0191	3.0493	3.0795	3.1096	3.1398	3.1700	3.2002	3.2304	3.2606	3.2908
63	3.1173	3.1484	3.1796	3.2108	3.2419	3.2731	3.3043	3.3355	3.3666	3.3978
64	3.2170	3.2492	3.2813	3.3135	3.3457	3.3778	3.4100	3.4422	3.4744	3.5065
65	3.3183	3.3515	3.3847	3.4179	3.4510	3.4842	3.5174	3.5506	3.5838	3.6170
66	3.4212	3.4554	3.4896	3.5238	3.5581	3.5923	3.6265	3.6607	3.6949	3.7291
67	3.5257	3.5609	3.5962	3.6314	3.6667	3.7019	3.7372	3.7725	3.8077	3.8430
68	3.6317	3.6680	3.7043	3.7406	3.7770	3.8133	3.8496	3.8859	3.9222	3.9585
69	3.7393	3.7767	3.8141	3.8515	3.8889	3.9263	3.9636	4.0010	4.0384	4.0758

（续）

检尺径 /cm	检尺长/m									
	10.0	10.1	10.2	10.3	10.4	10.5	10.6	10.7	10.8	10.9
	材积/m³									
70	3.8485	3.8869	3.9254	3.9639	4.0024	4.0409	4.0794	4.1179	4.1563	4.1948
71	3.9592	3.9988	4.0384	4.0780	4.1176	4.1572	4.1968	4.2363	4.2759	4.3155
72	4.0715	4.1122	4.1529	4.1937	4.2344	4.2751	4.3158	4.3565	4.3972	4.4379
73	4.1854	4.2273	4.2691	4.3110	4.3528	4.3947	4.4365	4.4784	4.5202	4.5621
74	4.3009	4.3439	4.3869	4.4299	4.4729	4.5159	4.5589	4.6019	4.6449	4.6879
75	4.4179	4.4621	4.5062	4.5504	4.5946	4.6388	4.6829	4.7271	4.7713	4.8155
76	4.5365	4.5818	4.6272	4.6726	4.7179	4.7633	4.8087	4.8540	4.8994	4.9448
77	4.6566	4.7032	4.7498	4.7963	4.8429	4.8895	4.9360	4.9826	5.0292	5.0757
78	4.7784	4.8262	4.8739	4.9217	4.9695	5.0173	5.0651	5.1129	5.1606	5.2084
79	4.9017	4.9507	4.9997	5.0487	5.0977	5.1468	5.1958	5.2448	5.2938	5.3428
80	5.0266	5.0768	5.1271	5.1774	5.2276	5.2779	5.3282	5.3784	5.4287	5.4790
81	5.1530	5.2045	5.2561	5.3076	5.3591	5.4107	5.4622	5.5137	5.5653	5.6168
82	5.2810	5.3338	5.3867	5.4395	5.4923	5.5451	5.5979	5.6507	5.7035	5.7563
83	5.4106	5.4647	5.5188	5.5729	5.6270	5.6812	5.7353	5.7894	5.8435	5.8976
84	5.5418	5.5972	5.6526	5.7080	5.7635	5.8189	5.8743	5.9297	5.9851	6.0405
85	5.6745	5.7313	5.7880	5.8448	5.9015	5.9582	6.0150	6.0717	6.1285	6.1852
86	5.8088	5.8669	5.9250	5.9831	6.0412	6.0993	6.1573	6.2154	6.2735	6.3316
87	5.9447	6.0041	6.0636	6.1230	6.1825	6.2419	6.3014	6.3608	6.4203	6.4797
88	6.0821	6.1430	6.2038	6.2646	6.3254	6.3862	6.4471	6.5079	6.5687	6.6295
89	6.2212	6.2834	6.3456	6.4078	6.4700	6.5322	6.5944	6.6566	6.7188	6.7811

（续）

检尺径/cm	检尺长/m									
	10.0	10.1	10.2	10.3	10.4	10.5	10.6	10.7	10.8	10.9
	材积/m³									
90	6.3617	6.4254	6.4890	6.5526	6.6162	6.6798	6.7434	6.8071	6.8707	6.9343
91	6.5039	6.5689	6.6340	6.6990	6.7641	6.8291	6.8941	6.9592	7.0242	7.0892
92	6.6476	6.7141	6.7806	6.8471	6.9135	6.9800	7.0465	7.1130	7.1794	7.2459
93	6.7929	6.8609	6.9288	6.9967	7.0646	7.1326	7.2005	7.2684	7.3364	7.4043
94	6.9398	7.0092	7.0786	7.1480	7.2174	7.2868	7.3562	7.4256	7.4950	7.5644
95	7.0882	7.1591	7.2300	7.3009	7.3718	7.4426	7.5135	7.5844	7.6553	7.7262
96	7.2382	7.3106	7.3830	7.4554	7.5278	7.6002	7.6725	7.7449	7.8173	7.8897
97	7.3898	7.4637	7.5376	7.6115	7.6854	7.7593	7.8332	7.9071	7.9810	8.0549
98	7.5430	7.6184	7.6938	7.7693	7.8447	7.9201	7.9956	8.0710	8.1464	8.2218
99	7.6977	7.7747	7.8517	7.9286	8.0056	8.0826	8.1596	8.2365	8.3135	8.3905
100	7.8540	7.9325	8.0111	8.0896	8.1682	8.2467	8.3252	8.4038	8.4823	8.5609
101	8.0119	8.0920	8.1721	8.2522	8.3323	8.4125	8.4926	8.5727	8.6528	8.7329
102	8.1713	8.2530	8.3347	8.4164	8.4982	8.5799	8.6616	8.7433	8.8250	8.9067
103	8.3323	8.4156	8.4990	8.5823	8.6656	3.7489	8.8322	8.9156	8.9989	9.0822
104	8.4949	8.5798	8.6648	8.7497	8.8347	8.9196	9.0046	9.0895	9.1745	9.2594
105	8.6590	8.7456	8.8322	8.9188	9.0054	9.0920	9.1786	9.2652	9.3518	9.4383
106	8.8248	8.9130	9.0012	9.0895	9.1777	9.2660	9.3542	9.4425	9.5307	9.6190
107	8.9920	9.0820	9.1719	9.2618	9.3517	9.4416	9.5316	9.6215	9.7114	9.8013
108	9.1609	9.2525	9.3441	9.4357	9.5273	9.6190	9.7106	9.8022	9.8938	9.9854
109	9.3313	9.4247	9.5180	9.6113	9.7046	9.7979	9.8912	9.9845	10.0778	10.1712

（续）

检尺径 /cm	检尺长/m										
	材积/m³										
	10.0	10.1	10.2	10.3	10.4	10.5	10.6	10.7	10.8	10.9
110	9.5033	9.5984	9.6934	9.7884	9.8835	9.9785	10.0735	10.1686	10.2636	10.3586
111	9.6769	9.7737	9.8705	9.9672	10.0640	10.1608	10.2575	10.3543	10.4511	10.5478
112	9.8521	9.9506	10.0491	10.1476	10.2461	10.3447	10.4432	10.5417	10.6402	10.7387
113	10.0288	10.1291	10.2293	10.3296	10.4299	10.5302	10.6305	10.7308	10.8311	10.9314
114	10.2071	10.3091	10.4112	10.5133	10.6153	10.7174	10.8195	10.9216	11.0236	11.1257
115	10.3869	10.4908	10.5947	10.6985	10.8024	10.9063	11.0101	11.1140	11.2179	11.3217
116	10.5683	10.6740	10.7797	10.8854	10.9911	11.0968	11.2024	11.3081	11.4138	11.5195
117	10.7513	10.8589	10.9664	11.0739	11.1814	11.2889	11.3964	11.5039	11.6114	11.7189
118	10.9359	11.0453	11.1546	11.2640	11.3733	11.4827	11.5921	11.7014	11.8108	11.9201
119	11.1220	11.2333	11.3445	11.4557	11.5669	11.6782	11.7894	11.9006	12.0118	12.1230
120	11.3098	11.4229	11.5360	11.6491	11.7622	11.8752	11.9883	12.1014	12.2145	12.3276
121	11.4990	11.6140	11.7290	11.8440	11.9590	12.0740	12.1890	12.3040	12.4190	12.5340
122	11.6899	11.8068	11.9237	12.0406	12.1575	12.2744	12.3913	12.5082	12.6251	12.7420
123	11.8823	12.0011	12.1200	12.2388	12.3576	12.4764	12.5953	12.7141	12.8329	12.9517
124	12.0763	12.1971	12.3178	12.4386	12.5594	12.6801	12.8009	12.9217	13.0424	13.1632
125	12.2719	12.3946	12.5173	12.6400	12.7628	12.8855	13.0082	13.1309	13.2536	13.3763
126	12.4690	12.5937	12.7184	12.8431	12.9678	13.0925	13.2172	13.3418	13.4665	13.5912
127	12.6677	12.7944	12.9211	13.0477	13.1744	13.3011	13.4278	13.5545	13.6811	13.8078
128	12.8680	12.9967	13.1254	13.2540	13.3827	13.5114	13.6401	13.7688	13.8974	14.0261
129	13.0698	13.2005	13.3312	13.4619	13.5926	13.7233	13.8540	13.9847	14.1154	14.2461

（续）

检尺径 /cm	检尺长/m 材积/m³									
	10.0	10.1	10.2	10.3	10.4	10.5	10.6	10.7	10.8	10.9
130	13.2733	13.4060	13.5387	13.6715	13.8042	13.9369	14.0697	14.2024	14.3351	14.4679
131	13.4782	13.6130	13.7478	13.8826	14.0174	14.1522	14.2869	14.4217	14.5565	14.6913
132	13.6848	13.8217	13.9585	14.0954	14.2322	14.3691	14.5059	14.6427	14.7796	14.9164
133	13.8929	14.0319	14.1708	14.3097	14.4487	14.5876	14.7265	14.8654	15.0044	15.1433
134	14.1026	14.2437	14.3847	14.5257	14.6667	14.8078	14.9488	15.0898	15.2309	15.3719
135	14.3139	14.4571	14.6002	14.7433	14.8865	15.0296	15.1727	15.3159	15.4590	15.6022
136	14.5268	14.6720	14.8173	14.9626	15.1078	15.2531	15.3984	15.5436	15.6889	15.8342
137	14.7412	14.8886	15.0360	15.1834	15.3308	15.4782	15.6256	15.7731	15.9205	16.0679
138	14.9572	15.1067	15.2563	15.4059	15.5554	15.7050	15.8546	16.0042	16.1537	16.3033
139	15.1747	15.3265	15.4782	15.6300	15.7817	15.9334	16.0852	16.2369	16.3887	16.5404
140	15.3938	15.5478	15.7017	15.8557	16.0096	16.1635	16.3175	16.4714	16.6253	16.7793
141	15.6145	15.7707	15.9268	16.0830	16.2391	16.3953	16.5514	16.7076	16.8637	17.0198
142	15.8368	15.9952	16.1535	16.3119	16.4703	16.6286	16.7870	16.9454	17.1038	17.2621
143	16.0606	16.2213	16.3819	16.5425	16.7031	16.8637	17.0243	17.1849	17.3455	17.5061
144	16.2861	16.4489	16.6118	16.7746	16.9375	17.1004	17.2632	17.4261	17.5889	17.7518
145	16.5130	16.6782	16.8433	17.0084	17.1736	17.3387	17.5038	17.6689	17.8341	17.9992
146	16.7416	16.9090	17.0764	17.2438	17.4112	17.5787	17.7461	17.9135	18.0809	18.2483
147	16.9717	17.1414	17.3111	17.4809	17.6506	17.8203	17.9900	18.1597	18.3294	18.4992
148	17.2034	17.3754	17.5475	17.7195	17.8915	18.0636	18.2356	18.4076	18.5797	18.7517
149	17.4367	17.6110	17.7854	17.9598	18.1341	18.3085	18.4829	18.6572	18.8316	19.0060

（续）

检尺径/cm	检尺长/m									
	材积/m³									
	10.0	10.1	10.2	10.3	10.4	10.5	10.6	10.7	10.8	10.9
150	17.6715	17.8482	18.0249	18.2016	18.3784	18.5551	18.7318	18.9085	19.0852	19.2619
151	17.9079	18.0870	18.2661	18.4451	18.6242	18.8033	18.9824	19.1615	19.3405	19.5196
152	18.1459	18.3273	18.5088	18.6903	18.8717	19.0532	19.2346	19.4161	19.5976	19.7790
153	18.3854	18.5693	18.7531	18.9370	19.1208	19.3047	19.4886	19.6724	19.8563	20.0401
154	18.6265	18.8128	18.9991	19.1853	19.3716	19.5579	19.7441	19.9304	20.1167	20.3029
155	18.8692	19.0579	19.2466	19.4353	19.6240	19.8127	20.0014	20.1901	20.3788	20.5675
156	19.1135	19.3046	19.4958	19.6869	19.8780	20.0692	20.2603	20.4514	20.6426	20.8337
157	19.3593	19.5529	19.7465	19.9401	20.1337	20.3273	20.5209	20.7145	20.9081	21.1017
158	19.6067	19.8028	19.9989	20.1949	20.3910	20.5871	20.7831	20.9792	21.1753	21.3713
159	19.8557	20.0543	20.2528	20.4514	20.6499	20.8485	21.0470	21.2456	21.4442	21.6427
160	20.1062	20.3073	20.5084	20.7094	20.9105	21.1116	21.3126	21.5137	21.7147	21.9158
161	20.3584	20.5619	20.7655	20.9691	21.1727	21.3763	21.5799	21.7834	21.9870	22.1906
162	20.6120	20.8182	21.0243	21.2304	21.4365	21.6426	21.8488	22.0549	22.2610	22.4671
163	20.8673	21.0760	21.2846	21.4933	21.7020	21.9107	22.1193	22.3280	22.5367	22.7453
164	21.1241	21.3354	21.5466	21.7578	21.9691	22.1803	22.3916	22.6028	22.8140	23.0253
165	21.3825	21.5963	21.8102	22.0240	22.2378	22.4516	22.6655	22.8793	23.0931	23.3069
166	21.6425	21.8589	22.0753	22.2918	22.5082	22.7246	22.9410	23.1575	23.3739	23.5903
167	21.9040	22.1231	22.3421	22.5611	22.7802	22.9992	23.2183	23.4373	23.6563	23.8754
168	22.1671	22.3888	22.6105	22.8321	23.0538	23.2755	23.4972	23.7188	23.9405	24.1622
169	22.4318	22.6561	22.8804	23.1048	23.3291	23.5534	23.7777	24.0020	24.2264	24.4507

（续）

检尺径/cm	检尺长/m									
	10.0	10.1	10.2	10.3	10.4	10.5	10.6	10.7	10.8	10.9
	材积/m³									
170	22.6981	22.9250	23.1520	23.3790	23.6060	23.8330	24.0599	24.2869	24.5139	24.7409
171	22.9659	23.1955	23.4252	23.6549	23.8845	24.1142	24.3438	24.5735	24.8032	25.0328
172	23.2353	23.4676	23.7000	23.9323	24.1647	24.3970	24.6294	24.8617	25.0941	25.3264
173	23.5062	23.7413	23.9764	24.2114	24.4465	24.6815	24.9166	25.1517	25.3867	25.6218
174	23.7788	24.0166	24.2543	24.4921	24.7299	24.9677	25.2055	25.4433	25.6811	25.9189
175	24.0529	24.2934	24.5339	24.7745	25.0150	25.2555	25.4960	25.7366	25.9771	26.2176
176	24.3286	24.5718	24.8151	25.0584	25.3017	25.5450	25.7883	26.0315	26.2748	26.5181
177	24.6058	24.8519	25.0979	25.3440	25.5900	25.8361	26.0821	26.3282	26.5742	26.8203
178	24.8846	25.1335	25.3823	25.6312	25.8800	26.1288	26.3777	26.6265	26.8754	27.1242
179	25.1650	25.4167	25.6683	25.9200	26.1716	26.4233	26.6749	26.9266	27.1782	27.4299
180	25.4470	25.7014	25.9559	26.2104	26.4648	26.7193	26.9738	27.2282	27.4827	27.7372
181	25.7305	25.9878	26.2451	26.5024	26.7597	27.0170	27.2743	27.5316	27.7889	28.0462
182	26.0156	26.2757	26.5359	26.7961	27.0562	27.3164	27.5765	27.8367	28.0968	28.3570
183	26.3023	26.5653	26.8283	27.0913	27.3544	27.6174	27.8804	28.1434	28.4064	28.6695
184	26.5905	26.8564	27.1223	27.3882	27.6541	27.9200	28.1859	28.4518	28.7177	28.9836
185	26.8803	27.1491	27.4179	27.6867	27.9555	28.2243	28.4931	28.7619	29.0307	29.2995
186	27.1717	27.4434	27.7151	27.9868	28.2586	28.5303	28.8020	29.0737	29.3454	29.6172
187	27.4647	27.7393	28.0139	28.2886	28.5632	28.8379	29.1125	29.3872	29.6618	29.9365
188	27.7592	28.0368	28.3144	28.5920	28.8695	29.1471	29.4247	29.7023	29.9799	30.2575
189	28.0553	28.3358	28.6164	28.8969	29.1775	29.4580	29.7386	30.0191	30.2997	30.5802

（续）

检尺径/cm	检尺长/m 材积/m³									
	10.0	10.1	10.2	10.3	10.4	10.5	10.6	10.7	10.8	10.9
190	28.3529	28.6365	28.9200	29.2035	29.4871	29.7706	30.0541	30.3376	30.6212	30.9047
191	28.6522	28.9387	29.2252	29.5117	29.7983	30.0848	30.3713	30.6578	30.9444	31.2309
192	28.9530	29.2425	29.5320	29.8216	30.1111	30.4006	30.6902	30.9797	31.2692	31.5588
193	29.2554	29.5479	29.8405	30.1330	30.4256	30.7181	31.0107	31.3032	31.5958	31.8883
194	29.5593	29.8549	30.1505	30.4461	30.7417	31.0373	31.3329	31.6285	31.9241	32.2197
195	29.8648	30.1635	30.4621	30.7608	31.0594	31.3581	31.6567	31.9554	32.2540	32.5527
196	30.1719	30.4736	30.7754	31.0771	31.3788	31.6805	31.9822	32.2840	32.5857	32.8874
197	30.4806	30.7854	31.0902	31.3950	31.6998	32.0046	32.3094	32.6142	32.9190	33.2238
198	30.7908	31.0987	31.4066	31.7145	32.0225	32.3304	32.6383	32.9462	33.2541	33.5620
199	31.1026	31.4137	31.7247	32.0357	32.3467	32.6578	32.9688	33.2798	33.5908	33.9019

检尺径/cm	检尺长/m 材积/m³									
	11.0	11.1	11.2	11.3	11.4	11.5	11.6	11.7	11.8	11.9
10	0.0864	0.0872	0.0880	0.0888	0.0895	0.0903	0.0911	0.0919	0.0927	0.0935
11	0.1045	0.1055	0.1064	0.1074	0.1083	0.1093	0.1102	0.1112	0.1121	0.1131
12	0.1244	0.1255	0.1267	0.1278	0.1289	0.1301	0.1312	0.1323	0.1335	0.1346
13	0.1460	0.1473	0.1487	0.1500	0.1513	0.1526	0.1540	0.1553	0.1566	0.1580
14	0.1693	0.1709	0.1724	0.1740	0.1755	0.1770	0.1786	0.1801	0.1816	0.1832

（续）

检尺径/cm	检尺长/m									
	11.0	11.1	11.2	11.3	11.4	11.5	11.6	11.7	11.8	11.9
	材积/m³									
15	0.1944	0.1962	0.1979	0.1997	0.2015	0.2032	0.2050	0.2068	0.2085	0.2103
16	0.2212	0.2232	0.2252	0.2272	0.2292	0.2312	0.2332	0.2352	0.2373	0.2393
17	0.2497	0.2519	0.2542	0.2565	0.2588	0.2610	0.2633	0.2656	0.2678	0.2701
18	0.2799	0.2825	0.2850	0.2876	0.2901	0.2926	0.2952	0.2977	0.3003	0.3028
19	0.3119	0.3147	0.3176	0.3204	0.3232	0.3261	0.3289	0.3317	0.3346	0.3374
20	0.3456	0.3487	0.3519	0.3550	0.3581	0.3613	0.3644	0.3676	0.3707	0.3739
21	0.3810	0.3845	0.3879	0.3914	0.3949	0.3983	0.4018	0.4052	0.4087	0.4122
22	0.4181	0.4219	0.4257	0.4296	0.4334	0.4372	0.4410	0.4448	0.4486	0.4524
23	0.4570	0.4612	0.4653	0.4695	0.4736	0.4778	0.4820	0.4861	0.4903	0.4944
24	0.4976	0.5022	0.5067	0.5112	0.5157	0.5202	0.5248	0.5293	0.5338	0.5383
25	0.5400	0.5449	0.5498	0.5547	0.5596	0.5645	0.5694	0.5743	0.5792	0.5841
26	0.5840	0.5893	0.5946	0.6000	0.6053	0.6106	0.6159	0.6212	0.6265	0.6318
27	0.6298	0.6355	0.6413	0.6470	0.6527	0.6584	0.6642	0.6699	0.6756	0.6813
28	0.6773	0.6835	0.6896	0.6958	0.7020	0.7081	0.7143	0.7204	0.7266	0.7327
29	0.7266	0.7332	0.7398	0.7464	0.7530	0.7596	0.7662	0.7728	0.7794	0.7860
30	0.7775	0.7846	0.7917	0.7988	0.8058	0.8129	0.8200	0.8270	0.8341	0.8412
31	0.8302	0.8378	0.8453	0.8529	0.8604	0.8680	0.8755	0.8831	0.8906	0.8982
32	0.8847	0.8927	0.9008	0.9088	0.9168	0.9249	0.9329	0.9410	0.9490	0.9571
33	0.9408	0.9494	0.9579	0.9665	0.9750	0.9836	0.9921	1.0007	1.0093	1.0178
34	0.9987	1.0078	1.0169	1.0260	1.0350	1.0441	1.0532	1.0623	1.0713	1.0804

（续）

检尺 直径 /cm	检尺长/m									
	11.0	11.1	11.2	11.3	11.4	11.5	11.6	11.7	11.8	11.9
	材积/m³									
35	1.0583	1.0679	1.0776	1.0872	1.0968	1.1064	1.1161	1.1257	1.1353	1.1449
36	1.1197	1.1298	1.1400	1.1502	1.1604	1.1706	1.1807	1.1909	1.2011	1.2113
37	1.1827	1.1935	1.2042	1.2150	1.2257	1.2365	1.2472	1.2580	1.2688	1.2795
38	1.2475	1.2589	1.2702	1.2816	1.2929	1.3042	1.3156	1.3269	1.3383	1.3496
39	1.3141	1.3260	1.3379	1.3499	1.3618	1.3738	1.3857	1.3977	1.4096	1.4216
40	1.3823	1.3949	1.4074	1.4200	1.4326	1.4451	1.4577	1.4703	1.4828	1.4954
41	1.4523	1.4655	1.4787	1.4919	1.5051	1.5183	1.5315	1.5447	1.5579	1.5711
42	1.5240	1.5378	1.5517	1.5656	1.5794	1.5933	1.6071	1.6210	1.6348	1.6487
43	1.5974	1.6119	1.6265	1.6410	1.6555	1.6700	1.6846	1.6991	1.7136	1.7281
44	1.6726	1.6878	1.7030	1.7182	1.7334	1.7486	1.7638	1.7790	1.7942	1.8094
45	1.7495	1.7654	1.7813	1.7972	1.8131	1.8290	1.8449	1.8608	1.8767	1.8926
46	1.8281	1.8447	1.8613	1.8780	1.8946	1.9112	1.9278	1.9444	1.9610	1.9777
47	1.9084	1.9258	1.9431	1.9605	1.9778	1.9952	2.0125	2.0299	2.0472	2.0646
48	1.9905	2.0086	2.0267	2.0448	2.0629	2.0810	2.0991	2.1172	2.1353	2.1534
49	2.0743	2.0932	2.1120	2.1309	2.1497	2.1686	2.1875	2.2063	2.2252	2.2440
50	2.1599	2.1795	2.1991	2.2188	2.2384	2.2580	2.2777	2.2973	2.3169	2.3366
51	2.2471	2.2675	2.2880	2.3084	2.3288	2.3492	2.3697	2.3901	2.4105	2.4310
52	2.3361	2.3573	2.3786	2.3998	2.4210	2.4423	2.4635	2.4848	2.5060	2.5272
53	2.4268	2.4489	2.4709	2.4930	2.5151	2.5371	2.5592	2.5812	2.6033	2.6254
54	2.5192	2.5422	2.5651	2.5880	2.6109	2.6338	2.6567	2.6796	2.7025	2.7254

（续）

检尺径/cm	检尺长/m									
	11.0	11.1	11.2	11.3	11.4	11.5	11.6	11.7	11.8	11.9
	材积/m³									
55	2.6134	2.6372	2.6609	2.6847	2.7085	2.7322	2.7560	2.7797	2.8035	2.8272
56	2.7093	2.7339	2.7586	2.7832	2.8078	2.8325	2.8571	2.8817	2.9064	2.9310
57	2.8069	2.8325	2.8580	2.8835	2.9090	2.9345	2.9600	2.9856	3.0111	3.0366
58	2.9063	2.9327	2.9591	2.9856	3.0120	3.0384	3.0648	3.0912	3.1177	3.1441
59	3.0074	3.0347	3.0621	3.0894	3.1167	3.1441	3.1714	3.1988	3.2261	3.2534
60	3.1102	3.1385	3.1667	3.1950	3.2233	3.2516	3.2798	3.3081	3.3364	3.3647
61	3.2147	3.2439	3.2732	3.3024	3.3316	3.3608	3.3901	3.4193	3.4485	3.4777
62	3.3210	3.3512	3.3814	3.4116	3.4417	3.4719	3.5021	3.5323	3.5625	3.5927
63	3.4290	3.4602	3.4913	3.5225	3.5537	3.5848	3.6160	3.6472	3.6784	3.7095
64	3.5387	3.5709	3.6030	3.6352	3.6674	3.6995	3.7317	3.7639	3.7961	3.8282
65	3.6501	3.6833	3.7165	3.7497	3.7829	3.8161	3.8492	3.8824	3.9156	3.9488
66	3.7633	3.7975	3.8317	3.8660	3.9002	3.9344	3.9686	4.0028	4.0370	4.0712
67	3.8782	3.9135	3.9487	3.9840	4.0193	4.0545	4.0898	4.1250	4.1603	4.1955
68	3.9949	4.0312	4.0675	4.1038	4.1401	4.1764	4.2128	4.2491	4.2854	4.3217
69	4.1132	4.1506	4.1880	4.2254	4.2628	4.3002	4.3376	4.3750	4.4124	4.4498
70	4.2333	4.2718	4.3103	4.3488	4.3872	4.4257	4.4642	4.5027	4.5412	4.5797
71	4.3551	4.3947	4.4343	4.4739	4.5135	4.5531	4.5927	4.6323	4.6719	4.7114
72	4.4787	4.5194	4.5601	4.6008	4.6415	4.6822	4.7230	4.7637	4.8044	4.8451
73	4.6039	4.6458	4.6876	4.7295	4.7714	4.8132	4.8551	4.8969	4.9388	4.9806
74	4.7309	4.7739	4.8170	4.8600	4.9030	4.9460	4.9890	5.0320	5.0750	5.1180

（续）

检尺径/cm	检尺长/m									
	材积/m³									
	11.0	11.1	11.2	11.3	11.4	11.5	11.6	11.7	11.8	11.9
75	4.8597	4.9038	4.9480	4.9922	5.0364	5.0806	5.1247	5.6689	5.2131	5.2573
76	4.9901	5.0355	5.0808	5.1262	5.1716	5.2169	5.2623	5.3077	5.3530	5.3984
77	5.1223	5.1689	5.2154	5.2620	5.3086	5.3551	5.4017	5.4483	5.4948	5.5414
78	5.2562	5.3040	5.3518	5.3996	5.4473	5.4951	5.5429	5.5907	5.6385	5.6863
79	5.3918	5.4409	5.4899	5.5389	5.5879	5.6369	5.6860	5.7350	5.7840	5.8330
80	5.5292	5.5795	5.6297	5.6800	5.7303	5.7805	5.8308	5.8811	5.9313	5.9816
81	5.6683	5.7198	5.7714	5.8229	5.8744	5.9260	5.9775	6.0290	6.0806	6.1321
82	5.8091	5.8619	5.9148	5.9676	6.0204	6.0732	6.1260	6.1788	6.2316	6.2844
83	5.9517	6.0058	6.0599	6.1140	6.1681	6.2222	6.2763	6.3304	6.3845	6.4386
84	6.0960	6.1514	6.2068	6.2622	6.3176	6.3730	6.4285	6.4839	6.5393	6.5947
85	6.2420	6.2987	6.3555	6.4122	6.4689	6.5257	6.5824	6.6392	6.6959	6.7527
86	6.3897	6.4478	6.5059	6.5640	6.6221	6.6801	6.7382	6.7963	6.8544	6.9125
87	6.5392	6.5986	6.6581	6.7175	6.7769	6.8364	6.8958	6.9553	7.0147	7.0742
88	6.6904	6.7512	6.8120	6.8728	6.9336	6.9945	7.0553	7.1161	7.1769	7.2377
89	6.8433	6.9055	6.9677	7.0299	7.0921	7.1543	7.2165	7.2787	7.3410	7.4032
90	6.9979	7.0615	7.1251	7.1888	7.2524	7.3160	7.3796	7.4432	7.5069	7.5705
91	7.1543	7.2193	7.2844	7.3494	7.4144	7.4795	7.5445	7.6096	7.6746	7.7396
92	7.3124	7.3789	7.4453	7.5118	7.5783	7.6448	7.7112	7.7777	7.8442	7.9107
93	7.4722	7.5401	7.6081	7.6760	7.7439	7.8119	7.8798	7.9477	8.0157	8.0836
94	7.6338	7.7032	7.7726	7.8420	7.9114	7.9808	8.0502	8.1196	8.1890	8.2584

（续）

检尺径/cm	检尺长/m									
	11.0	11.1	11.2	11.3	11.4	11.5	11.6	11.7	11.8	11.9
	材积/m³									
95	7.7971	7.8679	7.9388	8.0097	8.0806	8.1515	8.2224	8.2932	8.3641	8.4350
96	7.9621	8.0345	8.1068	8.1792	8.2516	8.3240	8.3964	8.4687	8.5411	8.6135
97	8.1288	8.2027	8.2766	8.3505	8.4244	8.4983	8.5722	8.6461	8.7200	8.7939
98	8.2973	8.3727	8.4481	8.5236	8.5990	8.6744	8.7499	8.8253	8.9007	8.9761
99	8.4675	8.5445	8.6214	8.6984	8.7754	8.8524	8.9293	9.0063	9.0833	9.1603
100	8.6394	8.7179	8.7965	8.8750	8.9536	9.0321	9.1106	9.1892	9.2677	9.3463
101	8.8131	8.8932	8.9733	9.0534	9.1335	9.2136	9.2938	9.3739	9.4540	9.5341
102	8.9884	9.0701	9.1519	9.2336	9.3153	9.3970	9.4787	9.5604	9.6421	9.7238
103	9.1655	9.2489	9.3322	9.4155	9.4988	9.5822	9.6655	9.7488	9.8321	9.9154
104	9.3444	9.4293	9.5143	9.5992	9.6842	9.7691	9.8541	9.9390	10.0240	10.1089
105	9.5249	9.6115	9.6981	9.7847	9.8713	9.9579	10.0445	10.1311	10.2177	10.3043
106	9.7072	9.7955	9.8837	9.9720	10.0602	10.1485	10.2367	10.3250	10.4132	10.5015
107	9.8912	9.9812	10.0711	10.1610	10.2509	10.3409	10.4308	10.5207	10.6106	10.7005
108	10.0770	10.1686	10.2602	10.3518	10.4434	10.5350	10.6267	10.7183	10.8099	10.9015
109	10.2645	10.3578	10.4511	10.5444	10.6377	10.7310	10.8244	10.9177	11.0110	11.1043
110	10.4537	10.5487	10.6437	10.7388	10.8338	10.9288	11.0239	11.1189	11.2139	11.3090
111	10.6446	10.7414	10.8381	10.9349	11.0317	11.1285	11.2252	11.3220	11.4188	11.5155
112	10.8373	10.9358	11.0343	11.1328	11.2313	11.3299	11.4284	11.5269	11.6254	11.7239
113	11.0316	11.1319	11.2322	11.3325	11.4328	11.5331	11.6334	11.7337	11.8340	11.9342
114	11.2278	11.3298	11.4319	11.5340	11.6360	11.7381	11.8402	11.9423	12.0443	12.1464

（续）

检尺径/cm	检尺长/m									
	11.0	11.1	11.2	11.3	11.4	11.5	11.6	11.7	11.8	11.9
	材积/m³									
115	11.4256	11.5295	11.6333	11.7372	11.8411	11.9450	12.0488	12.1527	12.2566	12.3604
116	11.6252	11.7309	11.8365	11.9422	12.0479	12.1536	12.2593	12.3650	12.4706	12.5763
117	11.8265	11.9340	12.0415	12.1490	12.2565	12.3640	12.4716	12.5791	12.6866	12.7941
118	12.0295	12.1389	12.2482	12.3576	12.4669	12.5763	12.6857	12.7950	12.9044	13.0137
119	12.2343	12.3455	12.4567	12.5679	12.6791	12.7904	12.9016	13.0128	13.1240	13.2352
120	12.4407	12.5538	12.6669	12.7800	12.8931	13.0062	13.1193	13.2324	13.3455	13.4586
121	12.6489	12.7639	12.8789	12.9939	13.1089	13.2239	13.3389	13.4539	13.5689	13.6839
122	12.8589	12.9758	13.0927	13.2096	13.3265	13.4434	13.5603	13.6772	13.7941	13.9110
123	13.0705	13.1894	13.3082	13.4270	13.5458	13.6647	13.7835	13.9023	14.0211	14.1400
124	13.2839	13.4047	13.5255	13.6462	13.7670	13.8878	14.0085	14.1293	14.2500	14.3708
125	13.4991	13.6218	13.7445	13.8672	13.9899	14.1127	14.2354	14.3581	14.4808	14.6035
126	13.7159	13.8406	13.9653	14.0900	14.2147	14.3394	14.4641	14.5887	14.7134	14.8381
127	13.9345	14.0612	14.1878	14.3145	14.4412	14.5679	14.6946	14.8212	14.9479	15.0746
128	14.1548	14.2835	14.4122	14.5408	14.6695	14.7982	14.9269	15.0556	15.1842	15.3129
129	14.3768	14.5075	14.6382	14.7689	14.8996	15.0303	15.1610	15.2917	15.4224	15.5531
130	14.6006	14.7333	14.8661	14.9988	15.1315	15.2642	15.3970	15.5297	15.6624	15.7952
131	14.8261	14.9609	15.0956	15.2304	15.3652	15.5000	15.6348	15.7696	15.9043	16.0391
132	15.0533	15.1901	15.3270	15.4638	15.6007	15.7375	15.8744	16.0112	16.1481	16.2849
133	15.2822	15.4211	15.5601	15.6990	15.8380	15.9769	16.1158	16.2547	16.3937	16.5326
134	15.5129	15.6539	15.7950	15.9360	16.0770	16.2180	16.3591	16.5001	16.6411	16.7821

（续）

检尺径 /cm	11.0	11.1	11.2	11.3	11.4	11.5	11.6	11.7	11.8	11.9
					检尺长 /m					
					材积 /m³					
135	15.7453	15.8884	16.0316	16.1747	16.3179	16.4610	16.6041	16.7473	16.8904	17.0336
136	15.9794	16.1247	16.2700	16.4152	16.5605	16.7058	16.8510	16.9963	17.1416	17.2868
137	16.2153	16.3627	16.5101	16.6575	16.8049	16.9523	17.0998	17.2472	17.3946	17.5420
138	16.4529	16.6024	16.7520	16.9016	17.0512	17.2007	17.3503	17.4999	17.6494	17.7990
139	16.6922	16.8439	16.9957	17.1474	17.2992	17.4509	17.6027	17.7544	17.9062	18.0579
140	16.9332	17.0872	17.2411	17.3950	17.5490	17.7029	17.8569	18.0108	18.1647	18.3187
141	17.1760	17.3321	17.4883	17.6444	17.8006	17.9567	18.1129	18.2690	18.4252	18.5813
142	17.4205	17.5789	17.7372	17.8956	18.0540	18.2123	18.3707	18.5291	18.6874	18.8458
143	17.6667	17.8273	17.9879	18.1485	18.3091	18.4697	18.6303	18.7910	18.9516	19.1122
144	17.9147	18.0775	18.2404	18.4032	18.5661	18.7290	18.8918	19.0547	19.2175	19.3804
145	18.1643	18.3295	18.4946	18.6597	18.8249	18.9900	19.1551	19.3203	19.4854	19.6505
146	18.4157	18.5832	18.7506	18.9180	19.0854	19.2528	19.4202	19.5877	19.7551	19.9225
147	18.6689	18.8386	19.0083	19.1780	19.3477	19.5175	19.6872	19.8569	20.0266	20.1963
148	18.9237	19.0958	19.2678	19.4398	19.6119	19.7839	19.9559	20.1280	20.3000	20.4720
149	19.1803	19.3547	19.5291	19.7034	19.8778	20.0522	20.2265	20.4009	20.5753	20.7496
150	19.4387	19.6154	19.7921	19.9688	20.1455	20.3222	20.4989	20.6757	20.8524	21.0291
151	19.6987	19.8778	20.0569	20.2359	20.4150	20.5941	20.7732	20.9522	21.1313	21.3104
152	19.9605	20.1419	20.3234	20.5048	20.6863	20.8678	21.0492	21.2307	21.4121	21.5936
153	20.2240	20.4078	20.5917	20.7755	20.9594	21.1432	21.3271	21.5110	21.6948	21.8787
154	20.4892	20.6755	20.8617	21.0480	21.2343	21.4205	21.6068	21.7931	21.9793	22.1656

（续）

检尺径/cm	检尺长/m									
	11.0	11.1	11.2	11.3	11.4	11.5	11.6	11.7	11.8	11.9
	材积/m³									
155	20.7562	20.9449	21.1335	21.3222	21.5109	21.6996	21.8883	22.0770	22.2657	22.4544
156	21.0248	21.2160	21.4071	21.5982	21.7894	21.9805	22.1717	22.3628	22.5539	22.7451
157	21.2953	21.4889	21.6824	21.8760	22.0696	22.2632	22.4568	22.6504	22.8440	23.0376
158	21.5674	21.7635	21.9595	22.1556	22.3517	22.5477	22.7438	22.9399	23.1359	23.3320
159	21.8413	22.0398	22.2384	22.4369	22.6355	22.8341	23.0326	23.2312	23.4297	23.6283
160	22.1169	22.3179	22.5190	22.7201	22.9211	23.1222	23.3232	23.5243	23.7254	23.9264
161	22.3942	22.5978	22.8014	23.0049	23.2085	23.4121	23.6157	23.8193	24.0229	24.2264
162	22.6732	22.8794	23.0855	23.2916	23.4977	23.7038	23.9100	24.1161	24.3222	24.5283
163	22.9540	23.1627	23.3714	23.5800	23.7887	23.9974	24.2061	24.4147	24.6234	24.8321
164	23.2365	23.4478	23.6590	23.8703	24.0815	24.2927	24.5040	24.7152	24.9265	25.1377
165	23.5208	23.7346	23.9484	24.1622	24.3761	24.5899	24.8037	25.0175	25.2314	25.4452
166	23.8067	24.0232	24.2396	24.4560	24.6724	24.8889	25.1053	25.3217	25.5381	25.7546
167	24.0944	24.3135	24.5325	24.7515	24.9706	25.1896	25.4087	25.6277	25.8467	26.0658
168	24.3838	24.6055	24.8272	25.0489	25.2705	25.4922	25.7139	25.9355	26.1572	26.3789
169	24.6750	24.8993	25.1236	25.3479	25.5723	25.7966	26.0209	26.2452	26.4695	26.6939
170	24.9679	25.1948	25.4218	25.6488	25.8758	26.1028	26.3297	26.5567	26.7837	27.0107
171	25.2625	25.4921	25.7217	25.9514	26.1811	26.4108	26.6404	26.8701	27.0997	27.3294
172	25.5588	25.7912	26.0235	26.2559	26.4882	26.7206	26.9529	27.1853	27.4176	27.6500
173	25.8569	26.0919	26.3270	26.5620	26.7971	27.0322	27.2672	27.5023	27.7374	27.9724
174	26.1566	26.3944	26.6322	26.8700	27.1078	27.3456	27.5834	27.8212	28.0589	28.2967

（续）

检尺径/cm	检尺长/m									
	材积/m³									
	11.0	11.1	11.2	11.3	11.4	11.5	11.6	11.7	11.8	11.9
175	26.4582	26.6987	26.9392	27.1797	27.4203	27.6608	27.9013	28.1419	28.3824	28.6229
176	26.7614	27.0047	27.2480	27.4913	27.7345	27.9778	28.2211	28.4644	28.7077	28.9510
177	27.0664	27.3124	27.5585	27.8046	28.0506	28.2967	28.5427	28.7888	29.0348	29.2809
178	27.3731	27.6219	27.8708	28.1196	28.3685	28.6173	28.8662	29.1150	29.3638	29.6127
179	27.6815	27.9332	28.1848	28.4365	28.6881	28.9398	29.1914	29.4431	29.6947	29.9464
180	27.9917	28.2461	28.5006	28.7551	29.0095	29.2640	29.5185	29.7729	30.0274	30.2819
181	28.3035	28.5608	28.8181	29.0755	29.3328	29.5901	29.8474	30.1047	30.3620	30.6193
182	28.6171	28.8773	29.1375	29.3976	29.6578	29.9179	30.1781	30.4382	30.6984	30.9586
183	28.9325	29.1955	29.4585	29.7216	29.9846	30.2476	30.5106	30.7736	31.0367	31.2997
184	29.2496	29.5155	29.7814	30.0473	30.3132	30.5791	30.8450	31.1109	31.3768	31.6427
185	29.5683	29.8371	30.1060	30.3748	30.6436	30.9124	31.1812	31.4500	31.7188	31.9876
186	29.8889	30.1606	30.4323	30.7040	30.9757	31.2475	31.5192	31.7909	32.0626	32.3343
187	30.2111	30.4858	30.7604	31.0351	31.3097	31.5844	31.8590	32.1336	32.4083	32.6829
188	30.5351	30.8127	31.0903	31.3679	31.6455	31.9231	32.2006	32.4782	32.7558	33.0334
189	30.8608	31.1414	31.4219	31.7025	31.9830	32.2636	32.5441	32.8247	33.1052	33.3858
190	31.1882	31.4718	31.7553	32.0388	32.3224	32.6059	32.8894	33.1729	33.4565	33.7400
191	31.5174	31.8039	32.0904	32.3770	32.6635	32.9500	33.2365	33.5230	33.8096	34.0961
192	31.8483	32.1378	32.4273	32.7169	33.0064	33.2959	33.5855	33.8750	34.1645	34.4541
193	32.1809	32.4735	32.7660	33.0586	33.3511	33.6437	33.9362	34.2288	34.5213	34.8139
194	32.5152	32.8108	33.1064	33.4020	33.6976	33.9932	34.2888	34.5844	34.8800	35.1756

（续）

检尺径/cm	检尺长/m 材积/m³									
	11.0	11.1	11.2	11.3	11.4	11.5	11.6	11.7	11.8	11.9
195	32.8513	33.1500	33.4486	33.7473	34.0459	34.3446	34.6432	34.9419	35.2405	35.5392
196	33.1891	33.4908	33.7926	34.0943	34.3960	34.6977	34.9994	35.3012	35.6029	35.9046
197	33.5286	33.8335	34.1383	34.4431	34.7479	35.0527	35.3575	35.6623	35.9671	36.2719
198	33.8699	34.1778	34.4857	34.7936	35.1015	35.4094	35.7174	36.0253	36.3332	36.6411
199	34.2129	34.5239	34.8349	35.1460	35.4570	35.7680	36.0790	36.3901	36.7011	37.0121

检尺径/cm	检尺长/m 材积/m³									
	12.0	12.1	12.2	12.3	12.4	12.5	12.6	12.7	12.8	12.9
10	0.0942	0.0950	0.0958	0.0966	0.0974	0.0982	0.0990	0.0997	0.1005	0.1013
11	0.1140	0.1150	0.1159	0.1169	0.1178	0.1188	0.1197	0.1207	0.1216	0.1226
12	0.1357	0.1368	0.1380	0.1391	0.1402	0.1414	0.1425	0.1436	0.1448	0.1459
13	0.1593	0.1606	0.1619	0.1633	0.1646	0.1659	0.1672	0.1686	0.1699	0.1712
14	0.1847	0.1863	0.1878	0.1893	0.1909	0.1924	0.1940	0.1955	0.1970	0.1986
15	0.2121	0.2138	0.2156	0.2174	0.2191	0.2209	0.2227	0.2244	0.2262	0.2280
16	0.2413	0.2433	0.2453	0.2473	0.2493	0.2513	0.2533	0.2553	0.2574	0.2594
17	0.2724	0.2746	0.2769	0.2792	0.2815	0.2837	0.2860	0.2883	0.2905	0.2928
18	0.3054	0.3079	0.3105	0.3130	0.3155	0.3181	0.3206	0.3232	0.3257	0.3283
19	0.3402	0.3431	0.3459	0.3487	0.3516	0.3544	0.3572	0.3601	0.3629	0.3658

（续）

检尺径/cm	检尺长/m 材积/m³									
	12.0	12.1	12.2	12.3	12.4	12.5	12.6	12.7	12.8	12.9
20	0.3770	0.3801	0.3833	0.3864	0.3896	0.3927	0.3958	0.3990	0.4021	0.4053
21	0.4156	0.4191	0.4226	0.4260	0.4295	0.4330	0.4364	0.4399	0.4433	0.4468
22	0.4562	0.4600	0.4638	0.4676	0.4714	0.4752	0.4790	0.4828	0.4866	0.4904
23	0.4986	0.5027	0.5069	0.5110	0.5152	0.5193	0.5235	0.5277	0.5318	0.5360
24	0.5429	0.5474	0.5519	0.5564	0.5610	0.5655	0.5700	0.5745	0.5791	0.5836
25	0.5891	0.5940	0.5989	0.6038	0.6087	0.6136	0.6185	0.6234	0.6283	0.6332
26	0.6371	0.6424	0.6477	0.6530	0.6584	0.6637	0.6690	0.6743	0.6796	0.6849
27	0.6871	0.6928	0.6985	0.7042	0.7100	0.7157	0.7214	0.7271	0.7329	0.7386
28	0.7389	0.7451	0.7512	0.7574	0.7635	0.7697	0.7758	0.7820	0.7882	0.7943
29	0.7926	0.7992	0.8058	0.8124	0.8190	0.8257	0.8323	0.8389	0.8455	0.8521
30	0.8482	0.8553	0.8624	0.8694	0.8765	0.8836	0.8906	0.8977	0.9048	0.9118
31	0.9057	0.9133	0.9208	0.9284	0.9359	0.9435	0.9510	0.9586	0.9661	0.9737
32	0.9651	0.9731	0.9812	0.9892	0.9973	1.0053	1.0134	1.0214	1.0294	1.0375
33	1.0264	1.0349	1.0435	1.0520	1.0606	1.0691	1.0777	1.0862	1.0948	1.1033
34	1.0895	1.0986	1.1077	1.1167	1.1258	1.1349	1.1440	1.1531	1.1621	1.1712
35	1.1545	1.1642	1.1738	1.1834	1.1930	1.2026	1.2123	1.2219	1.2315	1.2411
36	1.2215	1.2316	1.2418	1.2520	1.2622	1.2723	1.2825	1.2927	1.3029	1.3131
37	1.2903	1.3010	1.3118	1.3225	1.3333	1.3440	1.3548	1.3655	1.3763	1.3870
38	1.3609	1.3723	1.3836	1.3950	1.4063	1.4176	1.4290	1.4403	1.4517	1.4630
39	1.4335	1.4455	1.4574	1.4693	1.4813	1.4932	1.5052	1.5171	1.5291	1.5410

（续）

检尺径/cm	检尺长/m									
	12.0	12.1	12.2	12.3	12.4	12.5	12.6	12.7	12.8	12.9
	材积/m³									
40	1.5080	1.5205	1.5331	1.5457	1.5582	1.5708	1.5834	1.5959	1.6085	1.6211
41	1.5843	1.5975	1.6107	1.6239	1.6371	1.6503	1.6635	1.6767	1.6899	1.7031
42	1.6625	1.6764	1.6902	1.7041	1.7180	1.7318	1.7457	1.7595	1.7734	1.7872
43	1.7426	1.7572	1.7717	1.7862	1.8007	1.8153	1.8298	1.8443	1.8588	1.8733
44	1.8246	1.8398	1.8551	1.8703	1.8855	1.9007	1.9159	1.9311	1.9463	1.9615
45	1.9085	1.9244	1.9403	1.9562	1.9721	1.9880	2.0039	2.0199	2.0358	2.0517
46	1.9943	2.0109	2.0275	2.0441	2.0608	2.0774	2.0940	2.1106	2.1272	2.1439
47	2.0819	2.0993	2.1166	2.1340	2.1513	2.1687	2.1860	2.2034	2.2207	2.2381
48	2.1715	2.1896	2.2077	2.2258	2.2439	2.2620	2.2800	2.2981	2.3162	2.3343
49	2.2629	2.2818	2.3006	2.3195	2.3383	2.3572	2.3760	2.3949	2.4138	2.4326
50	2.3562	2.3758	2.3955	2.4151	2.4347	2.4544	2.4740	2.4936	2.5133	2.5329
51	2.4514	2.4718	2.4922	2.5127	2.5331	2.5535	2.5740	2.5944	2.6148	2.6352
52	2.5485	2.5697	2.5909	2.6122	2.6334	2.6547	2.6759	2.6971	2.7184	2.7396
53	2.6474	2.6695	2.6916	2.7136	2.7357	2.7577	2.7798	2.8019	2.8239	2.8460
54	2.7483	2.7712	2.7941	2.8170	2.8399	2.8628	2.8857	2.9086	2.9315	2.9544
55	2.8510	2.8748	2.8985	2.9223	2.9460	2.9698	2.9936	3.0173	3.0411	3.0648
56	2.9556	2.9802	3.0049	3.0295	3.0541	3.0788	3.1034	3.1280	3.1527	3.1773
57	3.0621	3.0876	3.1132	3.1387	3.1642	3.1897	3.2152	3.2407	3.2663	3.2918
58	3.1705	3.1969	3.2233	3.2498	3.2762	3.3026	3.3290	3.3554	3.3819	3.4083
59	3.2808	3.3081	3.3355	3.3628	3.3901	3.4175	3.4448	3.4722	3.4995	3.5268

（续）

检尺径/cm	检尺长/m 材积/m³									
	12.0	12.1	12.2	12.3	12.4	12.5	12.6	12.7	12.8	12.9
60	3.3929	3.4212	3.4495	3.4778	3.5060	3.5343	3.5626	3.5908	3.6191	3.6474
61	3.5070	3.5362	3.5654	3.5946	3.6239	3.6531	3.6823	3.7115	3.7408	3.7700
62	3.6229	3.6531	3.6833	3.7135	3.7437	3.7738	3.8040	3.8342	3.8644	3.8946
63	3.7407	3.7719	3.8030	3.8342	3.8654	3.8966	3.9277	3.9589	3.9901	4.0213
64	3.8604	3.8926	3.9247	3.9569	3.9891	4.0212	4.0534	4.0856	4.1178	4.1499
65	3.9820	4.0152	4.0483	4.0815	4.1147	4.1479	4.1811	4.2143	4.2474	4.2806
66	4.1054	4.1397	4.1739	4.2081	4.2423	4.2765	4.3107	4.3449	4.3791	4.4134
67	4.2308	4.2660	4.3013	4.3366	4.3718	4.4071	4.4423	4.4776	4.5128	4.5481
68	4.3580	4.3943	4.4307	4.4670	4.5033	4.5396	4.5759	4.6122	4.6486	4.6849
69	4.4871	4.5245	4.5619	4.5993	4.6367	4.6741	4.7115	4.7489	4.7863	4.8237
70	4.6182	4.6566	4.6951	4.7336	4.7721	4.8106	4.8491	4.8875	4.9260	4.9645
71	4.7510	4.7906	4.8302	4.8698	4.9094	4.9490	4.9886	5.0282	5.0678	5.1074
72	4.8858	4.9265	4.9672	5.0080	5.0487	5.0894	5.1301	5.1708	5.2115	5.2523
73	5.0225	5.0643	5.1062	5.1480	5.1899	5.2317	5.2736	5.3155	5.3573	5.3992
74	5.1610	5.2040	5.2470	5.2900	5.3331	5.3761	5.4191	5.4621	5.5051	5.5481
75	5.3015	5.3456	5.3898	5.4340	5.4782	5.5223	5.5665	5.6107	5.6549	5.6991
76	5.4438	5.4891	5.5345	5.5799	5.6252	5.6706	5.7160	5.7613	5.8067	5.8520
77	5.5880	5.6345	5.6811	5.7277	5.7742	5.8208	5.8674	5.9139	5.9605	6.0071
78	5.7340	5.7818	5.8296	5.8774	5.9252	5.9730	6.0208	6.0685	6.1163	6.1641
79	5.8820	5.9310	5.9801	6.0291	6.0781	6.1271	6.1761	6.2251	6.2742	6.3232

（续）

检尺径/cm	检尺长/m									
	12.9	12.8	12.7	12.6	12.5	12.4	12.3	12.2	12.1	12.0
	材积/m³									
80	6.4843	6.4340	6.3837	6.3335	6.2832	6.2329	6.1827	6.1324	6.0821	6.0319
81	6.6474	6.5959	6.5443	6.4928	6.4413	6.3897	6.3382	6.2867	6.2351	6.1836
82	6.8125	6.7597	6.7069	6.6541	6.6013	6.5485	6.4957	6.4429	6.3900	6.3372
83	6.9797	6.9256	6.8715	6.8174	6.7633	6.7092	6.6551	6.6010	6.5469	6.4927
84	7.1489	7.0935	7.0381	6.9826	6.9272	6.8718	6.8164	6.7610	6.7056	6.6501
85	7.3201	7.2634	7.2066	7.1499	7.0931	7.0364	6.9797	6.9229	6.8662	6.8094
86	7.4934	7.4353	7.3772	7.3191	7.2610	7.2029	7.1448	7.0868	7.0287	6.9706
87	7.6687	7.6092	7.5498	7.4903	7.4309	7.3714	7.3120	7.2525	7.1931	7.1336
88	7.8460	7.7851	7.7243	7.6635	7.6027	7.5419	7.4810	7.4202	7.3594	7.2986
89	8.0253	7.9631	7.9009	7.8387	7.7764	7.7142	7.6520	7.5898	7.5276	7.4654
90	8.2066	8.1430	8.0794	8.0158	7.9522	7.8886	7.8249	7.7613	7.6977	7.6341
91	8.3900	8.3250	8.2599	8.1949	8.1299	8.0648	7.9998	7.9348	7.8697	7.8047
92	8.5754	8.5090	8.4425	8.3760	8.3095	8.2431	8.1766	8.1101	8.0436	7.9772
93	8.7629	8.6949	8.6270	8.5591	8.4912	8.4232	8.3553	8.2874	8.2194	8.1515
94	8.9523	8.8829	8.8135	8.7441	8.6747	8.6053	8.5359	8.4665	8.3972	8.3278
95	9.1438	9.0729	9.0021	8.9312	8.8603	8.7894	8.7185	8.6476	8.5768	8.5059
96	9.3373	9.2650	9.1926	9.1202	9.0478	8.9754	8.9030	8.8307	8.7583	8.6859
97	9.5329	9.4590	9.3851	9.3112	9.2373	9.1634	9.0895	9.0156	8.9417	8.8678
98	9.7304	9.6550	9.5796	9.5042	9.4287	9.3533	9.2779	9.2024	9.1270	9.0516
99	9.9300	9.8531	9.7761	9.6991	9.6221	9.5452	9.4682	9.3912	9.3142	9.2372

（续）

检尺径/cm	检尺长/m									
	12.0	12.1	12.2	12.3	12.4	12.5	12.6	12.7	12.8	12.9
	材积/m³									
100	9.4248	9.5033	9.5819	9.6604	9.7390	9.8175	9.8960	9.9746	10.0531	10.1317
101	9.6142	9.6944	9.7745	9.8546	9.9347	10.0148	10.0950	10.1751	10.2552	10.3353
102	9.8056	9.8873	9.9690	10.0507	10.1324	10.2141	10.2958	10.3776	10.4593	10.5410
103	9.9988	10.0821	10.1654	10.2487	10.3321	10.4154	10.4987	10.5820	10.6654	10.7487
104	10.1939	10.2788	10.3638	10.4487	10.5337	10.6186	10.7036	10.7885	10.8735	10.9584
105	10.3908	10.4774	10.5640	10.6506	10.7372	10.8238	10.9104	10.9970	11.0836	11.1702
106	10.5897	10.6780	10.7662	10.8544	10.9427	11.0309	11.1192	11.2074	11.2957	11.3839
107	10.7905	10.8804	10.9703	11.0602	11.1501	11.2401	11.3300	11.4199	11.5098	11.5997
108	10.9931	11.0847	11.1763	11.2679	11.3595	11.4511	11.5427	11.6344	11.7260	11.8176
109	11.1976	11.2909	11.3842	11.4775	11.5709	11.6642	11.7575	11.8508	11.9441	12.0374
110	11.4040	11.4990	11.5941	11.6891	11.7841	11.8792	11.9742	12.0692	12.1643	12.2593
111	11.6123	11.7091	11.8058	11.9026	11.9994	12.0961	12.1929	12.2897	12.3864	12.4832
112	11.8225	11.9210	12.0195	12.1180	12.2166	12.3151	12.4136	12.5121	12.6106	12.7092
113	12.0345	12.1348	12.2351	12.3354	12.4357	12.5360	12.6363	12.7365	12.8368	12.9371
114	12.2485	12.3505	12.4526	12.5547	12.6568	12.7588	12.8609	12.9630	13.0650	13.1671
115	12.4643	12.5682	12.6720	12.7759	12.8798	12.9836	13.0875	13.1914	13.2953	13.3991
116	12.6820	12.7877	12.8934	12.9991	13.1047	13.2104	13.3161	13.4218	13.5275	13.6332
117	12.9016	13.0091	13.1166	13.2241	13.3317	13.4392	13.5467	13.6542	13.7617	13.8692
118	13.1231	13.2325	13.3418	13.4512	13.5605	13.6699	13.7792	13.8886	13.9980	14.1073
119	13.3465	13.4577	13.5689	13.6801	13.7913	13.9026	14.0138	14.1250	14.2362	14.3474

（续）

检尺径 /cm	检尺长/m 材积/m³									
	12.0	12.1	12.2	12.3	12.4	12.5	12.6	12.7	12.8	12.9
120	13.5717	13.6848	13.7979	13.9110	14.0241	14.1372	14.2503	14.3634	14.4765	14.5896
121	13.7988	13.9138	14.0288	14.1438	14.2588	14.3738	14.4888	14.6038	14.7188	14.8338
122	14.0279	14.1448	14.2617	14.3786	14.4955	14.6124	14.7293	14.8462	14.9631	15.0800
123	14.2588	14.3776	14.4964	14.6152	14.7341	14.8529	14.9717	15.0905	15.2094	15.3282
124	14.4916	14.6123	14.7331	14.8539	14.9746	15.0954	15.2162	15.3369	15.4577	15.5784
125	14.7263	14.8490	14.9717	15.0944	15.2171	15.3398	15.4626	15.5853	15.7080	15.8307
126	14.9628	15.0875	15.2122	15.3369	15.4616	15.5863	15.7110	15.8356	15.9603	16.0850
127	15.2013	15.3279	15.4546	15.5813	15.7080	15.8346	15.9613	16.0880	16.2147	16.3414
128	15.4416	15.5703	15.6990	15.8276	15.9563	16.0850	16.2137	16.3424	16.4710	16.5997
129	15.6838	15.8145	15.9452	16.0759	16.2066	16.3373	16.4680	16.5987	16.7294	16.8601
130	15.9279	16.0606	16.1934	16.3261	16.4588	16.5916	16.7243	16.8570	16.9898	17.1225
131	16.1739	16.3087	16.4435	16.5782	16.7130	16.8478	16.9826	17.1174	17.2522	17.3869
132	16.4218	16.5586	16.6955	16.8323	16.9692	17.1060	17.2429	17.3797	17.5166	17.6534
133	16.6715	16.8105	16.9494	17.0883	17.2272	17.3662	17.5051	17.6440	17.7830	17.9219
134	16.9232	17.0642	17.2052	17.3463	17.4873	17.6283	17.7693	17.9104	18.0514	18.1924
135	17.1767	17.3198	17.4630	17.6061	17.7493	17.8924	18.0355	18.1787	18.3218	18.4650
136	17.4321	17.5774	17.7226	17.8679	18.0132	18.1584	18.3037	18.4490	18.5943	18.7395
137	17.6894	17.8368	17.9842	18.1316	18.2791	18.4265	18.5739	18.7213	18.8687	19.0161
138	17.9486	18.0982	18.2477	18.3973	18.5469	18.6964	18.8460	18.9956	19.1452	19.2947
139	18.2097	18.3614	18.5132	18.6649	18.8166	18.9684	19.1201	19.2719	19.4236	19.5754

（续）

检尺径/cm	检尺长/m									
	12.0	12.1	12.2	12.3	12.4	12.5	12.6	12.7	12.8	12.9
	材积/m³									
140	18.4726	18.6265	18.7805	18.9344	19.0884	19.2423	19.3962	19.5502	19.7041	19.8581
141	18.7374	18.8936	19.0497	19.2059	19.3620	19.5182	19.6743	19.8305	19.9866	20.1428
142	19.0042	19.1625	19.3209	19.4793	19.6376	19.7960	19.9544	20.1127	20.2711	20.4295
143	19.2728	19.4334	19.5940	19.7546	19.9152	20.0758	20.2364	20.3970	20.5576	20.7182
144	19.5433	19.7061	19.8690	20.0318	20.1947	20.3576	20.5204	20.6833	20.8461	21.0090
145	19.8156	19.9808	20.1459	20.3110	20.4762	20.6413	20.8064	20.9716	21.1367	21.3018
146	20.0899	20.2573	20.4247	20.5922	20.7596	20.9270	21.0944	21.2618	21.4292	21.5966
147	20.3661	20.5358	20.7055	20.8752	21.0449	21.2146	21.3844	21.5541	21.7238	21.8935
148	20.6441	20.8161	20.9881	21.1602	21.3322	21.5043	21.6763	21.8483	22.0204	22.1924
149	20.9240	21.0984	21.2727	21.4471	21.6215	21.7958	21.9702	22.1446	22.3189	22.4933
150	21.2058	21.3825	21.5592	21.7359	21.9127	22.0894	22.2661	22.4428	22.6195	22.7962
151	21.4895	21.6686	21.8476	22.0267	22.2058	22.3849	22.5640	22.7430	22.9221	23.1012
152	21.7751	21.9565	22.1380	22.3194	22.5009	22.6824	22.8638	23.0453	23.2267	23.4082
153	22.0625	22.2464	22.4302	22.6141	22.7979	22.9818	23.1656	23.3495	23.5333	23.7172
154	22.3519	22.5381	22.7244	22.9107	23.0969	23.2832	23.4694	23.6557	23.8420	24.0282
155	22.6431	22.8318	23.0205	23.2092	23.3979	23.5865	23.7752	23.9639	24.1526	24.3413
156	22.9362	23.1273	23.3185	23.5096	23.7007	23.8919	24.0830	24.2741	24.4653	24.6564
157	23.2312	23.4248	23.6184	23.8120	24.0056	24.1992	24.3927	24.5863	24.7799	24.9735
158	23.5281	23.7241	23.9202	24.1163	24.3123	24.5084	24.7045	24.9005	25.0966	25.2927
159	23.8268	24.0254	24.2240	24.4225	24.6211	24.8196	25.0182	25.2167	25.4153	25.6138

（续）

检尺径/cm	检尺长/m 材积/m³									
	12.0	12.1	12.2	12.3	12.4	12.5	12.6	12.7	12.8	12.9
160	24.1275	24.3286	24.5296	24.7307	24.9317	25.1328	25.3339	25.5349	25.7360	25.9370
161	24.4300	24.6336	24.8372	25.0408	25.2444	25.4479	25.6515	25.8551	26.0587	26.2623
162	24.7344	24.9406	25.1467	25.3528	25.5589	25.7650	25.9712	26.1773	26.3834	26.5895
163	25.0408	25.2494	25.4581	25.6668	25.8754	26.0841	26.2928	26.5015	26.7101	26.9188
164	25.3489	25.5602	25.7714	25.9827	26.1939	26.4051	26.6164	26.8276	27.0389	27.2501
165	25.6590	25.8728	26.0867	26.3005	26.5143	26.7281	26.9420	27.1558	27.3696	27.5834
166	25.9709	26.1874	26.4038	26.6203	26.8367	27.0531	27.2695	27.4860	27.7024	27.9188
167	26.2848	26.5039	26.7229	26.9419	27.1610	27.3800	27.5991	27.8181	28.0371	28.2562
168	26.6006	26.8222	27.0439	27.2656	27.4872	27.7089	27.9306	28.1523	28.3739	28.5956
169	26.9182	27.1425	27.3668	27.5911	27.8154	28.0398	28.2641	28.4884	28.7127	28.9370
170	27.2377	27.4647	27.6916	27.9186	28.1456	28.3726	28.5996	28.8265	29.0535	29.2805
171	27.5591	27.7887	28.0184	28.2480	28.4777	28.7074	28.9370	29.1667	29.3963	29.6260
172	27.8823	28.1147	28.3470	28.5794	28.8117	29.0441	29.2764	29.5088	29.7412	29.9735
173	28.2075	28.4425	28.6776	28.9127	29.1477	29.3828	29.6179	29.8529	30.0880	30.3230
174	28.5345	28.7723	29.0101	29.2479	29.4857	29.7235	29.9613	30.1990	30.4368	30.6746
175	28.8635	29.1040	29.3445	29.5850	29.8256	30.0661	30.3066	30.5472	30.7877	31.0282
176	29.1943	29.4375	29.6808	29.9241	30.1674	30.4107	30.6540	30.8973	31.1405	31.3838
177	29.5270	29.7730	30.0191	30.2651	30.5112	30.7572	31.0033	31.2494	31.4954	31.7415
178	29.8615	30.1104	30.3592	30.6081	30.8569	31.1058	31.3546	31.6035	31.8523	32.1012
179	30.1980	30.4497	30.7013	30.9530	31.2046	31.4563	31.7079	31.9596	32.2112	32.4629

（续）

检尺径 /cm	检尺长/m									
	材积/m³									
	12.0	12.1	12.2	12.3	12.4	12.5	12.6	12.7	12.8	12.9
180	30.5364	30.7908	31.0453	31.2998	31.5542	31.8087	32.0632	32.3176	32.5721	32.8266
181	30.8766	31.1339	31.3912	31.6485	31.9058	32.1631	32.4204	32.6777	32.9350	33.1923
182	31.2187	31.4789	31.7390	31.9992	32.2593	32.5195	32.7796	33.0398	33.3000	33.5601
183	31.5627	31.8257	32.0888	32.3518	32.6143	32.8778	33.1408	33.4039	33.6669	33.9299
184	31.9086	32.1745	32.4404	32.7063	32.9722	33.2381	33.5040	33.7699	34.0358	34.3017
185	32.2564	32.5252	32.7940	33.0628	33.3316	33.6004	33.8692	34.1380	34.4068	34.6756
186	32.6060	32.8778	33.1495	33.4212	33.6929	33.9646	34.2363	34.5081	34.7798	35.0515
187	32.9576	33.2322	33.5069	33.7815	34.0562	34.3308	34.6055	34.8801	35.1548	35.4294
188	33.3110	33.5886	33.8662	34.1438	34.4214	34.6990	34.9766	35.2542	35.5317	35.8093
189	33.6663	33.9469	34.2274	34.5080	34.7885	35.0691	35.3496	35.6302	35.9107	36.1913
190	34.0235	34.3071	34.5906	34.8741	35.1576	35.4412	35.7247	36.0082	36.2918	36.5753
191	34.3826	34.6691	34.9557	35.2422	35.5287	35.8152	36.1017	36.3883	36.6748	36.9613
192	34.7436	35.0331	35.3226	35.6122	35.9017	36.1912	36.4808	36.7703	37.0598	37.3494
193	35.1064	35.3990	35.6915	35.9841	36.2767	36.5692	36.8618	37.1543	37.4469	37.7394
194	35.4712	35.7668	36.0624	36.3580	36.6535	36.9491	37.2447	37.5403	37.8359	38.1315
195	35.8378	36.1365	36.4351	36.7337	37.0324	37.3310	37.6297	37.9283	38.2270	38.5256
196	36.2063	36.5080	36.8098	37.1115	37.4132	37.7149	38.0166	38.3183	38.6201	38.9218
197	36.5767	36.8815	37.1863	37.4911	37.7959	38.1007	38.4055	38.7103	39.0152	39.3200
198	36.9490	37.2569	37.5648	37.8727	38.1806	38.4885	38.7964	39.1043	39.4123	39.7202
199	37.3232	37.6342	37.9452	38.2562	38.5673	38.8783	39.1893	39.5003	39.8114	40.1224

（续）

检尺径/cm	检尺长/m 材积/m³									
	13.0	13.1	13.2	13.3	13.4	13.5	13.6	13.7	13.8	13.9
10	0.1021	0.1029	0.1037	0.1045	0.1052	0.1060	0.1068	0.1076	0.1084	0.1092
11	0.1235	0.1245	0.1254	0.1264	0.1273	0.1283	0.1292	0.1302	0.1311	0.1321
12	0.1470	0.1482	0.1493	0.1504	0.1516	0.1527	0.1538	0.1549	0.1561	0.1572
13	0.1726	0.1739	0.1752	0.1765	0.1779	0.1792	0.1805	0.1818	0.1832	0.1845
14	0.2001	0.2017	0.2032	0.2047	0.2063	0.2078	0.2094	0.2109	0.2124	0.2140
15	0.2297	0.2315	0.2333	0.2350	0.2368	0.2386	0.2403	0.2421	0.2439	0.2456
16	0.2614	0.2634	0.2654	0.2674	0.2694	0.2714	0.2734	0.2755	0.2775	0.2795
17	0.2951	0.2973	0.2996	0.3019	0.3042	0.3064	0.3087	0.3110	0.3132	0.3155
18	0.3308	0.3334	0.3359	0.3384	0.3410	0.3435	0.3461	0.3486	0.3512	0.3537
19	0.3686	0.3714	0.3743	0.3771	0.3799	0.3828	0.3856	0.3884	0.3913	0.3941
20	0.4084	0.4115	0.4147	0.4178	0.4210	0.4241	0.4273	0.4304	0.4335	0.4367
21	0.4503	0.4537	0.4572	0.4607	0.4641	0.4676	0.4711	0.4745	0.4780	0.4814
22	0.4942	0.4980	0.5018	0.5056	0.5094	0.5132	0.5170	0.5208	0.5246	0.5284
23	0.5401	0.5443	0.5484	0.5526	0.5567	0.5609	0.5650	0.5692	0.5734	0.5775
24	0.5881	0.5926	0.5972	0.6017	0.6062	0.6107	0.6153	0.6198	0.6243	0.6288
25	0.6381	0.6430	0.6480	0.6529	0.6578	0.6627	0.6676	0.6725	0.6774	0.6823
26	0.6902	0.6955	0.7008	0.7061	0.7114	0.7168	0.7221	0.7274	0.7327	0.7380
27	0.7443	0.7500	0.7558	0.7615	0.7672	0.7730	0.7787	0.7844	0.7901	0.7959
28	0.8005	0.8066	0.8128	0.8190	0.8251	0.8313	0.8374	0.8436	0.8497	0.8559
29	0.8587	0.8653	0.8719	0.8785	0.8851	0.8917	0.8983	0.9049	0.9115	0.9181

（续）

检尺径 /cm	检尺长/m									
	13.0	13.1	13.2	13.3	13.4	13.5	13.6	13.7	13.8	13.9
	材积/m³									
30	0.9189	0.9260	0.9331	0.9401	0.9472	0.9543	0.9613	0.9684	0.9755	0.9825
31	0.9812	0.9887	0.9963	1.0038	1.0114	1.0189	1.0265	1.0340	1.0416	1.0491
32	1.0455	1.0536	1.0616	1.0697	1.0777	1.0857	1.0939	1.1018	1.1099	1.1179
33	1.1119	1.1204	1.1290	1.1375	1.1461	1.1547	1.1632	1.1718	1.1803	1.1889
34	1.1803	1.1894	1.1985	1.2075	1.2166	1.2257	1.2348	1.2439	1.2529	1.2620
35	1.2507	1.2604	1.2700	1.2796	1.2892	1.2989	1.3085	1.3181	1.3277	1.3373
36	1.3232	1.3334	1.3436	1.3538	1.3640	1.3741	1.3843	1.3945	1.4047	1.4149
37	1.3978	1.4085	1.4193	1.4300	1.4408	1.4515	1.4623	1.4730	1.4838	1.4945
38	1.4744	1.4857	1.4970	1.5084	1.5197	1.5311	1.5424	1.5537	1.5651	1.5764
39	1.5530	1.5649	1.5769	1.5888	1.6008	1.6127	1.6246	1.6366	1.6485	1.6605
40	1.6336	1.6462	1.6588	1.6713	1.6839	1.6965	1.7090	1.7216	1.7342	1.7467
41	1.7163	1.7295	1.7427	1.7559	1.7691	1.7823	1.7956	1.8088	1.8220	1.8352
42	1.8011	1.8149	1.8288	1.8426	1.8565	1.8704	1.8842	1.8981	1.9119	1.9258
43	1.8879	1.9024	1.9169	1.9314	1.9460	1.9605	1.9750	1.9895	2.0040	2.0186
44	1.9767	1.9919	2.0071	2.0223	2.0375	2.0527	2.0679	2.0831	2.0983	2.1135
45	2.0676	2.0835	2.0994	2.1153	2.1312	2.1471	2.1630	2.1789	2.1948	2.2107
46	2.1605	2.1771	2.1937	2.2103	2.2270	2.2436	2.2602	2.2768	2.2934	2.3100
47	2.2554	2.2728	2.2901	2.3075	2.3248	2.3422	2.3595	2.3769	2.3942	2.4116
48	2.3524	2.3705	2.3886	2.4067	2.4248	2.4429	2.4610	2.4791	2.4972	2.5153
49	2.4515	2.4703	2.4892	2.5080	2.5269	2.5458	2.5646	2.5835	2.6023	2.6212

（续）

检尺径/cm	检尺长/m 材积/m³										
	13.0	13.1	13.2	13.3	13.4	13.5	13.6	13.7	13.8	13.9	
50	2.5526	2.5722	2.5918	2.6115	2.6311	2.6507	2.6704	2.6900	2.7096	2.7293	
51	2.6557	2.6761	2.6965	2.7170	2.7374	2.7578	2.7782	2.7987	2.8191	2.8395	
52	2.7608	2.7821	2.8033	2.8245	2.8458	2.8670	2.8883	2.9095	2.9307	2.9520	
53	2.8680	2.8901	2.9122	2.9342	2.9563	2.9784	3.0004	3.0225	3.0445	3.0666	
54	2.9773	3.0002	3.0231	3.0460	3.0689	3.0918	3.1147	3.1376	3.1605	3.1834	
55	3.0886	3.1123	3.1361	3.1599	3.1836	3.2074	3.2311	3.2549	3.2787	3.3024	
56	3.2019	3.2265	3.2512	3.2758	3.3004	3.3251	3.3497	3.3743	3.3990	3.4236	
57	3.3173	3.3428	3.3683	3.3938	3.4194	3.4449	3.4704	3.4959	3.5214	3.5470	
58	3.4347	3.4611	3.4876	3.5140	3.5404	3.5668	3.5932	3.6197	3.6461	3.6725	
59	3.5542	3.5815	3.6089	3.6362	3.6635	3.6909	3.7182	3.7455	3.7729	3.8002	
60	3.6757	3.7039	3.7322	3.7605	3.7888	3.8170	3.8453	3.8736	3.9019	3.9301	
61	3.7992	3.8284	3.8577	3.8869	3.9161	3.9453	3.9746	4.0038	4.0330	4.0622	
62	3.9248	3.9550	3.9852	4.0154	4.0456	4.0758	4.1059	4.1361	4.1663	4.1965	
63	4.0524	4.0836	4.1148	4.1459	4.1771	4.2083	4.2395	4.2706	4.3018	4.3330	
64	4.1821	4.2143	4.2464	4.2786	4.3108	4.3429	4.3751	4.4073	4.4395	4.4716	
65	4.3138	4.3470	4.3802	4.4134	4.4465	4.4797	4.5129	4.5461	4.5793	4.6125	
66	4.4476	4.4818	4.5160	4.5502	4.5844	4.6186	4.6528	4.6870	4.7213	4.7555	
67	4.5834	4.6186	4.6539	4.6891	4.7244	4.7596	4.7949	4.8302	4.8654	4.9007	
68	4.7212	4.7575	4.7938	4.8301	4.8665	4.9028	4.9391	4.9754	5.0117	5.0480	
69	4.8611	4.8985	4.9359	4.9733	5.0106	5.0480	5.0854	5.1228	5.1602	5.1976	

（续）

检尺径/cm	检尺长/m									
	13.0	13.1	13.2	13.3	13.4	13.5	13.6	13.7	13.8	13.9
	材积/m³									
70	5.0030	5.0415	5.0800	5.1185	5.1569	5.1954	5.2339	5.2724	5.3109	5.3494
71	5.1470	5.1866	5.2261	5.2657	5.3053	5.3449	5.3845	5.4241	5.4637	5.5033
72	5.2930	5.3337	5.3744	5.4151	5.4558	5.4965	5.5373	5.5780	5.6187	5.6594
73	5.4410	5.4829	5.5247	5.5666	5.6084	5.6503	5.6921	5.7340	5.7758	5.8177
74	5.5911	5.6341	5.6771	5.7201	5.7631	5.8061	5.8492	5.8922	5.9352	5.9782
75	5.7432	5.7874	5.8316	5.8758	5.9200	5.9641	6.0083	6.0525	6.0967	6.1408
76	5.8974	5.9428	5.9881	6.0335	6.0789	6.1242	6.1696	6.2150	6.2603	6.3057
77	6.0536	6.1002	6.1468	6.1933	6.2399	6.2865	6.3330	6.3796	6.4262	6.4727
78	6.2119	6.2597	6.3075	6.3552	6.4030	6.4508	6.4986	6.5464	6.5942	6.6419
79	6.3722	6.4212	6.4702	6.5192	6.5683	6.6173	6.6663	6.7153	6.7643	6.8133
80	6.5345	6.5848	6.6351	6.6853	6.7356	6.7859	6.8361	6.8864	6.9367	6.9869
81	6.6989	6.7504	6.8020	6.8535	6.9050	6.9566	7.0081	7.0596	7.1112	7.1627
82	6.8653	6.9181	6.9710	7.0238	7.0766	7.1294	7.1822	7.2350	7.2878	7.3406
83	7.0338	7.0879	7.1420	7.1961	7.2502	7.3043	7.3584	7.4126	7.4667	7.5208
84	7.2043	7.2597	7.3152	7.3706	7.4260	7.4814	7.5368	7.5922	7.6477	7.7031
85	7.3769	7.4336	7.4904	7.5471	7.6039	7.6606	7.7173	7.7741	7.8308	7.8876
86	7.5515	7.6096	7.6676	7.7257	7.7838	7.8419	7.9000	7.9581	8.0162	8.0743
87	7.7281	7.7875	7.8470	7.9064	7.9659	8.0253	8.0848	8.1442	8.2037	8.2631
88	7.9068	7.9676	8.0284	8.0892	8.1501	8.2109	8.2717	8.3325	8.3933	8.4542
89	8.0875	8.1497	8.2119	8.2741	8.3363	8.3986	8.4608	8.5230	8.5852	8.6474

（续）

检尺径/cm	检尺长/m 材积/m³									
	13.0	13.1	13.2	13.3	13.4	13.5	13.6	13.7	13.8	13.9
90	8.2703	8.3339	8.3975	8.4611	8.5247	8.5883	8.6520	8.7156	8.7792	8.8428
91	8.4551	8.5201	8.5851	8.6502	8.7152	8.7803	8.8453	8.9103	8.9754	9.0404
92	8.6419	8.7084	8.7749	8.8413	8.9078	8.9743	9.0408	9.1072	9.1737	9.2402
93	8.8308	8.8987	8.9667	9.0346	9.1025	9.1704	9.2384	9.3063	9.3742	9.4422
94	9.0217	9.0911	9.1605	9.2299	9.2993	9.3687	9.4381	9.5075	9.5769	9.6463
95	9.2147	9.2856	9.3565	9.4274	9.4982	9.5691	9.6400	9.7109	9.7818	9.8526
96	9.4097	9.4821	9.5545	9.6269	9.6993	9.7716	9.8440	9.9164	9.9888	10.0612
97	9.6068	9.6807	9.7546	9.8285	9.9024	9.9763	10.0502	10.1241	10.1980	10.2719
98	9.8059	9.8813	9.9567	10.0322	10.1076	10.1830	10.2585	10.3339	10.4093	10.4847
99	10.0070	10.0840	10.1610	10.2379	10.3149	10.3919	10.4689	10.5459	10.6228	10.6998
100	10.2102	10.2887	10.3673	10.4458	10.5244	10.6029	10.6814	10.7600	10.8385	10.9171
101	10.4154	10.4955	10.5757	10.6558	10.7359	10.8160	10.8961	10.9763	11.0564	11.1365
102	10.6227	10.7044	10.7861	10.8678	10.9495	11.0313	11.1130	11.1947	11.2764	11.3581
103	10.8320	10.9153	10.9986	11.0820	11.1653	11.2486	11.3319	11.4153	11.4986	11.5819
104	11.0434	11.1283	11.2133	11.2982	11.3831	11.4681	11.5530	11.6380	11.7229	11.8079
105	11.2567	11.3433	11.4299	11.5165	11.6031	11.6897	11.7763	11.8629	11.9495	12.0361
106	11.4722	11.5604	11.6487	11.7369	11.8252	11.9134	12.0017	12.0899	12.1782	12.2664
107	11.6897	11.7796	11.8695	11.9594	12.0493	12.1393	12.2292	12.3191	12.4090	12.4989
108	11.9092	12.0008	12.0924	12.1840	12.2756	12.3672	12.4588	12.5504	12.6420	12.7337
109	12.1307	12.2241	12.3174	12.4107	12.5040	12.5973	12.6906	12.7839	12.8772	12.9706

（续）

检尺径/cm	检尺长/m									
	13.0	13.1	13.2	13.3	13.4	13.5	13.6	13.7	13.8	13.9
	材积/m³									
110	12.3543	12.4494	12.5444	12.6394	12.7345	12.8295	12.9245	13.0196	13.1146	13.2096
111	12.5800	12.6768	12.7735	12.8703	12.9671	13.0638	13.1606	13.2574	13.3541	13.4509
112	12.8077	12.9062	13.0047	13.1032	13.2018	13.3003	13.3988	13.4973	13.5958	13.6944
113	13.0374	13.1377	13.2380	13.3383	13.4386	13.5388	13.6391	13.7394	13.8397	13.9400
114	13.2692	13.3712	13.4733	13.5754	13.6775	13.7795	13.8816	13.9837	14.0857	14.1878
115	13.5030	13.6069	13.7107	13.8146	13.9185	14.0223	14.1262	14.2301	14.3339	14.4378
116	13.7388	13.8445	13.9502	14.0559	14.1616	14.2673	14.3729	14.4786	14.5843	14.6900
117	13.9767	14.0843	14.1918	14.2993	14.4068	14.5143	14.6218	14.7293	14.8369	14.9444
118	14.2167	14.3260	14.4354	14.5448	14.6541	14.7635	14.8728	14.9822	15.0916	15.2009
119	14.4587	14.5699	14.6811	14.7923	14.9035	15.0148	15.1260	15.2372	15.3484	15.4596
120	14.7027	14.8158	14.9289	15.0420	15.1551	15.2682	15.3813	15.4944	15.6075	15.7206
121	14.9488	15.0637	15.1787	15.2937	15.4087	15.5237	15.6387	15.7537	15.8687	15.9837
122	15.1969	15.3138	15.4307	15.5476	15.6645	15.7814	15.8983	16.0152	16.1321	16.2490
123	15.4470	15.5658	15.6847	15.8035	15.9223	16.0411	16.1600	16.2788	16.3976	16.5164
124	15.6992	15.8200	15.9407	16.0615	16.1823	16.3030	16.4238	16.5445	16.6653	16.7861
125	15.9534	16.0762	16.1989	16.3216	16.4443	16.5670	16.6898	16.8125	16.9352	17.0579
126	16.2097	16.3344	16.4591	16.5838	16.7085	16.8332	16.9579	17.0825	17.2072	17.3319
127	16.4680	16.5947	16.7214	16.8481	16.9747	17.1014	17.2281	17.3548	17.4814	17.6081
128	16.7284	16.8571	16.9858	17.1144	17.2431	17.3718	17.5005	17.6292	17.7578	17.8865
129	16.9908	17.1215	17.2522	17.3829	17.5136	17.6443	17.7750	17.9057	18.0364	18.1671

（续）

检尺径/cm	检尺长/m 材积/m³									
	13.0	13.1	13.2	13.3	13.4	13.5	13.6	13.7	13.8	13.9
130	17.2552	17.3880	17.5207	17.6534	17.7862	17.9189	18.0516	18.1844	18.3171	18.4498
131	17.5217	17.6565	17.7913	17.9261	18.0609	18.1956	18.3304	18.4652	18.6000	18.7348
132	17.7903	17.9271	18.0639	18.2008	18.3376	18.4745	18.6113	18.7482	18.8850	19.0219
133	18.0608	18.1998	18.3387	18.4776	18.6165	18.7555	18.8944	19.0333	19.1723	19.3112
134	18.3334	18.4745	18.6155	18.7565	18.8975	19.0386	19.1796	19.3206	19.4616	19.6027
135	18.6081	18.7512	18.8944	19.0375	19.1806	19.3238	19.4669	19.6101	19.7532	19.8963
136	18.8848	19.0301	19.1753	19.3206	19.4659	19.6111	19.7564	19.9017	20.0469	20.1922
137	19.1635	19.3109	19.4583	19.6058	19.7532	19.9006	20.0480	20.1954	20.3428	20.4902
138	19.4443	19.5939	19.7434	19.8930	20.0426	20.1922	20.3417	20.4913	20.6409	20.7904
139	19.7271	19.8789	20.0306	20.1824	20.3341	20.4859	20.6376	20.7894	20.9411	21.0929
140	20.0120	20.1659	20.3199	20.4738	20.6277	20.7817	20.9356	21.0896	21.2435	21.3974
141	20.2989	20.4550	20.6112	20.7673	20.9235	21.0796	21.2358	21.3919	21.5481	21.7042
142	20.5878	20.7462	20.9046	21.0630	21.2213	21.3797	21.5381	21.6964	21.8548	22.0132
143	20.8788	21.0394	21.2001	21.3607	21.5213	21.6819	21.8425	22.0031	22.1637	22.3243
144	21.1719	21.3347	21.4976	21.6605	21.8233	21.9862	22.1490	22.3119	22.4748	22.6376
145	21.4669	21.6321	21.7972	21.9623	22.1275	22.2926	22.4577	22.6229	22.7880	22.9531
146	21.7641	21.9315	22.0989	22.2663	22.4337	22.6011	22.7686	22.9360	23.1034	23.2708
147	22.0632	22.2329	22.4027	22.5724	22.7421	22.9118	23.0815	23.2512	23.4210	23.5907
148	22.3644	22.5365	22.7085	22.8805	23.0526	23.2246	23.3966	23.5687	23.7407	23.9127
149	22.6677	22.8420	23.0164	23.1908	23.3651	23.5395	23.7139	23.8882	24.0626	24.2370

（续）

检尺径/cm	检尺长/m									
	13.0	13.1	13.2	13.3	13.4	13.5	13.6	13.7	13.8	13.9
	材积/m³									
150	22.9730	23.1497	23.3264	23.5031	23.6798	23.8565	24.0332	24.2100	24.3867	24.5634
151	23.2803	23.4594	23.6384	23.8175	23.9966	24.1757	24.3548	24.5338	24.7129	24.8920
152	23.5896	23.7711	23.9526	24.1340	24.3155	24.4969	24.6734	24.8599	25.0413	25.2228
153	23.9011	24.0849	24.2688	24.4526	24.6365	24.8203	25.0042	25.1880	25.3719	25.5557
154	24.2145	24.4008	24.5871	24.7733	24.9596	25.1458	25.3321	25.5184	25.7046	25.8909
155	24.5300	24.7187	24.9074	25.0961	25.2848	25.4735	25.6622	25.8509	26.0395	26.2282
156	24.8475	25.0387	25.2298	25.4209	25.6121	25.8032	25.9944	26.1855	26.3766	26.5678
157	25.1671	25.3607	25.5543	25.7479	25.9415	26.1351	26.3287	26.5223	26.7159	26.9095
158	25.4887	25.6848	25.8809	26.0769	26.2730	26.4691	26.6651	26.8612	27.0573	27.2533
159	25.8124	26.0110	26.2095	26.4081	26.6066	26.8052	27.0037	27.2023	27.4009	27.5994
160	26.1381	26.3392	26.5402	26.7413	26.9424	27.1434	27.3445	27.5455	27.7466	27.9477
161	26.4659	26.6694	26.8730	27.0766	27.2802	27.4838	27.6874	27.8909	28.0945	28.2981
162	26.7956	27.0018	27.2079	27.4140	27.6201	27.8263	28.0324	28.2385	28.4446	28.6507
163	27.1275	27.3362	27.5448	27.7535	27.9622	28.1708	28.3795	28.5882	28.7969	29.0055
164	27.4614	27.6726	27.8838	28.0951	28.3063	28.5176	28.7288	28.9400	29.1513	29.3625
165	27.7973	28.0111	28.2249	28.4387	28.6526	28.8664	29.0802	29.2940	29.5079	29.7217
166	28.1352	28.3517	28.5681	28.7845	29.0009	29.2174	29.4338	29.6502	29.8666	30.0831
167	28.4752	28.6943	28.9133	29.1323	29.3514	29.5704	29.7895	30.0085	30.2275	30.4466
168	28.8173	29.0389	29.2606	29.4823	29.7040	29.9256	30.1473	30.3690	30.5906	30.8123
169	29.1614	29.3857	29.6100	29.8343	30.0586	30.2829	30.5073	30.7316	30.9559	31.1802

（续）

检尺径/cm	检尺长/m									
	材积/m³									
	13.0	13.1	13.2	13.3	13.4	13.5	13.6	13.7	13.8	13.9
170	29.5075	29.7345	29.9614	30.1884	30.4154	30.6424	30.8694	31.0963	31.3233	31.5503
171	29.8556	30.0853	30.3150	30.5446	30.7743	31.0039	31.2336	31.4633	31.6929	31.9226
172	30.2059	30.4382	30.6706	30.9029	31.1353	31.3676	31.6000	31.8323	32.0647	32.2970
173	30.5581	30.7932	31.0282	31.2633	31.4984	31.7334	31.9685	32.2035	32.4386	32.6737
174	30.9124	31.1502	31.3880	31.6258	31.8636	32.1013	32.3391	32.5769	32.8147	33.0525
175	31.2687	31.5093	31.7498	31.9903	32.2309	32.4714	32.7119	32.9524	33.1930	33.4335
176	31.6271	31.8704	32.1137	32.3570	32.6003	32.8435	33.0868	33.3301	33.5734	33.8167
177	31.9875	32.2336	32.4797	32.7257	32.9718	33.2178	33.4639	33.7099	33.9560	34.2021
178	32.3500	32.5988	32.8477	33.0965	33.3454	33.5942	33.8431	34.0919	34.3408	34.5896
179	32.7145	32.9662	33.2178	33.4695	33.7211	33.9728	34.2244	34.4761	34.7277	34.9794
180	33.0810	33.3355	33.5900	33.8445	34.0989	34.3534	34.6079	34.8623	35.1168	35.3713
181	33.4496	33.7069	33.9642	34.2216	34.4789	34.7362	34.9935	35.2508	35.5081	35.7654
182	33.8203	34.0804	34.3406	34.6007	34.8609	35.1210	35.3812	35.6414	35.9015	36.1617
183	34.1929	34.4560	34.7190	34.9820	35.2450	35.5081	35.7711	36.0341	36.2971	36.5601
184	34.5677	34.8336	35.0995	35.3654	35.6313	35.8972	36.1631	36.4290	36.6949	36.9608
185	34.9444	35.2132	35.4820	35.7508	36.0196	36.2884	36.5572	36.8260	37.0948	37.3636
186	35.3232	35.5949	35.8666	36.1384	36.4101	36.6818	36.9535	37.2252	37.4969	37.7687
187	35.7040	35.9787	36.2533	36.5280	36.8026	37.0773	37.3519	37.6266	37.9012	38.1759
188	36.0869	36.3645	36.6421	36.9197	37.1973	37.4749	37.7525	38.0301	38.3077	38.5853
189	36.4719	36.7524	37.0330	37.3135	37.5941	37.8746	38.1552	38.4357	38.7163	38.9968

（续）

检尺径/cm	检尺长/m									
	13.0	13.1	13.2	13.3	13.4	13.5	13.6	13.7	13.8	13.9
	材积/m³									
190	36.8588	37.1424	37.4259	37.7094	37.9929	38.2765	38.5600	38.8435	39.1271	39.4106
191	37.2478	37.5344	37.8209	38.1074	38.3939	38.6804	38.9670	39.2535	39.5400	39.8265
192	37.6389	37.9284	38.2179	38.5075	38.7970	39.0865	39.3761	39.6656	39.9551	40.2446
193	38.0320	38.3245	38.6171	38.9096	39.2022	39.4947	39.7873	40.0798	40.3724	40.6650
194	38.4271	38.7227	39.0183	39.3139	39.6095	39.9051	40.2007	40.4963	40.7919	41.0874
195	38.8243	39.1229	39.4216	39.7202	40.0189	40.3175	40.6162	40.9148	41.2135	41.5121
196	39.2235	39.5252	39.8269	40.1287	40.4304	40.7321	41.0338	41.3355	41.6373	41.9390
197	39.6248	39.9296	40.2344	40.5392	40.8440	41.1488	41.4536	41.7584	42.0632	42.3680
198	40.0281	40.3360	40.6439	40.9518	41.2597	41.5676	41.8755	42.1834	42.4913	42.7992
199	40.4334	40.7444	41.0555	41.3665	41.6775	41.9885	42.2996	42.6106	42.9216	43.2326

检尺径/cm	检尺长/m									
	14.0	14.1	14.2	14.3	14.4	14.5	14.6	14.7	14.8	14.9
	材积/m³									
10	0.1100	0.1107	0.1115	0.1123	0.1131	0.1139	0.1147	0.1155	0.1162	0.1170
11	0.1330	0.1340	0.1349	0.1359	0.1368	0.1378	0.1387	0.1397	0.1406	0.1416
12	0.1583	0.1595	0.1606	0.1617	0.1629	0.1640	0.1651	0.1663	0.1674	0.1685
13	0.1858	0.1872	0.1885	0.1898	0.1911	0.1925	0.1938	0.1951	0.1964	0.1978
14	0.2155	0.2171	0.2186	0.2201	0.2217	0.2232	0.2248	0.2263	0.2278	0.2294

（续）

检尺径 /cm	14.0	14.1	14.2	14.3	14.4	14.5	14.6	14.7	14.8	14.9
	材积 /m³									
15	0.2474	0.2492	0.2509	0.2527	0.2545	0.2562	0.2580	0.2598	0.2615	0.2633
16	0.2815	0.2835	0.2855	0.2875	0.2895	0.2915	0.2936	0.2956	0.2976	0.2996
17	0.3178	0.3200	0.3223	0.3246	0.3269	0.3291	0.3314	0.3337	0.3359	0.3382
18	0.3563	0.3588	0.3613	0.3639	0.3664	0.3690	0.3715	0.3741	0.3766	0.3792
19	0.3969	0.3998	0.4026	0.4054	0.4083	0.4111	0.4140	0.4168	0.4196	0.4225
20	0.4398	0.4430	0.4461	0.4492	0.4524	0.4555	0.4587	0.4618	0.4650	0.4681
21	0.4849	0.4884	0.4918	0.4953	0.4988	0.5022	0.5057	0.5092	0.5126	0.5161
22	0.5322	0.5360	0.5398	0.5436	0.5474	0.5512	0.5550	0.5588	0.5626	0.5664
23	0.5817	0.5858	0.5900	0.5941	0.5983	0.6024	0.6066	0.6108	0.6149	0.6191
24	0.6333	0.6379	0.6424	0.6469	0.6514	0.6560	0.6605	0.6650	0.6695	0.6741
25	0.6872	0.6921	0.6970	0.7020	0.7069	0.7118	0.7167	0.7216	0.7265	0.7314
26	0.7433	0.7486	0.7539	0.7592	0.7645	0.7698	0.7752	0.7805	0.7858	0.7911
27	0.8016	0.8073	0.8130	0.8188	0.8245	0.8302	0.8359	0.8417	0.8474	0.8531
28	0.8621	0.8682	0.8744	0.8805	0.8867	0.8928	0.8990	0.9052	0.9113	0.9175
29	0.9247	0.9313	0.9379	0.9445	0.9512	0.9578	0.9644	0.9710	0.9776	0.9842
30	0.9896	0.9967	1.0037	1.0108	1.0179	1.0249	1.0320	1.0391	1.0462	1.0532
31	1.0567	1.0642	1.0718	1.0793	1.0869	1.0944	1.1020	1.1095	1.1171	1.1246
32	1.1259	1.1340	1.1420	1.1501	1.1581	1.1662	1.1742	1.1822	1.1903	1.1983
33	1.1974	1.2060	1.2145	1.2231	1.2316	1.2402	1.2487	1.2573	1.2658	1.2744
34	1.2711	1.2802	1.2892	1.2983	1.3074	1.3165	1.3256	1.3346	1.3437	1.3528

（续）

检尺径/cm	检尺长/m														
	14.0	14.1	14.2	14.3	14.4	14.5	14.6	14.7	14.8	14.9
	材积/m³									
35	1.3470	1.3566	1.3662	1.3758	1.3854	1.3951	1.4047	1.4143	1.4239	1.4336
36	1.4250	1.4352	1.4454	1.4556	1.4657	1.4759	1.4861	1.4963	1.5065	1.5166
37	1.5053	1.5160	1.5268	1.5376	1.5483	1.5591	1.5698	1.5806	1.5913	1.6021
38	1.5878	1.5991	1.6104	1.6218	1.6331	1.6445	1.6558	1.6672	1.6785	1.6898
39	1.6724	1.6844	1.6963	1.7083	1.7202	1.7322	1.7441	1.7561	1.7680	1.7799
40	1.7593	1.7719	1.7844	1.7970	1.8096	1.8221	1.8347	1.8473	1.8598	1.8724
41	1.8484	1.8616	1.8748	1.8880	1.9012	1.9144	1.9276	1.9408	1.9540	1.9672
42	1.9396	1.9535	1.9673	1.9812	1.9950	2.0059	2.0228	2.0366	2.0505	2.0643
43	2.0331	2.0476	2.0621	2.0767	2.0912	2.1057	2.1202	2.1347	2.1493	2.1638
44	2.1287	2.1440	2.1592	2.1744	2.1896	2.2048	2.2200	2.2352	2.2504	2.2656
45	2.2266	2.2425	2.2584	2.2743	2.2902	2.3061	2.3220	2.3379	2.3538	2.3697
46	2.3267	2.3433	2.3599	2.3765	2.3931	2.4098	2.4264	2.4430	2.4596	2.4762
47	2.4289	2.4463	2.4636	2.4810	2.4983	2.5157	2.5330	2.5504	2.5677	2.5851
48	2.5334	2.5515	2.5696	2.5877	2.6058	2.6239	2.6420	2.6601	2.6782	2.6962
49	2.6400	2.6589	2.6778	2.6966	2.7155	2.7343	2.7532	2.7720	2.7909	2.8098
50	2.7489	2.7685	2.7882	2.8078	2.8274	2.8471	2.8667	2.8863	2.9060	2.9256
51	2.8600	2.8804	2.9008	2.9212	2.9417	2.9621	2.9825	3.0030	3.0234	3.0438
52	2.9732	2.9944	3.0157	3.0369	3.0582	3.0794	3.1006	3.1219	3.1431	3.1643
53	3.0887	3.1107	3.1328	3.1548	3.1769	3.1990	3.2210	3.2431	3.2652	3.2872
54	3.2063	3.2292	3.2521	3.2750	3.2979	3.3208	3.3437	3.3666	3.3895	3.4124

（续）

检尺径/cm	检尺长/m									
	14.0	14.1	14.2	14.3	14.4	14.5	14.6	14.7	14.8	14.9
	材积/m³									
55	3.3262	3.3499	3.3737	3.3974	3.4212	3.4450	3.4687	3.4925	3.5162	3.5400
56	3.4482	3.4729	3.4975	3.5221	3.5467	3.5714	3.5960	3.6206	3.6453	3.6699
57	3.5725	3.5980	3.6235	3.6490	3.6745	3.7001	3.7256	3.7511	3.7766	3.8021
58	3.6989	3.7253	3.7518	3.7782	3.8046	3.8310	3.8574	3.8839	3.9103	3.9367
59	3.8276	3.8549	3.8822	3.9096	3.9369	3.9643	3.9916	4.0189	4.0463	4.0736
60	3.9584	3.9867	4.0150	4.0432	4.0715	4.0998	4.1281	4.1563	4.1846	4.2129
61	4.0915	4.1207	4.1499	4.1791	4.2084	4.2376	4.2668	4.2960	4.3253	4.3545
62	4.2267	4.2569	4.2871	4.3173	4.3475	4.3777	4.4079	4.4380	4.4682	4.4984
63	4.3642	4.3953	4.4265	4.4577	4.4888	4.5200	4.5512	4.5824	4.6135	4.6447
64	4.5038	4.5360	4.5681	4.6003	4.6325	4.6646	4.6968	4.7290	4.7612	4.7933
65	4.6456	4.6788	4.7120	4.7452	4.7784	4.8116	4.8447	4.8779	4.9111	4.9443
66	4.7897	4.8239	4.8581	4.8923	4.9265	4.9607	4.9950	5.0292	5.0634	5.0976
67	4.9359	4.9712	5.0064	5.0417	5.0770	5.1122	5.1475	5.1827	5.2180	5.2532
68	5.0844	5.1207	5.1570	5.1933	5.2296	5.2659	5.3023	5.3386	5.3749	5.4112
69	5.2350	5.2724	5.3098	5.3472	5.3846	5.4220	5.4594	5.4968	5.5341	5.5715
70	5.3878	5.4263	5.4648	5.5033	5.5418	5.5803	5.6188	5.6572	5.6957	5.7342
71	5.5429	5.5825	5.6221	5.6617	5.7013	5.7408	5.7804	5.8200	5.8596	5.8992
72	5.7001	5.7408	5.7815	5.8223	5.8630	5.9037	5.9444	5.9851	6.0258	6.0666
73	5.8596	5.9014	5.9433	5.9851	6.0270	6.0688	6.1107	6.1525	6.1944	6.2362
74	6.0212	6.0642	6.1072	6.1502	6.1932	6.2362	6.2792	6.3223	6.3653	6.4083

（续）

检尺径/cm	检尺长/m									
	14.9	14.8	14.7	14.6	14.5	14.4	14.3	14.2	14.1	14.0
	材积/m³									
75	6.5826	6.5385	6.4943	6.4501	6.4059	6.3617	6.3176	6.2734	6.2292	6.1850
76	6.7593	6.7140	6.6686	6.6232	6.5779	6.5325	6.4872	6.4418	6.3964	6.3511
77	6.9384	6.8918	6.8453	6.7987	6.7521	6.7056	6.6590	6.6124	6.5659	6.5193
78	7.1198	7.0720	7.0242	6.9764	6.9286	6.8809	6.8331	6.7853	6.7375	6.6897
79	7.3035	7.2545	7.2055	7.1565	7.1074	7.0584	7.0094	6.9604	6.9114	6.8624
80	7.4896	7.4393	7.3890	7.3388	7.2885	7.2382	7.1880	7.1377	7.0874	7.0372
81	7.6780	7.6265	7.5749	7.5234	7.4719	7.4203	7.3688	7.3173	7.2657	7.2142
82	7.8687	7.8159	7.7631	7.7103	7.6575	7.6047	7.5519	7.4991	7.4463	7.3934
83	8.0618	8.0077	7.9536	7.8995	7.8454	7.7913	7.7372	7.6831	7.6290	7.5749
84	8.2573	8.2018	8.1464	8.0910	8.0356	7.9802	7.9247	7.8693	7.8139	7.7585
85	8.4550	8.3983	8.3415	8.2848	8.2280	8.1713	8.1146	8.0578	8.0011	7.9443
86	8.6551	8.5971	8.5390	8.4809	8.4228	8.3647	8.3066	8.2485	8.1904	8.1323
87	8.8576	8.7981	8.7387	8.6793	8.6198	8.5604	8.5009	8.4415	8.3820	8.3226
88	9.0624	9.0016	8.9407	8.8799	8.8191	8.7583	8.6975	8.6366	8.5758	8.5150
89	9.2695	9.2073	9.1451	9.0829	9.0207	8.9585	8.8962	8.8340	8.7718	8.7096
90	9.4790	9.4154	9.3518	9.2881	9.2245	9.1609	9.0973	9.0337	8.9701	8.9064
91	9.6908	9.6258	9.5607	9.4957	9.4307	9.3656	9.3006	9.2355	9.1705	9.1055
92	9.9050	9.8385	9.7720	9.7055	9.6391	9.5726	9.5061	9.4396	9.3732	9.3067
93	10.1215	10.0535	9.9856	9.9177	9.8497	9.7818	9.7139	9.6460	9.5780	9.5101
94	10.3403	10.2709	10.2015	10.1321	10.0627	9.9933	9.9239	9.8545	9.7851	9.7157

（续）

检尺径/cm	检尺长/m 材积/m³									
	14.0	14.1	14.2	14.3	14.4	14.5	14.6	14.7	14.8	14.9
95	9.9235	9.9944	10.0653	10.1362	10.2071	10.2779	10.3488	10.4197	10.4906	10.5615
96	10.1335	10.2059	10.2783	10.3507	10.4231	10.4955	10.5678	10.6402	10.7126	10.7850
97	10.3458	10.4197	10.4936	10.5675	10.6414	10.7153	10.7891	10.8630	10.9369	11.0108
98	10.5602	10.6356	10.7110	10.7865	10.8619	10.9373	11.0128	11.0882	11.1636	11.2390
99	10.7768	10.8538	10.9307	11.0077	11.0847	11.1617	11.2386	11.3156	11.3926	11.4696
100	10.9956	11.0741	11.1527	11.2312	11.3098	11.3883	11.4668	11.5454	11.6239	11.7025
101	11.2166	11.2967	11.3768	11.4570	11.5371	11.6172	11.6973	11.7774	11.8576	11.9377
102	11.4398	11.5215	11.6032	11.6850	11.7667	11.8484	11.9301	12.0118	12.0935	12.1752
103	11.6652	11.7486	11.8319	11.9152	11.9985	12.0818	12.1652	12.2485	12.3318	12.4151
104	11.8928	11.9778	12.0627	12.1477	12.2326	12.3176	12.4025	12.4875	12.5724	12.6574
105	12.1226	12.2092	12.2958	12.3824	12.4690	12.5556	12.6422	12.7288	12.8154	12.9020
106	12.3547	12.4429	12.5312	12.6194	12.7076	12.7959	12.8841	12.9724	13.0606	13.1489
107	12.5889	12.6788	12.7687	12.8586	12.9485	13.0385	13.1284	13.2183	13.3082	13.3981
108	12.8253	12.9169	13.0085	13.1001	13.1917	13.2833	13.3749	13.4665	13.5581	13.6497
109	13.0639	13.1572	13.2505	13.3438	13.4371	13.5304	13.6238	13.7171	13.8104	13.9037
110	13.3047	13.3997	13.4947	13.5898	13.6848	13.7798	13.8749	13.9699	14.0649	14.1600
111	13.5477	13.6444	13.7412	13.8380	13.9348	14.0315	14.1283	14.2251	14.3218	14.4186
112	13.7929	13.8914	13.9899	14.0884	14.1870	14.2855	14.3840	14.4825	14.5810	14.6796
113	14.0403	14.1406	14.2409	14.3411	14.4414	14.5417	14.6420	14.7423	14.8426	14.9429
114	14.2899	14.3920	14.4940	14.5961	14.6982	14.8002	14.9023	15.0044	15.1064	15.2085

（续）

检尺径/cm	\multicolumn{检尺长/m}

检尺径/cm	14.0	14.1	14.2	14.3	14.4	14.5	14.6	14.7	14.8	14.9
	\multicolumn{材积/m³}
115	14.5417	14.6456	14.7494	14.8533	14.9572	15.0610	15.1649	15.2688	15.3726	15.4765
116	14.7957	14.9014	15.0070	15.1127	15.2184	15.3241	15.4298	15.5355	15.6411	15.7468
117	15.0519	15.1594	15.2669	15.3744	15.4819	15.5894	15.6970	15.8045	15.9120	16.0195
118	15.3103	15.4196	15.5290	15.6384	15.7477	15.8571	15.9664	16.0758	16.1851	16.2945
119	15.5709	15.6821	15.7933	15.9045	16.0158	16.1270	16.2382	16.3494	16.4606	16.5719
120	15.8337	15.9468	16.0599	16.1730	16.2861	16.3992	16.5122	16.6253	16.7384	16.8515
121	16.0987	16.2136	16.3286	16.4436	16.5586	16.6736	16.7886	16.9036	17.0186	17.1336
122	16.3659	16.4827	16.5996	16.7165	16.8334	16.9503	17.0672	17.1841	17.3010	17.4179
123	16.6352	16.7541	16.8729	16.9917	17.1105	17.2294	17.3482	17.4670	17.5858	17.7047
124	16.9068	17.0276	17.1484	17.2691	17.3899	17.5107	17.6314	17.7522	17.8729	17.9937
125	17.1806	17.3033	17.4261	17.5488	17.6715	17.7942	17.9169	18.0397	18.1624	18.2851
126	17.4566	17.5813	17.7060	17.8307	17.9554	18.0801	18.2048	18.3294	18.4541	18.5788
127	17.7348	17.8615	17.9882	18.1148	18.2415	18.3682	18.4949	18.6215	18.7482	18.8749
128	18.0152	18.1439	18.2726	18.4012	18.5299	18.6586	18.7873	18.9160	19.0446	19.1733
129	18.2978	18.4285	18.5592	18.6899	18.8206	18.9513	19.0820	19.2127	19.3434	19.4741
130	18.5826	18.7153	18.8480	18.9808	19.1135	19.2462	19.3790	19.5117	19.6444	19.7772
131	18.8695	19.0043	19.1391	19.2739	19.4087	19.5435	19.6782	19.8130	19.9478	20.0826
132	19.1587	19.2956	19.4324	19.5693	19.7061	19.8430	19.9798	20.1167	20.2535	20.3904
133	19.4501	19.5890	19.7280	19.8669	20.0058	20.1448	20.2837	20.4226	20.5616	20.7005
134	19.7437	19.8847	20.0258	20.1668	20.3078	20.4488	20.5899	20.7309	20.8719	21.0129

（续）

检尺径/cm	检尺长/m 材积/m³									
	14.0	14.1	14.2	14.3	14.4	14.5	14.6	14.7	14.8	14.9
135	20.0395	20.1826	20.3258	20.4689	20.6120	20.7552	20.3983	21.0415	21.1846	21.3277
136	20.3375	20.4827	20.6280	20.7733	20.9185	21.0638	21.2091	21.3543	21.4996	21.6449
137	20.6376	20.7851	20.9325	21.0799	21.2273	21.3747	21.5221	21.6695	21.8169	21.9643
138	20.9400	21.0896	21.2392	21.3887	21.5383	21.6879	21.8375	21.9870	22.1366	22.2862
139	21.2446	21.3963	21.5481	21.6998	21.8516	22.0033	22.1551	22.3068	22.4586	22.6103
140	21.5514	21.7053	21.8593	22.0132	22.1671	22.3211	22.4750	22.6289	22.7829	22.9368
141	21.3604	22.0165	22.1726	22.3288	22.4849	22.6411	22.7972	22.9534	23.1095	23.2657
142	22.1715	22.3299	22.4883	22.6466	22.8050	22.9634	23.1217	23.2801	23.4385	23.5968
143	22.4849	22.6455	22.8061	22.9667	23.1273	23.2879	23.3485	23.6091	23.7698	23.9304
144	22.8005	22.9633	23.1262	23.2891	23.4519	23.6148	23.7776	23.9405	24.1034	24.2662
145	23.1182	23.2834	23.4485	23.6136	23.7788	23.9439	24.1090	24.2742	24.4393	24.6044
146	23.4382	23.6056	23.7731	23.9405	24.1079	24.2753	24.4427	24.6101	24.7775	24.9450
147	23.7604	23.9301	24.0998	24.2695	24.4393	24.6090	24.7787	24.9484	25.1181	25.2878
148	24.0848	24.2568	24.4288	24.6009	24.7729	24.9449	25.1170	25.2890	25.4610	25.6331
149	24.4113	24.5857	24.7601	24.9344	25.1088	25.2832	25.4575	25.6319	25.8063	25.9806
150	24.7401	24.9168	25.0935	25.2702	25.4470	25.6237	25.8004	25.9771	26.1538	26.3305
151	25.0711	25.2501	25.4292	25.6083	25.7874	25.9665	26.1455	26.3246	26.5037	26.6828
152	25.4042	25.5857	25.7672	25.9486	26.1301	26.3115	26.4930	26.6744	26.8559	27.0374
153	25.7396	25.9235	26.1073	26.2912	26.4750	26.6589	26.8427	27.0266	27.2104	27.3943
154	26.0772	26.2634	26.4497	26.6360	26.8222	27.0085	27.1948	27.3810	27.5673	27.7536

（续）

检尺径/cm	检尺长/m 材积/m³									
	14.0	14.1	14.2	14.3	14.4	14.5	14.6	14.7	14.8	14.9
155	26.4169	26.6056	26.7943	26.9830	27.1717	27.3604	27.5491	27.7378	27.9265	28.1152
156	26.7589	26.9500	27.1412	27.3323	27.5234	27.7146	27.9057	28.0968	28.2880	28.4791
157	27.1031	27.2966	27.4902	27.6838	27.8774	28.0710	28.2646	25.4582	28.6518	28.8454
158	27.4494	27.6455	27.8416	28.0376	28.2337	28.4298	28.6258	28.8219	29.0180	29.2140
159	27.7980	27.9965	28.1951	28.3936	28.5922	28.7908	28.9893	29.1879	29.3864	29.5850
160	28.1487	28.3498	28.5509	28.7519	28.9530	29.1540	29.3551	29.5562	29.7572	29.9583
161	28.5017	28.7053	28.9089	29.1124	29.3160	29.5196	29.7232	29.9268	30.1304	30.3339
162	28.8569	29.0630	29.2691	29.4752	29.6813	29.8875	30.0936	30.2997	30.5058	30.7119
163	29.2142	29.4229	29.6316	29.8402	30.0489	30.2576	30.4662	30.6749	30.8836	31.0923
164	29.5738	29.7850	29.9962	30.2075	30.4187	30.6300	30.8412	31.0525	31.2637	31.4749
165	29.9355	30.1493	30.3632	30.5770	30.7908	31.0046	31.2185	31.4323	31.6461	31.8599
166	30.2995	30.5159	30.7323	30.9487	31.1652	31.3816	31.5980	31.8144	32.0309	32.2473
167	30.6656	30.8847	31.1037	31.3227	31.5418	31.7608	31.9799	32.1989	32.4180	32.6370
168	31.0340	31.2557	31.4773	31.6990	31.9207	32.1423	32.3640	32.5857	32.8074	33.0290
169	31.4045	31.6289	31.8532	32.0775	32.3018	32.5261	32.7504	32.9748	33.1991	33.4234
170	31.7773	32.0043	32.2312	32.4582	32.6852	32.9122	33.1392	33.3661	33.5931	33.8201
171	32.1522	32.3819	32.6116	32.8412	33.0709	33.3005	33.5302	33.7598	33.9895	34.2192
172	32.5294	32.7617	32.9941	33.2264	33.4558	33.6911	33.9235	34.1559	34.3882	34.6206
173	32.9087	33.1438	33.3789	33.6139	33.8490	34.0840	34.3191	34.5542	34.7892	35.0243
174	33.2903	33.5281	33.7659	34.0036	34.2414	34.4792	34.7170	34.9548	35.1926	35.4304

（续）

检尺径/cm	检尺长/m 材积/m³									
	14.0	14.1	14.2	14.3	14.4	14.5	14.6	14.7	14.8	14.9
175	33.6740	33.9146	34.1551	34.3956	34.6361	34.8767	35.1172	35.3577	35.5983	35.8388
176	34.0600	34.3033	34.5465	34.7898	35.0331	35.2764	35.5197	35.7630	36.0063	36.2495
177	34.4481	34.6942	34.9402	35.1863	35.4323	35.6784	35.9245	36.1705	36.4166	36.6626
178	34.8385	35.0873	35.3362	35.5850	35.8338	36.0827	36.3315	36.5804	36.8292	37.0781
179	35.2310	35.4827	35.7343	35.9860	36.2376	36.4893	36.7409	36.9926	37.2442	37.4959
180	35.6257	35.8802	36.1347	36.3892	36.6436	36.8981	37.1526	37.4070	37.6615	37.9160
181	36.0227	36.2800	36.5373	36.7946	37.0519	37.3092	37.5665	37.8238	38.0811	38.3384
182	36.4218	36.6820	36.9421	37.2023	37.4624	37.7226	37.9828	38.2429	38.5031	38.7632
183	36.8232	37.0862	37.3492	37.6122	37.8753	38.1383	38.4013	38.6643	38.9273	39.1904
184	37.2267	37.4926	37.7585	38.0244	38.2903	38.5562	38.8221	39.0880	39.3539	39.6198
185	37.6324	37.9012	38.1700	38.4389	38.7077	38.9765	39.2453	39.5141	39.7829	40.0517
186	38.0404	38.3121	38.5838	38.8555	39.1272	39.3990	39.6707	39.9424	40.2141	40.4858
187	38.4505	38.7252	38.9998	39.2745	39.5491	39.8237	40.0984	40.3730	40.6477	40.9223
188	38.8628	39.1404	39.4180	39.6956	39.9732	40.2508	40.5284	40.8060	41.0836	41.3612
189	39.2774	39.5579	39.8385	40.1190	40.3996	40.6801	40.9607	41.2413	41.5218	41.8024
190	39.6941	39.9776	40.2612	40.5447	40.8282	41.1118	41.3953	41.6788	41.9624	42.2459
191	40.1130	40.3996	40.6861	40.9726	41.2591	41.5457	41.8322	42.1187	42.4052	42.6917
192	40.5342	40.8237	41.1132	41.4028	41.6923	41.9818	42.2714	42.5609	42.8504	43.1399
193	40.9575	41.2501	41.5426	41.8352	42.1277	42.4203	42.7128	43.0054	43.2979	43.5905
194	41.3830	41.6786	41.9742	42.2698	42.5654	42.8610	43.1566	43.4522	43.7478	44.0434

（续）

检尺径/cm	检尺长/m 材积/m³									
	14.0	14.1	14.2	14.3	14.4	14.5	14.6	14.7	14.8	14.9
195	41.8108	42.1094	42.4081	42.7067	43.0054	43.3040	43.6027	43.9013	44.2000	44.4986
196	42.2407	42.5424	42.8441	43.1459	43.4476	43.7493	44.0510	44.3527	44.6545	44.9562
197	42.6728	42.9776	43.2824	43.5872	43.8920	44.1969	44.5017	44.8065	45.1113	45.4161
198	43.1072	43.4151	43.7230	44.0309	44.3388	44.6467	44.9546	45.2625	45.5704	45.8783
199	43.5437	43.8547	44.1657	44.4768	44.7878	45.0988	45.4098	45.7209	46.0319	46.3429

检尺径/cm	检尺长/m 材积/m³									
	15.0	15.1	15.2	15.3	15.4	15.5	15.6	15.7	15.8	15.9
10	0.1178	0.1186	0.1194	0.1202	0.1210	0.1217	0.1225	0.1233	0.1241	0.1249
11	0.1426	0.1435	0.1445	0.1454	0.1464	0.1473	0.1483	0.1492	0.1502	0.1511
12	0.1696	0.1708	0.1719	0.1730	0.1742	0.1753	0.1764	0.1776	0.1787	0.1798
13	0.1991	0.2004	0.2018	0.2031	0.2044	0.2057	0.2071	0.2084	0.2097	0.2110
14	0.2309	0.2324	0.2340	0.2355	0.2371	0.2386	0.2401	0.2417	0.2432	0.2448
15	0.2651	0.2668	0.2686	0.2704	0.2721	0.2739	0.2757	0.2774	0.2792	0.2810
16	0.3016	0.3036	0.3056	0.3076	0.3096	0.3116	0.3137	0.3157	0.3177	0.3197
17	0.3405	0.3427	0.3450	0.3473	0.3496	0.3518	0.3541	0.3564	0.3586	0.3609
18	0.3817	0.3842	0.3868	0.3893	0.3919	0.3944	0.3970	0.3995	0.4021	0.4046
19	0.4253	0.4281	0.4310	0.4338	0.4366	0.4395	0.4423	0.4451	0.4480	0.4508

（续）

检尺径/cm	检尺长/m									
	材积/m³									
	15.0	15.1	15.2	15.3	15.4	15.5	15.6	15.7	15.8	15.9
20	0.4712	0.4744	0.4775	0.4807	0.4838	0.4869	0.4901	0.4932	0.4964	0.4995
21	0.5195	0.5230	0.5265	0.5299	0.5334	0.5369	0.5403	0.5438	0.5473	0.5507
22	0.5702	0.5740	0.5778	0.5816	0.5854	0.5892	0.5930	0.5968	0.6006	0.6044
23	0.6232	0.6274	0.6315	0.6357	0.6398	0.6440	0.6481	0.6523	0.6565	0.6606
24	0.6786	0.6831	0.6876	0.6922	0.6967	0.7012	0.7057	0.7103	0.7148	0.7193
25	0.7363	0.7412	0.7461	0.7510	0.7559	0.7609	0.7658	0.7707	0.7756	0.7805
26	0.7964	0.8017	0.8070	0.8123	0.8176	0.8229	0.8283	0.8336	0.8389	0.8442
27	0.8588	0.8646	0.8703	0.8760	0.8817	0.8875	0.8932	0.8989	0.9046	0.9104
28	0.9236	0.9298	0.9359	0.9421	0.9483	0.9544	0.9606	0.9667	0.9729	0.9790
29	0.9908	0.9974	1.0040	1.0106	1.0172	1.0238	1.0304	1.0370	1.0436	1.0502
30	1.0603	1.0674	1.0744	1.0815	1.0886	1.0956	1.1027	1.1098	1.1168	1.1239
31	1.1322	1.1397	1.1472	1.1548	1.1623	1.1699	1.1774	1.1850	1.1925	1.2001
32	1.2064	1.2144	1.2225	1.2305	1.2385	1.2466	1.2546	1.2627	1.2707	1.2788
33	1.2830	1.2915	1.3001	1.3086	1.3172	1.3257	1.3343	1.3428	1.3514	1.3599
34	1.3619	1.3710	1.3800	1.3891	1.3982	1.4073	1.4164	1.4254	1.4345	1.4436
35	1.4432	1.4528	1.4624	1.4720	1.4817	1.4913	1.5009	1.5105	1.5201	1.5298
36	1.5268	1.5370	1.5472	1.5574	1.5675	1.5777	1.5879	1.5981	1.6082	1.6184
37	1.6128	1.6236	1.6343	1.6451	1.6558	1.6666	1.6773	1.6881	1.6988	1.7096
38	1.7012	1.7125	1.7239	1.7352	1.7465	1.7579	1.7692	1.7806	1.7919	1.8032
39	1.7919	1.8038	1.8158	1.8277	1.8397	1.8516	1.8636	1.8755	1.8875	1.8994

（续）

检尺径/cm	检尺长/m									
	15.0	15.1	15.2	15.3	15.4	15.5	15.6	15.7	15.8	15.9
	材积/m³									
40	1.8850	1.8975	1.9101	1.9227	1.9352	1.9478	1.9604	1.9729	1.9855	1.9981
41	1.9804	1.9936	2.0068	2.0200	2.0332	2.0464	2.0596	2.0728	2.0860	2.0992
42	2.0782	2.0920	2.1059	2.1197	2.1336	2.1474	2.1613	2.1751	2.1890	2.2029
43	2.1783	2.1928	2.2074	2.2219	2.2364	2.2509	2.2654	2.2800	2.2945	2.3090
44	2.2808	2.2960	2.3112	2.3264	2.3416	2.3568	2.3720	2.3872	2.4024	2.4176
45	2.3857	2.4016	2.4175	2.4334	2.4493	2.4652	2.4811	2.4970	2.5129	2.5288
46	2.4929	2.5095	2.5261	2.5427	2.5593	2.5760	2.5926	2.6092	2.6258	2.6424
47	2.6024	2.6198	2.6371	2.6545	2.6718	2.6892	2.7065	2.7239	2.7412	2.7586
48	2.7143	2.7324	2.7505	2.7686	2.7867	2.8048	2.8229	2.8410	2.8591	2.8772
49	2.8256	2.8475	2.8663	2.8852	2.9040	2.9229	2.9418	2.9606	2.9795	2.9983
50	2.9453	2.9647	2.9845	3.0042	3.0238	3.0434	3.0631	3.0827	3.1023	3.1220
51	3.0642	3.0847	3.1051	3.1255	3.1460	3.1664	3.1868	3.2072	3.2277	3.2481
52	3.1856	3.2068	3.2281	3.2493	3.2705	3.2918	3.3130	3.3342	3.3555	3.3767
53	3.3093	3.3313	3.3534	3.3755	3.3975	3.4196	3.4417	3.4637	3.4858	3.5078
54	3.4353	3.4582	3.4811	3.5040	3.5269	3.5499	3.5728	3.5957	3.6186	3.6415
55	3.5638	3.5875	3.6113	3.6350	3.6588	3.6825	3.7063	3.7301	3.7538	3.7776
56	3.6945	3.7192	3.7438	3.7684	3.7930	3.8177	3.8423	3.8669	3.8916	3.9162
57	3.8276	3.8532	3.8787	3.9042	3.9297	3.9552	3.9808	4.0063	4.0318	4.0573
58	3.9631	3.9895	4.0160	4.0424	4.0688	4.0952	4.1217	4.1481	4.1745	4.2009
59	4.1010	4.1283	4.1556	4.1830	4.2103	4.2377	4.2650	4.2923	4.3197	4.3470

（续）

检尺径/cm	检尺长/m 材积/m³									
	15.0	15.1	15.2	15.3	15.4	15.5	15.6	15.7	15.8	15.9
60	4.2412	4.2694	4.2977	4.3260	4.3543	4.3825	4.4108	4.4391	4.4674	4.4956
61	4.3837	4.4129	4.4422	4.4714	4.5006	4.5298	4.5591	4.5883	4.6175	4.6467
62	4.5286	4.5588	4.5890	4.6192	4.6494	4.6796	4.7098	4.7400	4.7701	4.8003
63	4.6759	4.7071	4.7382	4.7694	4.8006	4.8317	4.8629	4.8941	4.9253	4.9564
64	4.8255	4.8577	4.8898	4.9220	4.9542	4.9863	5.0185	5.0507	5.0829	5.1150
65	4.9775	5.0107	5.0438	5.0770	5.1102	5.1434	5.1766	5.2098	5.2429	5.2761
66	5.1318	5.1660	5.2002	5.2344	5.2687	5.3029	5.3371	5.3713	5.4055	5.4397
67	5.2885	5.3237	5.3590	5.3943	5.4295	5.4648	5.5000	5.5353	5.5705	5.6058
68	5.4475	5.4839	5.5202	5.5565	5.5928	5.6291	5.6654	5.7018	5.7381	5.7744
69	5.6089	5.6463	5.6837	5.7211	5.7585	5.7959	5.8333	5.8707	5.9081	5.9455
70	5.7727	5.8112	5.8497	5.8881	5.9266	5.9651	6.0036	6.0421	6.0806	6.1191
71	5.9388	5.9784	6.0180	6.0576	6.0972	6.1368	6.1764	6.2159	6.2555	6.2951
72	6.1073	6.1480	6.1887	6.2294	6.2701	6.3108	6.3516	6.3923	6.4330	6.4737
73	6.2781	6.3199	6.3618	6.4037	6.4455	6.4874	6.5292	6.5711	6.6129	6.6548
74	6.4513	6.4943	6.5373	6.5803	6.6233	6.6663	6.7093	6.7523	6.7953	6.8384
75	6.6268	6.6710	6.7152	6.7593	6.8035	6.8477	6.8919	6.9361	6.9802	7.0244
76	6.8047	6.8501	6.8954	6.9408	6.9862	7.0315	7.0769	7.1223	7.1676	7.2130
77	6.9850	7.0315	7.0781	7.1247	7.1712	7.2178	7.2644	7.3109	7.3575	7.4041
78	7.1676	7.2153	7.2631	7.3109	7.3587	7.4065	7.4543	7.5020	7.5498	7.5976
79	7.3525	7.4015	7.4506	7.4996	7.5486	7.5976	7.6466	7.6956	7.7447	7.7937

（续）

检尺径/cm	检尺长/m									
	15.0	15.1	15.2	15.3	15.4	15.5	15.6	15.7	15.8	15.9
	材积/m³									
80	7.5398	7.5901	7.6404	7.6906	7.7409	7.7912	7.8414	7.8917	7.9420	7.9922
81	7.7295	7.7810	7.8326	7.8841	7.9356	7.9872	8.0387	8.0902	8.1418	8.1933
82	7.9215	7.9744	8.0272	8.0800	8.1328	8.1856	8.2384	8.2912	8.3440	8.3968
83	8.1159	8.1700	8.2241	8.2782	8.3324	8.3865	8.4406	8.4947	8.5488	8.6029
84	8.3127	8.3681	8.4235	8.4789	8.5343	8.5898	8.6452	8.7006	8.7560	8.8114
85	8.5118	8.5685	8.6253	8.6820	8.7388	8.7955	8.8522	8.9090	8.9657	9.0225
86	8.7132	8.7713	8.8294	8.8875	8.9456	9.0037	9.0618	9.1198	9.1779	9.2360
87	8.9170	8.9765	9.0359	9.0954	9.1548	9.2143	9.2737	9.3332	9.3926	9.4521
88	9.1232	9.1840	9.2448	9.3057	9.3665	9.4273	9.4881	9.5490	9.6098	9.6706
89	9.3317	9.3939	9.4562	9.5184	9.5806	9.6428	9.7050	9.7672	9.8294	9.8916
90	9.5426	9.6062	9.6698	9.7335	9.7971	9.8607	9.9243	9.9879	10.0515	10.1152
91	9.7558	9.8209	9.8859	9.9510	10.0160	10.0810	10.1461	10.2111	10.2762	10.3412
92	9.9714	10.0379	10.1044	10.1709	10.2373	10.3038	10.3703	10.4368	10.5032	10.5697
93	10.1894	10.2573	10.3252	10.3932	10.4611	10.5290	10.5970	10.6449	10.7328	10.8008
94	10.4097	10.4791	10.5485	10.6179	10.6873	10.7567	10.8261	10.8955	10.9649	11.0343
95	10.6324	10.7032	10.7741	10.8450	10.9159	10.9868	11.0576	11.1285	11.1994	11.2703
96	10.8574	10.9298	11.0021	11.0745	11.1469	11.2193	11.2917	11.3640	11.4364	11.5088
97	11.0847	11.1586	11.2325	11.3064	11.3803	11.4542	11.5281	11.6020	11.6759	11.7498
98	11.3145	11.3899	11.4653	11.5408	11.6162	11.6916	11.7671	11.8425	11.9179	11.9933
99	11.5466	11.6235	11.7005	11.7775	11.8545	11.9314	12.0084	12.0854	12.1624	12.2394

（续）

检尺径/cm	检尺长/m 材积/m³									
	15.0	15.1	15.2	15.3	15.4	15.5	15.6	15.7	15.8	15.9
100	11.7810	11.8595	11.9381	12.0166	12.0952	12.1737	12.2522	12.3308	12.4093	12.4879
101	12.0178	12.0979	12.1780	12.2582	12.3383	12.4184	12.4985	12.5786	12.6587	12.7389
102	12.2570	12.3387	12.4204	12.5021	12.5838	12.6655	12.7472	12.8289	12.9107	12.9924
103	12.4985	12.5818	12.6651	12.7484	12.8318	12.9151	12.9984	13.0817	13.1650	13.2484
104	12.7423	12.8273	12.9122	12.9972	13.0821	13.1671	13.2520	13.3370	13.4219	13.5069
105	12.9886	13.0751	13.1617	13.2483	13.3349	13.4215	13.5081	13.5947	13.6813	13.7679
106	13.2371	13.3254	13.4136	13.5019	13.5901	13.6784	13.7666	13.8549	13.9431	14.0314
107	13.4881	13.5780	13.6679	13.7578	13.8477	13.9377	14.0276	14.1175	14.2074	14.2974
108	13.7414	13.8330	13.9246	14.0162	14.1078	14.1994	14.2910	14.3826	14.4742	14.5658
109	13.9970	14.0903	14.1836	14.2769	14.3703	14.4636	14.5569	14.6502	14.7435	14.8368
110	14.2550	14.3500	14.4451	14.5401	14.6351	14.7302	14.8252	14.9202	15.0153	15.1103
111	14.5154	14.6121	14.7089	14.8057	14.9024	14.9992	15.0960	15.1928	15.2895	15.3863
112	14.7781	14.8766	14.9751	15.0736	15.1722	15.2707	15.3692	15.4677	15.5663	15.6648
113	15.0432	15.1434	15.2437	15.3440	15.4443	15.5446	15.6449	15.7452	15.8455	15.9457
114	15.3106	15.4127	15.5147	15.6168	15.7189	15.8209	15.9230	16.0251	16.1272	16.2292
115	15.5804	15.6842	15.7881	15.8920	15.9958	16.0997	16.2036	16.3075	16.4113	16.5152
116	15.8525	15.9582	16.0639	16.1696	16.2752	16.3809	16.4866	16.5923	16.6980	16.8037
117	16.1270	16.2345	16.3420	16.4496	16.5571	16.6646	16.7721	16.8796	16.9871	17.0946
118	16.4039	16.5132	16.6226	16.7319	16.8413	16.9507	17.0600	17.1694	17.2787	17.3881
119	16.6831	16.7943	16.9055	17.0167	17.1280	17.2392	17.3504	17.4616	17.5728	17.6841

（续）

检尺径/cm	检尺长/m									
	材积/m³									
	15.0	15.1	15.2	15.3	15.4	15.5	15.6	15.7	15.8	15.9
120	16.9646	17.0777	17.1908	17.3039	17.4170	17.5301	17.6432	17.7563	17.8694	17.9825
121	17.2486	17.3636	17.4785	17.5935	17.7085	17.8235	17.9385	18.0535	18.1685	18.2835
122	17.5348	17.6517	17.7686	17.8855	18.0024	18.1193	18.2362	18.3531	18.4700	18.5869
123	17.8235	17.9423	18.0611	18.1799	18.2988	18.4176	18.5364	18.6552	18.7741	18.8929
124	18.1145	18.2352	18.3560	18.4768	18.5975	18.7183	18.8390	18.9598	19.0806	19.2013
125	18.4078	18.5305	18.6533	18.7760	18.8987	19.0214	19.1441	19.2668	19.3896	19.5123
126	18.7035	18.8282	18.9529	19.0776	19.2023	19.3270	19.4517	19.5763	19.7010	19.8257
127	19.0016	19.1283	19.2549	19.3816	19.5083	19.6350	19.7616	19.8883	20.0150	20.1417
128	19.3020	19.4307	19.5594	19.6880	19.8167	19.9454	20.0741	20.2027	20.3314	20.4601
129	19.6048	19.7355	19.8662	19.9969	20.1276	20.2583	20.3890	20.5197	20.6503	20.7810
130	19.9099	20.0426	20.1754	20.3081	20.4408	20.5736	20.7063	20.8390	20.9718	21.1045
131	20.2174	20.3522	20.4869	20.6217	20.7565	20.8913	21.0261	21.1609	21.2956	21.4304
132	20.5272	20.6641	20.8009	20.9378	21.0746	21.2115	21.3483	21.4852	21.6220	21.7588
133	20.8394	20.9783	21.1173	21.2562	21.3951	21.5341	21.6730	21.8119	21.9503	22.0898
134	21.1540	21.2950	21.4360	21.5770	21.7181	21.8591	22.0001	22.1411	22.2822	22.4232
135	21.4709	21.6140	21.7572	21.9003	22.0434	22.1866	22.3297	22.4728	22.6160	22.7591
136	21.7901	21.9354	22.0807	22.2259	22.3712	22.5165	22.6617	22.8070	22.9523	23.0975
137	22.1118	22.2592	22.4066	22.5540	22.7014	22.8488	22.9962	23.1436	23.2911	23.4385
138	22.4357	22.5853	22.7349	22.8845	23.0340	23.1836	23.3332	23.4828	23.6323	23.7819
139	22.7621	22.9138	23.0656	23.2173	23.3691	23.5208	23.6726	23.8243	23.9760	24.1278

（续）

检尺径/cm	检尺长/m									
	材积/m³									
	15.0	15.1	15.2	15.3	15.4	15.5	15.6	15.7	15.8	15.9
140	23.0908	23.2447	23.3986	23.5526	23.7065	23.8605	24.0144	24.1683	24.3223	24.4762
141	23.4218	23.5780	23.7341	23.8902	24.0464	24.2025	24.3587	24.5148	24.6710	24.8271
142	23.7552	23.9136	24.0719	24.2303	24.3887	24.5470	24.7054	24.8638	25.0222	25.1805
143	24.0910	24.2516	24.4122	24.5728	24.7334	24.8940	25.0546	25.2152	25.3758	25.5364
144	24.4291	24.5919	24.7548	24.9177	25.0805	25.2434	25.4062	25.5691	25.7320	25.8948
145	24.7696	24.9347	25.0998	25.2649	25.4301	25.5952	25.7603	25.9255	26.0906	26.2557
146	25.1124	25.2798	25.4472	25.6146	25.7820	25.9495	26.1169	26.2843	26.4517	26.6191
147	25.4576	25.6273	25.7970	25.9667	26.1364	26.3061	26.4759	26.6456	26.8153	26.9850
148	25.8051	25.9771	26.1492	26.3212	26.4932	26.6653	26.8373	27.0093	27.1814	27.3534
149	26.1550	26.3294	26.5037	26.6781	26.8525	27.0268	27.2012	27.3756	27.5499	27.7243
150	26.5073	26.6840	26.8607	27.0374	27.2141	27.3908	27.5675	27.7443	27.9210	28.0977
151	26.8619	27.0409	27.2200	27.3991	27.5782	27.7573	27.9363	28.1154	28.2945	28.4736
152	27.2188	27.4003	27.5817	27.7632	27.9447	28.1261	28.3076	28.4890	28.6705	28.8520
153	27.5781	27.7620	27.9459	28.1297	28.3136	28.4974	28.6813	28.8651	29.0490	29.2328
154	27.9398	28.1261	28.3124	28.4986	28.6849	28.8711	29.0574	29.2437	29.4299	29.6162
155	28.3039	28.4925	28.6812	28.8699	29.0586	29.2473	29.4360	29.6247	29.8134	30.0021
156	28.6702	28.8614	29.0525	29.2436	29.4348	29.6259	29.8171	30.0082	30.1993	30.3905
157	29.0390	29.2326	29.4262	29.6198	29.8134	30.0070	30.2005	30.3941	30.5877	30.7813
158	29.4101	29.6062	29.8022	29.9983	30.1944	30.3904	30.5865	30.7826	30.9786	31.1747
159	29.7835	29.9821	30.1807	30.3792	30.5778	30.7763	30.9749	31.1734	31.3720	31.5706

（续）

检尺径/cm	检尺长/m									
	材积/m³									
	15.0	15.1	15.2	15.3	15.4	15.5	15.6	15.7	15.8	15.9
160	30.1594	30.3604	30.5615	30.7625	30.9636	31.1647	31.3657	31.5668	31.7679	31.9689
161	30.5375	30.7411	30.9447	31.1483	31.3519	31.5554	31.7590	31.9626	32.1662	32.3698
162	30.9181	31.1242	31.3303	31.5364	31.7425	31.9487	32.1548	32.3609	32.5670	32.7731
163	31.3009	31.5096	31.7183	31.9270	32.1356	32.3443	32.5530	32.7616	32.9703	33.1790
164	31.6862	31.8974	32.1087	32.3199	32.5311	32.7424	32.9536	33.1649	33.3761	33.5873
165	32.0738	32.2876	32.5014	32.7152	32.9291	33.1429	33.3567	33.5705	33.7844	33.9982
166	32.4637	32.6801	32.8966	33.1130	33.3294	33.5458	33.7623	33.9787	34.1951	34.4115
167	32.8560	33.0751	33.2941	33.5132	33.7322	33.9512	34.1703	34.3893	34.6084	34.8274
168	33.2507	33.4724	33.6940	33.9157	34.1374	34.3591	34.5807	34.8024	35.0241	35.2457
169	33.6477	33.8720	34.0964	34.3207	34.5450	34.7693	34.9936	35.2179	35.4423	35.6666
170	34.0471	34.2741	34.5011	34.7280	34.9550	35.1820	35.4090	35.6360	35.8629	36.0899
171	34.4488	34.6785	34.9081	35.1378	35.3675	35.5971	35.8268	36.0564	36.2861	36.5158
172	34.8529	35.0853	35.3176	35.5500	35.7823	36.0147	36.2470	36.4794	36.7117	36.9441
173	35.2594	35.4944	35.7295	35.9645	36.1996	36.4347	36.6697	36.9048	37.1399	37.3749
174	35.6682	35.9059	36.1437	36.3815	36.6193	36.8571	37.0949	37.3327	37.5705	37.8082
175	36.0793	36.3198	36.5604	36.8009	37.0414	37.2820	37.5225	37.7630	38.0035	38.2441
176	36.4928	36.7361	36.9794	37.2227	37.4660	37.7093	37.9525	38.1958	38.4391	38.6824
177	36.9087	37.1548	37.4008	37.6469	37.8929	38.1390	38.3850	38.6311	38.8772	39.1232
178	37.3269	37.5758	37.8246	38.0735	38.3223	38.5712	38.8200	39.0688	39.3177	39.5665
179	37.7475	37.9992	38.2508	38.5025	38.7541	39.0058	39.2574	39.5091	39.7607	40.0124

（续）

检尺径/cm	检尺长/m 材积/m³									
	15.0	15.1	15.2	15.3	15.4	15.5	15.6	15.7	15.8	15.9
180	38.1704	38.4249	38.6794	38.9338	39.1883	39.4428	39.6973	39.9517	40.2062	40.4607
181	38.5957	38.8530	39.1103	39.3676	39.6250	39.8823	40.1396	40.3969	40.6542	40.9115
182	39.0234	39.2835	39.5437	39.8039	40.0640	40.3242	40.5843	40.8445	41.1046	41.3648
183	39.4534	39.7164	39.9794	40.2425	40.5055	40.7685	41.0315	41.2945	41.5576	41.8206
184	39.8858	40.1517	40.4176	40.6835	40.9494	41.2153	41.4812	41.7471	42.0130	42.2789
185	40.3205	40.5893	40.8581	41.1269	41.3957	41.6645	41.9333	42.2021	42.4709	42.7397
186	40.7575	41.0293	41.3010	41.5727	41.8444	42.1161	42.3878	42.6596	42.9313	43.2030
187	41.1970	41.4716	41.7463	42.0209	42.2956	42.5702	42.8449	43.1195	43.3942	43.6688
188	41.6388	41.9164	42.1939	42.4715	42.7491	43.0267	43.3043	43.5819	43.8595	44.1371
189	42.0829	42.3635	42.6440	42.9246	43.2051	43.4857	43.7662	44.0468	44.3273	44.6079
190	42.5294	42.8129	43.0965	43.3800	43.6635	43.9471	44.2306	44.5141	44.7976	45.0812
191	42.9783	43.2648	43.5513	43.8378	44.1244	44.4109	44.6974	44.9839	45.2704	45.5570
192	43.4295	43.7190	44.0085	44.2981	44.5876	44.8771	45.1667	45.4562	45.7457	46.0352
193	43.8830	44.1756	44.4682	44.7607	45.0533	45.3458	45.6384	45.9309	46.2235	46.5160
194	44.3390	44.6346	44.9302	45.2258	45.5213	45.8169	46.1125	46.4081	46.7037	46.9993
195	44.7973	45.0959	45.3945	45.6932	45.9918	46.2905	46.5891	46.8878	47.1864	47.4851
196	45.2579	45.5596	45.8613	46.1630	46.4648	46.7665	47.0682	47.3699	47.6716	47.9734
197	45.7209	46.0257	46.3305	46.6353	46.9401	47.2449	47.5497	47.8545	48.1593	48.4641
198	46.1862	46.4941	46.8020	47.1100	47.4179	47.7258	48.0337	48.3416	48.6495	48.9574
199	46.6539	46.9650	47.2760	47.5870	47.8980	48.2091	48.5201	48.8311	49.1421	49.4532

（续）

检尺径/cm	检尺长/m									
	16.0	16.1	16.2	16.3	16.4	16.5	16.6	16.7	16.8	16.9
	材积/m³									
10	0.1257	0.1264	0.1272	0.1280	0.1288	0.1296	0.1304	0.1312	0.1319	0.1327
11	0.1521	0.1530	0.1540	0.1549	0.1559	0.1568	0.1578	0.1587	0.1597	0.1606
12	0.1810	0.1821	0.1832	0.1843	0.1855	0.1866	0.1877	0.1889	0.1900	0.1911
13	0.2124	0.2137	0.2150	0.2164	0.2177	0.2190	0.2203	0.2217	0.2230	0.2243
14	0.2463	0.2478	0.2494	0.2509	0.2525	0.2540	0.2555	0.2571	0.2586	0.2602
15	0.2827	0.2845	0.2863	0.2880	0.2898	0.2916	0.2933	0.2951	0.2969	0.2986
16	0.3217	0.3237	0.3257	0.3277	0.3297	0.3318	0.3338	0.3358	0.3378	0.3398
17	0.3632	0.3654	0.3677	0.3700	0.3722	0.3745	0.3768	0.3791	0.3813	0.3836
18	0.4072	0.4097	0.4122	0.4148	0.4173	0.4199	0.4224	0.4250	0.4275	0.4301
19	0.4536	0.4565	0.4593	0.4622	0.4650	0.4678	0.4707	0.4735	0.4763	0.4792
20	0.5027	0.5058	0.5089	0.5121	0.5152	0.5184	0.5215	0.5246	0.5278	0.5309
21	0.5542	0.5576	0.5611	0.5646	0.5680	0.5715	0.5750	0.5784	0.5819	0.5854
22	0.6082	0.6120	0.6158	0.6196	0.6234	0.6272	0.6310	0.6348	0.6386	0.6424
23	0.6648	0.6689	0.6731	0.6772	0.6814	0.6855	0.6897	0.6938	0.6980	0.7022
24	0.7238	0.7283	0.7329	0.7374	0.7419	0.7464	0.7510	0.7555	0.7600	0.7645
25	0.7854	0.7903	0.7952	0.8001	0.8050	0.8099	0.8149	0.8198	0.8247	0.8296
26	0.8495	0.8548	0.8601	0.8654	0.8707	0.8760	0.8813	0.8867	0.8920	0.8973
27	0.9161	0.9218	0.9275	0.9333	0.9390	0.9447	0.9504	0.9562	0.9619	0.9676
28	0.9852	0.9914	0.9975	1.0037	1.0098	1.0160	1.0222	1.0283	1.0345	1.0406
29	1.0568	1.0634	1.0700	1.0766	1.0833	1.0899	1.0965	1.1031	1.1097	1.1163

（续）

检尺径 /cm	检尺长/m 材积/m³									
	16.0	16.1	16.2	16.3	16.4	16.5	16.6	16.7	16.8	16.9
30	1.1310	1.1380	1.1451	1.1522	1.1593	1.1663	1.1734	1.1805	1.1875	1.1946
31	1.2076	1.2152	1.2227	1.2303	1.2378	1.2454	1.2529	1.2605	1.2680	1.2756
32	1.2868	1.2948	1.3029	1.3109	1.3190	1.3270	1.3351	1.3431	1.3511	1.3592
33	1.3685	1.3770	1.3856	1.3941	1.4027	1.4112	1.4198	1.4284	1.4369	1.4455
34	1.4527	1.4618	1.4708	1.4799	1.4890	1.4981	1.5072	1.5162	1.5253	1.5344
35	1.5394	1.5490	1.5586	1.5682	1.5779	1.5875	1.5971	1.6067	1.6164	1.6260
36	1.6286	1.6388	1.6490	1.6591	1.6693	1.6795	1.6897	1.6999	1.7100	1.7202
37	1.7203	1.7311	1.7418	1.7526	1.7633	1.7741	1.7849	1.7956	1.8064	1.8171
38	1.8146	1.8259	1.8373	1.8486	1.8600	1.8713	1.8826	1.8940	1.9053	1.9167
39	1.9113	1.9233	1.9352	1.9472	1.9591	1.9711	1.9830	1.9950	2.0069	2.0189
40	2.0106	2.0232	2.0358	2.0483	2.0609	2.0735	2.0860	2.0986	2.1112	2.1237
41	2.1124	2.1256	2.1388	2.1520	2.1652	2.1784	2.1916	2.2048	2.2180	2.2312
42	2.2167	2.2306	2.2444	2.2583	2.2721	2.2860	2.2998	2.3137	2.3275	2.3414
43	2.3235	2.3380	2.3526	2.3671	2.3816	2.3961	2.4107	2.4252	2.4397	2.4542
44	2.4329	2.4481	2.4633	2.4785	2.4937	2.5089	2.5241	2.5393	2.5545	2.5697
45	2.5447	2.5606	2.5765	2.5924	2.6083	2.6242	2.6401	2.6560	2.6719	2.6878
46	2.6591	2.6757	2.6923	2.7089	2.7255	2.7421	2.7588	2.7754	2.7920	2.8086
47	2.7759	2.7933	2.8106	2.8280	2.8453	2.8627	2.8800	2.8974	2.9147	2.9321
48	2.8953	2.9134	2.9315	2.9496	2.9677	2.9858	3.0039	3.0220	3.0401	3.0582
49	3.0172	3.0361	3.0549	3.0738	3.0926	3.1115	3.1303	3.1492	3.1681	3.1869

（续）

检尺径/cm	检尺长/m 材积/m³									
	16.0	16.1	16.2	16.3	16.4	16.5	16.6	16.7	16.8	16.9
50	3.1416	3.1612	3.1809	3.2005	3.2201	3.2398	3.2594	3.2790	3.2987	3.3183
51	3.2685	3.2389	3.3094	3.3298	3.3502	3.3707	3.3911	3.4115	3.4319	3.4524
52	3.3980	3.4192	3.3404	3.4617	3.4829	3.5041	3.5254	3.5466	3.5679	3.5891
53	3.5299	3.5520	3.5740	3.5961	3.6181	3.6402	3.6623	3.6843	3.7064	3.7285
54	3.6644	3.6873	3.7102	3.7331	3.7560	3.7789	3.8018	3.8247	3.8476	3.8705
55	3.8013	3.8251	3.8489	3.8726	3.8964	3.9201	3.9439	3.9676	3.9914	4.0152
56	3.9408	3.9655	3.9901	4.0147	4.0393	4.0640	4.0886	4.1132	4.1379	4.1625
57	4.0828	4.1083	4.1339	4.1594	4.1849	4.2104	4.2359	4.2614	4.2870	4.3125
58	4.2273	4.2538	4.2802	4.3066	4.3330	4.3594	4.3859	4.4123	4.4387	4.4651
59	4.3744	4.4017	4.4290	4.4564	4.4837	4.5111	4.5384	4.5657	4.5931	4.6204
60	4.5239	4.5522	4.5805	4.6087	4.6370	4.6653	4.6936	4.7218	4.7501	4.7784
61	4.6760	4.7052	4.7344	4.7636	4.7929	4.8221	4.8513	4.8805	4.9098	4.9390
62	4.8305	4.8607	4.8909	4.9211	4.9513	4.9815	5.0117	5.0419	5.0721	5.1022
63	4.9876	5.0188	5.0499	5.0811	5.1123	5.1435	5.1746	5.2058	5.2370	5.2682
64	5.1472	5.1794	5.2115	5.2437	5.2759	5.3080	5.3402	5.3724	5.4046	5.4367
65	5.3093	5.3425	5.3757	5.4089	5.4420	5.4752	5.5084	5.5416	5.5748	5.6080
66	5.4739	5.5081	5.5423	5.5766	5.6108	5.6450	5.6792	5.7134	5.7476	5.7818
67	5.6411	5.6763	5.7116	5.7468	5.7821	5.8173	5.8526	5.8879	5.9231	5.9584
68	5.8107	5.8470	5.8833	5.9197	5.9560	5.9923	6.0286	6.0649	6.1012	6.1376
69	5.9829	6.0203	6.0576	6.0950	6.1324	6.1698	6.2072	6.2446	6.2820	6.3194

（续）

检尺径/cm	检尺长/m									
	16.0	16.1	16.2	16.3	16.4	16.5	16.6	16.7	16.8	16.9
	材积/m³									
70	6.1575	6.1960	6.2345	6.2730	6.3115	6.3500	6.3884	6.4269	6.4654	6.5039
71	6.3347	6.3743	6.4139	6.4535	6.4931	6.5327	6.5723	6.6119	6.6515	6.6911
72	6.5144	6.5551	6.5959	6.6366	6.6773	6.7180	6.7587	6.7994	6.8401	6.8809
73	6.6966	6.7385	6.7803	6.8222	6.8641	6.9059	6.9478	6.9896	7.0315	7.0733
74	6.8814	6.9244	6.9674	7.0104	7.0534	7.0964	7.1394	7.1824	7.2254	7.2684
75	7.0686	7.1128	7.1570	7.2011	7.2453	7.2895	7.3337	7.3779	7.4220	7.4662
76	7.2584	7.3037	7.3491	7.3944	7.4398	7.4852	7.5305	7.5759	7.6213	7.6666
77	7.4506	7.4972	7.5438	7.5903	7.6369	7.6835	7.7300	7.7766	7.8231	7.8697
78	7.6454	7.6932	7.7410	7.7887	7.8365	7.8843	7.9321	7.9799	8.0277	8.0755
79	7.8427	7.8917	7.9407	7.9897	8.0388	8.0878	8.1368	8.1858	8.2348	8.2838
80	8.0425	8.0928	8.1430	8.1933	8.2436	8.2938	8.3441	8.3944	8.4446	8.4949
81	8.2448	8.2963	8.3479	8.3994	8.4509	8.5025	8.5540	8.6055	8.6571	8.7086
82	8.4496	8.5025	8.5553	8.6081	8.6609	8.7137	8.7665	8.8193	8.8721	8.9249
83	8.6570	8.7111	8.7652	8.8193	8.8734	8.9275	8.9816	9.0357	9.0898	9.1439
84	8.8669	8.9223	8.9777	9.0331	9.0885	9.1439	9.1994	9.2548	9.3102	9.3656
85	9.0792	9.1360	9.1927	9.2495	9.3062	9.3629	9.4197	9.4764	9.5332	9.5899
86	9.2941	9.3522	9.4103	9.4684	9.5265	9.5846	9.6426	9.7007	9.7588	9.8169
87	9.5115	9.5710	9.6304	9.6898	9.7493	9.8087	9.8682	9.9276	9.9871	10.0465
88	9.7314	9.7922	9.8531	9.9139	9.9747	10.0355	10.0963	10.1572	10.2180	10.2788
89	9.9538	10.0161	10.0783	10.1405	10.2027	10.2649	10.3271	10.3893	10.4515	10.5137

（续）

检尺径/cm	检尺长/m									
	16.0	16.1	16.2	16.3	16.4	16.5	16.6	16.7	16.8	16.9
	材积/m³									
90	10.1788	10.2424	10.3060	10.3696	10.4333	10.4969	10.5605	10.6241	10.6877	10.7513
91	10.4062	10.4713	10.5363	10.6014	10.6664	10.7314	10.7965	10.8615	10.9265	10.9916
92	10.6362	10.7027	10.7692	10.8356	10.9021	10.9686	11.0351	11.1015	11.1680	11.2345
93	10.8687	10.9366	11.0045	11.0725	11.1404	11.2083	11.2763	11.3442	11.4121	11.4800
94	11.1037	11.1731	11.2425	11.3119	11.3813	11.4507	11.5201	11.5895	11.6589	11.7283
95	11.3412	11.4121	11.4829	11.5538	11.6247	11.6956	11.7665	11.8374	11.9082	11.9791
96	11.5812	11.6536	11.7260	11.7983	11.8707	11.9431	12.0155	12.0879	12.1603	12.2326
97	11.8237	11.8976	11.9715	12.0454	12.1193	12.1932	12.2671	12.3410	12.4149	12.4888
98	12.0688	12.1442	12.2196	12.2951	12.3705	12.4459	12.5213	12.5968	12.6722	12.7476
99	12.3163	12.3933	12.4703	12.5473	12.6242	12.7012	12.7782	12.8552	12.9321	13.0091
100	12.5664	12.6449	12.7235	12.8020	12.8806	12.9591	13.0376	13.1162	13.1947	13.2733
101	12.8190	12.8991	12.9792	13.0593	13.1395	13.2196	13.2997	13.3798	13.4599	13.5401
102	13.0741	13.1558	13.2375	13.3192	13.4009	13.4826	13.5644	13.6461	13.7278	13.8095
103	13.3317	13.4150	13.4983	13.5817	13.6650	13.7483	13.8316	13.9150	13.9983	14.0816
104	13.5918	13.6768	13.7617	13.8467	13.9316	14.0166	14.1015	14.1865	14.2714	14.3564
105	13.8545	13.9410	14.0276	14.1142	14.2008	14.2874	14.3740	14.4606	14.5472	14.6338
106	14.1196	14.2079	14.2961	14.3843	14.4726	14.5608	14.6491	14.7373	14.8256	14.9138
107	14.3873	14.4772	14.5671	14.6570	14.7470	14.8369	14.9268	15.0167	15.1066	15.1966
108	14.6574	14.7491	14.8407	14.9323	15.0239	15.1155	15.2071	15.2987	15.3903	15.4819
109	14.9301	15.0235	15.1168	15.2101	15.3034	15.3967	15.4900	15.5833	15.6766	15.7700

（续）

检尺径 /cm	检尺长 /m　材积 /m³									
	16.0	16.1	16.2	16.3	16.4	16.5	16.6	16.7	16.8	16.9
110	15.2053	15.3004	15.3954	15.4904	15.5855	15.6805	15.7755	15.8706	15.9656	16.0606
111	15.4831	15.5798	15.6766	15.7734	15.8701	15.9669	16.0637	16.1604	16.2572	16.3540
112	15.7633	15.8618	15.9603	16.0589	16.1574	16.2559	16.3544	16.4529	16.5515	16.6500
113	16.0460	16.1463	16.2466	16.3469	16.4472	16.5475	16.6478	16.7481	16.8483	16.9486
114	16.3313	16.4334	16.5354	16.6375	16.7396	16.8416	16.9437	17.0458	17.1479	17.2499
115	16.6191	16.7229	16.8268	16.9307	17.0345	17.1384	17.2423	17.3461	17.4500	17.5539
116	16.9093	17.0150	17.1207	17.2264	17.3321	17.4378	17.5434	17.6491	17.7548	17.8605
117	17.2021	17.3097	17.4172	17.5247	17.6322	17.7397	17.8472	17.9547	18.0623	18.1698
118	17.4975	17.6068	17.7162	17.8255	17.9349	18.0443	18.1536	18.2630	18.3723	18.4817
119	17.7953	17.9065	18.0177	18.1289	18.2402	18.3514	18.4626	18.5738	18.6850	18.7963
120	18.0956	18.2087	18.3218	18.4349	18.5480	18.6611	18.7742	18.8873	19.0004	19.1135
121	18.3985	18.5135	18.6284	18.7434	18.8584	18.9734	19.0884	19.2034	19.3184	19.4334
122	18.7038	18.8207	18.9376	19.0545	19.1714	19.2883	19.4052	19.5221	19.6390	19.7559
123	19.0113	19.1305	19.2494	19.3682	19.4870	19.6058	19.7246	19.8435	19.9623	20.0811
124	19.3221	19.4429	19.5636	19.6844	19.8051	19.9259	20.0467	20.1674	20.2882	20.4090
125	19.6350	19.7577	19.8804	20.0032	20.1259	20.2486	20.3713	20.4940	20.6168	20.7395
126	19.9504	20.0751	20.1993	20.3245	20.4492	20.5739	20.6986	20.8232	20.9479	21.0726
127	20.2683	20.3950	20.5217	20.6484	20.7751	20.9017	21.0284	21.1551	21.2818	21.4084
128	20.5888	20.7175	20.8461	20.9748	21.1035	21.2322	21.3609	21.4895	21.6182	21.7469
129	20.9117	21.0424	21.1731	21.3038	21.4345	21.5652	21.6959	21.8266	21.9573	22.0880

（续）

检尺径/cm	检尺长/m									
	16.0	16.1	16.2	16.3	16.4	16.5	16.6	16.7	16.8	16.9
	材积/m³									
130	21.2372	21.3699	21.5027	21.6354	21.7681	21.9009	22.0336	22.1663	22.2991	22.4318
131	21.5652	21.7000	21.8348	21.9695	22.1043	22.2391	22.3739	22.5087	22.6435	22.7782
132	21.8957	22.0325	22.1694	22.3062	22.4431	22.5799	22.7168	22.8536	22.9905	23.1273
133	22.2287	22.3676	22.5066	22.6455	22.7844	22.9234	23.0623	23.2012	23.3401	23.4791
134	22.5642	22.7053	22.8463	22.9873	23.1283	23.2694	23.4104	23.5514	23.6924	23.8335
135	22.9023	23.0454	23.1885	23.3317	23.4748	23.6180	23.7611	23.9042	24.0474	24.1905
136	23.2428	23.3881	23.5333	23.6786	23.8239	23.9692	24.1144	24.2597	24.4050	24.5502
137	23.5859	23.7333	23.8807	24.0281	24.1755	24.3229	24.4703	24.6178	24.7652	24.9126
138	23.9315	24.0810	24.2306	24.3802	24.5297	24.6793	24.8289	24.9785	25.1280	25.2776
139	24.2795	24.4313	24.5830	24.7348	24.8865	25.0383	25.1900	25.3418	25.4935	25.6453
140	24.6301	24.7841	24.9380	25.0920	25.2459	25.3998	25.5538	25.7077	25.8617	26.0156
141	24.9833	25.1394	25.2956	25.4517	25.6078	25.7640	25.9201	26.0763	26.2324	26.3886
142	25.3389	25.4973	25.6556	25.8140	25.9724	26.1307	26.2891	26.4475	26.6058	26.7642
143	25.6970	25.8576	26.0182	26.1789	26.3395	26.5001	26.6607	26.8213	26.9819	27.1425
144	26.0577	26.2205	26.3834	26.5463	26.7091	26.8720	27.0349	27.1977	27.3606	27.5234
145	26.4209	26.5860	26.7511	26.9162	27.0814	27.2465	27.4116	27.5768	27.7419	27.9070
146	26.7865	26.9540	27.1214	27.2888	27.4562	27.6236	27.7910	27.9584	28.1259	28.2933
147	27.1547	27.3245	27.4942	27.6639	27.8336	28.0033	28.1730	28.3428	28.5125	28.6822
148	27.5254	27.6975	27.8695	28.0415	28.2136	28.3856	28.5576	28.7297	28.9017	29.0737
149	27.8987	28.0730	28.2474	28.4218	28.5961	28.7705	28.9449	29.1192	29.2936	29.4680

（续）

检尺长/m

材积/m³

检尺径/cm	16.0	16.1	16.2	16.3	16.4	16.5	16.6	16.7	16.8	16.9
150	28.2744	28.4511	28.6278	28.8045	28.9813	29.1580	29.3347	29.5114	29.6881	29.8648
151	28.6526	28.8317	29.0108	29.1899	29.3690	29.5480	29.7271	29.9062	30.0853	30.2644
152	29.0334	29.2149	29.3963	29.5778	29.7592	29.9407	30.1222	30.3036	30.4851	30.6665
153	29.4167	29.6005	29.7844	29.9682	30.1521	30.3360	30.5198	30.7037	30.8875	31.0714
154	29.8025	29.9887	30.1750	30.3613	30.5475	30.7338	30.9201	31.1063	31.2926	31.4789
155	30.1908	30.3795	30.5682	30.7569	30.9455	31.1342	31.3229	31.5116	31.7003	31.8890
156	30.5816	30.7727	30.9639	31.1550	31.3461	31.5373	31.7284	31.9195	32.1107	32.3018
157	30.9749	31.1685	31.3621	31.5557	31.7493	31.9429	32.1365	32.3301	32.5237	32.7173
158	31.3708	31.5668	31.7629	31.9590	32.1550	32.3511	32.5472	32.7432	32.9393	33.1354
159	31.7691	31.9677	32.1662	32.3648	32.5633	32.7619	32.9605	33.1590	33.3576	33.5561
160	32.1700	32.3710	32.5721	32.7732	32.9742	33.1753	33.3764	33.5774	33.7785	33.9795
161	32.5734	32.7769	32.9805	33.1841	33.3877	33.5913	33.7949	33.9985	34.2020	34.4056
162	32.9793	33.1854	33.3915	33.5976	33.8037	34.0099	34.2160	34.4221	34.6282	34.8343
163	33.3877	33.5963	33.8050	34.0137	34.2224	34.4310	34.6397	34.8484	35.0571	35.2657
164	33.7986	34.0098	34.2211	34.4323	34.6436	34.8548	35.0660	35.2773	35.4885	35.6998
165	34.2120	34.4258	34.6397	34.8535	35.0673	35.2811	35.4950	35.7088	35.9226	36.1365
166	34.6280	34.8444	35.0608	35.2772	35.4937	35.7101	35.9265	36.1429	36.3594	36.5758
167	35.0464	35.2655	35.4845	35.7036	35.9226	36.1416	36.3607	36.5797	36.7988	37.0178
168	35.4674	35.6891	35.9107	36.1324	36.3541	36.5758	36.7974	37.0191	37.2408	37.4624
169	35.8909	36.1152	36.3395	36.5638	36.7882	37.0125	37.2368	37.4611	37.6854	37.9098

（续）

检尺径/cm	检尺长/m									
	材积/m³									
	16.0	16.1	16.2	16.3	16.4	16.5	16.6	16.7	16.8	16.9
170	36.3169	36.5439	36.7709	36.9978	37.2248	37.4518	37.6788	37.9058	38.1327	38.3597
171	36.7454	36.9751	37.2047	37.4344	37.6640	37.8937	38.1234	38.3530	38.5827	38.8123
172	37.1764	37.4088	37.6411	37.8735	38.1058	38.3382	38.5706	38.8029	39.0353	39.2676
173	37.6100	37.8450	38.0801	38.3152	38.5502	38.7853	39.0204	39.2554	39.4905	39.7255
174	38.0460	38.2838	38.5216	38.7594	38.9972	39.2350	39.4728	39.7105	39.9483	40.1861
175	38.4846	38.7251	38.9657	39.2062	39.4467	39.6872	39.9278	40.1683	40.4088	40.6494
176	38.9257	39.1690	39.4123	39.6555	39.8988	40.1421	40.3854	40.6287	40.8720	41.1153
177	39.3693	39.6153	39.8614	40.1074	40.3535	40.5996	40.8456	41.0917	41.3377	41.5838
178	39.8154	40.0642	40.3131	40.5619	40.8108	41.0596	41.3085	41.5573	41.8062	42.0550
179	40.2640	40.5157	40.7673	41.0190	41.2706	41.5223	41.7739	42.0256	42.2772	42.5289
180	40.7151	40.9696	41.2241	41.4785	41.7330	41.9875	42.2420	42.4964	42.7509	43.0054
181	41.1688	41.4261	41.6834	41.9407	42.1980	42.4553	42.7126	42.9699	43.2272	43.4845
182	41.6249	41.8851	42.1453	42.4054	42.6656	42.9257	43.1859	43.4460	43.7062	43.9663
183	42.0836	42.3466	42.6077	42.8727	43.1357	43.3987	43.6618	43.9248	44.1878	44.4508
184	42.5448	42.8107	43.0766	43.3425	43.6084	43.8743	44.1402	44.4061	44.6720	44.9379
185	43.0085	43.2773	43.5461	43.8149	44.0837	44.3525	44.6213	44.8901	45.1589	45.4277
186	43.4747	43.7464	44.0182	44.2899	44.5616	44.8333	45.1050	45.3767	45.6485	45.9202
187	43.9434	44.2181	44.4927	44.7674	45.0420	45.3167	45.5913	45.8660	46.1406	46.4153
188	44.4147	44.6923	44.9699	45.2475	45.5251	45.8026	46.0802	46.3578	46.6354	46.9130
189	44.8884	45.1690	45.4495	45.7301	46.0106	46.2912	46.5718	46.8523	47.1329	47.4134

（续）

检尺径/cm	检尺长/m									
	16.0	16.1	16.2	16.3	16.4	16.5	16.6	16.7	16.8	16.9
	材积/m³									
190	45.3647	45.6482	45.9318	46.2153	46.4988	46.7824	47.0659	47.3494	47.6329	47.9165
191	45.8435	46.1300	46.4165	46.7030	46.9896	47.2761	47.5626	47.8491	48.1357	48.4222
192	46.3248	46.6143	46.9038	47.1934	47.4829	47.7724	45.0620	48.3515	48.6410	48.9305
193	46.8086	47.1011	47.3937	47.6862	47.9788	48.2714	48.5639	48.8565	49.1490	49.4416
194	47.2949	47.5905	47.8861	48.1817	48.4773	48.7729	49.0685	49.3641	49.6596	49.9552
195	47.7837	48.0824	48.3810	48.6797	48.9783	49.2770	49.5756	49.8743	50.1729	50.4716
196	48.2751	48.5768	48.8785	49.1802	49.4820	49.7837	50.0854	50.3871	50.6888	50.9906
197	48.7689	49.0737	49.3786	49.6834	49.9882	50.2930	50.5978	50.9026	51.2074	51.5122
198	49.2653	49.5732	49.8811	50.1890	50.4969	50.8049	51.1128	51.4207	51.7286	52.0365
199	49.7642	50.0752	50.3363	50.6973	51.0083	51.3193	51.6304	51.9414	52.2524	52.5634

检尺径/cm	检尺长/m									
	17.0	17.1	17.2	17.3	17.4	17.5	17.6	17.7	17.8	17.9
	材积/m³									
10	0.1335	0.1343	0.1351	0.1359	0.1367	0.1374	0.1382	0.1390	0.1398	0.1406
11	0.1616	0.1625	0.1635	0.1644	0.1654	0.1663	0.1673	0.1682	0.1692	0.1701
12	0.1923	0.1934	0.1945	0.1957	0.1968	0.1979	0.1991	0.2002	0.2013	0.2024
13	0.2256	0.2270	0.2283	0.2296	0.2310	0.2323	0.2336	0.2349	0.2363	0.2376
14	0.2617	0.2632	0.2648	0.2663	0.2679	0.2694	0.2709	0.2725	0.2740	0.2755

（续）

检尺径/cm	检尺长/m									
	17.0	17.1	17.2	17.3	17.4	17.5	17.6	17.7	17.8	17.9
	材积/m³									
15	0.3004	0.3022	0.3039	0.3057	0.3075	0.3093	0.3110	0.3128	0.3146	0.3163
16	0.3418	0.3438	0.3458	0.3478	0.3498	0.3519	0.3539	0.3559	0.3579	0.3599
17	0.3859	0.3881	0.3904	0.3927	0.3949	0.3972	0.3995	0.4018	0.4040	0.4063
18	0.4326	0.4351	0.4377	0.4402	0.4428	0.4453	0.4479	0.4504	0.4530	0.4555
19	0.4820	0.4848	0.4877	0.4905	0.4933	0.4962	0.4990	0.5018	0.5047	0.5075
20	0.5341	0.5372	0.5404	0.5435	0.5466	0.5498	0.5529	0.5561	0.5592	0.5623
21	0.5888	0.5923	0.5957	0.5992	0.6027	0.6061	0.6096	0.6131	0.6165	0.6200
22	0.6462	0.6500	0.6538	0.6576	0.6614	0.6652	0.6690	0.6728	0.6766	0.6804
23	0.7063	0.7105	0.7146	0.7188	0.7229	0.7271	0.7312	0.7354	0.7395	0.7437
24	0.7691	0.7736	0.7781	0.7826	0.7872	0.7917	0.7962	0.8007	0.8053	0.8098
25	0.8345	0.8394	0.8443	0.8492	0.8541	0.8590	0.8639	0.8688	0.8738	0.8787
26	0.9026	0.9079	0.9132	0.9185	0.9238	0.9291	0.9344	0.9397	0.9451	0.9504
27	0.9733	0.9791	0.9848	0.9905	0.9962	1.0020	1.0077	1.0134	1.0192	1.0249
28	1.0468	1.0529	1.0591	1.0653	1.0714	1.0776	1.0837	1.0899	1.0960	1.1022
29	1.1229	1.1295	1.1361	1.1427	1.1493	1.1559	1.1625	1.1691	1.1757	1.1823
30	1.2017	1.2087	1.2158	1.2229	1.2299	1.2370	1.2441	1.2511	1.2582	1.2653
31	1.2831	1.2907	1.2982	1.3058	1.3133	1.3208	1.3284	1.3359	1.3435	1.3510
32	1.3672	1.3753	1.3833	1.3914	1.3994	1.4074	1.4155	1.4235	1.4316	1.4396
33	1.4540	1.4626	1.4711	1.4797	1.4882	1.4968	1.5053	1.5139	1.5224	1.5310
34	1.5435	1.5525	1.5616	1.5707	1.5798	1.5889	1.5979	1.6070	1.6161	1.6252

（续）

检尺径/cm	检尺长/m									
	17.0	17.1	17.2	17.3	17.4	17.5	17.6	17.7	17.8	17.9
	材积/m³									
35	1.6356	1.6452	1.6548	1.6645	1.6741	1.6837	1.6933	1.7029	1.7126	1.7222
36	1.7304	1.7406	1.7508	1.7609	1.7711	1.7813	1.7915	1.8016	1.8118	1.8220
37	1.8279	1.8386	1.8494	1.8601	1.8709	1.8816	1.8924	1.9031	1.9139	1.9246
38	1.9280	1.9393	1.9507	1.9620	1.9734	1.9847	1.9960	2.0074	2.0187	2.0301
39	2.0308	2.0428	2.0547	2.0666	2.0786	2.0905	2.1025	2.1144	2.1264	2.1383
40	2.1363	2.1489	2.1614	2.1740	2.1866	2.1991	2.2117	2.2243	2.2368	2.2494
41	2.2444	2.2576	2.2708	2.2840	2.2972	2.3105	2.3237	2.3369	2.3501	2.3633
42	2.3553	2.3691	2.3830	2.3968	2.4107	2.4245	2.4384	2.4522	2.4661	2.4799
43	2.4687	2.4833	2.4978	2.5123	2.5268	2.5414	2.5559	2.5704	2.5849	2.5994
44	2.5849	2.6001	2.6153	2.6305	2.6457	2.6609	2.6761	2.6913	2.7066	2.7218
45	2.7037	2.7196	2.7355	2.7515	2.7674	2.7833	2.7992	2.8151	2.8310	2.8469
46	2.8252	2.8419	2.8585	2.8751	2.8917	2.9083	2.9250	2.9416	2.9582	2.9748
47	2.9494	2.9668	2.9841	3.0015	3.0188	3.0362	3.0535	3.0709	3.0882	3.1056
48	3.0763	3.0944	3.1124	3.1305	3.1486	3.1667	3.1848	3.2029	3.2210	3.2391
49	3.2058	3.2246	3.2435	3.2623	3.2812	3.3001	3.3189	3.3378	3.3566	3.3755
50	3.3330	3.3576	3.3772	3.3969	3.4165	3.4361	3.4558	3.4754	3.4950	3.5147
51	3.4728	3.4932	3.5137	3.5341	3.5545	3.5749	3.5954	3.6158	3.6362	3.6567
52	3.6103	3.6316	3.6528	3.6740	3.6953	3.7165	3.7378	3.7590	3.7802	3.8015
53	3.7505	3.7726	3.7946	3.8167	3.8388	3.8608	3.8829	3.9050	3.9270	3.9491
54	3.8934	3.9163	3.9392	3.9621	3.9850	4.0079	4.0308	4.0537	4.0766	4.0995

（续）

检尺径/cm	检尺长/m									
	17.0	17.1	17.2	17.3	17.4	17.5	17.6	17.7	17.8	17.9
	材积/m³									
55	4.0389	4.0627	4.0864	4.1102	4.1340	4.1577	4.1815	4.2052	4.2290	4.2527
56	4.1871	4.2118	4.2364	4.2610	4.2856	4.3103	4.3349	4.3595	4.3842	4.4088
57	4.3380	4.3635	4.3890	4.4146	4.4401	4.4656	4.4911	4.5166	4.5421	4.5677
58	4.4915	4.5180	4.5444	4.5708	4.5972	4.6236	4.6501	4.6765	4.7029	4.7293
59	4.6478	4.6751	4.7024	4.7298	4.7571	4.7845	4.8118	4.8391	4.8665	4.8938
60	4.8066	4.8349	4.8632	4.8915	4.9197	4.9480	4.9763	5.0046	5.0328	5.0611
61	4.9682	4.9974	5.0267	5.0559	5.0851	5.1143	5.1436	5.1728	5.2020	5.2312
62	5.1324	5.1626	5.1928	5.2230	5.2532	5.2834	5.3136	5.3438	5.3740	5.4041
63	5.2993	5.3305	5.3617	5.3928	5.4240	5.4552	5.4864	5.5175	5.5487	5.5799
64	5.4689	5.5011	5.5332	5.5654	5.5976	5.6297	5.6619	5.6941	5.7263	5.7584
65	5.6411	5.6743	5.7075	5.7407	5.7739	5.8071	5.8402	5.8734	5.9066	5.9398
66	5.8160	5.8503	5.8845	5.9187	5.9529	5.9871	6.0213	6.0555	6.0897	6.1240
67	5.9936	6.0289	6.0641	6.0994	6.1346	6.1699	6.2052	6.2404	6.2757	6.3109
68	6.1739	6.2102	6.2465	6.2828	6.3191	6.3555	6.3918	6.4281	6.4644	6.5007
69	6.3568	6.3942	6.4316	6.4690	6.5064	6.5438	6.5811	6.6185	6.6559	6.6933
70	6.5424	6.5809	6.6194	6.6578	6.6963	6.7348	6.7733	6.8118	6.8503	6.8887
71	6.7306	6.7702	6.8098	6.8494	6.8890	6.9286	6.9682	7.0078	7.0474	7.0870
72	6.9216	6.9623	7.0030	7.0437	7.0844	7.1251	7.1659	7.2066	7.2473	7.2880
73	7.1152	7.1570	7.1989	7.2407	7.2826	7.3244	7.3663	7.4082	7.4500	7.4919
74	7.3114	7.3545	7.3975	7.4405	7.4835	7.5265	7.5695	7.6125	7.6555	7.6985

（续）

检尺长/m　材积/m³

17.9	17.8	17.7	17.6	17.5	17.4	17.3	17.2	17.1	17.0	检尺径/cm
7.9080	7.8638	7.8196	7.7755	7.7313	7.6871	7.6429	7.5987	7.5546	7.5104	75
8.1203	8.0749	8.0296	7.9842	7.9388	7.8935	7.8481	7.8027	7.7574	7.7120	76
8.3354	8.2888	8.2422	8.1957	8.1491	8.1025	8.0560	8.0094	7.9628	7.9163	77
8.5533	8.5055	8.4577	8.4099	8.3622	8.3144	8.2666	8.2188	8.1710	8.1232	78
8.7740	8.7250	8.6760	8.6270	8.5779	8.5289	8.4799	8.4309	8.3819	8.3329	79
8.9975	8.9473	8.8970	8.8467	8.7965	8.7462	8.6959	8.6457	8.5954	8.5452	80
9.2239	9.1724	9.1208	9.0693	9.0178	8.9662	8.9147	8.8632	8.8116	8.7601	81
9.4530	9.4002	9.3474	9.2946	9.2418	9.1890	9.1362	9.0834	9.0306	8.9778	82
9.6850	9.6309	9.5768	9.5227	9.4686	9.4145	9.3604	9.3063	9.2522	9.1981	83
9.9198	9.8644	9.8090	9.7535	9.6981	9.6427	9.5873	9.5319	9.4764	9.4210	84
10.1574	10.1006	10.0439	9.9871	9.9304	9.8737	9.8169	9.7602	9.7034	9.6467	85
10.3978	10.3397	10.2816	10.2235	10.1654	10.1073	10.0493	9.9912	9.9331	9.8750	86
10.6410	10.5816	10.5221	10.4627	10.4032	10.3438	10.2843	10.2249	10.1654	10.1060	87
10.8870	10.8262	10.7654	10.7046	10.6437	10.5829	10.5221	10.4613	10.4005	10.3396	88
11.1359	11.0737	11.0114	10.9492	10.8870	10.8248	10.7626	10.7004	10.6382	10.5760	89
11.3875	11.3239	11.2603	11.1967	11.1330	11.0694	11.0058	10.9422	10.8786	10.8150	90
11.6420	11.5769	11.5119	11.4469	11.3818	11.3168	11.2517	11.1867	11.1217	11.0566	91
11.8992	11.8328	11.7663	11.6998	11.6333	11.5669	11.5004	11.4339	11.3674	11.3010	92
12.1593	12.0914	12.0235	11.9555	11.8876	11.8197	11.7518	11.6838	11.6159	11.5480	93
12.4222	12.3528	12.2834	12.2140	12.1446	12.0752	12.0058	11.9364	11.8670	11.7977	94

（续）

检尺径/cm	检尺长/m										
	17.0	17.1	17.2	17.3	17.4	17.5	17.6	17.7	17.8	17.9
	材积/m³										
95	12.0500	12.1209	12.1918	12.2626	12.3335	12.4044	12.4753	12.5462	12.6171	12.6879
96	12.3050	12.3774	12.4498	12.5222	12.5945	12.6669	12.7393	12.8117	12.8841	12.9565
97	12.5627	12.6366	12.7105	12.7844	12.8583	12.9322	13.0061	13.0800	13.1539	13.2278
98	12.8231	12.8985	12.9739	13.0494	13.1248	13.2002	13.2756	13.3511	13.4265	13.5019
99	13.0861	13.1631	13.2401	13.3170	13.3940	13.4710	13.5480	13.6249	13.7019	13.7789
100	13.3518	13.4303	13.5089	13.5874	13.6660	13.7445	13.8230	13.9016	13.9801	14.0587
101	13.6202	13.7003	13.7805	13.8605	13.9406	14.0208	14.1009	14.1810	14.2611	14.3412
102	13.8912	13.9729	14.0546	14.1364	14.2181	14.2998	14.3815	14.4632	14.5449	14.6266
103	14.1649	14.2482	14.3316	14.4149	14.4982	14.5815	14.6649	14.7482	14.8315	14.9148
104	14.4413	14.5263	14.6112	14.6962	14.7811	14.8661	14.9510	15.0359	15.1209	15.2058
105	14.7204	14.8069	14.8935	14.9801	15.0667	15.1533	15.2399	15.3265	15.4131	15.4997
106	15.0021	15.0903	15.1786	15.2668	15.3551	15.4433	15.5316	15.6198	15.7081	15.7963
107	15.2865	15.3764	15.4663	15.5562	15.6462	15.7361	15.8260	15.9159	16.0058	16.0958
108	15.5735	15.6651	15.7568	15.8484	15.9400	16.0316	16.1232	16.2148	16.3064	16.3980
109	15.8633	15.9566	16.0499	16.1432	16.2365	16.3298	16.4232	16.5165	16.6098	16.7031
110	16.1557	16.2507	16.3457	16.4408	16.5358	16.6308	16.7259	16.8209	16.9159	17.0110
111	16.4508	16.5475	16.6443	16.7411	16.8378	16.9346	17.0314	17.1281	17.2249	17.3217
112	16.7485	16.8470	16.9455	17.0441	17.1426	17.2411	17.3396	17.4381	17.5367	17.6352
113	17.0489	17.1492	17.2495	17.3498	17.4501	17.5504	17.6506	17.7509	17.8512	17.9515
114	17.3520	17.4541	17.5561	17.6582	17.7603	17.8624	17.9644	18.0665	18.1686	18.2706

（续）

检尺径/cm	检尺长/m									
	材积/m³									
	17.0	17.1	17.2	17.3	17.4	17.5	17.6	17.7	17.8	17.9
115	17.6578	17.7616	17.8655	17.9694	18.0732	18.1771	18.2810	18.3848	18.4887	18.5926
116	17.9662	18.0719	18.1775	18.2832	18.3889	18.4946	18.6003	18.7060	18.8116	18.9173
117	18.2773	18.3848	18.4923	18.5998	18.7003	18.8148	18.9224	19.0299	19.1374	19.2449
118	18.5910	18.7004	18.8098	18.9191	19.0285	19.1378	19.2472	19.3566	19.4659	19.5753
119	18.9075	19.0187	19.1299	19.2411	19.3524	19.4636	19.5748	19.6860	19.7972	19.9085
120	19.2266	19.3397	19.4528	19.5659	19.6790	19.7921	19.9052	20.0183	20.1314	20.2445
121	19.5484	19.6634	19.7784	19.8933	20.0083	20.1233	20.2383	20.3533	20.4683	20.5833
122	19.8728	19.9897	20.1066	20.2235	20.3404	20.4573	20.5742	20.6911	20.8080	20.9249
123	20.1999	20.3188	20.4376	20.5564	20.6752	20.7941	20.9129	21.0317	21.1505	21.2693
124	20.5297	20.6505	20.7713	20.8920	21.0128	21.1335	21.2543	21.3751	21.4958	21.6166
125	20.8622	20.9849	21.1076	21.2303	21.3531	21.4758	21.5985	21.7212	21.8439	21.9667
126	21.1973	21.3220	21.4467	21.5714	21.6961	21.8208	21.9455	22.0701	22.1948	22.3195
127	21.5351	21.6618	21.7885	21.9151	22.0418	22.1685	22.2952	22.4219	22.5485	22.6752
128	21.8756	22.0043	22.1329	22.2616	22.3903	22.5190	22.6477	22.7763	22.9050	23.0337
129	22.2187	22.3494	22.4801	22.6108	22.7415	22.8722	23.0029	23.1336	23.2643	23.3950
130	22.5645	22.6973	22.8300	22.9627	23.0955	23.2282	23.3609	23.4937	23.6264	23.7591
131	22.9130	23.0478	23.1826	23.3174	23.4522	23.5869	23.7217	23.8565	23.9913	24.1261
132	23.2642	23.4010	23.5379	23.6747	23.8116	23.9484	24.0853	24.2221	24.3590	24.4958
133	23.6180	23.7569	23.8959	24.0348	24.1737	24.3126	24.4516	24.5905	24.7294	24.8684
134	23.9745	24.1155	24.2565	24.3976	24.5386	24.6796	24.8207	24.9617	25.1027	25.2437

（续）

检尺径/cm	检尺长/m 材积/m³									
	17.0	17.1	17.2	17.3	17.4	17.5	17.6	17.7	17.8	17.9
135	24.3337	24.4768	24.6199	24.7631	24.9062	25.0494	25.1925	25.3356	25.4788	25.6219
136	24.6955	24.8408	24.9860	25.1313	25.2766	25.4218	25.5671	25.7124	25.8576	26.0029
137	25.0600	25.2074	25.3548	25.5022	25.6496	25.7971	25.9445	26.0919	26.2393	26.3867
138	25.4272	25.5767	25.7263	25.8759	26.0255	26.1750	26.3246	26.4742	26.6237	26.7733
139	25.7970	25.9488	26.1005	26.2523	26.4040	26.5557	26.7075	26.8592	27.0110	27.1627
140	26.1695	26.3235	26.4774	26.6313	26.7853	26.9392	27.0932	27.2471	27.4010	27.5550
141	26.5447	26.7009	26.8570	27.0131	27.1693	27.3254	27.4816	27.6377	27.7939	27.9500
142	26.9226	27.0809	27.2393	27.3977	27.5560	27.7144	27.8728	28.0311	28.1895	28.3478
143	27.3031	27.4637	27.6243	27.7849	27.9455	28.1061	28.2667	28.4273	28.5879	28.7486
144	27.6863	27.8492	28.0120	28.1749	28.3377	28.5006	28.6635	28.8263	28.9892	29.1520
145	28.0722	28.2373	28.4024	28.5676	28.7327	28.8978	29.0629	29.2281	29.3932	29.5583
146	28.4607	28.6281	28.7955	28.9629	29.1304	29.2978	29.4652	29.6326	29.8000	29.9674
147	28.8519	29.0216	29.1913	29.3611	29.5308	29.7005	29.8702	30.0399	30.2096	30.3794
148	29.2458	29.4178	29.5899	29.7619	29.9339	30.1060	30.2780	30.4500	30.6221	30.7941
149	29.6423	29.8167	29.9911	30.1654	30.3398	30.5142	30.6885	30.8629	31.0373	31.2116
150	30.0416	30.2183	30.3950	30.5717	30.7484	30.9251	31.1018	31.2786	31.4553	31.6320
151	30.4434	30.6225	30.8016	30.9807	31.1598	31.3388	31.5179	31.6970	31.8761	32.0552
152	30.8480	31.0295	31.2109	31.3924	31.5738	31.7553	31.9368	32.1182	32.2996	32.4811
153	31.2552	31.4391	31.6229	31.8068	31.9906	32.1745	32.3584	32.5422	32.7261	32.9099
154	31.6651	31.8514	32.0377	32.2239	32.4102	32.5965	32.7827	32.9690	33.1553	33.3415

（续）

检尺径/cm	检尺长/m									
	17.0	17.1	17.2	17.3	17.4	17.5	17.6	17.7	17.8	17.9
	材积/m³									
155	32.0777	32.2664	32.4551	32.6438	32.8325	33.0212	33.2099	33.3985	33.5872	33.7759
156	32.4929	32.6841	32.8752	33.0663	33.2575	33.4486	33.6398	33.8309	34.0220	34.2132
157	32.9109	33.1044	33.2980	33.4916	33.6852	33.8788	34.0724	34.2660	34.4596	34.6532
158	33.3314	33.5275	33.7236	33.9196	34.1157	34.3118	34.5078	34.7039	34.9000	35.0960
159	33.7547	33.9532	34.1518	34.3504	34.5489	34.7475	34.9460	35.1446	35.3431	35.5417
160	34.1806	34.3817	34.5827	34.7838	34.9849	35.1859	35.3870	35.5880	35.7891	35.9902
161	34.6092	34.8128	35.0164	35.2200	35.4235	35.6271	35.8307	36.0343	36.2379	36.4415
162	35.0405	35.2466	35.4527	35.6588	35.8649	36.0711	36.2772	36.4833	36.6894	36.8955
163	35.4744	35.6831	35.8917	36.1004	36.3091	36.5178	36.7264	36.9351	37.1438	37.3525
164	35.9110	36.1222	36.3334	36.5447	36.7560	36.9672	37.1784	37.3897	37.6009	37.8122
165	36.3503	36.5641	36.7779	36.9918	37.2056	37.4194	37.6332	37.8471	38.0609	38.2747
166	36.7922	37.0086	37.2251	37.4415	37.6579	37.8743	38.0908	38.3072	38.5236	38.7400
167	37.2368	37.4559	37.6749	37.8940	38.1130	38.3320	38.5511	38.7701	38.9892	39.2082
168	37.6841	37.9058	38.1275	38.3491	38.5708	38.7925	39.0141	39.2358	39.4575	39.6792
169	38.1341	38.3584	38.5827	38.8070	39.0313	39.2557	39.4800	39.7043	39.9286	40.1529
170	38.5867	38.8137	39.0407	39.2676	39.4946	39.7216	39.9486	40.1756	40.4025	40.6295
171	39.0420	39.2717	39.5013	39.7310	39.9606	40.1903	40.4200	40.6496	40.8793	41.1089
172	39.5000	39.7323	39.9647	40.1970	40.4294	40.6617	40.8941	41.1264	41.3588	41.5911
173	39.9606	40.1957	40.4307	40.6658	40.9009	41.1359	41.3710	41.6060	41.8411	42.0762
174	40.4239	40.6617	40.8995	41.1373	41.3751	41.6128	41.8506	42.0884	42.3262	42.5640

（续）

检尺径/cm	检尺长/m									
	17.0	17.1	17.2	17.3	17.4	17.5	17.6	17.7	17.8	17.9
	材积/m³									
175	40.8899	41.1304	41.3709	41.6115	41.8520	42.0925	42.3331	42.5736	42.8141	43.0546
176	41.3585	41.6018	41.8451	42.0884	42.3317	42.5750	42.8182	43.0615	43.3048	43.5481
177	41.8299	42.0759	42.3220	42.5680	42.8141	43.0601	43.3062	43.5523	43.7983	44.0444
178	42.3038	42.5527	42.8015	43.0504	43.2992	43.5481	43.7969	44.0458	44.2946	44.5435
179	42.7805	43.0322	43.2838	43.5355	43.7871	44.0388	44.2904	44.5421	44.7937	45.0454
180	43.2598	43.5143	43.7688	44.0232	44.2777	44.5322	44.7866	45.0411	45.2956	45.5501
181	43.7418	43.9991	44.2564	44.5137	44.7711	45.0284	45.2857	45.5430	45.8003	46.0576
182	44.2265	44.4867	44.7468	45.0070	45.2671	45.5273	45.7874	46.0476	46.3077	46.5679
183	44.7138	44.9769	45.2399	45.5029	45.7659	46.0290	46.2920	46.5550	46.8180	47.0810
184	45.2039	45.4698	45.7357	46.0016	46.2675	46.5334	46.7993	47.0652	47.3311	47.5970
185	45.6965	45.9653	46.2341	46.5029	46.7717	47.0406	47.3094	47.5782	47.8470	48.1158
186	46.1919	46.4636	46.7353	47.0070	47.2788	47.5505	47.8222	48.0939	48.3656	48.6373
187	46.6899	46.9646	47.2392	47.5138	47.7885	48.0631	48.3378	48.6124	48.8871	49.1617
188	47.1906	47.4682	47.7458	48.0234	48.3010	48.5786	48.8562	49.1337	49.4113	49.6889
189	47.6940	47.9745	48.2551	48.5356	48.8162	49.0967	49.3773	49.6578	49.9384	50.2189
190	48.2000	48.4835	48.7671	49.0506	49.3341	49.6176	49.9012	50.1847	50.4682	50.7518
191	48.7087	48.9952	49.2817	49.5683	49.8548	50.1413	50.4278	50.7144	51.0009	51.2874
192	49.2201	49.5096	49.7991	50.0887	50.3782	50.6677	50.9573	51.2468	51.5363	51.8258
193	49.7341	50.0267	50.3192	50.6118	50.9043	51.1969	51.4894	51.7820	52.0745	52.3671
194	50.2508	50.5464	50.8420	51.1376	51.4332	51.7288	52.0244	52.3200	52.6156	52.9112

（续）

检尺径/cm	检尺长/m									
	17.0	17.1	17.2	17.3	17.4	17.5	17.6	17.7	17.8	17.9
	材积/m³									
195	50.7702	51.0689	51.3675	51.6662	51.9648	52.2635	52.5621	52.8608	53.1594	53.4581
196	51.2923	51.5940	51.8957	52.1974	52.4992	52.8009	53.1026	53.4043	53.7060	54.0077
197	51.8170	52.1218	52.4266	52.7314	53.0362	53.3410	53.6458	53.9506	54.2554	54.5603
198	52.3444	52.6523	52.9602	53.2681	53.5760	53.8839	54.1918	54.4998	54.8077	55.1156
199	52.8745	53.1855	53.4965	53.8075	54.1186	54.4296	54.7406	55.0516	55.3627	55.6737

检尺径/cm	检尺长/m									
	18.0	18.1	18.2	18.3	18.4	18.5	18.6	18.7	18.8	18.9
	材积/m³									
10	0.1414	0.1422	0.1429	0.1437	0.1445	0.1453	0.1461	0.1469	0.1477	0.1484
11	0.1711	0.1720	0.1730	0.1739	0.1749	0.1758	0.1768	0.1777	0.1787	0.1796
12	0.2036	0.2047	0.2058	0.2070	0.2081	0.2092	0.2104	0.2115	0.2126	0.2138
13	0.2389	0.2402	0.2416	0.2429	0.2442	0.2456	0.2469	0.2482	0.2495	0.2509
14	0.2771	0.2786	0.2802	0.2817	0.2832	0.2848	0.2863	0.2879	0.2894	0.2909
15	0.3181	0.3199	0.3216	0.3234	0.3252	0.3269	0.3287	0.3305	0.3322	0.3340
16	0.3619	0.3639	0.3659	0.3679	0.3700	0.3720	0.3740	0.3760	0.3780	0.3800
17	0.4086	0.4108	0.4131	0.4154	0.4176	0.4199	0.4222	0.4245	0.4267	0.4290
18	0.4580	0.4606	0.4631	0.4657	0.4682	0.4708	0.4733	0.4759	0.4784	0.4809
19	0.5104	0.5132	0.5160	0.5189	0.5217	0.5245	0.5274	0.5302	0.5330	0.5359

（续）

检尺径/cm	检尺长/m									
	18.0	18.1	18.2	18.3	18.4	18.5	18.6	18.7	18.8	18.9
	材积/m³									
20	0.5655	0.5686	0.5718	0.5749	0.5781	0.5812	0.5843	0.5875	0.5906	0.5938
21	0.6235	0.6269	0.6304	0.6338	0.6373	0.6408	0.6442	0.6477	0.6512	0.6546
22	0.6842	0.6880	0.6918	0.6956	0.6994	0.7032	0.7070	0.7108	0.7147	0.7185
23	0.7479	0.7520	0.7562	0.7603	0.7645	0.7686	0.7728	0.7769	0.7811	0.7853
24	0.8143	0.8188	0.8234	0.8279	0.8324	0.8369	0.8414	0.8460	0.8505	0.8550
25	0.8836	0.8885	0.8934	0.8983	0.9032	0.9081	0.9130	0.9179	0.9228	0.9278
26	0.9557	0.9610	0.9663	0.9716	0.9769	0.9822	0.9875	0.9928	0.9981	1.0035
27	1.0306	1.0363	1.0421	1.0478	1.0535	1.0592	1.0650	1.0707	1.0764	1.0821
28	1.1084	1.1145	1.1207	1.1268	1.1330	1.1391	1.1453	1.1515	1.1576	1.1638
29	1.1889	1.1955	1.2021	1.2088	1.2154	1.2220	1.2286	1.2352	1.2418	1.2484
30	1.2723	1.2794	1.2865	1.2936	1.3006	1.3077	1.3148	1.3218	1.3289	1.3360
31	1.3586	1.3661	1.3737	1.3812	1.3888	1.3963	1.4039	1.4114	1.4190	1.4265
32	1.4476	1.4557	1.4637	1.4718	1.4798	1.4879	1.4959	1.5039	1.5120	1.5200
33	1.5395	1.5481	1.5566	1.5652	1.5738	1.5823	1.5909	1.5994	1.6080	1.6165
34	1.6343	1.6433	1.6524	1.6615	1.6706	1.6797	1.6887	1.6978	1.7069	1.7160
35	1.7318	1.7414	1.7510	1.7607	1.7703	1.7799	1.7895	1.7992	1.8088	1.8184
36	1.8322	1.8424	1.8525	1.8627	1.8729	1.8831	1.8933	1.9034	1.9136	1.9238
37	1.9354	1.9461	1.9569	1.9676	1.9784	1.9891	1.9999	2.0106	2.0214	2.0322
38	2.0414	2.0528	2.0641	2.0754	2.0868	2.0981	2.1095	2.1208	2.1321	2.1435
39	2.1503	2.1622	2.1742	2.1861	2.1981	2.2100	2.2219	2.2339	2.2458	2.2578

（续）

检尺径/cm	检尺长/m									
	18.0	18.1	18.2	18.3	18.4	18.5	18.6	18.7	18.8	18.9
	材积/m³									
40	2.2620	2.2745	2.2871	2.2997	2.3122	2.3248	2.3374	2.3499	2.3625	2.3750
41	2.3765	2.3897	2.4029	2.4161	2.4293	2.4425	2.4557	2.4689	2.4821	2.4953
42	2.4938	2.5077	2.5215	2.5354	2.5492	2.5631	2.5769	2.5908	2.6046	2.6185
43	2.6140	2.6285	2.6430	2.6575	2.6721	2.6866	2.7011	2.7156	2.7301	2.7447
44	2.7370	2.7522	2.7674	2.7826	2.7978	2.8130	2.8282	2.8434	2.8586	2.8738
45	2.8628	2.8787	2.8946	2.9105	2.9264	2.9423	2.9582	2.9741	2.9900	3.0059
46	2.9914	3.0081	3.0247	3.0413	3.0579	3.0745	3.0911	3.1078	3.1244	3.1410
47	3.1229	3.1403	3.1576	3.1750	3.1923	3.2097	3.2270	3.2444	3.2617	3.2791
48	3.2572	3.2753	3.2934	3.3115	3.3296	3.3477	3.3658	3.3839	3.4020	3.4201
49	3.3943	3.4132	3.4321	3.4509	3.4698	3.4886	3.5075	3.5263	3.5452	3.5641
50	3.5343	3.5539	3.5736	3.5932	3.6128	3.6325	3.6521	3.6717	3.6914	3.7110
51	3.6771	3.6975	3.7179	3.7384	3.7588	3.7792	3.7997	3.8201	3.8405	3.8609
52	3.8227	3.8439	3.8652	3.8864	3.9076	3.9289	3.9501	3.9714	3.9926	4.0138
53	3.9711	3.9932	4.0153	4.0373	4.0594	4.0814	4.1035	4.1256	4.1476	4.1697
54	4.1224	4.1453	4.1682	4.1911	4.2140	4.2369	4.2598	4.2827	4.3056	4.3285
55	4.2765	4.3003	4.3240	4.3478	4.3715	4.3953	4.4191	4.4428	4.4666	4.4903
56	4.4334	4.4581	4.4827	4.5073	4.5319	4.5566	4.5812	4.6058	4.6305	4.6551
57	4.5932	4.6187	4.6442	4.6697	4.6952	4.7208	4.7463	4.7718	4.7973	4.8228
58	4.7558	4.7822	4.8086	4.8350	4.8614	4.8879	4.9143	4.9407	4.9671	4.9935
59	4.9212	4.9485	4.9758	5.0032	5.0305	5.0579	5.0852	5.1125	5.1399	5.1672

（续）

检尺径/cm	检尺长/m									
	18.0	18.1	18.2	18.3	18.4	18.5	18.6	18.7	18.8	18.9
	材积/m³									
60	5.0894	5.1177	5.1459	5.1742	5.2025	5.2308	5.2590	5.2873	5.3156	5.3439
61	5.2605	5.2897	5.3189	5.3481	5.3774	5.4066	5.4358	5.4650	5.4942	5.5235
62	5.4343	5.4645	5.4947	5.5249	5.5551	5.5853	5.6155	5.6457	5.6759	5.7061
63	5.6111	5.6422	5.6734	5.7046	5.7357	5.7669	5.7981	5.8293	5.8604	5.8916
64	5.7906	5.8228	5.8549	5.8871	5.9193	5.9514	5.9836	6.0158	6.0480	6.0801
65	5.9730	6.0062	6.0393	6.0725	6.1057	6.1389	6.1721	6.2052	6.2384	6.2716
66	6.1582	6.1924	6.2266	6.2608	6.2950	6.3292	6.3634	6.3976	6.4319	6.4661
67	6.3462	6.3814	6.4167	6.4520	6.4872	6.5225	6.5577	6.5930	6.6282	6.6635
68	6.5370	6.5734	6.6097	6.6460	6.6823	6.7186	6.7549	6.7913	6.8276	6.8639
69	6.7307	6.7681	6.8055	6.8429	6.8803	6.9177	6.9551	6.9925	7.0299	7.0673
70	6.9272	6.9657	7.0042	7.0427	7.0812	7.1197	7.1581	7.1966	7.2351	7.2736
71	7.1266	7.1662	7.2057	7.2453	7.2849	7.3245	7.3641	7.4037	7.4433	7.4829
72	7.3287	7.3694	7.4102	7.4509	7.4916	7.5323	7.5730	7.6137	7.6544	7.6952
73	7.5337	7.5756	7.6174	7.6593	7.7011	7.7430	7.7848	7.8267	7.8685	7.9104
74	7.7415	7.7845	7.8275	7.8706	7.9136	7.9566	7.9996	8.0426	8.0856	8.1286
75	7.9522	7.9964	8.0405	8.0847	8.1289	8.1731	8.2172	8.2614	8.3056	8.3498
76	8.1656	8.2110	8.2564	8.3017	8.3471	8.3925	8.4378	8.4832	8.5286	8.5739
77	8.3819	8.4285	8.4751	8.5216	8.5682	8.6148	8.6613	8.7079	8.7545	8.8010
78	8.6011	8.6489	8.6966	8.7444	8.7922	8.8400	8.8878	8.9356	8.9833	9.0311
79	8.8230	8.8720	8.9211	8.9701	9.0191	9.0681	9.1171	9.1661	9.2152	9.2642

（续）

检尺径/cm	检尺长/m									
	18.0	18.1	18.2	18.3	18.4	18.5	18.6	18.7	18.8	18.9
	材积/m³									
80	9.0478	9.0981	9.1483	9.1986	9.2489	9.2991	9.3494	9.3997	9.4499	9.5002
81	9.2754	9.3269	9.3785	9.4300	9.4815	9.5331	9.5846	9.6361	9.6877	9.7392
82	9.5059	9.5587	9.6115	9.6643	9.7171	9.7699	9.8227	9.8755	9.9283	9.9811
83	9.7391	9.7932	9.8473	9.9014	9.9555	10.0096	10.0638	10.1179	10.1720	10.2261
84	9.9752	10.0306	10.0860	10.1415	10.1969	10.2523	10.3077	10.3631	10.4186	10.4740
85	10.2141	10.2709	10.3276	10.3844	10.4411	10.4979	10.5546	10.6113	10.6681	10.7248
86	10.4559	10.5140	10.5720	10.6301	10.6882	10.7463	10.8044	10.8625	10.9206	10.9787
87	10.7004	10.7599	10.8193	10.8788	10.9382	10.9977	11.0571	11.1166	11.1760	11.2355
88	10.9478	11.0087	11.0695	11.1303	11.1911	11.2520	11.3128	11.3736	11.4344	11.4952
89	11.1981	11.2603	11.3225	11.3847	11.4469	11.5091	11.5713	11.6336	11.6958	11.7580
90	11.4511	11.5141	11.5784	11.6420	11.7056	11.7692	11.8328	11.8965	11.9601	12.0237
91	11.7070	11.7711	11.8371	11.9021	11.9672	12.0322	12.0972	12.1623	12.2273	12.2924
92	11.9657	12.0322	12.0987	12.1652	12.2316	12.2981	12.3646	12.4311	12.4975	12.5640
93	12.2273	12.2952	12.3631	12.4311	12.4990	12.5669	12.6348	12.7028	12.7707	12.8386
94	12.4916	12.5610	12.6304	12.6998	12.7692	12.8386	12.9080	12.9774	13.0468	13.1162
95	12.7588	12.8297	12.9006	12.9715	13.0424	13.1132	13.1841	13.2550	13.3259	13.3968
96	13.0288	13.1012	13.1736	13.2460	13.3184	13.3908	13.4631	13.5355	13.6079	13.6803
97	13.3017	13.3756	13.4495	13.5234	13.5973	13.6712	13.7451	13.8190	13.8929	13.9668
98	13.5774	13.6528	13.7282	13.8037	13.8791	13.9545	14.0299	14.1054	14.1808	14.2562
99	13.8559	13.9328	14.0098	14.0868	14.1638	14.2408	14.3177	14.3947	14.4717	14.5487

（续）

检尺径/cm	检尺长/m									
	18.9	18.8	18.7	18.6	18.5	18.4	18.3	18.2	18.1	18.0
	材积/m³									
100	14.8441	14.7655	14.6870	14.6084	14.5299	14.4514	14.3728	14.2943	14.2157	14.1372
101	15.1424	15.0623	14.9822	14.9021	14.8220	14.7418	14.6617	14.5816	14.5015	14.4214
102	15.4438	15.3620	15.2803	15.1986	15.1169	15.0352	14.9535	14.8718	14.7901	14.7083
103	15.7481	15.6647	15.5814	15.4981	15.4148	15.3314	15.2481	15.1648	15.0815	14.9982
104	16.0553	15.9704	15.8854	15.8005	15.7155	15.6306	15.5456	15.4607	15.3757	15.2908
105	16.3656	16.2790	16.1924	16.1058	16.0192	15.9326	15.8460	15.7594	15.6729	15.5863
106	16.6788	16.5905	16.5023	16.4140	16.3258	16.2375	16.1493	16.0611	15.9728	15.8846
107	16.9950	16.9050	16.8151	16.7252	16.6353	16.5454	16.4554	16.3655	16.2756	16.1857
108	17.3141	17.2225	17.1309	17.0393	16.9477	16.8561	16.7645	16.6728	16.5812	16.4896
109	17.6362	17.5429	17.4496	17.3563	17.2630	17.1697	17.0763	16.9830	16.8897	16.7964
110	17.9613	17.8663	17.7712	17.6762	17.5812	17.4861	17.3911	17.2961	17.2010	17.1060
111	18.2894	18.1926	18.0958	17.9991	17.9023	17.8055	17.7088	17.6120	17.5152	17.4184
112	18.6204	18.5219	18.4233	18.3248	18.2263	18.1278	18.0293	17.9307	17.8322	17.7337
113	18.9544	18.8541	18.7538	18.6535	18.5532	18.4529	18.3527	18.2524	18.1521	18.0518
114	19.2913	19.1893	19.0872	18.9851	18.8831	18.7810	18.6789	18.5768	18.4748	18.3727
115	19.6313	19.5274	19.4235	19.3197	19.2158	19.1119	19.0081	18.9042	18.8003	18.6964
116	19.9742	19.8685	19.7628	19.6571	19.5514	19.4458	19.3401	19.2344	19.1287	19.0230
117	20.3200	20.2125	20.1050	19.9975	19.8900	19.7825	19.6750	19.5674	19.4599	19.3524
118	20.6689	20.5595	20.4502	20.3408	20.2314	20.1221	20.0127	19.9034	19.7940	19.6846
119	21.0207	20.9095	20.7982	20.6870	20.5758	20.4646	20.3534	20.2421	20.1309	20.0197

（续）

| 检尺径/cm | 检尺长/m 材积/m³ | | | | | | | | | |
	18.0	18.1	18.2	18.3	18.4	18.5	18.6	18.7	18.8	18.9
120	20.3576	20.4707	20.5838	20.6969	20.8100	20.9231	21.0362	21.1493	21.2623	21.3754
121	20.6983	20.8133	20.9293	21.0432	21.1582	21.2732	21.3882	21.5032	21.6182	21.7332
122	21.0418	21.1587	21.2756	21.3925	21.5094	21.6263	21.7432	21.8601	21.9770	22.0939
123	21.3882	21.5070	21.6258	21.7446	21.8635	21.9823	22.1011	22.2199	22.3388	22.4576
124	21.7374	21.8581	21.9789	22.0996	22.2204	22.3412	22.4619	22.5827	22.7035	22.8242
125	22.0894	22.2121	22.3348	22.4575	22.5803	22.7030	22.8257	22.9484	23.0711	23.1938
126	22.4442	22.5689	22.6936	22.8183	22.9430	23.0677	23.1924	23.3170	23.4417	23.5664
127	22.8019	22.9286	23.0552	23.1819	23.3086	23.4353	23.5620	23.6886	23.8153	23.9420
128	23.1624	23.2911	23.4197	23.5484	23.6771	23.8058	23.9345	24.0631	24.1918	24.3205
129	23.5257	23.6564	23.7871	23.9178	24.0485	24.1792	24.3099	24.4406	24.5713	24.7020
130	23.8919	24.0246	24.1573	24.2901	24.4228	24.5555	24.6883	24.8210	24.9537	25.0865
131	24.2608	24.3956	24.5304	24.6652	24.8000	24.9348	25.0695	25.2043	25.3391	25.4739
132	24.6327	24.7695	24.9064	25.0432	25.1800	25.3169	25.4537	25.5906	25.7274	25.8643
133	25.0073	25.1462	25.2852	25.4241	25.5630	25.7019	25.8409	25.9798	26.1187	26.2577
134	25.3848	25.5258	25.6668	25.8078	25.9489	26.0899	26.2309	26.3719	26.5130	26.6540
135	25.7650	25.9082	26.0513	26.1945	26.3376	26.4807	26.6239	26.7670	26.9102	27.0533
136	26.1482	26.2934	26.4387	26.5840	26.7292	26.8745	27.0198	27.1650	27.3103	27.4556
137	26.5341	26.6815	26.8289	26.9763	27.1238	27.2712	27.4186	27.5660	27.7134	27.8608
138	26.9229	27.0725	27.2220	27.3716	27.5212	27.6707	27.8203	27.9699	28.1195	28.2690
139	27.3145	27.4662	27.6180	27.7697	27.9215	28.0732	28.2250	28.3767	28.5285	28.6802

（续）

检尺径/cm	检尺长/m 材积/m³									
	18.0	18.1	18.2	18.3	18.4	18.5	18.6	18.7	18.8	18.9
140	27.7089	27.8629	28.0168	28.1707	28.3247	28.4756	28.6325	28.7865	28.9404	29.0944
141	28.1062	28.2623	28.4185	28.5746	28.7307	28.8869	29.0430	29.1992	29.3553	29.5115
142	28.5063	28.6646	28.8230	28.9814	29.1397	29.2981	29.4565	29.6148	29.7732	29.9316
143	28.9092	29.0698	29.2304	29.3910	29.5516	29.7122	29.8728	30.0334	30.1940	30.3546
144	29.3149	29.4778	29.6406	29.8035	29.9663	30.1292	30.2921	30.4549	30.6178	30.7806
145	29.7235	29.8886	30.0537	30.2189	30.3840	30.5491	30.7142	30.8794	31.0445	31.2096
146	30.1349	30.3023	30.4697	30.6371	30.8045	30.9719	31.1394	31.3068	31.4742	31.6416
147	30.5491	30.7188	30.8885	31.0582	31.2279	31.3977	31.5674	31.7371	31.9068	32.0765
148	30.9661	31.1382	31.3102	31.4822	31.6543	31.8263	31.9983	32.1704	32.3424	32.5144
149	31.3860	31.5604	31.7347	31.9091	32.0835	32.2578	32.4322	32.6066	32.7809	32.9553
150	31.8087	31.9854	32.1621	32.3388	32.5156	32.6923	32.8690	33.0457	33.2224	33.3991
151	32.2342	32.4133	32.5924	32.7715	32.9505	33.1296	33.3087	33.4878	33.6669	33.8459
152	32.6626	32.8440	33.0255	33.2070	33.3884	33.5699	33.7513	33.9328	34.1143	34.2957
153	33.0938	33.2776	33.4615	33.6453	33.8292	34.0130	34.1969	34.3808	34.5646	34.7485
154	33.5278	33.7140	33.9003	34.0866	34.2728	34.4591	34.6454	34.8316	35.0179	35.2042
155	33.9646	34.1533	34.3420	34.5307	34.7194	34.9081	35.0968	35.2855	35.4742	35.6629
156	34.4043	34.5954	34.7866	34.9777	35.1688	35.3600	35.5511	35.7422	35.9334	36.1245
157	34.8468	35.0404	35.2340	35.4276	35.6212	35.8148	36.0083	36.2019	36.3955	36.5891
158	35.2921	35.4882	35.6842	35.8803	36.0764	36.2724	36.4685	36.6646	36.8606	37.0567
159	35.7403	35.9388	36.1374	36.3359	36.5345	36.7330	36.9316	37.1302	37.3287	37.5273

（续）

检尺径/cm	检尺长/m 材积/m³									
	18.0	18.1	18.2	18.3	18.4	18.5	18.6	18.7	18.8	18.9
160	36.1912	36.3923	36.5934	36.7944	36.9955	37.1965	37.3976	37.5987	37.7997	38.0008
161	36.6450	36.8486	37.0522	37.2558	37.4594	37.6630	37.8665	38.0701	38.2737	38.4773
162	37.1017	37.3078	37.5139	37.7200	37.9261	38.1323	38.3384	38.5445	38.7506	38.9568
163	37.5611	37.7698	37.9785	38.1871	38.3958	38.6045	38.8132	39.0218	39.2305	39.4392
164	38.0234	38.2347	38.4459	38.6571	38.8684	39.0796	39.2909	39.5021	39.7133	39.9246
165	38.4885	38.7024	38.9162	39.1300	39.3438	39.5577	39.7715	39.9853	40.1991	40.4130
166	38.9565	39.1729	39.3893	39.6057	39.8222	40.0386	40.2550	40.4714	40.6879	40.9043
167	39.4272	39.6463	39.8653	40.0844	40.3034	40.5224	40.7415	40.9605	41.1796	41.3986
168	39.9008	40.1225	40.3442	40.5658	40.7875	41.0092	41.2309	41.4525	41.6742	41.8959
169	40.3773	40.6016	40.8259	41.0502	41.2745	41.4988	41.7232	41.9475	42.1718	42.3961
170	40.8565	41.0835	41.3105	41.5374	41.7644	41.9914	42.2184	42.4454	42.6724	42.8993
171	41.3386	41.5682	41.7979	42.0276	42.2572	42.4869	42.7165	42.9462	43.1759	43.4055
172	41.8235	42.0558	42.2882	42.5206	42.7529	42.9853	43.2176	43.4500	43.6823	43.9147
173	42.3112	42.5463	42.7814	43.0164	43.2515	43.4865	43.7216	43.9567	44.1917	44.4268
174	42.8018	43.0396	43.2774	43.5151	43.7529	43.9907	44.2285	44.4663	44.7041	44.9419
175	43.2952	43.5357	43.7762	44.0168	44.2573	44.4978	44.7383	44.9789	45.2194	45.4599
176	43.7914	44.0347	44.2780	44.5212	44.7645	45.0078	45.2511	45.4944	45.7377	45.9810
177	44.2904	44.5365	44.7825	45.0286	45.2747	45.5207	45.7668	46.0128	46.2589	46.5050
178	44.7923	45.0412	45.2900	45.5388	45.7877	46.0365	46.2854	46.5342	46.7831	47.0319
179	45.2970	45.5487	45.8003	46.0520	46.3036	46.5553	46.8069	47.0586	47.3102	47.5619

（续）

检尺径/cm	检尺长/m									
	18.0	18.1	18.2	18.3	18.4	18.5	18.6	18.7	18.8	18.9
	材积/m³									
180	45.8045	46.0590	46.3135	46.5679	46.8224	47.0769	47.3313	47.5858	47.8403	48.0948
181	46.3149	46.5722	46.8295	47.0868	47.3441	47.6014	47.8587	48.1160	48.3733	48.6306
182	46.8281	47.0882	47.3484	47.6085	47.8687	48.1288	48.3890	48.6492	48.9093	49.1695
183	47.3441	47.6071	47.8701	48.1331	48.3962	48.6592	48.9222	49.1852	49.4482	49.7113
184	47.8629	48.1288	48.3947	48.6606	48.9265	49.1924	49.4583	49.7242	49.9901	50.2560
185	48.3846	48.6534	48.9222	49.1910	49.4598	49.7286	49.9974	50.2662	50.5350	50.8038
186	48.9091	49.1808	49.4525	49.7242	49.9959	50.2676	50.5394	50.8111	51.0828	51.3545
187	49.4364	49.7110	49.9857	50.2603	50.5350	50.8096	51.0843	51.3589	51.6335	51.9082
188	49.9665	50.2441	50.5217	50.7993	51.0769	51.3545	51.6321	51.9097	52.1873	52.4648
189	50.4995	50.7800	51.0606	51.3412	51.6217	51.9023	52.1828	52.4634	52.7439	53.0245
190	51.0353	51.3188	51.6024	51.8859	52.1694	52.4529	52.7365	53.0200	53.3035	53.5871
191	51.5739	51.8604	52.1470	52.4335	52.7200	53.0065	53.2930	53.5796	53.8661	54.1526
192	52.1154	52.4049	52.6944	52.9840	53.2735	53.5630	53.8526	54.1421	54.4316	54.7211
193	52.6597	52.9522	53.2448	53.5373	53.8299	54.1224	54.4150	54.7075	55.0001	55.2926
194	53.2068	53.5024	53.7980	54.0935	54.3891	54.6847	54.9803	55.2759	55.5715	55.8671
195	53.7567	54.0554	54.3540	54.6526	54.9513	55.2499	55.5486	55.8472	56.1459	56.4445
196	54.3095	54.6112	54.9129	55.2146	55.5163	55.8181	56.1198	56.4215	56.7232	57.0249
197	54.8651	55.1699	55.4747	55.7795	56.0843	56.3891	56.6939	56.9987	57.3035	57.6083
198	55.4235	55.7314	56.0393	56.3472	56.6551	56.9630	57.2709	57.5788	57.8867	58.1947
199	55.9847	56.2958	56.6068	56.9178	57.2288	57.5399	57.8509	58.1619	58.4729	58.7840

（续）

检尺径/cm	检尺长/m 材积/m³									
	19.0	19.1	19.2	19.3	19.4	19.5	19.6	19.7	19.8	19.9
10	0.1492	0.1500	0.1508	0.1516	0.1524	0.1532	0.1539	0.1547	0.1555	0.1563
11	0.1806	0.1815	0.1825	0.1834	0.1844	0.1853	0.1863	0.1872	0.1882	0.1891
12	0.2149	0.2160	0.2171	0.2183	0.2194	0.2205	0.2217	0.2228	0.2239	0.2251
13	0.2522	0.2535	0.2548	0.2562	0.2575	0.2588	0.2602	0.2615	0.2628	0.2641
14	0.2925	0.2940	0.2956	0.2971	0.2986	0.3002	0.3017	0.3033	0.3048	0.3063
15	0.3358	0.3375	0.3393	0.3411	0.3428	0.3446	0.3464	0.3481	0.3499	0.3517
16	0.3820	0.3840	0.3860	0.3881	0.3901	0.3921	0.3941	0.3961	0.3981	0.4001
17	0.4313	0.4335	0.4358	0.4381	0.4403	0.4426	0.4449	0.4472	0.4494	0.4517
18	0.4835	0.4860	0.4886	0.4911	0.4937	0.4962	0.4988	0.5013	0.5038	0.5064
19	0.5387	0.5415	0.5444	0.5472	0.5500	0.5529	0.5557	0.5586	0.5614	0.5642
20	0.5969	0.6000	0.6032	0.6063	0.6095	0.6126	0.6158	0.6189	0.6220	0.6252
21	0.6581	0.6616	0.6650	0.6685	0.6719	0.6754	0.6789	0.6823	0.6858	0.6893
22	0.7223	0.7261	0.7299	0.7337	0.7375	0.7413	0.7451	0.7489	0.7527	0.7565
23	0.7894	0.7936	0.7977	0.8019	0.8060	0.8102	0.8143	0.8185	0.8226	0.8268
24	0.8595	0.8641	0.8686	0.8731	0.8776	0.8822	0.8867	0.8912	0.8957	0.9003
25	0.9327	0.9376	0.9425	0.9474	0.9523	0.9572	0.9621	0.9670	0.9719	0.9768
26	1.0088	1.0141	1.0194	1.0247	1.0300	1.0353	1.0406	1.0459	1.0512	1.0566
27	1.0879	1.0936	1.0993	1.1050	1.1108	1.1165	1.1222	1.1280	1.1337	1.1394
28	1.1699	1.1761	1.1822	1.1884	1.1946	1.2007	1.2069	1.2130	1.2192	1.2253
29	1.2550	1.2616	1.2682	1.2748	1.2814	1.2880	1.2946	1.3012	1.3078	1.3144

（续）

检尺径/cm	检尺长/m 材积/m³									
	19.0	19.1	19.2	19.3	19.4	19.5	19.6	19.7	19.8	19.9
30	1.3430	1.3501	1.3572	1.3642	1.3713	1.3784	1.3854	1.3925	1.3996	1.4067
31	1.4341	1.4416	1.4492	1.4567	1.4643	1.4718	1.4793	1.4869	1.4944	1.5020
32	1.5281	1.5361	1.5442	1.5522	1.5602	1.5683	1.5763	1.5844	1.5924	1.6005
33	1.6251	1.6336	1.6422	1.6507	1.6593	1.6678	1.6764	1.6849	1.6935	1.7020
34	1.7251	1.7341	1.7432	1.7523	1.7614	1.7704	1.7795	1.7886	1.7977	1.8068
35	1.8280	1.8376	1.8473	1.8569	1.8665	1.8761	1.8857	1.8954	1.9050	1.9146
36	1.9340	1.9441	1.9543	1.9645	1.9747	1.9849	1.9950	2.0052	2.0154	2.0256
37	2.0429	2.0537	2.0644	2.0752	2.0860	2.0967	2.1074	2.1182	2.1289	2.1397
38	2.1548	2.1662	2.1775	2.1888	2.2002	2.2115	2.2229	2.2342	2.2456	2.2569
39	2.2697	2.2817	2.2936	2.3056	2.3175	2.3295	2.3414	2.3533	2.3653	2.3772
40	2.3876	2.4002	2.4127	2.4253	2.4379	2.4504	2.4630	2.4756	2.4881	2.5007
41	2.5085	2.5217	2.5349	2.5481	2.5613	2.5745	2.5877	2.6009	2.6141	2.6273
42	2.6323	2.6462	2.6601	2.6739	2.6878	2.7016	2.7155	2.7293	2.7432	2.7570
43	2.7592	2.7737	2.7882	2.8028	2.8173	2.8318	2.8463	2.8608	2.8754	2.8899
44	2.8890	2.9042	2.9194	2.9346	2.9498	2.9650	2.9802	2.9955	3.0107	3.0259
45	3.0218	3.0377	3.0536	3.0695	3.0854	3.1013	3.1173	3.1332	3.1491	3.1650
46	3.1576	3.1742	3.1909	3.2075	3.2241	3.2407	3.2573	3.2740	3.2906	3.3072
47	3.2964	3.3138	3.3311	3.3485	3.3658	3.3831	3.4005	3.4178	3.4352	3.4525
48	3.4382	3.4563	3.4744	3.4925	3.5105	3.5286	3.5467	3.5648	3.5829	3.6010
49	3.5829	3.6018	3.6206	3.6395	3.6583	3.6772	3.6961	3.7149	3.7338	3.7526

（续）

检尺径 /cm	检尺长/m 材积 /m³									
	19.0	19.1	19.2	19.3	19.4	19.5	19.6	19.7	19.8	19.9
50	3.7307	3.7503	3.7699	3.7896	3.8092	3.8288	3.8485	3.8681	3.8877	3.9074
51	3.8814	3.9018	3.9222	3.9427	3.9631	3.9835	4.0039	4.0244	4.0448	4.0652
52	4.0351	4.0563	4.0775	4.0988	4.1200	4.1413	4.1625	4.1837	4.2050	4.2262
53	4.1918	4.2138	4.2359	4.2579	4.2800	4.3021	4.3241	4.3462	4.3683	4.3903
54	4.3514	4.3743	4.3972	4.4201	4.4430	4.4659	4.4888	4.5117	4.5346	4.5576
55	4.5141	4.5378	4.5616	4.5854	4.6091	4.6329	4.6566	4.6804	4.7042	4.7279
56	4.6797	4.7044	4.7290	4.7536	4.7782	4.8029	4.8275	4.8521	4.8768	4.9014
57	4.8484	4.8739	4.8994	4.9249	4.9504	4.9759	5.0015	5.0270	5.0525	5.0780
58	5.0200	5.0464	5.0728	5.0992	5.1256	5.1521	5.1785	5.2049	5.2313	5.2578
59	5.1946	5.2219	5.2492	5.2766	5.3039	5.3313	5.3586	5.3859	5.4133	5.4406
60	5.3721	5.4004	5.4287	5.4570	5.4852	5.5135	5.5418	5.5701	5.5983	5.6266
61	5.5527	5.5819	5.6111	5.6404	5.6696	5.6988	5.7280	5.7573	5.7865	5.8157
62	5.7362	5.7664	5.7966	5.8268	5.8570	5.8872	5.9174	5.9476	5.9778	6.0080
63	5.9228	5.9540	5.9851	6.0163	6.0475	6.0786	6.1098	6.1410	6.1722	6.2033
64	6.1123	6.1445	6.1766	6.2088	6.2410	6.2731	6.3053	6.3375	6.3697	6.4018
65	6.3048	6.3380	6.3712	6.4043	6.4375	6.4707	6.5039	6.5371	6.5703	6.6034
66	6.5003	6.5345	6.5687	6.6029	6.6371	6.6713	6.7056	6.7398	6.7740	6.8082
67	6.6988	6.7340	6.7693	6.8045	6.8398	6.8750	6.9103	6.9456	6.9808	7.0161
68	6.9002	6.9365	6.9728	7.0092	7.0455	7.0818	7.1181	7.1544	7.1907	7.2271
69	7.1046	7.1420	7.1794	7.2168	7.2542	7.2916	7.3290	7.3664	7.4038	7.4412

（续）

检尺径/cm	检尺长/m 材积/m³									
	19.0	19.1	19.2	19.3	19.4	19.5	19.6	19.7	19.8	19.9
70	7.3121	7.3506	7.3890	7.4275	7.4660	7.5045	7.5430	7.5815	7.6200	7.6584
71	7.5225	7.5621	7.6017	7.6413	7.6809	7.7204	7.7600	7.7996	7.8392	7.8788
72	7.7359	7.7766	7.8173	7.8580	7.8987	7.9395	7.9802	8.0209	8.0616	8.1023
73	7.9523	7.9941	8.0360	8.0778	8.1197	8.1615	8.2034	8.2452	8.2871	8.3289
74	8.1716	8.2146	8.2576	8.3006	8.3436	8.3867	8.4297	8.4727	8.5157	8.5587
75	8.3940	8.4381	8.4823	8.5265	8.5707	8.6149	8.6590	8.7032	8.7474	8.7916
76	8.6193	8.6647	8.7100	8.7554	8.8008	8.8461	8.8915	8.9368	8.9822	9.0276
77	8.8476	8.8942	8.9407	8.9873	9.0339	9.0804	9.1270	9.1736	9.2201	9.2667
78	9.0789	9.1267	9.1745	9.2223	9.2700	9.3178	9.3656	9.4134	9.4612	9.5090
79	9.3132	9.3622	9.4112	9.4602	9.5093	9.5583	9.6073	9.6563	9.7053	9.7543
80	9.5505	9.6007	9.6510	9.7013	9.7515	9.8018	9.8521	9.9023	9.9526	10.0029
81	9.7907	9.8422	9.8938	9.9453	9.9968	10.0484	10.0999	10.1514	10.2030	10.2545
82	10.0340	10.0868	10.1396	10.1924	10.2452	10.2980	10.3508	10.4036	10.4564	10.5092
83	10.2802	10.3343	10.3884	10.4425	10.4966	10.5507	10.6048	10.6589	10.7130	10.7671
84	10.5294	10.5848	10.6402	10.6956	10.7511	10.8065	10.8619	10.9173	10.9727	11.0281
85	10.7816	10.8383	10.8951	10.9518	11.0086	11.0653	11.1220	11.1788	11.2355	11.2923
86	11.0368	11.0948	11.1529	11.2110	11.2691	11.3272	11.3853	11.4434	11.5015	11.5595
87	11.2949	11.3544	11.4138	11.4733	11.5327	11.5922	11.6516	11.7110	11.7705	11.8299
88	11.5561	11.6169	11.6777	11.7385	11.7993	11.8602	11.9210	11.9818	12.0426	12.1035
89	11.8202	11.8824	11.9446	12.0068	12.0690	12.1312	12.1935	12.2557	12.3179	12.3801

（续）

检尺径/cm	检尺长/m 材积/m³									
	19.0	19.1	19.2	19.3	19.4	19.5	19.6	19.7	19.8	19.9
90	12.0873	12.1509	12.2145	12.2782	12.3418	12.4054	12.4690	12.5326	12.5962	12.6599
91	12.3574	12.4224	12.4875	12.5525	12.6176	12.6826	12.7476	12.8127	12.8777	12.9428
92	12.6305	12.6970	12.7634	12.8299	12.8964	12.9629	13.0293	13.0958	13.1623	13.2288
93	12.9066	12.9745	13.0424	13.1103	13.1783	13.2462	13.3141	13.3821	13.4500	13.5179
94	13.1856	13.2550	13.3244	13.3938	13.4632	13.5326	13.6020	13.6714	13.7408	13.8102
95	13.4676	13.5385	13.6094	13.6803	13.7512	13.8221	13.8929	13.9638	14.0347	14.1056
96	13.7527	13.8251	13.8974	13.9698	14.0422	14.1146	14.1870	14.2593	14.3317	14.4041
97	14.0407	14.1146	14.1885	14.2624	14.3363	14.4102	14.4841	14.5580	14.6319	14.7058
98	14.3317	14.4071	14.4825	14.5580	14.6334	14.7088	14.7842	14.8597	14.9351	15.0105
99	14.6256	14.7026	14.7796	14.8566	14.9335	15.0105	15.0875	15.1645	15.2415	15.3184
100	14.9226	15.0011	15.0797	15.1582	15.2368	15.3153	15.3938	15.4724	15.5509	15.6295
101	15.2225	15.3027	15.3828	15.4629	15.5430	15.6231	15.7033	15.7834	15.8635	15.9436
102	15.5255	15.6072	15.6889	15.7706	15.8523	15.9340	16.0158	16.0975	16.1792	16.2609
103	15.8314	15.9147	15.9980	16.0814	16.1647	16.2480	16.3313	16.4146	16.4980	16.5813
104	16.1403	16.2252	16.3102	16.3951	16.4801	16.5650	16.6500	16.7349	16.8199	16.9048
105	16.4522	16.5388	16.6253	16.7119	16.7985	16.8851	16.9717	17.0583	17.1449	17.2315
106	16.7670	16.8553	16.9435	17.0318	17.1200	17.2083	17.2965	17.3848	17.4730	17.5613
107	17.0849	17.1748	17.2647	17.3546	17.4446	17.5345	17.6244	17.7143	17.8042	17.8942
108	17.4057	17.4973	17.5889	17.6805	17.7722	17.8638	17.9554	18.0470	18.1386	18.2302
109	17.7295	17.8229	17.9162	18.0095	18.1028	18.1961	18.2894	18.3827	18.4760	18.5694

（续）

检尺径/cm	检尺长/m									
	19.0	19.1	19.2	19.3	19.4	19.5	19.6	19.7	19.8	19.9
	材积/m³									
110	18.0563	18.1514	18.2464	18.3414	18.4365	18.5315	18.6265	18.7216	18.8166	18.9116
111	18.3861	18.4829	18.5797	18.6764	18.7732	18.8700	18.9668	19.0635	19.1603	19.2571
112	18.7189	18.8174	18.9160	19.0145	19.1130	19.2115	19.3100	19.4086	19.5071	19.6056
113	19.0547	19.1550	19.2552	19.3555	19.4558	19.5561	19.6564	19.7567	19.8570	19.9573
114	19.3934	19.4955	19.5976	19.6996	19.8017	19.9038	20.0058	20.1079	20.2100	20.3120
115	19.7351	19.8390	19.9429	20.0467	20.1506	20.2545	20.3584	20.4622	20.5661	20.6700
116	20.0799	20.1855	20.2912	20.3969	20.5026	20.6083	20.7140	20.8196	20.9253	21.0310
117	20.4275	20.5351	20.6426	20.7501	20.8576	20.9651	21.0726	21.1801	21.2877	21.3952
118	20.7782	20.8876	20.9969	21.1063	21.2157	21.3250	21.4344	21.5437	21.6531	21.7625
119	21.1319	21.2431	21.3543	21.4656	21.5768	21.6880	21.7992	21.9104	22.0217	22.1329
120	21.4885	21.6016	21.7147	21.8278	21.9409	22.0540	22.1671	22.2802	22.3933	22.5064
121	21.8482	21.9632	22.0782	22.1931	22.3081	22.4231	22.5381	22.6531	22.7681	22.8831
122	22.2108	22.3277	22.4446	22.5615	22.6784	22.7953	22.9122	23.0291	23.1460	23.2629
123	22.5764	22.6952	22.8140	22.9329	23.0517	23.1705	23.2893	23.4082	23.5270	23.6458
124	22.9450	23.0658	23.1865	23.3073	23.4280	23.5488	23.6696	23.7903	23.9111	24.0319
125	23.3166	23.4393	23.5620	23.6847	23.8074	23.9302	24.0529	24.1756	24.2983	24.4210
126	23.6911	23.8158	23.9405	24.0652	24.1899	24.3146	24.4393	24.5640	24.6886	24.8133
127	24.0687	24.1953	24.3220	24.4487	24.5754	24.7020	24.8287	24.9554	25.0821	25.2088
128	24.4492	24.5779	24.7065	24.8352	24.9639	25.0926	25.2213	25.3499	25.4786	25.6073
129	24.8327	24.9634	25.0941	25.2248	25.3555	25.4862	25.6169	25.7476	25.8783	26.0090

（续）

检尺径/cm	检尺长/m 材积/m³									
	19.0	19.1	19.2	19.3	19.4	19.5	19.6	19.7	19.8	19.9
130	25.2192	25.3519	25.4847	25.6174	25.7501	25.8829	26.0156	26.1483	26.2811	26.4138
131	25.6087	25.7435	25.8782	26.0130	26.1478	26.2826	26.4174	26.5522	26.6869	26.8217
132	26.0011	26.1380	26.2748	26.4117	26.5485	26.6854	26.8222	26.9591	27.0959	27.2328
133	26.3966	26.5355	26.6744	26.8134	26.9523	27.0912	27.2302	27.3691	27.5080	27.6470
134	26.7950	26.9360	27.0771	27.2181	27.3591	27.5002	27.6412	27.7822	27.9232	28.0643
135	27.1964	27.3396	27.4827	27.6259	27.7690	27.9121	28.0553	28.1984	28.3416	28.4847
136	27.6008	27.7461	27.8914	28.0366	28.1819	28.3272	28.4724	28.6177	28.7630	28.9082
137	28.0082	28.1556	28.3031	28.4505	28.5979	28.7453	28.8927	29.0401	29.1875	29.3349
138	28.4186	28.5682	28.7178	28.8673	29.0169	29.1665	29.3160	29.4656	29.6152	29.7647
139	28.8320	28.9837	29.1354	29.2872	29.4389	29.5907	29.7424	29.8942	30.0459	30.1977
140	29.2483	29.4022	29.5562	29.7101	29.8640	30.0180	30.1719	30.3259	30.4798	30.6337
141	29.6676	29.8238	29.9799	30.1361	30.2922	30.4483	30.6045	30.7606	30.9168	31.0729
142	30.0899	30.2483	30.4067	30.5650	30.7234	30.8818	31.0401	31.1985	31.3569	31.5152
143	30.5152	30.6758	30.8364	30.9970	31.1577	31.3183	31.4789	31.6395	31.8001	31.9607
144	30.9435	31.1064	31.2692	31.4321	31.5949	31.7578	31.9207	32.0835	32.2464	32.4092
145	31.3748	31.5399	31.7050	31.8702	32.0353	32.2004	32.3655	32.5307	32.6958	32.8609
146	31.8090	31.9764	32.1438	32.3113	32.4787	32.6461	32.8135	32.9809	33.1483	33.3158
147	32.2462	32.4160	32.5857	32.7554	32.9251	33.0948	33.2645	33.4343	33.6040	33.7737
148	32.6865	32.8585	33.0305	33.2026	33.3746	33.5466	33.7187	33.8907	34.0627	34.2348
149	33.1297	33.3040	33.4784	33.6528	33.8271	34.0015	34.1759	34.3502	34.5246	34.6990

（续）

检尺径/cm	检尺长/m 材积/m³									
	19.0	19.1	19.2	19.3	19.4	19.5	19.6	19.7	19.8	19.9
150	33.5759	33.7526	33.9293	34.1060	34.2827	34.4594	34.6361	34.8129	34.9896	35.1663
151	34.0250	34.2041	34.3832	34.5623	34.7413	34.9204	35.0995	35.2786	35.4577	35.6367
152	34.4772	34.6586	34.8401	35.0216	35.2030	35.3845	35.5659	35.7474	35.9258	36.1103
153	34.9323	35.1162	35.3000	35.4839	35.6677	35.8516	36.0354	36.2193	36.4031	36.5870
154	35.3904	35.5767	35.7630	35.9492	36.1355	36.3218	36.5080	36.6943	36.8806	37.0668
155	35.8515	36.0402	36.2289	36.4176	36.6063	36.7950	36.9837	37.1724	37.3611	37.5498
156	36.3156	36.5068	36.6979	36.8890	37.0802	37.2713	37.4624	37.6536	37.8447	38.0359
157	36.7827	36.9763	37.1699	37.3635	37.5571	37.7507	37.9443	38.1379	38.3315	38.5251
158	37.2528	37.4488	37.6449	37.8410	38.0370	38.2331	38.4292	38.6252	38.8213	39.0174
159	37.7258	37.9244	38.1229	38.3215	38.5201	38.7186	38.9172	39.1157	39.3143	39.5128
160	38.2019	38.4029	38.6040	38.8050	39.0061	39.2072	39.4082	39.6093	39.8104	40.0114
161	38.6809	38.8845	39.0880	39.2916	39.4952	39.6988	39.9024	40.1060	40.3095	40.5131
162	39.1629	39.3690	39.5751	39.7812	39.9874	40.1935	40.3996	40.6057	40.8118	41.0180
163	39.6479	39.8565	40.0652	40.2739	40.4825	40.6912	40.8999	41.1086	41.3172	41.5259
164	40.1358	40.3471	40.5583	40.7695	40.9808	41.1920	41.4033	41.6145	41.8258	42.0370
165	40.6268	40.8406	41.0544	41.2683	41.4821	41.6959	41.9097	42.1236	42.3374	42.5512
166	41.1207	41.3371	41.5536	41.7700	41.9864	42.2028	42.4193	42.6357	42.8521	43.0685
167	41.6176	41.8367	42.0557	42.2748	42.4938	42.7128	42.9319	43.1509	43.3700	43.5890
168	42.1175	42.3392	42.5609	42.7826	43.0042	43.2259	43.4476	43.6692	43.8909	44.1126
169	42.6204	42.8448	43.0691	43.2934	43.5177	43.7420	43.9663	44.1907	44.4150	44.6393

（续）

检尺径/cm	检尺长/m									
	材积/m³									
	19.0	19.1	19.2	19.3	19.4	19.5	19.6	19.7	19.8	19.9
170	43.1263	43.3533	43.5803	43.8073	44.0342	44.2612	44.4882	44.7152	44.9422	45.1691
171	43.6352	43.8648	44.0945	44.3242	44.5538	44.7835	45.0131	45.2428	45.4724	45.7021
172	44.1470	44.3794	44.6117	44.8441	45.0764	45.3088	45.5411	45.7735	46.0058	46.2382
173	44.6618	44.8969	45.1320	45.3670	45.6021	45.8372	46.0723	46.3073	46.5423	46.7774
174	45.1797	45.4175	45.6552	45.8930	46.1308	46.3686	46.6064	46.8442	47.0820	47.3198
175	45.7005	45.9410	46.1815	46.4220	46.6626	46.9031	47.1436	47.3842	47.6247	47.8652
176	46.2242	46.4675	46.7108	46.9541	47.1974	47.4407	47.6840	47.9272	48.1705	48.4138
177	46.7510	46.9971	47.2431	47.4892	47.7352	47.9813	48.2274	48.4734	48.7195	48.9655
178	47.2808	47.5296	47.7785	48.0273	48.2762	48.5250	48.7738	49.0227	49.2715	49.5204
179	47.8135	48.0652	48.3168	48.5685	48.8201	49.0718	49.3234	49.5751	49.8267	50.0784
180	48.3492	48.6037	48.8582	49.1126	49.3671	49.6216	49.8760	50.1305	50.3850	50.6395
181	48.8879	49.1452	49.4025	49.6598	49.9171	50.1745	50.4318	50.6891	50.9464	51.2037
182	49.4296	49.6898	49.9499	50.2101	50.4702	50.7304	50.9906	51.2507	51.5109	51.7710
183	49.9743	50.2373	50.5003	50.7634	51.0264	51.2894	51.5524	51.8155	52.0785	52.3415
184	50.5220	50.7879	51.0538	51.3197	51.5856	51.8515	52.1174	52.3833	52.6492	52.9151
185	51.0726	51.3414	51.6102	51.8790	52.1478	52.4166	52.6854	52.9542	53.2230	53.4918
186	51.6262	51.8979	52.1697	52.4414	52.7131	52.9848	53.2565	53.5282	53.8000	54.0717
187	52.1828	52.4575	52.7321	53.0068	53.2814	53.5561	53.8307	54.1054	54.3800	54.6547
188	52.7424	53.0200	53.2976	53.5752	53.8528	54.1304	54.4080	54.6856	54.9632	55.2408
189	53.3050	53.5856	53.8661	54.1467	54.4272	54.7078	54.9883	55.2689	55.5494	55.8300

（续）

检尺径/cm	检尺长/m									
	19.0	19.1	19.2	19.3	19.4	19.5	19.6	19.7	19.8	19.9
	材积/m³									
190	53.8706	54.1541	54.4376	54.7212	55.0047	55.2882	55.5718	55.8553	56.1388	56.4224
191	54.4391	54.7257	55.0122	55.2987	55.5852	55.8717	56.1583	56.4448	56.7313	57.0178
192	55.0107	55.3002	55.5897	55.8793	56.1688	56.4583	56.7479	57.0374	57.3269	57.6164
193	55.5852	55.8777	56.1703	56.4629	56.7554	57.0480	57.3405	57.6331	57.9256	58.2182
194	56.1627	56.4583	56.7539	57.0495	57.3451	57.6407	57.9363	58.2318	58.5274	58.8230
195	56.7432	57.0418	57.3405	57.6391	57.9378	58.2364	58.5351	58.8337	59.1324	59.4310
196	57.3267	57.6284	57.9301	58.2318	58.5335	58.8353	59.1370	59.4387	59.7404	60.0421
197	57.9131	58.2179	58.5227	58.8275	59.1323	59.4371	59.7420	60.0468	60.3516	60.6564
198	58.5026	58.8105	59.1184	59.4263	59.7342	60.0421	60.3500	60.6579	60.9658	61.2737
199	59.0950	59.4060	59.7170	60.0281	60.3391	60.6501	60.9611	61.2722	61.5832	61.8942

图书在版编目（CIP）数据

木材材积速查速算手册/朱玉杰，陆娟，王海民编著．
--北京：机械工业出版社，2014.1（2024.6重印）
ISBN 978-7-111-44884-6

Ⅰ.①木…　Ⅱ.①朱…②陆…③王…　Ⅲ.①材积表－
手册　Ⅳ.①S758.62-62

中国版本图书馆 CIP 数据核字（2013）第 279414 号

机械工业出版社（北京市百万庄大街22号　邮政编码100037）
策划编辑：郎　峰　责任编辑：郎　峰
版式设计：霍永明
封面设计：马精明　责任印制：常天培
北京机工印刷厂有限公司印刷
2024 年 6 月第 1 版第 12 次印刷
103mm×144mm · 6.25 印张 · 236 千字
标准书号：ISBN 978-7-111-44884-6
定价：19.80 元

凡购本书，如有缺页、倒页、脱页，由本社发行部调换
电话服务　　　　　　　　网络服务
服务咨询热线：010 - 88361066　机工官网：www.cmpbook.com
读者购书热线：010 - 68326294　机工官博：weibo.com/cmp1952
　　　　　　　010 - 88379203　金书网：www.golden - book.com
封面无防伪标均为盗版　　　教育服务网：www.cmpedu.com